计算机网络 组建与管理

标准教程（2015-2018版）

■ 杨继萍 张振 等编著

清华大学出版社
北 京

内 容 简 介

本书系统全面地讲述了计算机网络组建与管理的基础知识。全书分为 12 章，内容涉及计算机网络概述、物理层、数据链路层、网络层、传输层、应用层、网络设备和传输介质、路由协议与路由选择、组建对等网、组建家庭局域网、组建无线网络、计算机网络安全、计算机网络管理等。书中每章均有课堂练习及课后练习。

本书结构编排合理、图文并茂，适合作为普通高校和高职高专院校的教材，也可作为企事业单位网络管理人员的培训和参考资料。

图书在版编目（CIP）数据

计算机网络组建与管理标准教程（2015—2018 版）/ 杨继萍等编著. —北京：清华大学出版社，2015（2018.8 重印）

（清华电脑学堂）

ISBN 978-7-302-39108-1

Ⅰ. ①计… Ⅱ. ①杨… Ⅲ. ①计算机网络-教材 Ⅳ. ①TP393

中国版本图书馆 CIP 数据核字（2015）第 017669 号

责任编辑： 冯志强
封面设计： 吕单单
责任校对： 徐俊伟
责任印制： 沈　露

出版发行： 清华大学出版社
网　　址： http://www.tup.com.cn, http://www.wqbook.com
地　　址： 北京清华大学学研大厦 A 座　　**邮　　编：** 100084
社 总 机： 010-62770175　　**邮　　购：** 010-62786544
投稿与读者服务： 010-62776969，c-service@tup.tsinghua.edu.cn
质 量 反 馈： 010-62772015，zhiliang@tup.tsinghua.edu.cn
印 装 者： 北京建宏印刷有限公司
经　　销： 全国新华书店
开　　本： 185mm×260mm　**印　张：** 19　**插　页：** 1　**字　　数：** 475 千字
版　　次： 2015 年 3 月第 1 版　　**印　　次：** 2018 年 8 月第 2 次印刷
定　　价： 39.80 元

产品编号：062088-01

前　　言

随着计算机应用领域的不断扩展，计算机网络已渗透到工作与学习的方方面面。计算机网络不仅为工作和学习提供了许多的帮助，而且还提高了生产效率，拉近了人与人之间的距离。本书针对初学者的需求，将计算机网络组建与管理的相关资料加以收集、整理和测试，精心筛选出其中最基础和最实用的网络基础知识和组建方案，通过简洁明了的文字、通俗易懂的语言和翔实生动的应用案例，详细介绍了计算机网络的基础知识，以及常用局域网的组建方法和实用技巧。

为了帮助用户更好地理解计算机网络的原理和相关知识，本书还在每章添加了该类技术的操作练习，并配以相应的习题。所以，本书非常适合计算机初学者使用，也可作为各类院校相关专业的教材。

1．本书内容介绍

全书共分为 12 章，各章内容概括如下：

第 1 章：全面介绍了计算机网络概述，包括计算机网络的产生与发展、因特网概述、计算机网络的基本特性、计算机网络的分类、网络的拓扑结构、计算机网络的体系结构等基础知识；第 2 章：全面介绍了物理和数据链路层，包括物理及物理层通信、复用技术和通信方式、数据链路层设计要点、点对点协议、使用广播信道的数据链路层等基础知识。

第 3 章：全面介绍了网络层，包括网络层设计要点、网际协议、子网掩码、地址解析协议和逆地址解析协议、IPv6 协议及寻址等基础知识；第 4 章：全面介绍了传输层，包括传输层概述、用户数据报协议、传输控制协议、流量控制、TCP 拥塞控制等基础知识。

第 5 章：全面介绍了应用层，包括应用层概述、域名系统、文件传输协议、远程终端协议、万维网、电子邮件等基础知识；第 6 章：全面介绍了网络设备与传输介质，包括网卡、交换机、路由器、双绞线、光纤等基础知识。

第 7 章：全面介绍了路由协议与路由选择，包括路由算法、网际控制报文协议、IP 路由选择协议、虚拟专用网络、网络地址转换等基础知识；第 8 章：全面介绍了组建对等网，包括对等网概述、连接物理设备、对等网的系统设置、设置共享设置、共享文件、共享打印机等基础知识。

第 9 章：全面介绍了组建家庭局域网，包括 Internet 的接入方式、网络布线方案、组网设备和工具、物理连接、连接到网络、设置无线路由器、家庭组共享资源、高级共享等基础知识；第 10 章：全面介绍了组建无线网络，包括无线网络概述、IEEE 802.11 标准、无线网络设备、无线网络的连接方式、无线广域网技术、创建无线 AP、共享 Internet 网络等基础知识。

第 11 章：全面介绍了计算机网络安全，包括网络威胁的分类、网络威胁产生的原因、网络安全的主要内容、网络安全策略、网络安全技术、防火墙、常见网络攻击技术等基础知识；第 12 章：全面介绍了计算机网络管理，包括网络管理概述、网络管理标准、网络管理协议、网络管理软件、网络故障分析与排除等基础知识。

2. 本书主要特色

- **系统全面** 本书提供了 20 多个应用案例，通过实例分析、设计过程讲解计算机网络组建与管理的应用知识，便于读者模仿、学习操作，同时方便教师组织授课。
- **课堂练习** 本书各章都安排了课堂练习，全部围绕实例讲解相关内容，灵活生动地展示了计算机网络组建与管理的各个应用知识点。课堂练习体现本书实例的丰富性，方便读者组织学习。每章后面还提供了思考与练习，用来测试读者对本章内容的掌握程度。
- **全程图解** 各章内容全部采用图解方式，图像均做了大量的裁切、拼合、加工，信息丰富，效果精美，阅读体验轻松，上手容易。

3. 本书使用对象

本书从计算机网络组建与管理的基础知识入手，全面介绍了计算机网络组建与管理面向应用的知识体系。本书适合作为高职高专院校学生学习使用，也可作为计算机办公应用用户深入学习计算机网络组建与管理的培训和参考资料。

参与本书编写的人员除了封面署名人员外，还有王翠敏、吕咏、常征、杨光文、冉洪艳、刘红娟、谢华、刘凌霞、张瑞萍、吴东伟、李乃文、陶丽、夏丽华、谢金玲、于伟伟、卢旭、王修洪等。由于时间仓促，水平有限，疏漏之处在所难免，敬请读者朋友批评指正。

编　者

目　录

第1章 计算机网络概述

随着科学的发展，当前社会已步入一个以数字化、网络化和信息化为核心的信息时代，而其中的计算机网络除了已经引起世界范围内产业结构的变化之外，还在各国的经济、文化、科研、军事、政治、教育和社会生活等各个领域发挥着越来越重要的作用。而在未来的信息化社会中，计算机网络会越来越完善，在成为信息社会发展的重要基础的同时，会对社会经济的发展产生不可估量的影响。在本章中，将详细介绍计算机网络的发展、类型、性能和体系结构等知识，以帮助用户详细了解并熟练掌握计算机网络的基础知识。

本章学习目的：

- 计算机网络的定义
- 计算机网络的产生
- 计算机网络的发展
- 因特网的发展历程
- 因特网的组成
- 计算机网络的基本性能
- 计算机网络的组成结构
- 计算机网络的分类
- 计算机网络的体系结构

1.1 计算机网络的产生与发展

计算机网络是计算机技术、通信技术和网络技术相结合的产物，是现代社会重要的基础设施，为人类获取和传播信息发挥了巨大的作用。

1.1.1 计算机网络的定义

计算机网络并没有一个比较精确的定义，广义的定义为：计算机网络是将地理位置不同、功能独立的多台计算机利用通信介质和设备互联起来，在遵循约定通信规则的前提下，使用功能完善的网络软件进行控制，从而实现信息交互、资源共享、协同工作和在线处理等功能的计算机复杂系统。

综上所述，计算机网络具备以下 3 个基本要素，且三者缺一不可。

❑ 不同地理位置、独立功能的计算机

在计算机网络中，每一台计算机都具有独立完成工作的能力，并且计算机可以不在同一个区域（如同一个校园、同一个城市、同一个国家等）。

提 示

在计算机网络中，既可以使用铜缆、光纤等有线传输介质，也可借助于微波、卫星等无线传输介质来实现多台计算机之间的互联。

❑ 计算机网络具有交互通信、资源共享及协同工作等功能

资源共享是计算机网络的主要目的，而交互通信则是计算机网络实现资源共享的重要前提。例如，以 Internet 为代表的计算机网络，用户可以传递文件、发布信息、查阅和获取资料信息等。

❑ 必须遵循通信规则

在计算机网络中，当计算机需要互相通信时，它们之间必须使用相同的语言。而这种语言既是通信的规则，也是一种通信协议。

1.1.2 计算机网络的产生

在计算机产生之前，人们就已经开始使用电报、电话来通信了。而世界上第一台电子计算机问世后，计算机和通信并没有什么关系，计算机一直以“计算中心”服务模式工作。

1954 年终端问世，人们用这种终端将穿孔卡片上的数据从电话线路上发送到远地的计算机。此后，又有了电传打字机，用户可在远地的电传打字机上输入程序，而计算出来的结果又可以从计算机传送到电传打字机打印出来。计算机与通信的结合展开了新的一页。

早在 1951 年，美国麻省理工学院林肯实验室就开始为美国空军设计称为 SAGE 的自动化地面防空系统。该系统最终于 1963 年建成，被认为是计算机和通信技术结合的先驱。

1966 年，罗伯茨开始全面负责 ARPA 网的筹建。经过近一年的研究，罗伯茨选择了一种名为 IMP（Interface Message Processor，接口报文处理机，是路由器的前身）的技术，来解决网络间计算机的兼容问题，并首次使用了“分组交换”（Packet Switching）作为网络间数据传输的标准。这两项关键技术的结合为筹建 ARPA 网奠定了重要的技术基础，创造了一种更高效、更安全的数据传递模式。

1968 年，一套完整的设计方案正式启用。同年，首套 ARPA 网的硬件设备问世。1969 年 10 月，罗伯茨完成了首个数据包通过 ARPA 网，由 UCLA（加州大学洛杉矶分校）出发，经过漫长的海岸线，完整无误地抵达斯坦福大学的实验室。

在这之后，罗伯茨还不断地完善 ARPA 网技术，从网络协议、操作系统再到电子邮件。1969 年 12 月，Internet 的前身——美国的 ARPA 网——投入运行，它标志着计算机网络的兴起。该计算机网络系统是一种分组交换网。分组交换技术使计算机网络的概念、结构和网络设计方面都发生了根本性的变化，并为后来的计算机网络打下了坚实的基础。

20 世纪 80 年代初，随着个人计算机的推广，各种基于个人计算机的局域网纷纷出台。这个时期计算机局域网系统的典型结构是在共享介质通信网平台上的共享文件服务器结构，即为所有联网个人计算机设置一台专用的可共享的网络文件服务器。每台个人计算机用户的主要任务仍在自己的计算机上运行，仅在需要访问共享磁盘文件时才通过网络访问文件服务器，体现了计算机网络中各计算机之间的协同工作。

由于这种网络使用比 PSTN（Public Switched Telephone Network，公共交换电话网络）速率高得多的同轴电缆、光纤等高速传输介质，使个人计算机网上访问共享资源的速率和效率大大提高。这种基于文件服务器的计算机网络对网内计算机进行了分工：个人计算机面向用户，计算机服务器专用于提供共享文件资源。所以它就形成了客户机/服务器模式。

计算机网络系统是非常复杂的系统，计算机之间相互通信涉及许多复杂的技术问题，为实现计算机网络通信，计算机网络采用的是分层解决网络技术问题的方法。但是，由于存在不同的分层网络系统体系结构，它们的产品之间很难实现互联。为此，在 20 世纪 80 年代早期，国际标准化组织 ISO 正式颁布了“开放系统互联基本参考模型”OSI 国际标准，使计算机网络体系结构实现了标准化。

20 世纪 90 年代，计算机技术、通信技术以及建立在计算机和网络技术基础上的计算机网络技术得到了迅猛的发展。特别是 1993 年美国宣布建立国家信息基础设施 NII（National Information Infrastructure，国家信息基础建设）后，许多国家纷纷制定和建立了本国的 NII，从而极大地推动了计算机网络技术的发展，使计算机网络进入了一个崭新的阶段。

目前，全球以美国为核心的高速计算机互联网络，即 Internet 已经形成。Internet 已经成为人类最重要的、最大的知识宝库。

1.1.3 计算机网络的发展

世界上公认的、最成功的第一个远程计算机网络是在 1969 年，由 ARPA（Advanced Research Projects Agency，美国高级研究计划署）组织研制成功。该网络称为 ARPANET，它就是现在 Internet 的前身。随着计算机网络技术的蓬勃发展，计算机网络的发展大致可划分为以下 4 个阶段。

1. 计算机技术与通信技术相结合（诞生阶段）

20 世纪 60 年代末，为计算机网络发展的萌芽阶段。该系统又称终端—计算机网络，是早期计算机网络的主要形式，它是将一台计算机经通信线路与若干终端直接相连。终端是一台计算机的外部设备包括显示器和键盘，无 CPU 和内存。其示意如图 1-1 所示。其主要特征是：为了增加系统的计算能力和资源共享，把小型计算机连成实验性的网络。

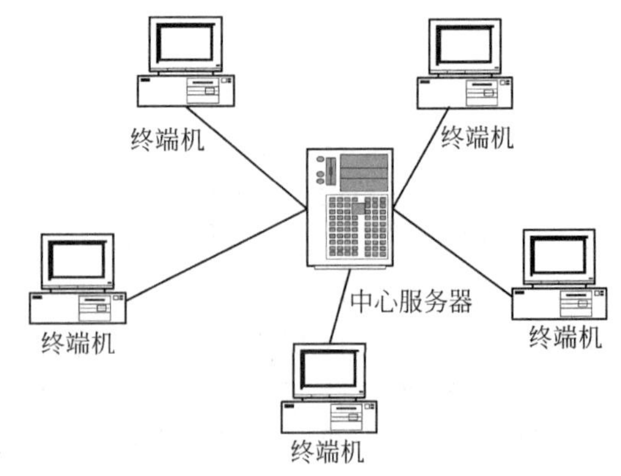

图 1-1 第一阶段的计算机网络

2. 计算机网络具有通信功能（形成阶段）

第二阶段的计算机网络是以多个主机通过通信线路互联起来，为用户提供服务，主机之间不是直接用线路相连，而是由接口报文处理机（IMP）转接后互联的。IMP 和它们之间互联的通信线路一起负责主机间的通信任务，构成了通信子网。

通信子网互联的主机负责运行程序，提供资源共享，组成了资源子网。这个时期，网络概念为“以能够相互共享资源为目的互联起来的具有独立功能的计算机之集合体”，这也形成了计算机网络的基本概念。第二阶段的计算机网络如图 1-2 所示。

两个主机间通信时对传送信息内容的理解、信息表示形式以及各种情况下的应答信号都必须遵守一个共同的约定，这个约定被称为协议。

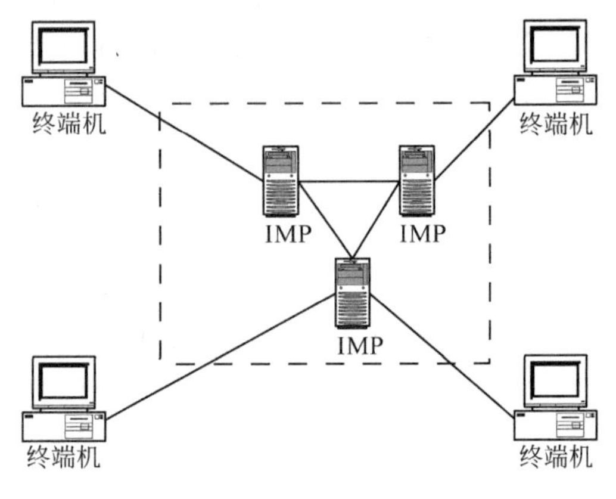

图 1-2 第二阶段的计算机网络

3. 计算机网络互联标准化（互联互通阶段）

计算机网络互联标准化是指具有统一的网络体系结构并遵循国际标准的开放式和标准化的网络。ARPANET 兴起后，计算机网络发展迅猛，各大计算机公司相继推出自己的网络体系结构及实现这些结构的软硬件产品。

由于没有统一的标准，不同厂商的产品之间互联很困难，人们迫切需要一种开放性的标准化实用网络环境，这就应运而生了两种国际通用的最重要的体系结构，即 TCP/IP 体系结构和国际标准化组织的 OSI 体系结构。

4. 计算机网络高速和智能化发展（高速网络技术阶段）

20 世纪 90 年代初至今是计算机网络飞速发展的阶段，其主要特征是：计算机网络化，协同计算能力发展以及全球互联网络（Internet）的盛行。计算机的发展已经完全与网络融为一体。目前，计算机网络已经真正进入社会的各行各业。

1.2 因特网概述

因特网（Internet）又称为互联网或国际网路，它是全球性的信息系统，成千上万的信息资源分布在遍布全球的数以百计的计算机上，由先进的通信网络连为一体，所有在网上的用户可以共享资源、自由交流。

因特网首先是一个通信网络，各计算机之间通过通信媒体、通信设备进行数字通信。在此基础上各计算机可以通过网络软件共享其他计算机上的硬件资源、软件资源和数据资源。

1.2.1 什么是因特网

因特网始于 1969 年美国的 ARPA 协定，是全球性的网络，也是一种公用信息的载体，是以一组通用的协议相连的网络与网络之间所串联成的庞大网络。由于因特网是世界上最大的互联网络，因此在了解因特网之前，还需要先了解一下网络的基本概念。

网络是由若干个结点和连接这些结点的链路组成，表示诸多对象及其相互联系。网络中的结点既可以为计算机，又可以为集线器、交换机或路由器等物理设备，如图 1-3 所示。通过图 1-3，用户可以发现该图是由计算机和集线器组成的一个简单的网络，其计算机和集线器表示结点，其间的连线则表示结点之间的链路。

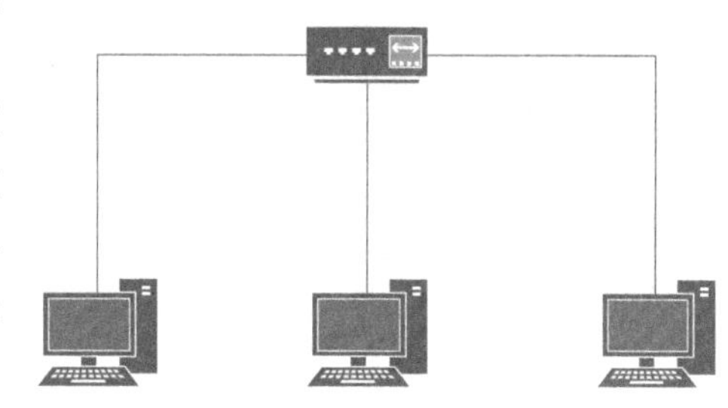

图 1-3 简单的网络

通过上述表述，可以发现网络是将多台计算机进行互联的一种物理网络，而这种网络和网络之间可以根据 TCP/IP 网络协议并通过路由器进行互联，由此一来便可以构成一个覆盖范围更广泛的网络，也就是因特网。

综上所述，因特网是将不同类型、不同规模、不同地址位置的物理网络连接为一个整体，从而实现资源共享。在中国，因特网被称为“中国公用计算机互联网（Chinanet)”，是全球因特网的一部分，也是全国各城市的接入点。

通过对因特网的了解，可以发现因特网具有下列 3 个要点：

- 因特网是全球性的网络。
- 因特网中的每台主机必须具有“地址”。
- 因特网中的每台主机必须使用共同的协议（规则）进行连接。

1.2.2 资源子网与通信子网

从计算机网络各组成部件的功能来看，各部件主要完成两种功能，即网络通信和资源共享。把计算机网络中实现网络通信功能的设备及其软件的集合称为网络的通信子网，而把网络中实现资源共享功能的设备及其软件的集合称为资源子网。

1．通信子网

通信子网（Communication Subnet，或子网）是由信息交换的结点计算机和通信线路组成的独立的通信系统，承担全网的数据传输、转接、加工和交换等通信处理工作。其中，通信子网通常定义在广域网范围，指由网络经营者拥有的路由器和通信线路的集合。

通信子网的设计一般有“点到点通道”和“广播通道”两种方式。通信子网的任务是在端结点之间传送报文，主要由结点和通信链路组成。通信子网主要包括中继器、集线器、网桥、路由器、网关等硬件设备。

2．资源子网

资源子网主要负责全网的信息处理数据处理业务，向网络用户提供各种网络资源和网络服务。为网络用户提供网络服务和资源共享功能等，如图 1-4 所示。它主要包括网络中所有的主计算机、I/O 设备和终端、各种网络协议、网络软件和数据库等。

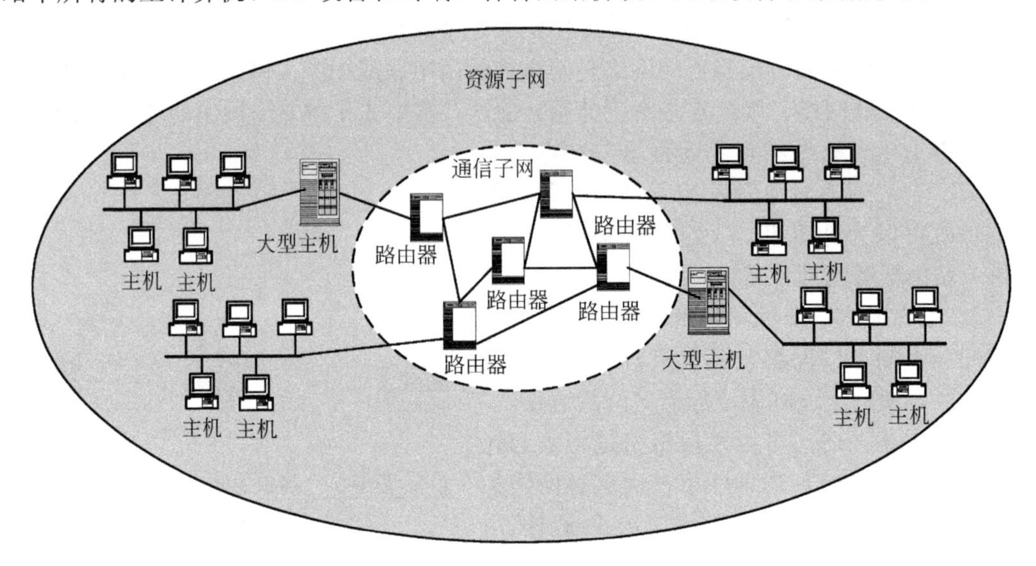

图 1-4　资源子网与通信子网

在局域网中，资源子网主要由网络的服务器、工作站、共享的打印机和其他设备及相关软件所组成。资源子网的主体为网络资源设备，包括：

- 用户计算机（也称工作站）;
- 网络存储系统;
- 网络打印机;
- 独立运行的网络数据设备;
- 网络终端;
- 服务器;
- 网络上运行的各种软件资源;
- 数据资源等。

主计算机系统简称主机（Host），可以是大型机、中型机、小型机。主机是资源子网的主要组成单元，它通过高速通信线路与通信子网的通信控制处理机相连接。普通用户终端通过主机连入网内。主机要为本地用户访问网络其他主机设备和资源提供服务，同时为远程服务用户共享本地资源提供服务。

终端（Terminal）是用户访问网络的界面。终端可以是简单的输入、输出终端，也可以是带有微处理机的智能终端。终端可以通过主机连入网内，也可以通过终端控制器、报文分组组装与拆卸装置或通信控制处理机连入。

1.3 计算机网络的性能和类型

计算机网络在资源共享、数据传输、分布式处理、高可靠性、高性价比和易扩充性等方面所具有的特殊优势，使得它在各个领域、各个行业获得了越来越广泛的应用。下面，将详细介绍一下计算机网络的基本性能、组成结构、分类和拓扑结构。

1.3.1 计算机网络的基本性能

影响网络性能的因素有很多，如传输的距离、使用的线路、传输技术、带宽等。对用户而言，则主要体现在所获得的网络速度不一样。计算机网络的主要性能指标是指带宽、吞吐量和时延。

1. 带宽

在局域网和广域网中，都使用带宽（Bandwidth）来描述它们的传输容量。带宽本来是指某个信号具有的频带宽度。带宽的单位为赫兹（Hz）。

在通信线路上传输模拟信号时，将通信线路允许通过的信号频带范围称为线路的带宽（或通频带）。在通信线路上传输数字信号时，带宽就等同于数字信道所能传输的“最高数据率”。

数字信道传输数字信号的速率称为数据率或比特率，其单位是比特每秒（bit/s），即通信线路每秒所能传输的比特数。例如，目前以太网的带宽有 100Mb/s、1000Mb/s 和 10Gb/s 等几种类型。

2. 吞吐量

吞吐量（Throughout）是指一组特定的数据在特定的时间段，经过特定的路径所传输的信息量的实际测量值。由于诸多原因使得吞吐量常常远小于所用介质本身可以提供的最大数字带宽。决定吞吐量的因素主要有：

- ❑ 网络互联设备；
- ❑ 所传输的数据类型；
- ❑ 网络的拓扑结构；
- ❑ 网络上的并发用户数量；
- ❑ 用户的计算机；
- ❑ 服务器；
- ❑ 拥塞。

3. 时延

时延（Delay 或 Latency）是指一个报文或分组从一个网络（或一条链路）的一端传输到另一端所需的时间。通常来讲，时延是由以下几个不同的部分组成的。

- ❑ **发送时延** 发送时延是结点在发送数据时，使数据块从结点进入传输介质所需的时间。也就是从数据块的第一个比特开始发送算起，到最后一个比特发送完毕所需的时间，又称为传输时延，其计算机公式表示为：发送时延=数据帧长度(bit)/信道带宽(bit/s)。

- **传播时延**　传播时延是指电磁波在信道上，需要传播一定的距离而花费的时间，其计算公式表示为：传播时延=信道长度(m)/传播速率(m/s)。
- **处理时延**　处理时延是指数据在交换结点为存储转发，而进行一些必要的处理所花费的时间。

1.3.2　计算机网络的组成结构

一个大型的计算机网络是一个复杂的系统。例如，现在所使用的 Internet 网络。它是一个集合计算机软件系统、通信设备、计算机硬件设备以及数据处理能力为一体的，能够实现资源共享的现代化综合服务系统。一般网络系统的组成可分为硬件系统、软件系统和网络信息 3 部分。

1．硬件系统

硬件系统是计算机网络的基础，硬件系统由计算机、通信设备、连接设备及辅助设备组成，通过这些设备的组成形成了计算机网络的类型。

- **服务器（Server）**

在计算机网络中，核心的组成部分是服务器。服务器是计算机网络中向其他计算机或网络设备提供某种服务的计算机，并按提供的服务被冠以不同的名称，如数据库服务器、邮件服务器等。

常用的服务器有文件服务器、打印服务器、通信服务器、数据库服务器、邮件服务器、信息浏览服务器和文件下载服务器等。

例如，文件服务器是存放网络中的各种文件，运行的是网络操作系统，并且配有大容量磁盘存储器。文件服务器的基本任务是协调处理各工作站提出的网络服务请求。一般影响服务器性能的主要因素包括：处理器的类型和速度、内存容量的大小和内存通道的访问速度、缓冲能力、磁盘存储容量等，在同等条件下，网络操作系统的性能起决定作用。

而打印服务器是接收来自用户的打印任务，并将用户的打印内容存放到打印队列中，当队列中轮到该任务时，送打印机打印。

通信服务器是负责网络中各用户对主计算机的通信联系，以及网与网之间的通信。

- **客户机（Client）**

客户机是与服务器相对的一个概念。在计算机网络中享受其他计算机提供的某种服务的计算机就称为客户机。

- **网卡**

网卡是安装在计算机主机板上的电路板插卡。它又称网络适配器，或者网络接口卡（Network Interface Board）。网卡的作用是将计算机与通信设备相连接，负责传输或者接收数字信息。

- **调制解调器**

调制解调器（Modem）俗称“猫”，是一种信号转换装置，它可以将计算机中传输的数字信号转换成通信线路中传输的模拟信号；或者将通信线路中传输的模拟信号转换成数字信号。

通常，将数字信号转换成模拟信号，称为“调制”过程；将模拟信号转换成数字信号，称为“解调”过程。

调制解调器的作用是将计算机与公用电话线相连，使得现有网络系统以外的计算机用户，能够通过拨号的方式利用公用事业电话网访问远程计算机网络系统。

❑ 集线器

集线器是局域网中常用的连接设备，它有多个端口，可以连接多台本地计算机。

❑ 网桥

网桥（Bridge）也是局域网常用的连接设备。网桥又称“桥接器”，是一种在链路层实现局域网互联的存储转发设备。

❑ 路由器

路由器是互联网中常用的连接设备，它可以将两个网络连接在一起，组成更大的网络。路由器可以将局域网与 Internet 互联。

❑ 中继器

中继器可用来扩展网络长度。中继器的作用是在信号传输较长距离后，进行整形和放大，但不对信号进行校验处理等。

2. 软件系统

网络系统软件包括网络操作系统和网络协议等。网络操作系统是指能够控制和管理网络资源的软件，由多个系统软件组成，在基本系统上有多种配置和选项可供选择，使得用户可根据不同的需要和设备构成最佳组合的互联网络操作系统。网络协议保证网络中两台设备之间正确传送数据。

3. 网络信息

计算机网络上存储、传输的信息称为“网络信息”。网络信息是计算机网络中最重要的资源，它存储于服务器上，由网络系统软件对其进行管理和维护。

1.3.3 计算机网络的分类

计算机网络经过多年的发展和变化，各个网络所采用的网络技术、传输介质、通信方式等各方面已经变得多种多样。因此，了解计算机网络的分类方法、类型特征和应用范围便成为人们掌握网络技术、学习网络知识的基础。

1. 根据网络的覆盖范围分类

根据网络所覆盖地理范围的不同，可以将计算机网络分为 LAN（Local Area Network，局域网）、MAN（Metropolitan Area Network，城域网）和 WAN（Wide Area Network，广域网）3 种类型，如图 1-5 所示。

由于该分类方式能够从数据传输方式、传输介质及技术等多方面全面地反映网络特征，因此已经成为目前较为流行的计算机网络分类方式。

❑ 局域网

局域网是一种在有限的地理范围内构成的规模相对较小的计算机网络，其覆盖范围通常小于 20km。例如，将一座大楼或一个校园内分散的计算机连接起来的网络都属于局域网。

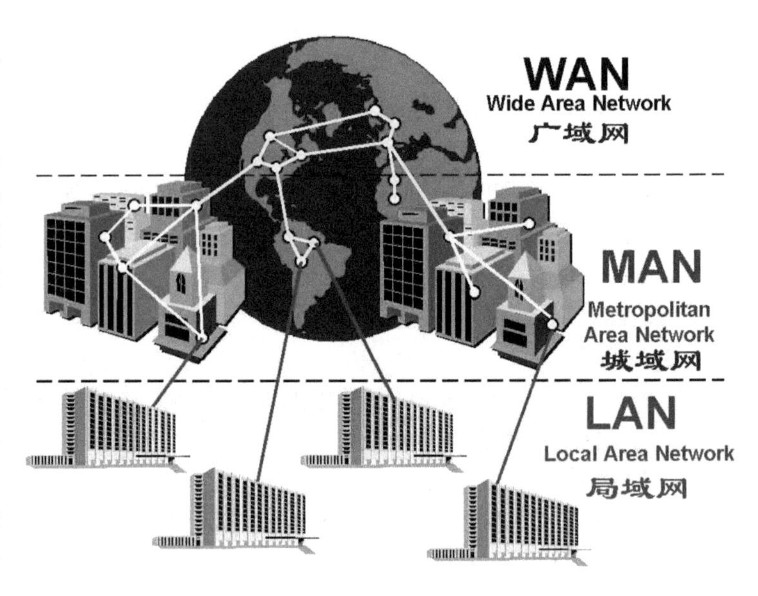

图 1-5 根据网络覆盖范围分类

局域网的特点是网络内不同计算机间的分布距离较近、连接费用低、数据传输可靠性高等，并且组建网络较为方便，是目前计算机网络中发展最为活跃的分支。

❑ 城域网

城域网的网络覆盖范围通常为一个城市或地区，距离从几十千米到上百千米，通常包含有若干个彼此互联的局域网。城域网通常由不同的系统硬件、软件和通信传输介质构成，从而使不同类型的局域网能够有效地共享资源。

城域网的特点是传输介质相对复杂、数据传输距离相对局域网要长、信号容易受到外界因素的干扰，组建网络较为复杂、成本较高。

❑ 广域网

广域网是指能够将众多的城域网、局域网连接起来，实现计算机远距离连接的超大规模的计算机网络。广域网的联网范围极大，通常从几百千米到几万千米，其范围可以是市、地区、省、国家，及至整个世界。

广域网的特点是传输介质极为复杂，并且由于传输距离较长，使得数据的传输速率较低、容易出现错误，所以采用的技术最为复杂。

2. 根据网络是传输介质分类

根据网络所采用的传输介质，可以将计算机网络分为有线网、光纤网和无线网 3 种类型。

❑ 有线网

有线网主要是指采用双绞线来连接的计算机网络。双绞线的价格便宜，安装方便且较为灵活，是目前局域网内最常见的传输介质。双绞线的缺点是容易受到干扰，且传输距离比同轴电缆要短。

❑ 光纤网

光纤网采用光导纤维作为传输介质，其特点是传输距离长、传输率高、抗干扰能力强，且不会受到电子监听设备的监听，是高安全性网络的理想选择。但由于光纤的成本较高，且需要高水平的安装技术，因而常用于网络的主干部分。

注 意

光纤网也是有线网的一种，但由于光纤网采用光信号实现数据的传输，不同于同轴电缆或双绞线使用电信号作为数据载体的方式，因此将其单独列出。

❑ 无线网

这是一种采用电磁波作为载体来实现数据传输的网络类型。目前，无线联网的费用较高，因此还不太普及。但由于无线网能够将信号传播至很多有线传输介质无法到达的位置，且联网方式较为灵活，因此是一种很有前途的网络类型。

3．根据网络的交换方式分类

按照计算机网络的交换方式，可以将计算机网络分为电路交换网、报文交换网和分组交换网 3 种类型。

❑ 电路交换网

电路交换最早出现在电话系统中，是早期计算机网络经常采用的数据传输方式。在电路交换网中，数字信号必须转换为模拟信号后才能进行联机传输。

❑ 报文交换网

报文交换网是一种数字化网络。当通信开始时，数据发送者会将包含有数据及目的地址的报文发送至交换机内，而交换机则根据报文的目的地址选择合适的路径以完成报文的发送。

❑ 分组交换网

分组交换是在报文交换的基础上，将不定长的报文划分为定长的报文分组，以分组作为传输的基本单位。这不仅简化了对计算机存储器的管理，也加快了信息在网络内的传播速度。与上面的两种交换方式相比，由于分组交换具有许多优点。已经成为目前计算机网络内主要的数据传输方式。

4．根据网络的通信方式分类

根据网络通信方式的不同，可以将计算机网络分为广播式传输网络和点到点传输网络两种类型。

❑ 广播式传输网络

广播式传输网络的特点是网络内的所有计算机共享一个通信信道，即数据在公用介质内进行传输，因此所有计算机都能够接收到网络内的数据，大大降低了网络的安全性能。此外，共享公用介质还使得同一时间内只能有一台计算机发送信息，因此该类型网络的数据传输效率较低。

❑ 点到点传输网络

点到点传输网络是指数据以点到点的方式在计算机或通信设备内进行传输。与广播式传输网络不同的是，点到点传输网络内的每条物理线路连接一对计算机（或通信设备），极大地提高了网络的数据传输效率。

5．根据网络的服务方式分类

按照计算机在网络内所扮演角色的不同，可以将计算机网络分为客户机/服务器网络和对等网两种类型。

❑ 客户机/服务器网络

这是一种由客户机向服务器发出请求并以此获得服务的网络形式，是一种较为常用且比较重要的网络类型，不仅适合于同类型的计算机进行联网，也适合于不同类型的计算机联网（如 IBM 兼容机和 MAC 机的混合联网等），其结构如图 1-6 所示。

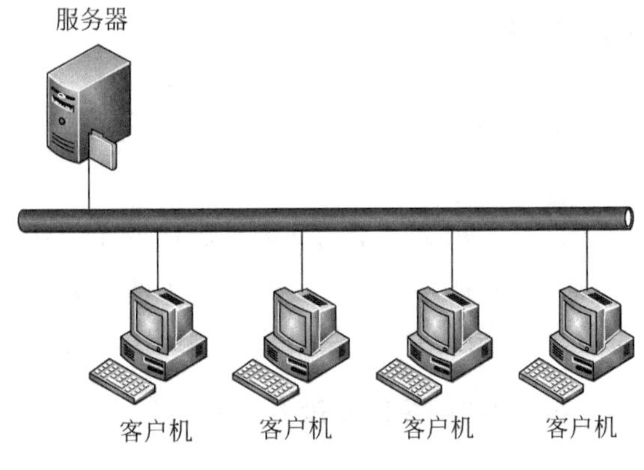

图 1-6 客户机/服务器网络示意

客户机/服务器网络的特点是网络内至少要有一台专用服务器，且所有的客户机都必须以服务器为中心，由服务器统一进行管理。

在客户机/服务器网络中，由于不同计算机的权限和优先级已经确定，因此比较容易实现网络的规范化管理，且安全性能够得到保证。客户机/服务器网络的缺点是网络的安装和维护较为困难；并且网络的性能受到服务器性能和客户机数量的影响，当服务器性能较差或客户机数量较多时，网络性能将严重下降。

提 示

目前，银行、证券公司采用的大都是客户机/服务器网络，其网络内使用的服务器也都是针对该类型网络进行性能优化后的专用服务器。

❑ 对等网

对等网的特征是网络内不需要专用的服务器，相互间是一种平等关系。在对等网中，每台接入网络的计算机即是服务器也是客户机，拥有绝对的自主权。例如，不同计算机之间实现互访，进行文件交换或使用其他计算机上的共享打印机等，如图 1-7 所示。

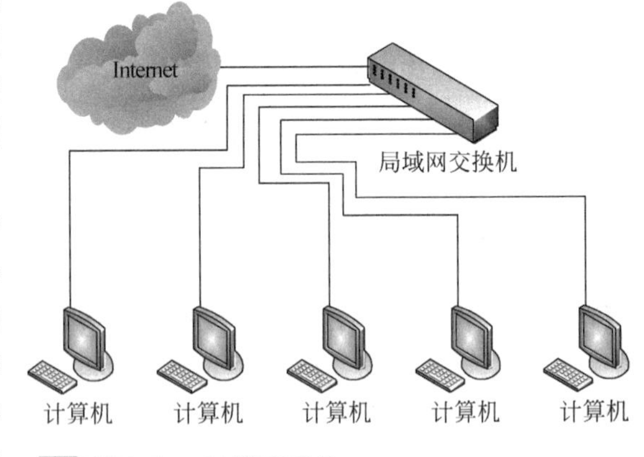

图 1-7 对等网示意

对等网络的特点是网络组建和维护都较为容易、使用简单、可灵活扩展，并且由于不需要价格昂贵的专用服务器，因而可以实现低成本组建网络。但是，对等网络的灵活性使得数据的保密性差，文件的存储较为分散，并且很难实现资源的集中管理。

1.3.4 网络的拓扑结构

拓扑（Topology）是一种不考虑物体的大小、形状等物理属性，而仅仅使用点或线描述多个物体实际位置与关系的抽象表示方法。拓扑不关心事物的细节，也不在乎相互的比例关系，而只是以图的形式来表示一定范围内多个物体之间的相互关系。

在实际生活中，计算机与网络设备要实现互联，就必须使用一定的组织结构进行连接，而这种组织结构就叫做“拓扑结构”。

网络拓扑结构形象地描述了网络的安排和配置方式，以及各种结点和结点之间的相互关系，通俗地说，“拓扑结构”就是指这些计算机与通信设备是如何连接在一起的。可以说，了解网络的拓扑结构是认识网络的基础，也是设计、组建计算机网络时必须考虑的问题。

网络拓扑结构主要有星型结构、环线型结构、总线型结构和树型结构等几种类型。

1. 星型拓扑结构

星型拓扑是以中央结点为中心，其他各结点与中央结点通过点与点的方式进行连接。例如，使用集线器组建而成的局域网便是一种典型的星型结构网络，如图 1-8 所示。

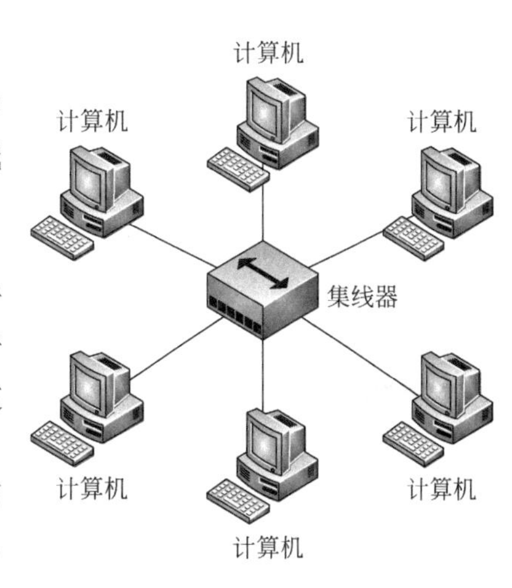

图 1-8 星型拓扑结构

在星型拓扑结构中，由于任何两台计算机要进行通信都必须经过中央结点。因此，中央结点需要执行集中式的通信控制策略，以保证网络的正常运行，这使得中央结点的负担往往较重。

该结构的优点是网络结构简单、便于集中控制与管理、组网较为容易；其缺点是网络的共享能力较差、通信线路的利用率较低，且中央结点负担较重，一旦出现故障便会导致整个网络的瘫痪。

提 示

根据中央结点设备的不同，星型网络能够使用双绞线和光纤作为传输介质，也可以将两种传输介质混合使用。

2. 环型拓扑结构

环型网内的各结点通过环路接口连在一条首尾相连的闭合环型通信线路中，其结构如图 1-9 所示。

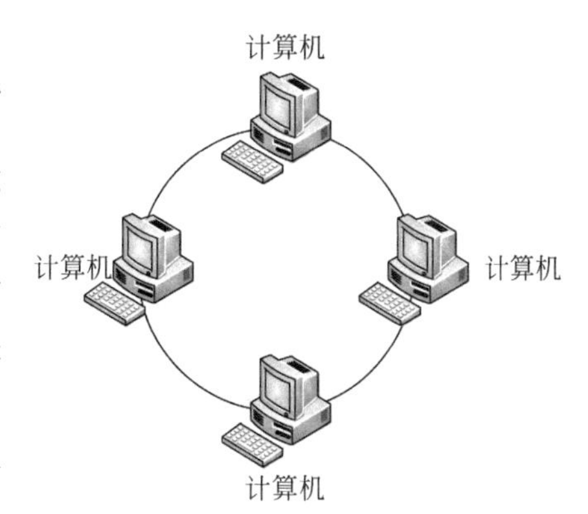

图 1-9 环型拓扑结构

在环型网络中，一个结点发出的信息会穿越环内的所有环路接口，并最终流回至发送该信息的环路接口。而在这一过程中，环型网内的各结点（信息发送结点除外）通过对比信息流内的目的地址来决定是否接收该信息。

该拓扑结构的优点是由于信息在网络内沿固定方向流动，并且两个结点间仅有唯一的通路，简化了路径选择的控制。其缺点是由于使用串行方式传递信息，所以当网络内的结点过多时，将严重影响数据传输效率，使网络响应时间变长。此外，环型网络的扩展较为麻烦。

提 示

环型网是局域网内较为常用的拓扑结构之一，较为适合信息处理系统和工厂自动化系统。在众多的环型网络中，由 IBM 公司于 1985 年推出的令牌环网（IBM Token Ring）是环型网络的典范。

3．总线型拓扑结构

使用一条中央主电缆将相互间无直接连接的多台计算机联结起来的布局方式，称为总线型拓扑，其中的中央主电缆便称为“总线”，其结构如图 1-10 所示。

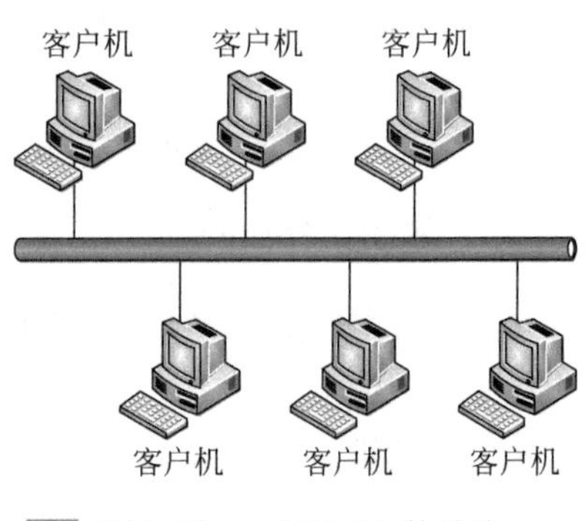

图 1-10 总线型拓扑结构

在总线型网络中，所有计算机都必须使用专用的硬件接口直接连接在总线上，任何一个结点的信息都能沿着总线向两个方向进行传输，并且能被总线上的任何一个结点所接收。由于总线形网络内的信息向四周传播，类似于广播电台，因此总线型网络也被称为广播式网络。

提 示

总线型网络只能使用同轴电缆作为传输介质。并且，为了避免传输至总线两端的信号反射回总线产生不必要的干扰，总线两端还需要分别安装一个与总线阻抗相匹配的终结器（末端阻抗匹配器，或称终止器），以最大限度地吸收传输至总线端部的能量。

4．树型拓扑结构

树型结构是一种层次结构，由最上层的根结点和多个分支组成，各结点按层次进行连接，数据交换主要在上下结点之间进行，相邻结点或同层结点之间一般不进行数据交换，其结构如图 1-11 所示。

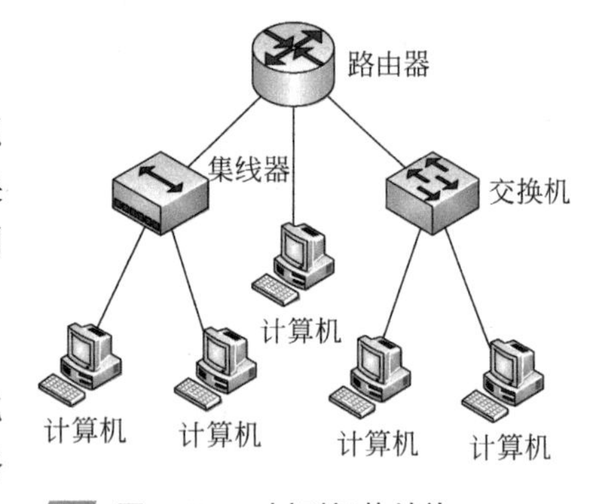

图 1-11 树型拓扑结构

树型拓扑结构的优点是连接简单，维护方便。树型拓扑结构的缺点是资源共享能力较弱，可靠性比较差，任何一个结点或链路的故障都会影响整个网络的运行，并且对根结点的依赖过大。

注 意

在组建树型网络的过程中，分支与分支间不能相互联接，以避免因环路而产生的网络错误。

1.4 计算机网络的体系结构

计算机网络的体系结构是指整个网络系统的逻辑结构和功能分配，定义和描述了计算机与通信设备之间互联的标准和规范集合。遵循这些标准和规范能够方便地实现计算机与通信设备之间的通信。

1.4.1 网络体系结构概述

OSI/RM（Open System Interconnection Reference Model，开放系统互联参考模型）是由国际标准化组织（ISO）提出和定义的网络体系结构，是一种用于连接异构系统的分层模型，为分布应用处理开放系统提供了基础。

OSI 参考模型采用分层的结构化技术，共分为 7 层，从下至上依次为：物理层、数据链路层、网络层、传输层、会话层、表示层和应用层。其中下面 3 层（即物理层、数据链路层、网络层）依赖两台通信计算机连接在一起所使用的数据通信网相关协议，来实现通信子网的功能；上面 3 层（会话层、表示层、应用层）面向应用，由本地操作系统提供一套服务，来实现资源子网的功能；中间的传输层建立在由下面 3 层提供服务的基础上，为面向应用的上面 3 层提供网络信息交换服务。图 1-12 所示为 OSI 参考模型网络体系结构。

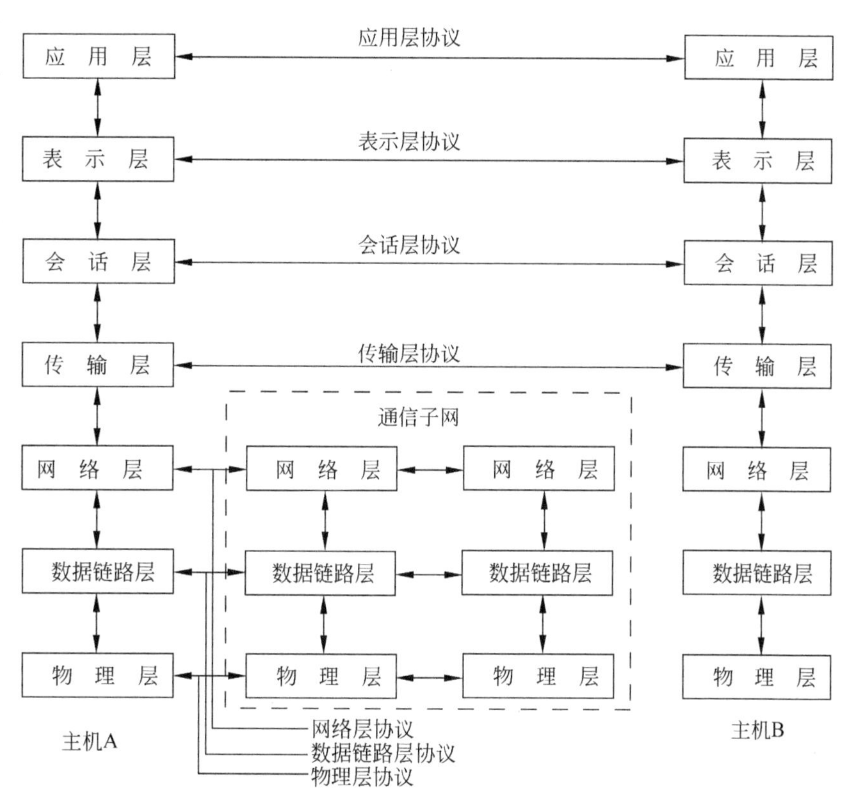

图 1-12 OSI 参考模型

OSI 参考模型确立了网络互联合作的新格局，并不断演进以适应网络技术的发展。其 OSI 参考模型具有以下特性。

- 是一种异构系统互联的分层结构。
- 提供了控制互联系统交互规则的标准框架。
- 定义一种抽象结构，而并非具体实现的描述。
- 不同系统上的相同层的实体称为同等层次实体，同等层实体之间通信由该层的协议管理。
- 相邻层间的接口定义了原语操作和低层向上层提供的服务。
- 所提供的公共服务是面向连接和无连接的数据服务。

- ❑ 底层能够直接传输数据。
- ❑ 各层相互独立，每层完成所定义的功能，修改本层的功能不影响其他层。

在 OSI 参考模型中交换数据，首先由发送端的发送进程将数据交给应用层，应用层在数据的前面加上该层控制和识别信息，并将其传送到表示层。该过程一直重复到物理层，并由传输介质把数据传送到接收端，在接收进程所在计算机中，信息向上传送，各层的控制和识别信息逐层去掉，最后数据被送到接收进程。图 1-13 所示为 OSI 参考模型中数据传输过程。

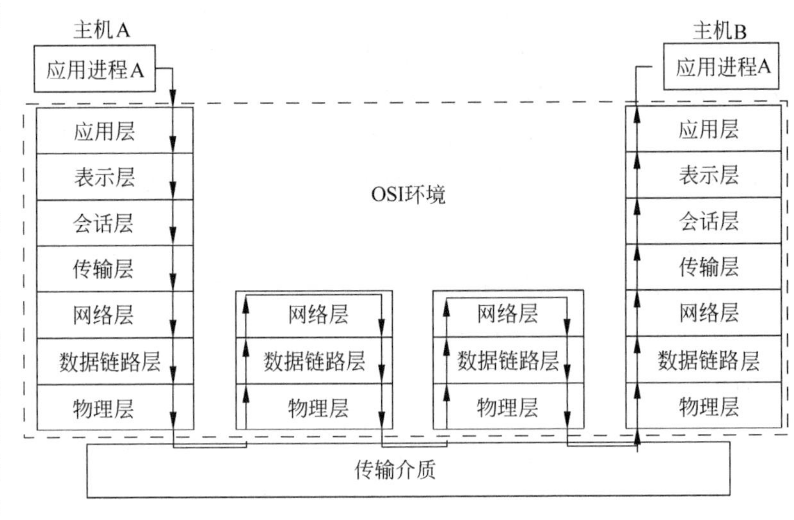

图 1-13 OSI 参考模型中数据传输

在图 1-14 中，实线表示数据的实际传递，虚线表示数据的虚拟传递。如果主机 A 需要将数据从其应用进程发送到主机 B 的应用进程，其数据传输过程如下。

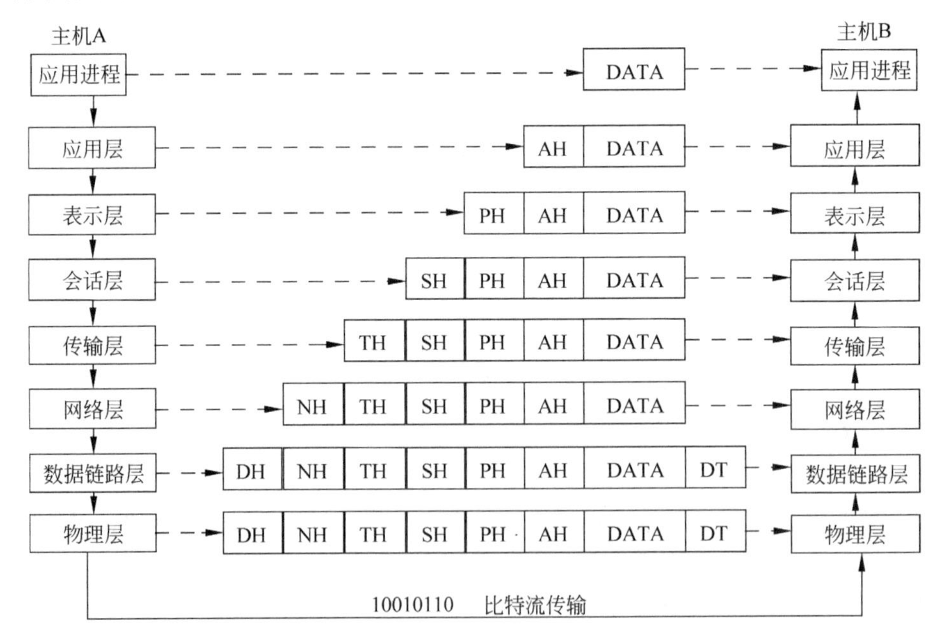

图 1-14 数据传输

在主机 A 的发送进程中，首先需要将数据送到应用层，加上应用层协议要求的控制信息 AH（AH 表示应用层控制信息），形成应用层的协议数据单元；再将应用层的协议数据单元传到表示层，形成表示层的服务数据单元，加上表示层的协议控制信息 PH（PH 表示表示层控制信息），形成表示层的协议数据单元。

表示层的协议数据单元传到会话层，形成会话层的服务数据单元，加上会话层协议要求的控制信息 SH（SH 表示会话层控制信息），形成会话层的协议数据单元。依此类推，到达数据链路层后形成帧。数据链路层的协议控制信息分为两部分，分别为控制头部信息和尾部信息；将帧传到物理层，不再加任何控制信息，转换成比特流，并通过传输介质将其传送到主机 B 的物理层。

各层的协议控制信息，因协议和传送内容不同，分别有不同的内容和格式要求。主机 B 的物理层将比特流传给数据链路层，将帧中的控制头部信息和尾部信息去掉，形成网络层的协议数据单元。

然后，去掉网络层协议控制信息 NH（NH 表示网络层控制信息），形成网络层的服务数据单元。依此类推，直到数据传送到主机 B 的应用进程。

1.4.2 协议与划分层次

在 OSI 参考模型中，采用了分层的结构技术，并将 OSI 划分为 7 层。下面来学习 OSI 参考模型各层的功能。

1. 物理层（Physical Layer）

物理层是 OSI 参考模型的底层，它建立在传输介质基础上，利用物理传输介质为数据链路层提供物理连接，实现比特流的透明传输。

在物理层所传输数据的单位是比特，该层定义了通信设备与传输线接口硬件的电气、机械以及功能和过程的特性。物理层定义了传输通道上的电气信号以及二进制位是如何转换成电流、光信号或者其他物理形式。串行线路是物理层的一个实例。

在 OSI 参考模型中，底层直接为上层提供服务，所以当数据链路层发出请求，在两个数据链路实体间要建立物理连接时，物理层应能立即为它们建立相应的物理连接。当物理连接不再需要时，物理层将立即拆除。

物理层的主要功能是在物理介质上传输二进制数据比特流；提供为建立、维护和拆除物理连接所需要的机械、电气和规程方面的特性。

2. 数据链路层（Data Link Layer）

数据链路层的主要功能是如何在不可靠的物理线路上进行数据的可靠传输。数据链路层完成的是网络中相邻结点之间可靠的数据通信。

为了保证数据的可靠传输，发送方把用户数据封装成帧，并按顺序传送各帧。由于物理线路的不可靠，因此发送方发出的数据帧有可能在线路上发生出错或丢失（所谓丢失实际上是数据帧的帧头或帧尾出错）的情况，从而导致接收方不能正确接收到数据帧。

为了保证能让接收方对接收到的数据进行正确性判断，发送方为每个数据块计算出 CRC（循环冗余检验）并加入到帧中，这样接收方就可以通过重新计算 CRC 来判断数据接收的正确性。一旦接收方发现接收到的数据有错，则发送方必须重传这一帧数据。

然而，相同帧的多次传送也可能使接收方收到重复帧。例如，接收方给发送方的确认帧被破坏后，发送方也会重传上一帧，此时接收方就可能接收到重复帧。数据链路层必须解决由于帧的损坏、丢失和重复所带来的问题。

数据链路层要解决的另一个问题是防止高速发送方的数据把低速接收方“淹没”。因此需要某种信息流量控制机制使发送方得知接收方当前还有多少缓存空间。为了控制的方便，流量控制常常和差错处理一同实现。

3．网络层（Network Layer）

网络层的主要功能是完成网络中主机间的报文传输，其关键问题之一是使用数据链路层的服务将每个报文从源端传输到目的端。

数据在网络层被转换为数据分组，然后通过路径选择、流量、差错、顺序、进/出路由等控制，将数据从物理连接的一端传送到另一端，并负责点到点之间通信联系的建立、维护和结束。

网络层通过执行路由算法，为分组通过通信子网选择最适当的路径，不要执行拥塞控制与网络互联等功能，是 OSI 参考模型中最复杂的一层。

在广域网中，这包括产生从源端到目的端的路由，并要求这条路径经过尽可能少的 IMP（接口信息处理机）。如果在子网中同时出现过多的报文，子网可能形成拥塞，必须加以避免，此类控制也属于网络层的内容。

当报文不得不跨越两个或多个网络时，又会产生很多新问题。例如，第二个网络的寻址方法可能不同于第一个网络；第二个网络也可能因为第一个网络的报文太长而无法接收；两个网络使用的协议也可能不同。网络层必须解决这些问题，使异构网络能够互联。在单个局域网中，网络层是冗余的，因为报文是直接从一台计算机传送到另一台计算机的，因此网络层所要做的工作很少。

4．传输层（Transport Layer）

传输层的主要功能是为两个端系统（源站和目标站）的会话层之间建立一条传输连接，可靠、透明地传送报文，执行端—端差错控制、顺序和流量控制、管理多路复用等。本层提供建立、维护和拆除传送连接的功能，并保证网络连接的质量。它向高层屏蔽了下层数据通信的细节，因而是 OSI 网络参考模型中最需要的一层。

传输层要决定对会话层用户，最终对网络用户，提供什么样的服务，最好的传输连接是一条无差错的、按顺序传送数据的管道，即传输层连接是真正端到端的。换言之，源端机上的某进程，利用报文头和控制报文与目标机上的对等进程进行对话。在传输层下面的各层中，协议是每台机器与它直接相邻机器之间（主机—IMP、IMP-IMP）的协议，而不是最终的源端机和目标机之间（主机—主机）的协议。在它们中间，可能还隔着多个 IMP。即 1 至 3 层的协议是点到点的协议，而 4 至 7 层的协议是端到端的协议。

由于绝大多数主机都支持多用户操作，因而机器上有多道程序，这意味着多条连接将进出于这些主机，所以需要以某种方式区别报文属于哪条连接。识别这些连接的信息可以放入传输层的报文头中。除了将几个报文流多路复用到一条通道上，传输层还必须管理跨网连接的建立和拆除。这就需要某种命名机制，使机器内的进程能够讲明它希望交谈的对象。

另外，还需要有一种机制来调节信息流，使高速主机不会过快地向低速主机传送数据。尽管主机之间的流量控制与 IMP 之间的流量控制不尽相同，但是稍后读者将看到类似的原理对二者都适用。

5．会话层（Session Layer）

不参与具体的数据传输，但对数据传输的同步进行管理。它主要负责提供两个进程之间建立、维护和结束会话连接功能，同时对进程中必要的信息传送方式、进程间的同步以及重新同步进行管理。

会话层提供的服务之一是管理对话控制。会话层允许信息同时双向传输，或任意时刻只能单向传输。如果属于后者，类似于物理信道上的半双工模式，会话层将记录此时该轮到哪一方。一种与对话控制有关的服务是令牌管理（Token Management）。有些协议保证双方不能同时进行同样的操作，这一点很重要。为了管理这些活动，会话层提供了令牌，令牌可以在会话双方之间移动，只有持有令牌的一方可以执行某种关键性操作。

另一种会话层服务是同步。如果在平均每小时出现一次大故障的网络上，两台机器间要进行一次两小时的文件传输，想想会出现什么样的问题？出现的问题是每一次传输中途失败后，都不得不重新传送这个文件。当网络再次出现大故障时，可能又会半途而废。为了解决这个问题，会话层提供了一种方法，即在数据中插入同步点。每次网络出现故障后，仅仅重传最后一个同步点以后的数据。

6．表示层（Presentation Layer）

表示层解决在两个通信系统中交换信息时不同数据格式的编码之间的转换，语法选择，数据加密与解密及文本压缩等问题。

表示层以下各层只负责从源端机到目标机可靠地传送比特，而表示层负责的是所传送的信息的语法和语义。表示层服务的一个典型例子是用一种大家一致选定的标准方法对数据进行编码。大多数用户程序之间并非交换随机的比特，而是交换诸如人名、日期、货币数量和发票之类的信息。这些对象是用字符串、整型数、浮点数的形式，以及由几种简单类型组成的数据结构来表示。

网络上计算机可能采用不同的数据表示，所以需要在数据传输时进行数据格式的转换。例如，在不同的机器上常用不同的代码来表示字符串（ASCII 和 EBCDIC）、整型数（二进制反码或补码）以及机器字的不同字节顺序等。为了使不同数据表示法的计算机之间能够相互通信并交换数据，可以在通信过程中使用抽象的数据结构（如抽象语法表示 ASN.1）来表示传送的数据，而在机器内部仍然采用各自的标准编码。管理这些抽象数据结构，并在发送方将机器的内部编码转换为适合网上传输的传送语法以及在接收方做相反的转换等工作都是由表示层来完成的。

7．应用层（Application Layer）

应用层主要负责向用户提供各种网络应用服务，如文件传输、电子邮件、远程访问等。把进程中与对方进程通信的部分放入应用实体中，同时对各种业务内容的通信功能进行管理。

应用层包含大量人们普遍需要的协议，因为对于需要通信的不同应用来说，应用层的协议都是必需的。例如，个人计算机使用仿真终端软件，通过网络仿真某个远程主机的终端并使用该远程主机的资源。这个仿真终端程序使用虚拟终端协议将键盘输入的数据传送到主机的操作系统，并接收显示于屏幕的数据。

另外，当某个用户想要获得远程计算机上的一个文件拷贝时，他要向本机的文件传输软件发出请求，这个软件与远程计算机上的文件传输进程通过文件传输协议进行通信，这个协议主要处理文件名、用户许可状态和其他请求细节的通信。远程计算机上的文件传输进程使用其他特征来传输文件内容。

由于每个应用有不同的要求，应用层的协议集在ISO/OSI模型中并没有定义。但是，有些确定的应用层协议，如虚拟终端、文件传输和电子邮件等都可作为标准化的候选。

1.4.3 TCP/IP 的体系结构

TCP/IP参考模型，如同OSI参考模型，也是一种分层体系结构。它分为4层，由下至上，依次为网络接口层、互联网层、传输层和应用层。虽说TCP/IP参考模型与OSI参考模型一样采用层次结构概念，并对传输层定义了相似的功能，但两者在层划分与使用上有很大的区别。图1-15显示了TCP/IP参考模型与OSI参考模型的对应关系。

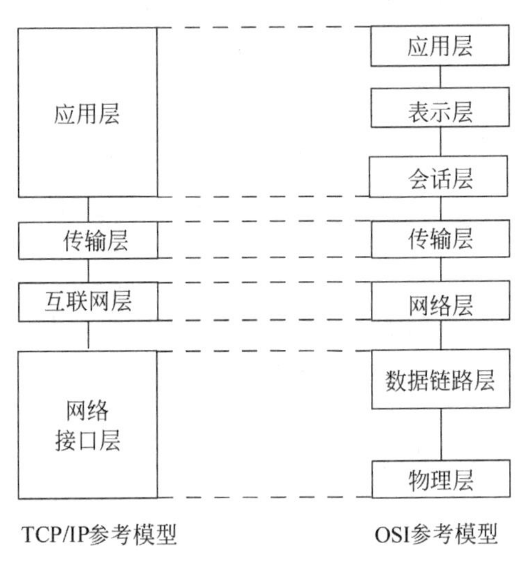

图 1-15 TCP/IP 参考模型与 OSI 参考模型的对应关系

1. 网络接口层

这是TCP/IP参考模型的底层，包括了能使用TCP/IP与物理网络进行通信的协议，且对应着OSI的物理层和数据链路层。它主要负责接收从互联网层传来的IP数据报，并将IP数据报通过底层物理网络发送出去，或者从底层物理网络上接收物理信号转换成数据帧，抽出IP数据报，交给互联网层。

提 示

在TCP/IP参考模型中，底层名称有很多，如链路层、网络访问层、主机—主机层、主机—网络层等。

2. 互联网层（IP 层）

互联网层主要处理计算机之间的通信。其主要功能包括以下3个方面。

- 处理来自传输层的分组发送请求。将分组封装到IP数据报中，填入数据报头，选择数据报到达目的主机的路径。然后，将数据报发送相应的网络接口，并进行数据传送。
- 处理接收数据报。接收到数据报，首先检测其正确性，然后决定是由本地接收该数据报，还是转发送相应的网络接口。
- 处理路径、流量控制、拥塞等问题，并且提供相应的差错报告。

3．传输层（TCP 层）

TCP/IP 参考模型的传输层作用与 OSI 参考模型的作用类似，即在源结点和目的结点两个实体之间提供可靠的端到端数据传输。传输层管理信息流，提供可靠的数据传输服务，以确保数据无差错地按序到达目的结点。

4．应用层

这是 TCP/IP 参考模型的高层，对应着 OSI 参考模型中的会话层、表示层和应用层。

用户调用应用程序来访问 TCP/IP 互联网络提供的多种服务，应用程序负责发送和接收数据，每个应用程序选择所需要的传送服务类型，可以是独立的报文序列，或者是连续的字节流。应用程序将数据按要求的格式传送给传输层。

1.5 思考与练习

一、填空题

1．计算机网络通常根据网络的覆盖和计算机之间互联的距离可分为__________、________、________和________4 类。

2．计算机网络发展经历了诞生阶段、形成阶段、__________和__________4 个阶段。

3．因特网（Internet）始于 1969 年美国的________协定，是全球性的网络，也是一种公用信息的________，是以一组通用的协议相连的________与________之间所串联成的庞大网络。

4．计算机网络按拓扑结构划分，可分为总线型网络、________、________、________几种类型。

5．计算机网络按传输介质划分，可分为________和________。

6．局域网是一种在小区域内使用的网络，其英文缩写为________。

二、选择题

1．若网络形状是由站点和连接站点的链路组成的一个闭合环，则称这种拓扑结构为________。

A．星型拓扑　　B．总线型拓扑
C．环型拓扑　　D．树型拓扑

2．计算机网络最基本的功能之一是________。

A．资源共享　　B．计算机通信
C．电子商务　　D．电子邮件

3．下面________不是网络的拓扑结构。

A．星型　　B．总线型
C．立方型　　D．环型

4．下列说法错误的是________。

A．网络互联是基础
B．网络互通是手段
C．网络协议要完全一致
D．资源共享是目的

5．下列网中不是按距离划分的是________。

A．广域网　　B．局域网
C．城域网　　D．公用网

6．计算机网络拓扑结构主要取决于它的________。

A．资源子网　　B．FDDI 网
C．通信子网　　D．城域网

三、问答题

1．什么是计算机网络？
2．计算机网络的分类有哪些？
3．什么是计算机网络的拓扑结构？
4．什么是通信子网和资源子网？各有什么作用？
5．计算机网络系统的组成是什么？

四、上机练习

1．查看本主机的 IP 地址

IP 协议是一种网络之间互联的协议，即为计算机网络相互联接进行通信而设计的协议。如果用户需要查看本机使用的 IP 地址，可以单击【开始】按钮，执行【运行】命令，在弹出的命令提示符窗口中，输入 ipconfig 命令，即可查看本机的 IP 地址，如图 1-16 所示。

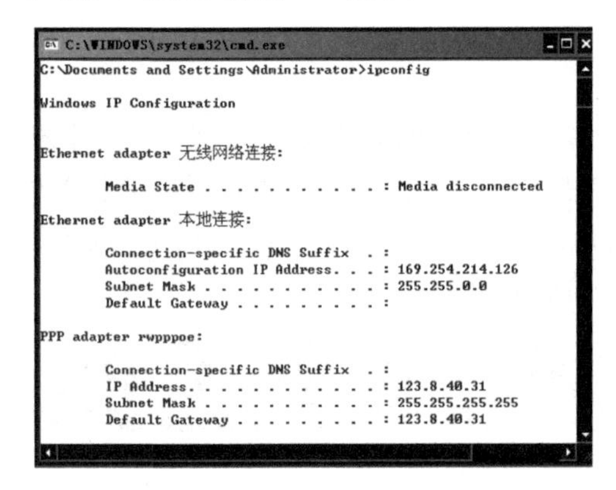

图 1-16 查看 IP 地址

2．检测网络的连通性

假设本机没有安装防火墙，若用户需要检测网络是否连通，可以单击【开始】按钮，执行【运行】命令，在弹出的命令提示符窗口中，输入“ping www.bnu.edu.cn”命令，并按 Enter 键。根据反馈信息，可以确定网络是否连通，如图 1-17 所示。

图 1-17 检测网络的连通性

第 2 章 物理和数据链路层

物理层位于 OSI/RM 参考模型中的底层，其主要功能是将原始数据以比特流方式从一台计算机传输到另一台计算机；而数据链路层是 OSI 参考模型中的第二层，介乎于物理层和网络层之间，在物理层提供的服务的基础上向网络层提供服务，其最基本的服务是将源端网络层传来的数据可靠地传输到相邻结点的目标端网络层。在本章中，将详细介绍一些物理层和数据链路层的基础知识，以帮助用户充分了解并掌握计算机网络中的一些最基础的知识点。

本章学习目的：

- 物理层的基本概念
- 数据通信系统的模型
- 多路复用技术
- 信道的通信方式
- 数据链路层设计要点
- PPP 协议的特性
- PPP 协议的帧格式
- PPP 协议的链路过程
- 使用广播信道的数据链路层

2.1 物理层及物理层通信

物理层是建立在通信介质的基础之上，实现其他层和通信介质之间的接口，并为接口定义机械的、电气的、功能的和规程的特性，以及确定比特流传输的代码格式、通信方式、同步方式等内容。理解物理层对于正确使用网络是非常重要的，因为物理层经常出现问题，从而导致网络故障的发生。但是，在网络中连接计算机的具体物理设备或者具体的传输介质并不属于物理层。

2.1.1 物理层的基本概念

物理层为传输二进制比特流数据而建立、连接、释放物理连接提供机械的、电气的、功能的、规程性的特性。这种物理连接可以通过中继系统，每次都在物理层内进行二进制比特流数据的编码传输。

物理层考虑的是如何在传输媒体上传输数据比特流，而不是传输媒体或物理设备本身。物理层的主要任务是确定与传输媒体的接口的4个特性。

- **机械特性** 接口的形状、尺寸、引线数目、排列顺序等。
- **电气特性** 接口电缆上各线的电压范围。
- **功能特性** 指明某条线上某一电平的电压代表何种意义。
- **规程特性** 指明各种可能事件的出现顺序。

物理层向上毗邻数据链路层，向下直接与传输介质相连接。它起着数据链路层和传输介质之间的逻辑接口作用。

而在通信子网中，可分为“点到点通信线路”和“广播信道”。其中广域网主要采用点到点通信线路；局域网与城域网一般采用广播信道。

这种物理连接允许进行全双工或者半双工的二进制比特传输的通信方式。物理层服务数据单元（即二进制比特流）的传输可通过同步方式进行。

2.1.2 数据通信系统的模型

通信的目的是传输信息，是将信息从信源发送到一个或多个目的地。

1. 模拟通信系统

在电通信系统中，消息的传递是通过电信号来实现的。首先，要把消息转换成电信号，经过发送设备，将信号送入信道。在接收端利用接收设备对接收信号做相应的处理后，送给信宿再转换为原来的消息。这一过程可用图2-1所示的通信系统一般模型来概括。

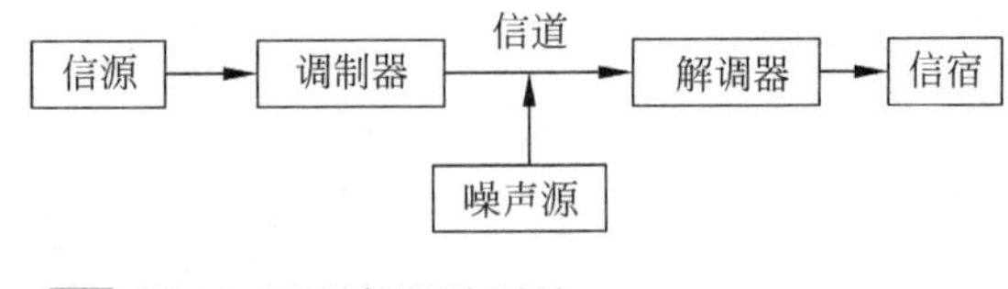

图2-1 模拟通信系统

2. 数字通信系统

数字通信系统是指利用数字信号传递数据的通信系统，它具有抗干扰能力强、可靠性高、保密强等特点。例如，计算机网络、数字电视网络都属于数字通信系统。

数字通信系统通常由信源、编码器、信道、解码器、信宿以及发送端和接收端时钟同步组成，如图2-2所示。

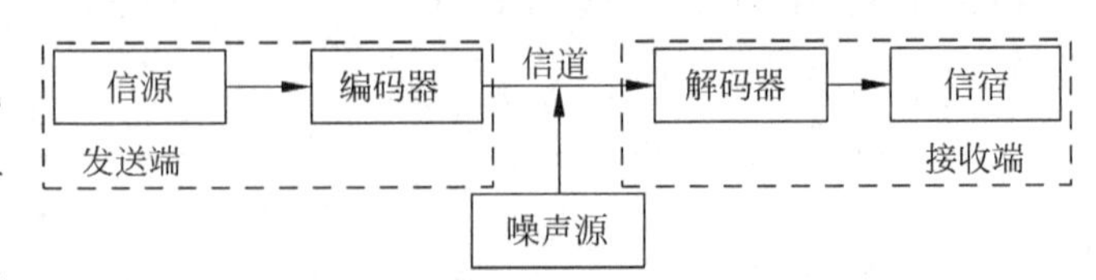

图2-2 数字通信系统

在数字通信系统中，发送端所产生的原始信号需要利用编码器进行编码后才能通过信道传输，而在接收端需要利用解码器对接收到的信号进行解码将其还原后才能够获取相应的数据。

数字通信系统的信源可以是模拟信号或数字信号。如果是模拟信号，通过编码器对其进行采样、量化和编码，将其转换为数字信号，再通过数字信道进行传输，在接收端再经过解码器解码还原成模拟信号。该过程被称为模拟数据数字化传输，编/解码过程就是模拟信号与数字信号转换的过程。

如果对于二进制形式的数字数据，可以直接用两种电平来表示。为了适合信道传输，通常对二进制数据进行编码，将其转换成数字信号，然后再通过信道进行传输。

在数字通信系统中，时钟同步也是重要的一部分。为了保证接收端能够正确地接收数据，接收端和发送端必须有各自的发送和接收时钟，并且接收端的接收时钟必须与发送端的发送时钟保持一致。

2.1.3 物理层向数据链路层提供的服务

为数据端设备提供传送数据的通路，数据通路可以是一个物理媒体，也可以是多个物理媒体连接而成。因此，物理层为数据链路层提供的主要服务有以下两个主要方面。

1. 物理连接

为数据链路层的实体之间，进行透明的位流传输建立联系。物理连接的建立将涉及连接方式（即点对点连接或多点连接）和传输方式（包括通信方式、同步方式等）的选择、资源（如物理传输介质、中继电路、缓冲区等）的分配等问题。

2. 确定服务质量

比如误码率、传送速度、传输延迟、服务可用性等。物理连接的质量是由组成它的传输介质、物理设备等决定的。从服务质量参数可得出物理连接为数据链路层所提供的服务质量。

2.1.4 有关通信的几个基本概念

对于一个完整的数据通信系统，不仅需要对产生和发送信息的信源和接收信息的信宿（通信过程中接收和处理信息的设备或计算机）有一定的了解，还需要了解数据通信系统中信息、数据、信号、信道等一些基本概念。

1. 信息

信息是人对客观物质的反映，既可以是对物质的形态、大小、结构、性能等部分或全部特性的描述，也可以是客观物质与外部事物的联系。信息有多种存在形式，如文字、声音、图像等。

2. 数据

数据是对客观物质未经加工处理的原始素材，如图形符号、字母、数字等。数据是装载信息的实体，而信息是经过加工处理的数据。

数据包括模拟数据和数字数据两种表现形式，其中模拟数据采用连续值，如声音的强度、光的强度都是连续变化；而数字数据则采用离散值等。

3. 信号

信号是指数据的电磁编码或电编码。它分为模拟信号和数字信号两种。模拟信号是连续变化的电磁波，数字信号则是一串电压脉冲序列，如图 2-3 所示。

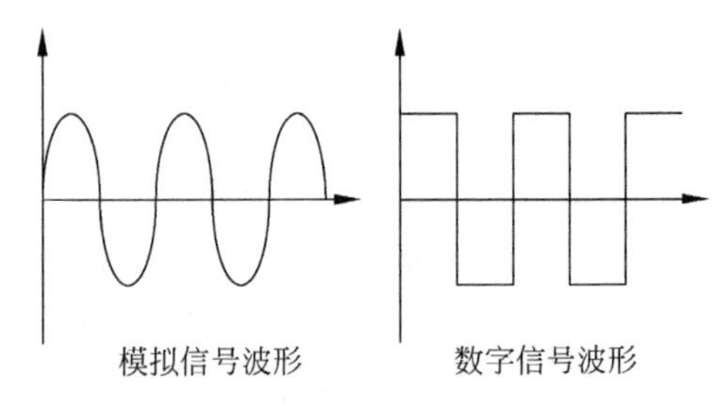

图 2-3 模拟信号和数字信号

4. 信道

信道是信号传输的通道，由传输介质及相应的附属设备组成。信号只有通过信道传输，才能从信源到达信宿。同一条传输介质上可以同时存在多条信号通道，即一条传输线路上可以有多个信道，实现数据传输。例如，一条光缆可以包含上千个电话信道，供几千人同时通话。

信道的性能决定了信号的传输质量和传输速率，而在数据通信系统中，影响信道性能的因素主要有以下 4 个。

❑ 信道带宽

信道带宽是指信道可传输的信号最高频率与最低频率之差，以 Hz 为单位。在通信系统中，不同的传输介质具有不同的带宽，并且只能够安全传输其带宽范围之内的信号。图 2-4 所示为不同传输介质的带宽对应关系。

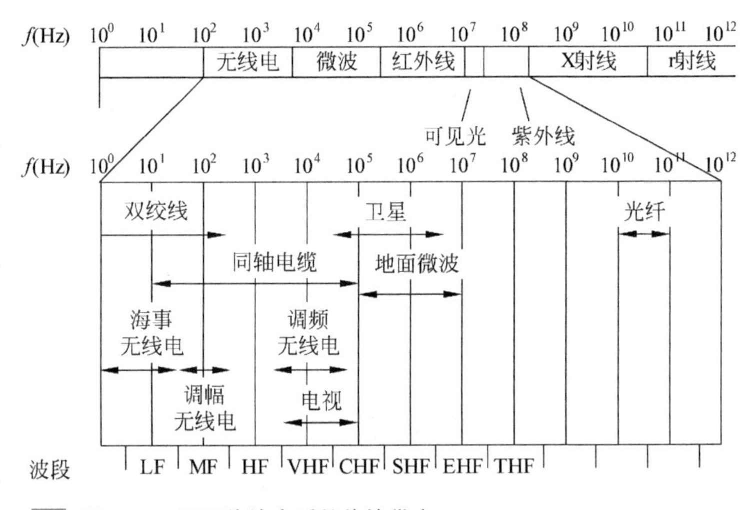

图 2-4 不同传输介质的传输带宽

❑ 信道容量

信道容量是指信道允许的最大数据传输速率，是信道性能的极限。在信道中传输数据，若数据传输速率大于信道容量时，数据传输在该信道上无法实现；若数据传输速率小于信道容量时，数据便可在该信道上安全传输。

❑ 吞吐量

吞吐量是指信道在单位时间内成功传输的总信息量，单位为 bit/s。也可以说吞吐量是指在没有帧丢失的情况下，设备能够接收的最大速率。

❑ 信道误码率

误码率是指信道传输信号的出错率，是数据通信系统在正常工作情况下的传输可靠性指标。

2.2 复用技术和通信方式

此处的复用技术即指多路复用技术，该技术主要用于提高通信线路的利用率；而通信方式则是信道的通信方式，主要用于规定数据的传输方式。下面，将详细介绍一下多路复用技术的分类和信道通信的5种方式。

2.2.1 多路复用技术

在计算机网络或数据通信系统中，传输介质的传输能力往往会超过传输单一信号的要求。为了提高通信线路的利用率，实现在一条通信线路上同时发送多个信号，使得一条通信线路可以由多个数据终端设备同时使用而互不影响，这就是多路复用技术。一般情况下，多路复用技术包括频分多路复用技术、时分多路复用技术和波分复用等类别。

1. 频分多路复用技术

频分多路复用技术（Frequency Division Multiplexing，FDM）是一种在信道上同时发送多个模拟信号的方法。它将传输频带划分为若干个较窄的频带，每个频带构成一个子信道，每个子信道都有各自的载波信号，其载波信号的频率是唯一的。

一个具有一定带宽的通信线路可以划分为若干个频率范围，互相之间没有重叠，且在每个频率范围的中心频率之间保留一段距离。这样，一条通信线路被划分成多个带宽较小的信道，每个信道能够为一对通信终端提供服务。

频分多路复用技术是在20世纪30年代由电话公司开发的，用来在一条电话线上传输多个语音信号。它可以用于语音、视频或数据信号，但是最常见的应用是无线电广播传输和有线电视。例如，电话线的带宽达250kHz，而音频信号的有效范围为300～3400Hz。为了使各信道之间保留一定的距离并减少相互干扰，60～108kHz的带宽可以划分为12条载波电话的信道（此为CCITT标准），每对电话用户都可以使用其中的一条信道进行通信。图2-5所示为6路频分多路复用的示意图。

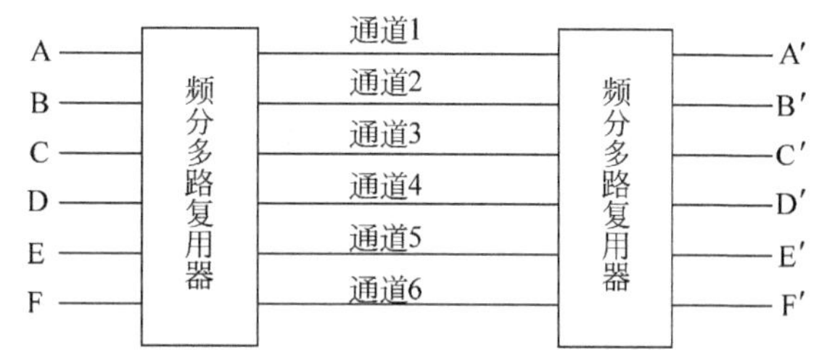

图2-5 6路频分多路复用示意

提　示

由于频分多路复用技术是多路传输的一种较早、效率较低的形式。因此，该技术在现代数据网络中的使用是有限的。

2. 时分多路复用技术

时分多路复用技术（Time Division Multiplexing，TDM）是一种多路传输数字信号的方法，它已经在现代数据网络中替代了频分多路复用技术。在通信序列中，时分多路复用技术将为在网络上交换信号的每一个设备分配一段时间或时间片。在这个时间片中，信道只能传输来自该交换信号设备的数据。

例如，当多台计算机连接在同一条公共传输通道上时，多路复用器在通道信道中将会按一定的次序轮流为每台计算机分配一个时间片，当轮到某台计算机时，这台计算机与通信通道接通，进行数据交换。而其他计算机与通信通道的联系均被切断，待分配时间片用完后，则通过时分多路转换开关把通道连接到下一台要连接的计算机上。

在时分多路复用中，时间片是为它们特定的结点保留的，而不管该结点是否有数据要传输，如果一个结点没有要发送的数据，那么它的时间片就保留空白。如果网络上的某些结点很少发送数据，那么该技术的效率会比较低。图 2-6 所示为时分多路复用示意图。

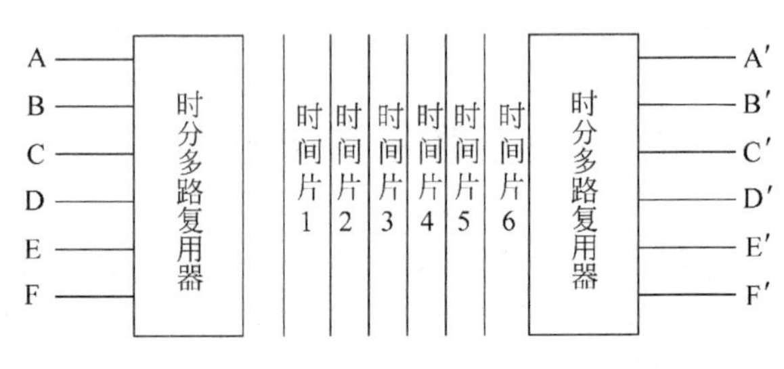

图 2-6 时分多路复用示意

3．波分复用

波分复用（Wavelength Division Multiplexing，WDM）是指在一根光纤上使用不同的波长同时传送多路光波信号的一种技术。WDM 应用于光纤信道。

WDM 和 FDM 基本上都基于相同原理，所不同的是 WDM 应用于光纤信道上，其光波传输过程如图 2-7 所示。

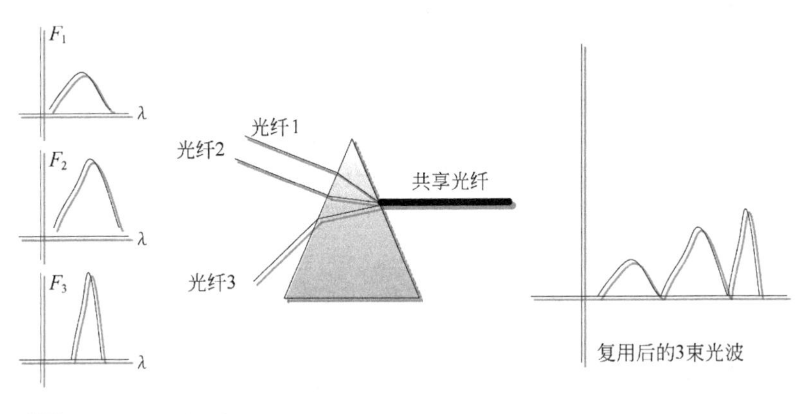

图 2-7 波分复用原理

波分复用一般应用波分复用器和解复用器（也称合波/分波器），分别置于光纤两端，实现不同光波的耦合与分离。这两个器件的原理是相同的。波分复用器是一种将终端设备上的多路不同单波长光纤信号连接到单光纤信道的技术。波分复用器支持在每个光纤信道上传送 2～4 种波长。

最初的 WDM 系统采用双信道 1310/1550nm 系统。需要注意的是：相同设备通过相同 WDM 技术原理却可以执行相反过程，如将多波长数据流分解为多个单波长数据流，该过程称为解除复用技术。

因此，在同一个箱子中同时存在波分复用器和解复用器也是常见的。波分复用器的主要类型有熔融拉锥型、介质膜型、光栅型和平面型 4 种。

一般情况下，波分复用技术具有下列优势和特点：

- **可灵活增加光纤传输容量** 波分复用技术可充分利用光纤的低损耗波段，增加光纤的传输容量，使一根光纤传送信息的物理限度增加一倍至数倍。对已建光纤系统，尤其早期铺设的芯数不多的光缆，只要原系统有功率余量，可进一步增容，实现多个单向信号或双向信号的传送而不用对原系统作大改动。具有较强的灵活性。

- **同时传输多路信号** 波分复用技术使得在同一根光纤中传送两个或多个非同步信号成为可能，有利于数字信号和模拟信号的兼容。而且与数据速率和调制方式无关，在线路中间可以灵活取出或加入信道。
- **成本低、维护方便** 波分复用技术由于大量减少了光纤的使用量，大大降低建设成本。由于光纤数量少，当出现故障时，恢复起来也迅速方便。
- **可靠性高，应用广泛** 由于波分复用系统中有源设备大幅减少，这样就提高了系统的可靠性。目前由于多路载波的波分复用对光发射机、光接收机等设备要求较高，技术实施有一定难度。

但是随着有线电视综合业务的开展，对网络带宽需求的日益增长，各类选择性服务的实施、网络升级改造、经济费用的考虑等，光波复用的特点和优势在 CATV（Community Antenna TeleVision，地区共享天线电视）传输系统中逐渐显现出来，表现出广阔的应用前景，甚至将影响 CATV 网络的发展格局。

2.2.2 信道的通信方式

信道是信号传输的通道，发送端发送数据经过编码后，通过信道能够顺利地传送到接收端。而信道的通信方式不仅规定了数据从发送端到接收端的传输方式，还规定了数据在信道中双向传输，还是发送端和接收端轮流的发送和接收数据。一般情况下，信道的通信方式分为并行通信方式和串行通信方式。

1. 并行通信

并行通信是指在发送端和接收端之间，能够同时传输多个数据位，并且每一个数据位占用一条通信线路。发送端将数据位通过对应的线路传送给接收端，还可以附加一位数据校验位，接收端能够同时接收到这些数据位，不需要做任何转换就可以直接使用，并行通信方式主要用于近距离通信，并且传输速度快，处理简单。图 2-8 所示为并行通信方式示意图。

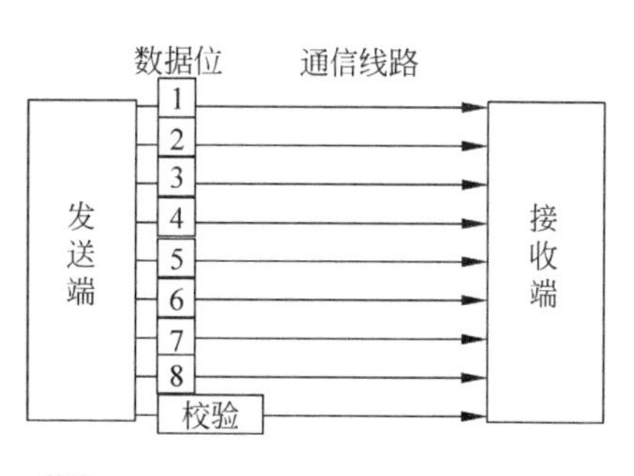

图 2-8 并行通信方式

提 示

并行通信方式的信道宽度不是固定不变的，可以根据需要进行调节，如计算机内的数据总线有 8 位、16 位、32 位和 64 位等。

并行通信方式不适合用于数据长距离传输的情况，因为长距离使用多条线路造价比较昂贵；长距离传输通常使用较粗的导线来降低信号的衰减，而把较粗的导线捆绑到一起做成单一的线缆相当困难；长距离传输数据，传输介质上的电阻会阻碍数据信号的传输，从而影响接收端正确接收数据。

2. 串行通信

串行通信方式是指在数据发送端和接收端之间，只存在一条通信线路，并通过该线路逐个地传送所有数据位。该通信方式适合长距离的数据传输，但由于每次只能发送一个数据位，因此数据传输速率较低。图 2-9 所示为串行通信方式示意图。

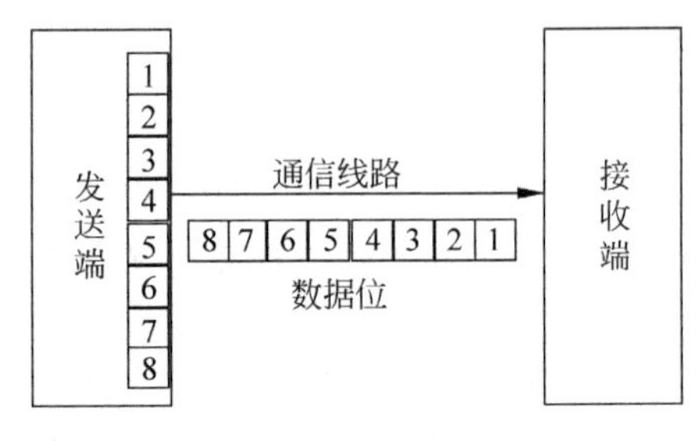

图 2-9 串行通信方式

在计算机网络中，串行通信方式和并行通信方式往往是结合运用的。若发送端（计算机）需要发送数据到接收端，先由发送端计算机内的总线发送设备，将并行方式经并—串转换硬件转换成串行方式。再逐位经传输线路到达接收端，并在接收端将数据从串行方式重新转换成并行方式，以便接收端使用数据。图 2-10 所示为并行和串行综合运用示意图。

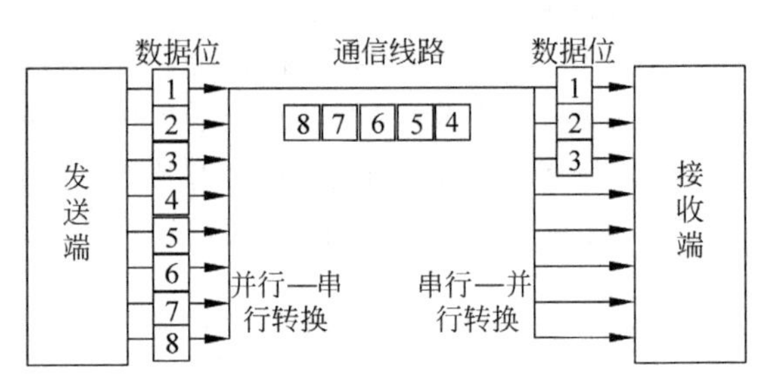

图 2-10 并行和串行综合运用

但是，信道的交互方式是指在一条物理信道上所允许的信号传输方向，根据信道的交互方式，又可以将串行通信方式分为单工、半双工和全双工 3 种通信方式。

❑ 单工通信方式

在单工通信方式中，信号只能进行一个方向的传输，即只能固定地由一端发送，另一端接收，反向则无法进行信号传输。单工通信方式多用于无线广播、电视广播等，如图 2-11 所示。

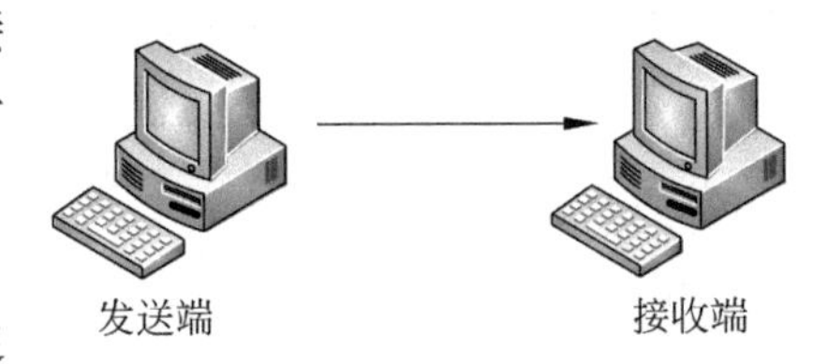

图 2-11 单工通信方式

❑ 半双工通信方式

半双工即双向交替通信，是指在同一时间内，通信双方只能由一端发送信号，另一端只能接收信号。通信双方都具有发送信号和接收信号的功能，例如对讲机，说话和听话不能同时进行。图 2-12 所示为半双工通信方式示意图。

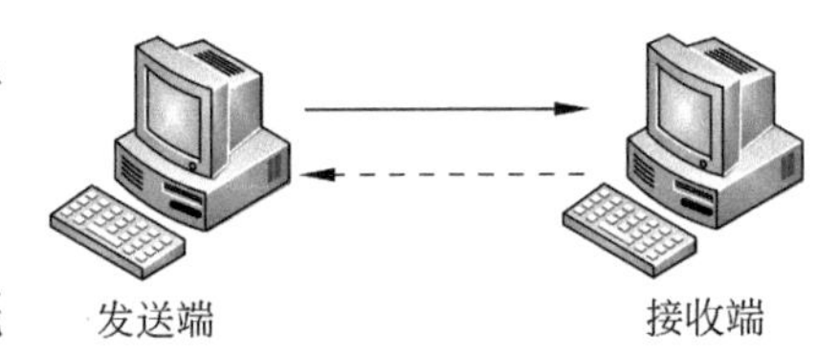

图 2-12 半双工通信方式

❑ 全双工通信方式

全双工通信方式是指在同一时间内，通信双方既可以发送信号，也可以接收信号。全双工通信线路相当于两个单工线路的组合，并且通信双方都具有独立发送和接收信号的功能。例如，电话就是全双工通信方式。图 2-13 所示为全双工通信方式示意图。

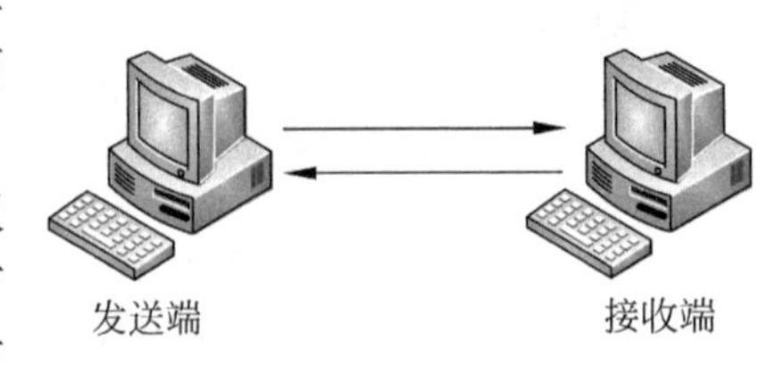

图 2-13 全双工通信方式

在计算机网络中，单工通信方式很少采用，半双工通信方式需要在通信过程中频繁调换信道传输方向，传输效率较低。而全双工通信方式的数据传输效率较高，广泛应用在计算机网络中，但其结构复杂，成本较高。

2.3 数据链路层设计要点

数据链路简称链路，故数据链路连接简称链路连接。它可分为两路存在形式，当链路非复用传送数据单元时，称为物理链路。当链路复用传送数据单元时，称为逻辑链路。下面将通过数据链路层的模型、数据链路层的功能以及数据链路的服务等内容，系统地学习数据链路层。

2.3.1 数据链路层的模型

数据链路层的基本服务是把源主机的网络层数据以帧为单位透明、无差错地传输给目的地主机的网络层。

数据链路层完成这一服务是通过物理连接来实现的，但具体的数据通路则要经过层间接口形成，即由网络层将数据传向数据链路层，再由数据链路层传向物理层，并由物理层发送到目的地主机。

然后目的地主机接收后，以相反的顺序进行传送到目的地主机的网络层。用户也可以将这一过程看作两个数据链路层实体使用数据链路协议进行通信，如图 2-14 所示。

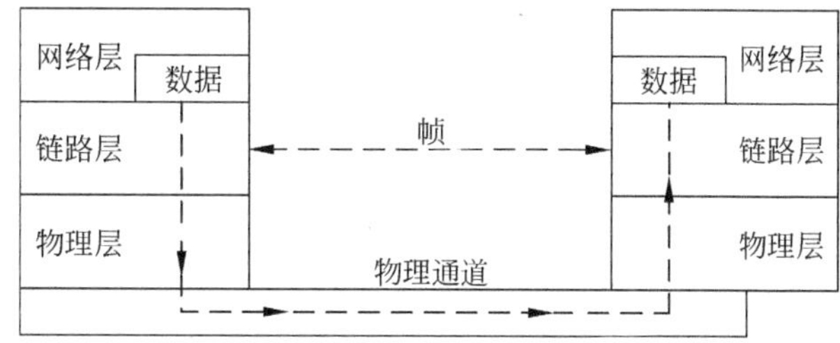

图 2-14 数据链路层模型

数据链路层为物理层加强传输原始比特流的功能，并为物理层提供了逻辑上无差错的数据链路。同时使网络层表现为一条无差错的链路。数据链路层的基本功能是为网络层提供透明的和可靠的数据传送服务。

透明性是指该层上传输的数据的内容、格式及编码没有限制，也没有必要解释信息结构的意义；可靠的传输使用户免去对丢失信息、干扰信息及顺序不正确等的担心。

注 意

在计算机网络中，“链路”和“数据链路”并不是同一概念。所谓链路，是指一条没有任何中间结点的点到点的物理线路。两个计算机进行数据通信的通路正是一条一条的链路加上中间结点串接而成的。但要想在链路上传输数据，除了物理线路以外，还必须配有控制数据传输的规程。链路连同实现这些规程的软、硬件一起就构成了数据链路，在数据链路上才能进行数据通信。另外，当采用多路复用技术时，一条链路上可以有多条数据链路。所以有时为了更明确一些，也将链路称为物理链路，而将数据链路叫做逻辑链路。

2.3.2 数据链路层的功能

在计算机网络的传输介质中，由于存在各种各样的干扰以及信号的衰减，物理层链路的输入并不可靠。而数据链路层的基本功能是向网络层提供服务，将物理层提供的不可靠的物理链路通过本层的协议变为逻辑上可靠的数据链路，所以数据链路层必须具备以下主要功能。

1. 链路管理

在面向连接服务中，两台计算机进行通信时，发送方必须确知接收方是处在准备接收数据的状态。为此，通信双方必须交换一些必要的信息，建立一条数据链路，并且为保证数据传输的可靠性，要做一些必要的准备（如帧序号的初始化）。

同时，在传输数据时要维持数据链路（如当在数据通信过程中，出现差错时，需要重新初始化，重新建立连接）；通信完毕时要释放数据链路，以期待建立下一次的连接。数据链路的建立、维持和释放就叫做链路管理。

2．帧同步

在数据链路层，数据以帧为单位传送。物理层的比特流按照数据链路层协议的规定被封装在数据帧中传送。为此，接收方应该能够从物理层上传送过来的无结构的比特流中准确地区分出一帧的开始和结束，将这一功能称为帧同步。

3．帧的封装与拆装

在传输数据过程中，当发送方发现发送报文过长时，需要将过长的报文分成若干份分别进行传送，每一份配上一些数据链路层的控制信息换为一帧。数据传输时，以帧为单位的优点是当出现差错时可重新发送出差错的帧，而不需要将全部数据都重新发送。

源主机在发送数据时，要将从网络层传下来的分组附上目的地址等数据链路层控制信息构成帧，这个过程称为帧的封装。而到达目的主机时，在接收的数据信息传送至网络层之前，要将发送方附上的数据链路控制信息去掉，将分组信息传送至网络层，这个过程称为帧的拆装。

4．流量控制

在数据信息发送过程中，通信双方的数据处理速度不同，为解决这一问题，双方分别建立了缓冲区。但当接收端缓存能力不足时，仍然会造成数据的丢失。

为了避免数据的丢失，源主机发送数据的速率必须使目的地主机能够来得及接收和处理。当目的地主机来不及接收时，就必须及时地控制发送端发送数据的速率。

另外，在传输过程中，由于出现差错和数据丢失等原因，目的地主机收到帧的顺序可能与源主机发送的顺序不同，在数据链路层实体将收到的信息上传网络层之前，还需要调整接收到的帧的顺序。

5．差错控制

在源主机向目的地主机发送数据时，要求极低的误码率。因此，必须采用差错控制技术。差错控制技术要使目的地主机能够发现传送错误，并能纠正传输错误。

误码率是指发生错误的码元数与接收到的总码元数据的比率。因此，需要提供检测和纠正错误的功能，对于一些不可靠的系统，能够在数据链路层上及时发现和纠正错误，将提高系统的传输效率。

在数据链路层中广泛采用编码技术来实现差错的控制。编码技术有两大类：一类称为前向纠错方式，即当目的地主机收到有差错的数据帧时，目的地主机能够自动根据冗余码将差错纠正过来，但这种方法开销较大，不适合于计算机通信。另一类是检错重发方式，即目的地主机可以根据冗余码检测出收到的帧中是否有差错，但并不知道错在哪里，而是让发送端重复发送这一帧直到正确接收为止，但重传的次数也是有限制的。当重传多次仍然失败，便于工作作为不可恢复的故障向上层报告，这种方法是通信过程中最常用的。

6. 区分数据信息及控制信息

由于数据信息和控制信息不仅在同一信道中传送，而且在许多情况下数据和控制信息还处于同一帧中，所以要采取相应措施使目的地主机能将它们区别开来。

7. 寻址

计算机网络结构错综复杂，在多点连接的情况下，要保证每一帧能传送到正确的目的结点。接收方也应当知道发送方是哪一个结点。

2.3.3 数据链路层的服务

数据链路层服务是将源主机中来自网络层的数据传输到目的主机的网络层。通过网络层与数据链路层之间的接口，以服务原语的形式完成服务的调用与被调用，网络层调用数据链路层的服务，数据链路层为网络层提供服务，它们之间使用了标准的请求、指示、响应和确认服务原语。

数据链路层提供的服务，实际上在不同的系统中可能是不一样的。对于传输质量较高的网络，由于其传输系统的误码率很低，几乎可以省去复杂的差错控制，将检错和纠错的工作交给高层去处理；对于一些要求通信快捷、允许少量出错的实时通信系统，也可以不进行差错控制；但对于不可靠的通信系统（如无线网络），能够在数据链路层上及早发现和纠正错误，将会大大提高传输效率。

数据链路层为网络层提供的服务主要有以下 3 种。

1. 无确认的无连接服务

在这种服务中源主机和目的地主机在通信之前不建立连接，结束之后也不释放；通信双方不需要对数据帧进行确认，即对于因线路中的噪声引起的数据帧的出错或丢失情况不进行恢复。这种服务适用于局域网，因为局域网误码率低，偶尔出现的错误可以由高层解决。

2. 有确认的无连接服务

在这种服务中源主机和目的地主机在通信之前不建立连接。但源主机每发送一帧都要得到单独的确认，并具有超时重发的功能。

3. 有确认面向连接的服务

这是最复杂的服务，源主机和目的主机在进行数据传输前必须建立连接，保证数据可靠传输。这种服务分为建立连接、数据传输、断开连接 3 个阶段。

2.4 点对点协议

PPP（Point to Point Protocol，点对点协议）协议是为在两个对等实体间传输数据包，建立简单连接而设计的，主要用于广域网的连接，但在局域网的拨号连接中同样可以采用。

2.4.1 PPP 协议的特性

在 20 世纪 80 年代末，SLIP（Serial Line Internet Protocol，串行线互联网协议）因传输性能问题阻碍了互联网的发展，于是人们开发了 PPP 协议来解决远程互联网连接的问题。

而且 PPP 协议还满足了动态分配 IP 地址的需要，并能够对上层的多种协议提供支持。无论是同步电路，还是异步电路，PPP 协议都能够建立路由器之间或者主机到网络之间的连接。

PPP 协议是目前应用得最广的一种广域网协议，它主要具有以下几方面特性。

- 能够控制数据链路的建立，方便了广域网的应用。
- 能够对 IP 地址进行分配和管理，有效地控制了所进行的网络通信。
- 允许同时采用多种网络层协议，丰富了协议的应用。
- 能够配置并测试数据链路，并能进行错误检测。保证了通信的可靠性。
- 能够对网络层的地址和数据压缩进行可选择的协商。

PPP 协议主要由以下三部分组成。

- **HDLC**　PPP 协议采用 HDLC（High Level Data Link Control，高级数据链路控制）技术作为在点对点的链路上封装数据报的基本方法。
- **LCP**　PPP 协议使用 LCP（Link Control Protocol，链路控制协议）来建立、配置和测试数据链路。
- **NCP**　PPP 协议使用 NCP（Network Control Protocol，网络控制协议）来建立和配置不同的网络层协议。PPP 协议允许同时采用多种网络层协议。目前 PPP 协议除了支持 IP 协议外，还支持 IPX 协议和 DECnet 协议。

2.4.2 PPP 协议的帧格式

PPP 是为在同等单元之间传输数据包这样简单的链路而设计的，这种链路提供全双工操作，并按照顺序传递数据包，为基于各种主机、网桥和路由器的简单连接提供一种共通的解决方案。

因为 PPP 是链路层协议，所以人们将它的数据单位称为帧，如图 2-15 所示。每一个 PPP 数据帧均是以一个标志字节起始和结束的，该字节为 0x7E（这样很容易区分出每个 PPP 帧）。

1B	1B	1B	2B	缺省 1500B	2B	1B
标志	地址	控制	协议	数据	校验	标志
7E	FF	03				7E

图 2-15　PPP 链路层协议数据帧格式

在数据帧格式中，各标志的含义如下。

- **标志（Flag）域**　指示一个帧的开始或结束，该域值包含二进制数 01111110。
- **地址（Address）域**　该域值包含二进制数 11111111，是标准的广播地址。PPP 协议不指定单个工作站的地址。
- **控制（Control）域**　长度为 1 个字节，该域值包含二进制数 00000011，表示用户数据采用无序帧方式传输。它提供的无连接链路服务类似于 LLC（Logical Link Control，逻辑链路控制）类型提供的方法。
- **协议（Protocol）域**　长度为 2 个字节，用于标识封装在帧的数据域中的协议类型。通过确定帧序列的结尾，为 FCS 域留出 2 个字节，便可确定数据域的结尾。该域最大长度的默认值是 1500 字节。
- **校验（FCS）域**　通常为 2 个字节。PPP 帧中包含这些额外的字节来进行差错控制。

在带宽需要付费时，封装和帧可以减少到 2 或 4 个字节。为了支持高速的执行，默认的封装只使用简单的字段，多路分解只需要对其中的一个字段进行检验。默认的头和信息字段落在 32 位边界上，尾字节可以被填补到任意的边界上。

为了在一个很宽广的环境内能足够方便地使用，PPP 提供了 LCP 子协议。LCP 用于就封装格式选项自动地达成一致，处理数据包大小的变化，探测 looped-back 链路和其他普通的配置错误，以及终止链路。

2.4.3 PPP 协议的链路过程

为了通过点对点链路建立通信，PPP 链路的每一端，必须先发送 LCP 包以便设定和测试数据链路。在链路建立之后，点对点连接才可以被认证。

然后，PPP 必须发送 NCP 包以便选择和设定一个或更多的网络层协议。一旦每个被选择的网络层协议都被设定好了，来自每个网络层协议的数据报就能在链路上发送了。链路将保持通信设定不变，直到外部的 LCP 和 NCP 关闭链路，如图 2-16 所示。

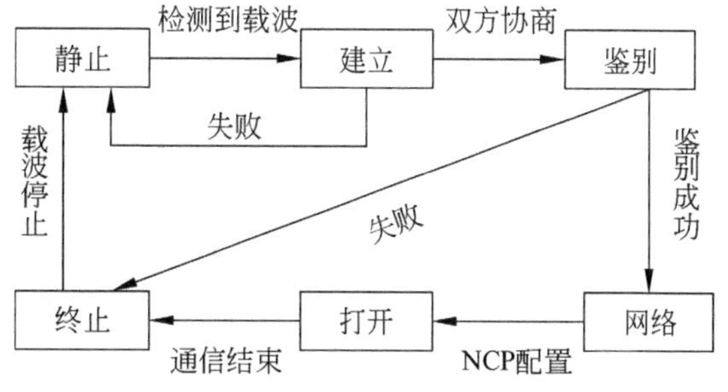

图 2-16　PPP 协议的链路过程

对整个过程来说，PPP 链路的连接需要经过以下 5 个阶段。

1. PPP 链路建立准备阶段

为了在点到点连接中建立通信，PPP 连接的每一端都必须先发送 LCP 数据包来配置和测试数据连接。

在此阶段，LCP 协议自动处在初始或正在开始状态。当进入到建立连接阶段后会引发上传事件，并通知 LCP 协议。

注 意

在这个阶段应用注意事项是典型的，一个连接将在调制解调器连接断开后自动返回到此阶段。在使用电话线的连接情况下，这个阶段将相当的短，短到很少有足够的时间能用仪器检测到它的存在。

2．链路建立阶段

LCP 通过交换配置数据包建立连接。一旦一个配置成功，信息包（Configure-Ack Packet）被发送且被接收，就完成了交换，进入了 LCP 开启状态。

当 LCP 协议自动进入已打开状态，并且发送和接收过配置确认数据包时，建立连接的交换过程才完成。

3．认证阶段

认证阶段应该紧接在建立连接阶段后。因为，可能有连接质量的问题并行出现，应用时绝对不允许连接质量问题影响数据包的交换，使认证有不确定的延迟。

认证阶段后的网络层协议阶段必须等到认证结束后才能开始。如果认证失败，将转而进入终止连接阶段。仅仅是连接控制协议、认证协议、连接质量监测的数据包才被允许在此阶段中出现。所有其他在此阶段中接收到的数据包都将被丢弃。

注 意

在这个分阶段的应用注意事项有两个方面：一是，应用时不能简单地因为超时或缺少回应就认为认证失败。应该允许重传，仅当试图认证的次数超过一定的限制时才进入终止连接阶段。二是，如果对方拒绝认证，己方有权进入终止连接阶段。

4．网络层协议阶段

一旦 PPP 协议完成了上述阶段，每一个网络层协议（例如 IP 协议、IPX 协议、Appletalk）必须单独由相应的 NCP 配置。每一个网络控制协议可以随时打开或关闭。

在此阶段，连接上流通的包括 LCP 数据包、NCP 数据包和网络层协议数据包。

注 意

在此阶段应用同样须注意两个方面：一是，可能一开始需要花费大量的连接时间来分析连接质量，所以当等待对方进行网络控制协议配置时应该避免使用固定的超时限制；二是，当一个网络控制协议自动达到已打开的状态时，PPP 连接后就可以传送相应的网络层协议数据包。当接收到的任何所支持的网络层协议数据包时，只要相应的网络控制协议状态中的自动状态未打开，都将作丢弃处理。只要 LCP 协议状态中的自动状态处于打开状态，任何接收到的不支持的协议数据包都将返回协议拒绝包（后面将提到）。所支持的协议数据包都将丢弃。

5．链路终止阶段

PPP 连接可以随时终止，原因可能是载波丢失、认证失败、连接质量失败、超时计数器溢出，或者网络管理员关闭连接。

LCP 通过交换连接终止包来终止连接。当连接正在被终止的时候，PPP 协议会通知网络层以使它采取相应的动作。

在交换过终止请求包后，将通知物理层断开以便使连接真正终止，尤其是在认证失败的时候。然后 PPP 协议应该进入连接死亡阶段，结束此次 PPP 通信。

2.5 使用广播信道的数据链路层

广播信道（Broadcasting Information Channel，BCH）是通过广播的方式传输信息的信息通道。广播的方式是指通过向所有站点发送分组的方式，来传输信息。现实中，无线广播电台、局域网大多采用这种方式传播分组信息。

2.5.1 局域网的数据链路层

由于局域网不需要路由选择，因此它并不需要网络层，而只需要底部的两层：物理层和数据链路层。

按 IEEE 802 标准，又将数据链路层分为两个子层：MAC（Media Access Control，介质访问控制）子层和 LLC（Logical Link Control，逻辑链路）子层，如图 2-17 所示。

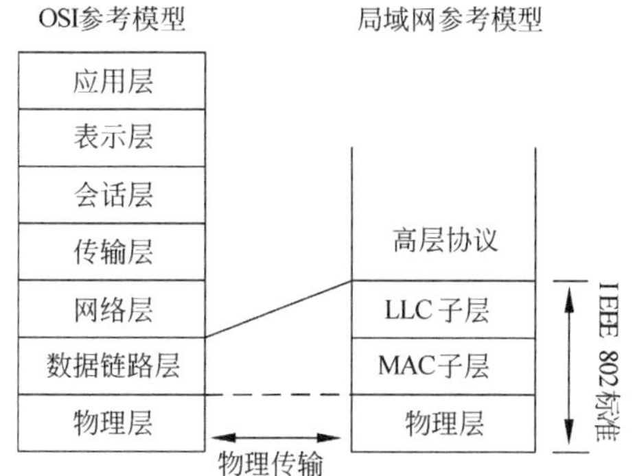

图 2-17 数据链路层分为两个子层

物理层用来建立物理连接是必需的。数据链路层把数据转换成帧来传输，并实现帧的顺序控制、差错控制及流量控制等功能，使不可靠的链路变成可靠的链路也是必要的。

由于在 IEEE 802 成立之前，采用了不同的传输介质和拓扑结构的局域网的存在，这些局域网采用不同的介质访问控制方式，各有特点和适用场合。IEEE 802 无法用统一的方法取代它们，只能允许其存在。因而需要为每种介质访问方式制定一个标准，从而形成了 MAC（Media Access Control，多种介质控制）协议。为使各种介质访问控制方式能与上层接口并保证传输可靠，所以在其上又制定了一个单独 LLC 子层。

通过上述了解，相信读者已经对 LAN/RM（局域网参考模型）有了一个初步的认识。下面再来了解一下各层功能。

1. 物理层

物理层提供在物理实体间发送和接收比特的能力，一对物理实体能确认出两个介质访问控制（MAC）子层实体间同等层比特单元的交换。

物理层也要实现电气、机械、功能和规程四大特性的匹配。物理层提供的发送和接收信号的能力包括对宽带的频带分配和对基带的信号调制。

2. MAC 子层

MAC 子层支持数据链路功能，并为 LLC 子层提供服务。它将上层交下来的数据封装成帧进行发送（接收时进行相反过程，将帧拆卸）、实现和维护 MAC 协议、比特差错检验和寻址等。

3. LLC 子层

LLC 子层向高层提供一个或多个逻辑接口（具有帧发和帧收功能）。发送时把要发送的数据加上地址和 CRC 检验字段构成帧。介质访问时把帧拆开，执行地址识别和 CRC 校验功能，并具有帧顺序控制和流量控制等功能。

LLC 子层还包括某些网络层功能，如数据报、虚拟控制和多路复用等。

2.5.2 CSMA/CD 协议

CSMA/CD（Carrier Sense Multi-Access/Collision Detection，载波监听多路访问/冲突检测）是一种设备通过采用竞争的方法来获取对总线使用权的技术，它只适用于逻辑上属于总线型拓扑结构的网络，包含载波监听多路访问（CSMA）和冲突检测（CD）两方面的内容。

在网络中，一台计算机在发送数据前，首先侦听线路并查看线路上是否有信息发送，用来测试线路上有无其他计算机正在发送信息。如果侦测到其他计算机正在发送信息，即信道已被占用，则该计算机在等待一段时间后再次争取发送权；如果侦听得知线路是空闲的，没有其他计算机发送信息，那么就立刻抢占信道并发送信息，如图 2-18 所示。其中，计算机侦听信道是否被占用，称为“载波侦听”。

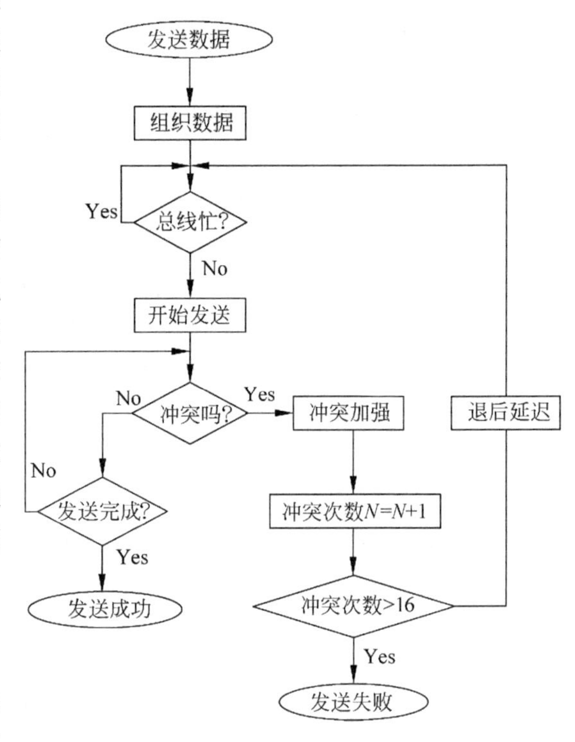

图 2-18 CSMA/CD 工作流程

在计算机侦听信道是否被占用时，CSMA 技术为其提供了两种解决办法。

- 持续的载波侦听多路访问。即继续侦听线路，一直等到发现信道空闲为止。在发现信道空闲时立即抢占并发送信息。
- 非持续的载波侦听多路访问。即随机等待一定时间后，再次发送侦听信号，这样重复循环，直到发现信道空闲为止，并发送信息。

当信道处于空闲的某一时刻，如果线路上有两台或两台以上的计算机同时发送数据，结果导致它们同时发送数据，产生了冲突。

另一种情况，某台计算机侦听到信道是空闲的，但这种空闲可能是较远站点已经发送了信包，但由于在传输介质上信号的传播存在延时，该信包还未到此站点的缘故，如果此站点又发送信息，则也将产生冲突。

如果发生冲突，计算机停止发送数据帧，导致冲突发生的计算机随机发送一个信号，以保证网络上其他的计算机都知道已经发生冲突，使其等待一段随机时间后，重新尝试发送数据。

经过上面的介绍，可以了解到任何一个结点在发送数据前都要通过 CSMA/CD 去争取总线的使用权，其发送过程可以简单理解为“先听后说，边听边说；一旦冲突，立即停说；等待时机，然后再说”3 个部分。

2.6 练习：ADSL 连接 Internet

ADSL 就是一种经济廉价的宽带连接方式，它的信息传输利用的是应用最广泛的电话线或有限电视线。多用于家庭和小型办公网络，具有带宽较大、连接简单，投资较小等优点。在本练习中，将通过 Windows 8 系统，来详细介绍创建 ADSL 连接，及 ADSL 连接 Internet 网络的操作方法。

1. 实验目的

- ❑ 创建 ADSL 连接
- ❑ ADSL 连接 Internet

2. 实验步骤

1 右击【开始】图标，执行【控制面板】命令，选择【网络和 Internet】选项，如图 2-19 所示。

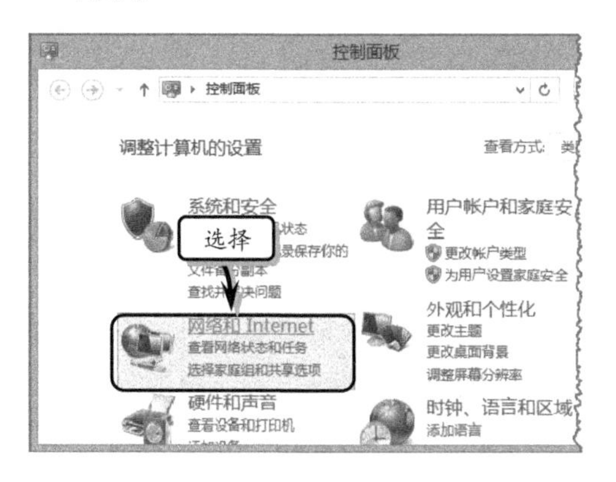

图 2-19 【控制面板】对话框

2 在展开的列表中选择【网络和共享中心】选项，如图 2-20 所示。

3 在【网络和共享中心】对话框中，选择【更改网络设置】列表中的【设置新的连接或网络】选项，如图 2-21 所示。

4 在弹出的【设置连接或网络】对话框中，选择【连接到 Internet】选项，并单击【下一步】按钮，如图 2-22 所示。

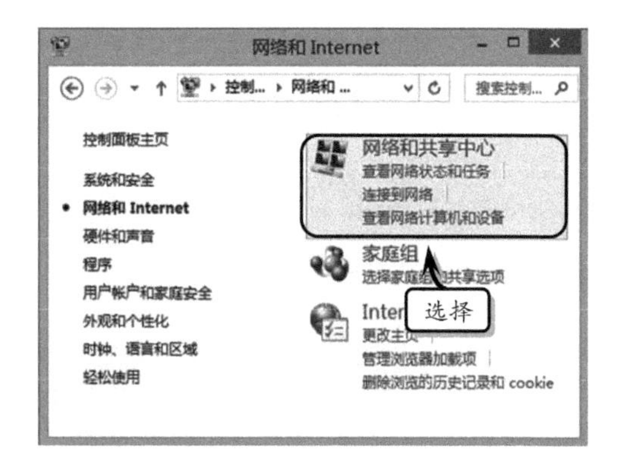

图 2-20 选择具体选项

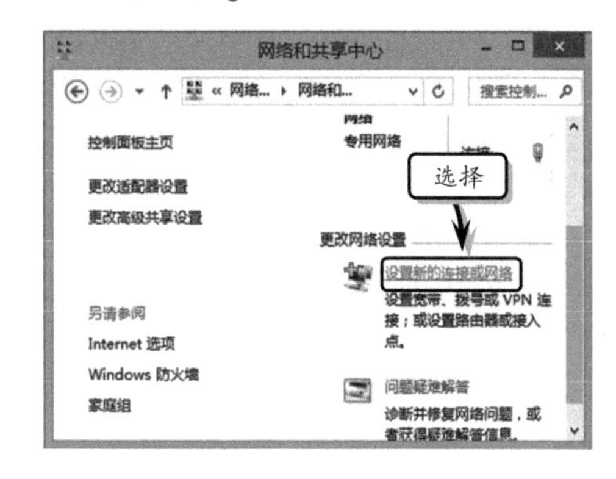

图 2-21 更改网络设置

5 在弹出的对话框中，选择【宽带(PPPoE)】选项，如图 2-23 所示。

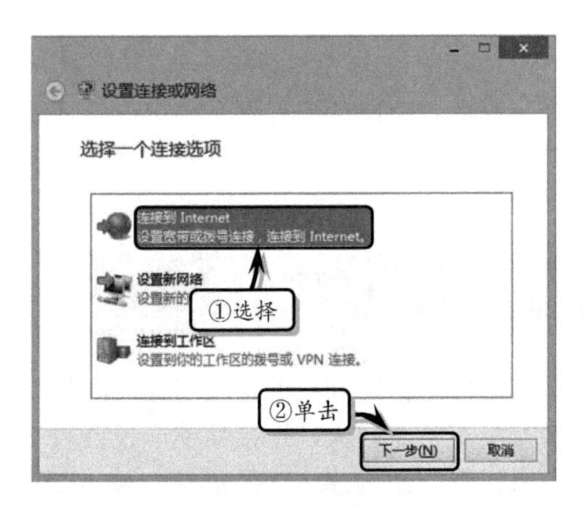

图 2-22 选择链接类型

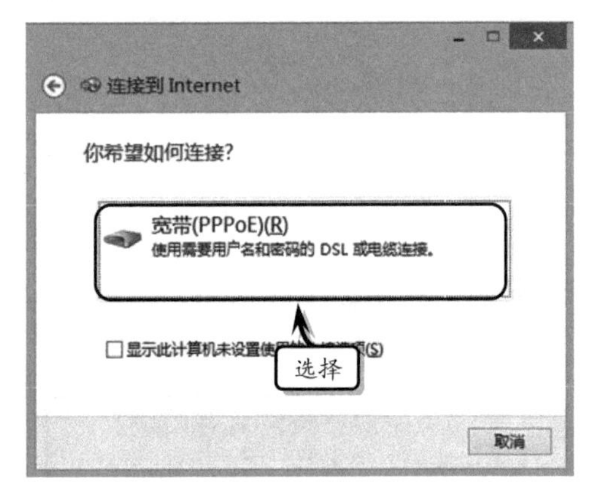

图 2-23 选择宽带类型

6 在弹出的对话框中输入用户名、密码、连接名称，并启用【允许其他人使用此连接】复选项，单击【连接】按钮即可，如图 2-24 所示。

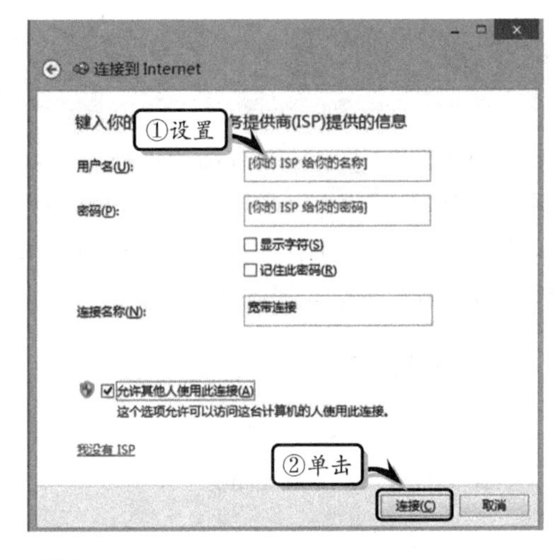

图 2-24 设置连接参数

2.7 练习：测试网络流量

NetWorx 是一款非常简洁实用的网络检测工具。它可以有效地检测出用户正在使用的网络类型、带宽和当前速度。还可以将用户网络的数据传输通过报表、图形等直观的方式表示出来，方便进行详细的流量统计。

1. 实验目的

- ❑ 安装 NetWorx 工具
- ❑ 检测网络流量

2. 实验步骤

1 下载并运行 NetWorx 安装包，在弹出的安装对话框中，选择使用语言，并单击【Next】按钮，如图 2-25 所示。

2 在弹出的对话框中，选择网络的连接方式，在此选择【所有连接】选项，并单击【下一步】按钮，如图 2-26 所示。

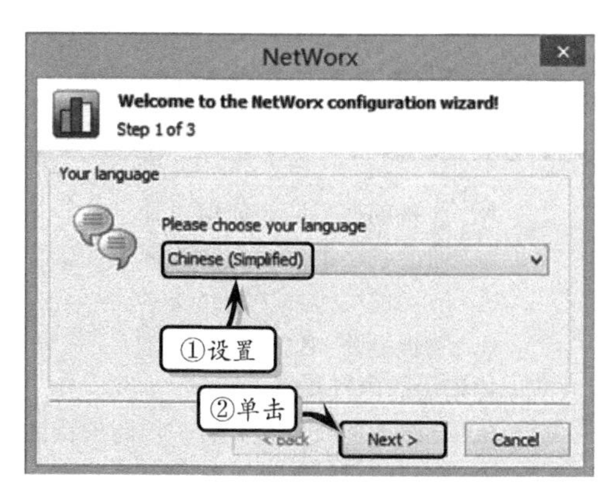

图 2-25 选择使用语言

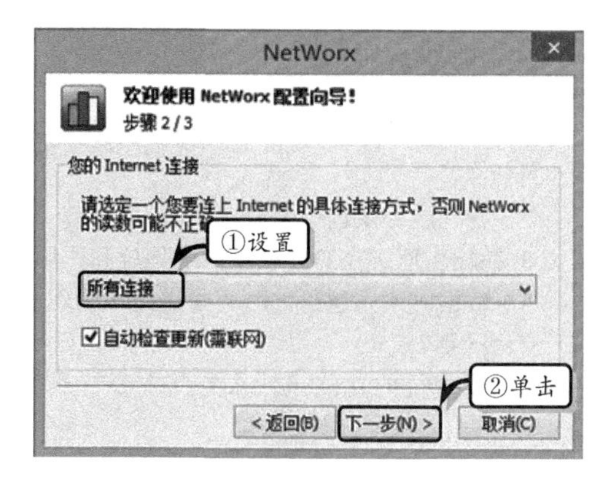

图 2-26 选择连接方式

3 在【完成】列表中，查看注意事项，并单击【完成】按钮，如图 2-27 所示。

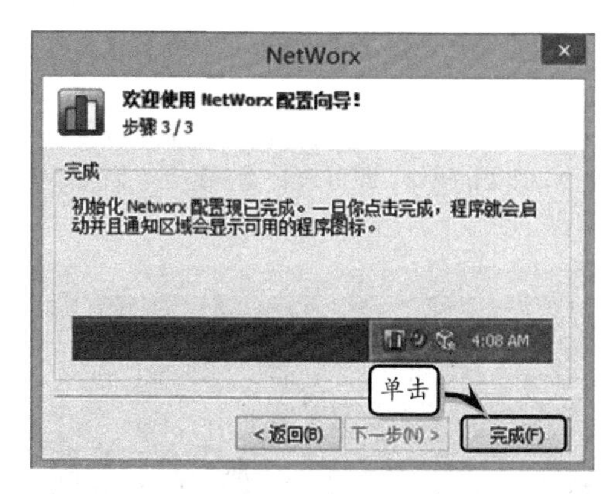

图 2-27 完成安装

4 双击任务栏托盘中的 NetWorx 图标，打开【流量报表 所有用户合计】对话框，查看流量使用的总体情况，如图 2-28 所示。

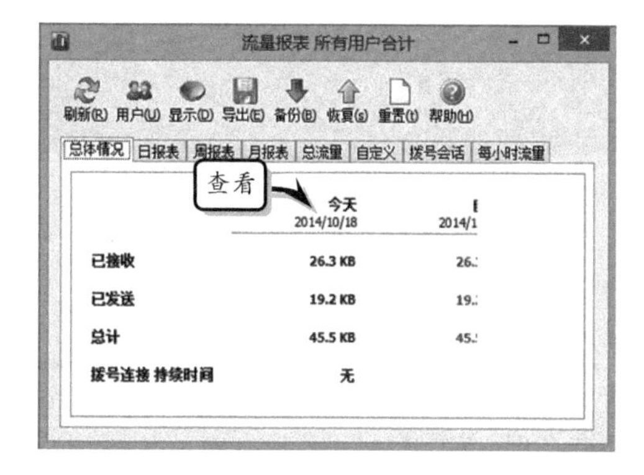

图 2-28 查看流量的总体情况

5 激活【日报表】选项卡，查看当日网络流量的使用情况，如图 2-29 所示。

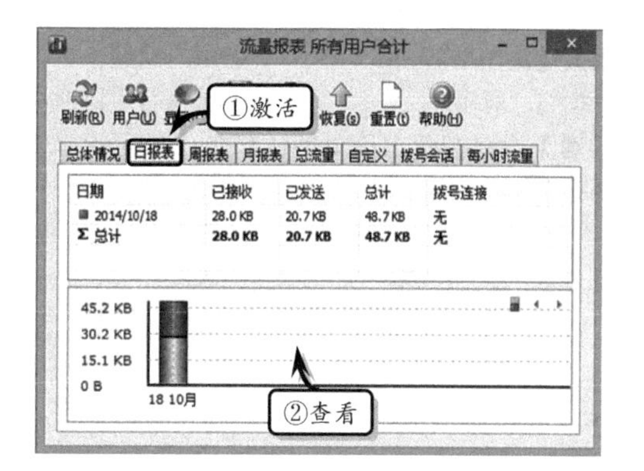

图 2-29 查看日流量的使用情况

6 激活【总流量】选项卡，查看网络在繁忙、非繁忙时段，及所有传输、拨号会话等情况下的使用情况，如图 2-30 所示。

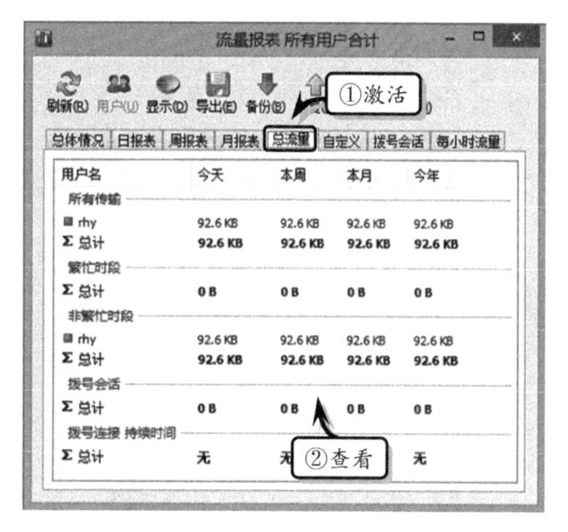

图 2-30 查看总流量

2.8 思考与练习

一、填空题

1．物理层位于OSI参考模型的底层，它直接面向实际承担数据传输的物理媒体（即通信通），物理层的传输单位为________，即一个二进位（“0”或“1”）。

2．在物理层通常提供两种类型的网络互联设备，即________和________。

3．所谓__________就是不管所传数据是什么样的比特组合，都应当能够在链路上传送。

4．物理层要解决__________同步的问题；数据链路层要解决__________同步的问题。

5．所谓__________就是从收到的比特流中正确无误地判断出一个帧从哪个比特开始以及到哪个比特结束。

6．Internet中使用得最广泛的数据链路层协议是__________和__________协议。

7．数据链路层最重要的作用就是通过一些__________协议，在不太可靠的物理链路上实现__________数据传输。

二、选择题

1．无论是SLIP还是PPP协议，都是______。

A．物理层　　B．数据链路层

C．网络层　　D．运输层

2．__________是数据链路层的通信设备之一。

A．路由器　　B．中继器

C．网桥　　D．网关

3．________是物理层的通信设备之一。

A．路由器　　B．网桥

C．集线器　　D．网关

4．物理层的主要功能是实现________的正确的传输。

A．位流　　B．帧

C．分组　　D．报文

5．传输线上的位流信号同步，就属于一列OSI的________层。

A．物理　　B．数据链路

C．LLC层　　D．网络层

6．物理层讨论的是________的问题。

A．设备的接口应该如何设计

B．通信线路上比特流的传输

C．应当使用何种传输介质

D．物理链路如何建立和终止

7．物理层的电气特性关注__________。

A．导线的电气连接和有关电路的特性

B．接口的机械特点，长宽高等

C．各条信号线的用法，控制线还是数据线

D．比特流传输的过程

三、问答题

1．物理层要解决哪些问题？物理层的主要特点是什么？

2．物理层协议包括哪些方面的内容？

3．简述物理层在OSI模型中的地位和作用。

4．数据链路（逻辑链路）与链路（物理链路）有何区别？

5．物理层的功能是什么？其主要特点是什么？

四、上机练习

1．查看物理地址

局域网的MAC层地址是由硬件来处理的，叫做物理地址或硬件地址。用户如果需要查看物理地址，可以单击【开始】按钮，执行【运行】命令，在弹出的【运行】对话框中，输入cmd命令。然后，在MS-DOS窗口中，输入Ipconfig/all命令，按Enter键，即可查看物理地址，如图2-31所示。

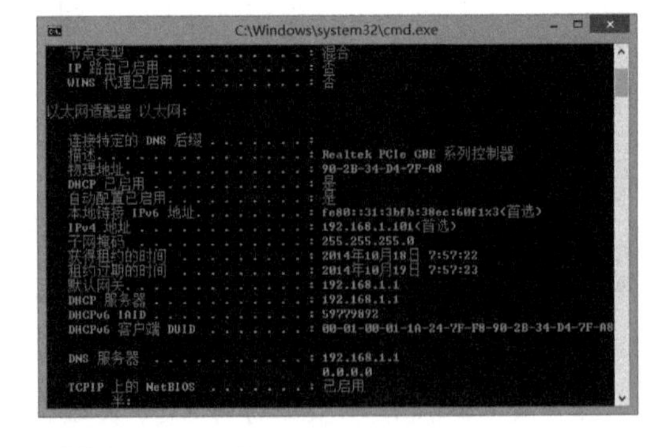

图2-31　查看物理地址

2. 查看计算机中的网络协议

每一台计算机安装操作系统时，将会自动安装连接计算机网络所需要的协议，如 Internet 协议（TCP/IP）等。例如，在 Windows 8 操作系统中，如果用户需要查看这些协议，可以右击任务栏托盘中的【网络】图标，执行【打开网络和共享中心】命令。然后，在弹出的【网络和共享中心】对话框中，选择【更改适配器设置】选项，并在弹出的【网络连接】对话框中，右击网络图标，执行【属性】命令。然后，在弹出的对话框中，可以在【此连接使用下列项目】列表框中查看这些协议，如图 2-32 所示。

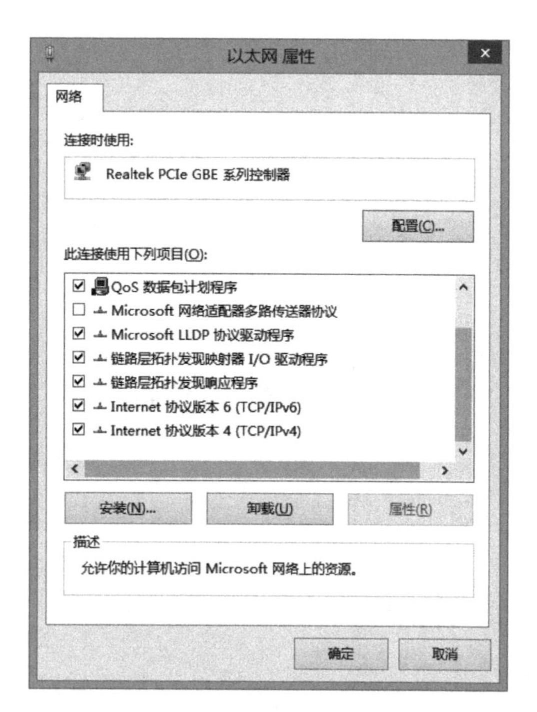

图 2-32 查看计算机中的网络协议

第3章 网络层

网络层是OSI模型中介于运输层和数据链路层之间的第三层，通过网络层可以实现源计算机和目标计算机之间的通信建立、维护和终止网络连接，并通过网络连接交换网络服务的数据单元。

当两个终端计算机系统的传输实体之间在进行通信时，并不必考虑建立和操作一个指定的网络连接时有关的路径选择及中转等细节，只需把要交换的数据单元交给它们的网络层便可实现。

本章学习目的：

- 网络层设计要点
- 网际协议
- 子网掩码
- 地址解析协议和逆地址解析协议
- IPv6协议及寻址

3.1 网络层设计要点

为了让网络层更好地实现其功能，必须对网络层进行严谨的设计。因此，设计人员在进行网络层设计过程中，需要注意的存储—转发分组交换、向传输层提供的服务、连接服务的实现以及子网的内部设计实现。

3.1.1 向传输层提供的服务

网络层通过网络层与传输层接口，为传输层提供服务。这一接口相当重要，因为它通常是载体与用户的接口，也是通信子网的边界。载体往往决定直接通往网络层的各种协议和接口，它主要负责传输由其用户提供的分组，基于这个原因，对接口的定义必须非常完善。

网络层的服务是按以下目标进行设计的。

- 服务应与通信子网技术无关。
- 通信子网的数量、类型和拓扑结构对于传输层来说是不可见的。
- 传输层所能获得的网络地址应采用统一的编号方式，甚至可以跨越多个 LAN 和 WAN。

在考虑到这些目标后，设计者便有相当大的自由度来编写提供给传输层的服务的详细规范，这种自由度往往会导致两个竞争派别之间的激烈冲突，而冲突的焦点是网络层应该提供面向连接的服务还是无连接的服务。

一类是以 Internet 委员会为代表的认为：通信子网的工作是在网上传送分组，除此之外，不再做其他的事。按照这样的观点，无论怎样来设计通信子网，它总是不可靠的。因此，主机应接受这个事实即必须自己来完成差错控制（错误检测和纠正）和流量控制的任务。

提　示

这种观点很快导致了这样的结论：网络层提供的服务应该用原语是 SEND PACKET 和 RECEIVE PACKET 及少许其他原语构成的无线连接方式。特别是，由于分组排序和流量控制并不在网络层完成，而在主机完成。因此，在网络层中不必再设置分组排序和流量功能。此外，由于每个被发送的分组在其传输过程中独立于它前面的那些分组。因此，每个分组必须带有完整的目标地址。

另一类以电信公司为代表的认为：子网应该提供一种可靠（合理）的、面向连接的服务。按照这一观点，其连接应该具有如下特性。

- **发送数据前**　发送端网络层进程必须与接收端网络层对等进程建立连接，这是一个具有特殊标识符的连接，一直到数据传输完毕后才能释放。
- **建立连接时**　两个进程可就其服务参数、服务质量和服务开销进行协商。
- **通信是双向的**　分组按次序进行递交。
- **能自动提供流量控制功能**　以防止一个快速发送者以高于接收者取出分组的速率将分组堆积在队列中，从而导致溢出。

这两类都有很好的例证来说明他们的观点。Internet 提供了无连接的网络层服务，ATM 网络提供了面向连接的网络层服务。但是，随着服务质量变得越来越重要，Internet 现在也正在努力获得与面向连接服务有关的一些特性。

3.1.2　无连接服务和面向连接服务的实现

如果网络层提供的是无连接的服务，那么所有的分组都被独立地传送到子网中，并且独立于路由，还不需要预先建立任何辅助设施。在这样的情况下，分组通常被称为数据报（Data Gram），子网被称为数据报子网（Datagram Subnet）。

而如果网络层提供的是面向连接的服务，那么在发送数据分组之前，必须建立一条从源路由器到目标路由器之间的路径。这条连接路径通常被称为 VC（Virtual Circuit，虚电路），子网则被称为虚电路子网（Virtual-circuit Subnet）。

1．数据报子网

如图 3-1 所示，进程 1 要发送一个长消息给进程 2，它先将该消息递交给传输层，并告诉传输层将该消息递交给主机 2 上的进程 2。于是，传输层便在该消息的前面加上一个传输头，然后将结果交给网络层。

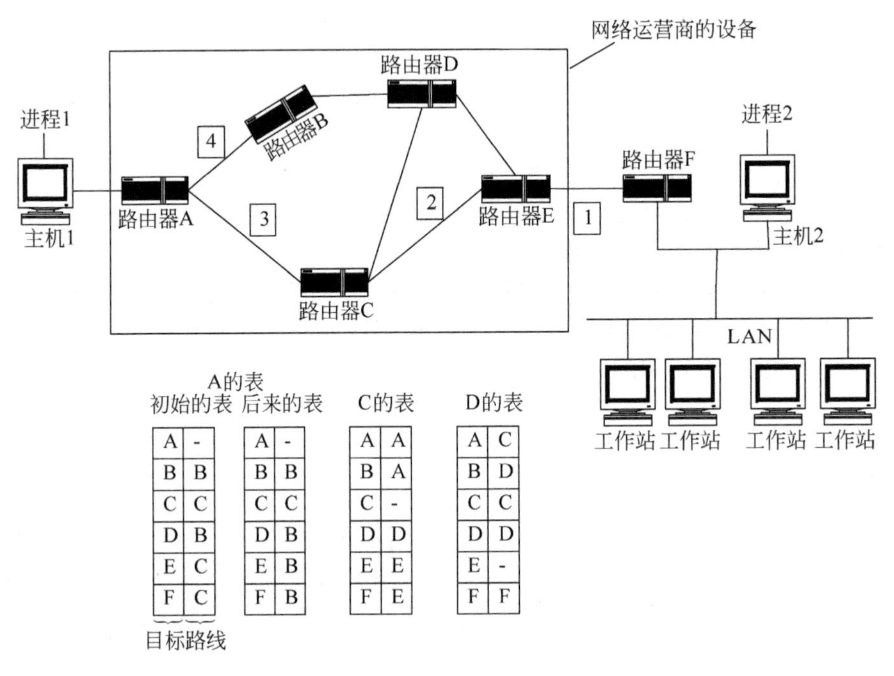

A的表 初始的表		A的表 后来的表		C的表		D的表	
A	-	A	-	A	A	A	C
B	B	B	B	B	A	B	D
C	C	C	C	C	-	C	C
D	B	D	B	D	D	D	D
E	C	E	B	E	E	E	-
F	C	F	B	F	E	F	F

图 3-1 数据报子网的路由

若该消息的长度是最大分组长度的 4 倍，那么网络层应该先将这个消息分成 4 个组，然后选择一种点到点协议（比如 PPP）将这些分组依次发送给路由器 A。

这时，网络运营商便将传输任务接管过来。每台路由器中的内部表指明了每个目标地址应该将分组送到哪里去。每一个表项包含两个元素：一个是目标地址，另一个是针对该目标地址所使用的输出线路。

在这里，路由器只允许使用直接连接的线路。如图 3-1 所示，路由器 A 只有两条输出线路路由器 B 和路由器 C，因此，每一个进来的分组必须被发送给这两台路由器之一，即使它的目标地址是另外一台路由器。路由器 A 的初始路由表如图 3-1 所示中的“初始表”所示。

当分组 1、2 和 3 到达路由器 A 时，它们被暂时保存起来（以便检验它们的校验和）。然后，根据路由器 A 的路由表，再把每一个分组被转发给 C。然后分组 1 被转发给 E，下一步被转发给 F。当它到达 F 的时候，它被封装到一个数据链路层的帧中，通过 LAN 被发送给主机 2。分组 2 和 3 也经过了同样的路径。再看分组 4，当它到达路由器 A 之后，虽然其目标地址是路由器 F，但是它却被发送给路由器 B。而路由器 A 因为某种原因，便采用不同于前三者的路径来发送分组 4。管理这些路由表并做出路由选择的算法称为路由算法（Routing Algorithm）。

2. 虚电路子网

在虚电路中，不需要每次都为一个分组重新选择路径，而是当一个连接被建立起来的时候，从源地址到目标地址间的这条路径被选择作为连接的一部分，并保存在经过的路由器的内部表中，所有在这个连接上通过的流量，都使用这条路径。这跟电话系统的工作方式一样，当连接被释放后，虚电路也随之结束。在面向连接的服务中，每个分组的标识符都指明了它所属的虚电路。

如图 3-2 所示，主机 1 已经与主机 2 之间建立了一条连接 1。该连接被记录在每个路由表中的第一个表项中，如在路由器 A 的路由表中的第一行表明：如果一个分组包含了来自于主机 1 的连接标识符 1，那么它将被发送到路由器 C，并且赋予连接标识 1。

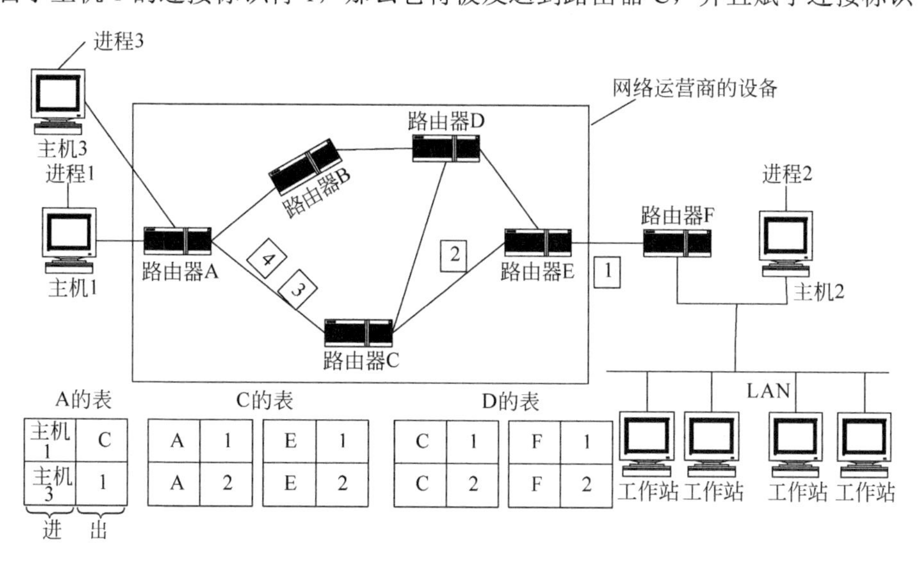

图 3-2 虚电路子网内的路由

同样，路由器 C 中的第一个表项将该分组路由到路由器 E，也赋予连接标识符 1。此时，如果主机 3 再与主机 2 建立连接，主机 3 也只能选择标识符 1，并且要在子网中建立虚电路，即路由表中的第二行。

但在这里会产生一个冲突，因为虽然路由器 A 能很容易区分出来自于主机 1 的连接 1 分组和来自于主机 3 的连接 1 分组，但是，路由器 C 却并不能区分出这两个分组。

因此，路由器 A 只能给主机 1 与主机 3 之间的连接分配一个不同的连接标识符。这说明了路由器需要具备“在输出分组中替换连接标识符”的能力，在这里也被称为标签交换（Label Switching）。

3. 虚电路子网和数据报子网的比较

虚电路和数据报都有其支持者和反对者，下面将从多个角度来总结有关的争议。表 3-1 列出了通信子网内部采用数据报和采用虚电路的不同之处。

表 3-1 数据报和虚电路子网的比较

项目类型	数据报子网	虚电路子网
电路设置	不需要	需要
地址信息	每个分组包含完整的源地址和目标地址	每个分组包含一个很短的虚电路号
状态信息	路由器不保留任何有关连接的状态信息	每个虚电路都要求路由器为每个连接建立表项
路由选择	对每个分组独立选择	当虚电路建立时选择路径，所有的分组都沿着这条路径

续表

项目类型	数据报子网	虚电路子网
路由器失效的影响	除了在崩溃时全丢失分组外，无其他影响	所有经过此失效路由器的虚电路都将终止
服务质量	较难实现	如果有足够的资源可以提前分配给每一个虚电路，则很容易实现
拥塞控制	较难实现	如果有足够的资源可以提前分配给每一个虚电路，则很容易实现

在通信子网内部，虚电路和数据报之间有好几个需要权衡的因素，一个是路由器的内存空间和带宽之间的权衡。虚电路允许分组可以只包含虚电路号即可，而不用包含完整的目标地址。如果分组很短，那么各分组中的完整目标地址可能会成为一个不小的负担，造成带宽浪费。内部使用虚电路的代价是在路由器中占用空间。根据通信电路和路由器存储空间的相对开销，可能虚电路更合算，也可能数据报更合算。

另一个因素是建立虚电路所需要的时间和地址解析的时间的比较。使用虚电路时，它要求有一个建立阶段，该阶段既花费时间，也消耗资源。但是，要搞清楚数据分组在虚电路通信子网中如何运行却很简单，即路由器只要利用虚电路号作为索引，就可以在内部表中找到该分组的目标去向。在数据报子网中，路由器需要执行一个相对复杂的查找过程，才能确定分组的目标去向。

还有一个问题是在路由器内存中所要求的表空间的数量。在数据报子网中，每个目标地址都要求有一个表项，而在虚电路子网中，只要为每一个虚电路提供一个表项即可。但是，这也并不是绝对的，如建立连接的分组也需要路由选择，它们也使用目标地址，就同数据报子网一样。

从服务质量和拥塞控制的角度来讲，虚电路有一些明显的优势，因为连接已建立起来的资源可以提示保留下来，一旦分组开始到来，所需的带宽和路由器资源已准备就绪。对于数据报子网避免拥塞则更困难。

对于事务处理系统，如打电话来验证信用卡购物的商家，需要建立和清除虚电路的开销有可能会妨碍虚电路的使用。如果系统中大量的流量都是这样，那么在通信子网内部采用虚电路就会变得毫无意义。

虚电路还具有脆弱性，即若一台路由器崩溃或内存中的数据丢失，那么，所有从该路由器经过的虚电路都将被中断。相反，若一台数据报路由器停止，则只有当时还有分组且留在路由器队列中的用户会受到影响，而且，在分组没被确认的情况下，这些用户并不会受到影响。一条通信线路的失效对于使用该线路的虚电路来说是无可挽回的，但如果使用了数据报的话，则这种损失就很容易得到补偿。对于数据报子网来讲，路由器还可以平衡通信流量，因为在传输一个很长的分组序列过程中，路由器可以在中间改变传输路径。

3.2 网际协议

网际协议（IP）是开放系统互联模型（OSI Model）的一个主要协议，也是 TCP/IP 中完整的一部分。IP 完成什么工作呢？它主要的任务有两个：一是寻址；二是管理分割数据片（Datagrams）。

3.2.1 IP 地址分类

IP 地址的长度为 32 位（4 个字节）无符号的二进制数，它通常采用点分十进制数表示方法，即每个地址被表示为 4 个以小数点隔开的十进制整数，每个整数对应 1 个字节，如 165.112.68.110 就是一个合法的 IP 地址。

32 位的 IP 地址由网络号和主机号两部分构成。其中，网络号就是网络地址，用于标识某个网络。主机号用于标识在该网络上的一台特定的主机。位于相同物理网络上的所有主机具有相同的网络号，如图 3-3 所示。

<------------------------------32bit------------------------------>			
网络		主机	
<-----8 bit---->	<-----8 bit---->	<-----8 bit---->	<-----8 bit---->
10100101	1110000	1000100	1101110
165	112	68	110

图 3-3 IP 地址的表示

为了适应于不同的规模的物理网络，IP 地址分为 A、B、C、D、E 五类，但在 Internet 上可分配使用的 IP 地址只有 A、B、C 三类。这三类地址统称为单目传送（Unicast）地址，因为这些地址通常只能分配给唯一的一台主机。D 类地址被称为多播（Multicast）地址，组播地址可用于视频广播或视频点播系统，而 E 类地址尚未使用，保留给将来的特殊用途。

不同类别的 IP 地址的网络号和主机号的长度划分不同，它们所能识别的物理网络数不同，每个物理网络所能容纳的主机个数也不同，如图 3-4 所示。

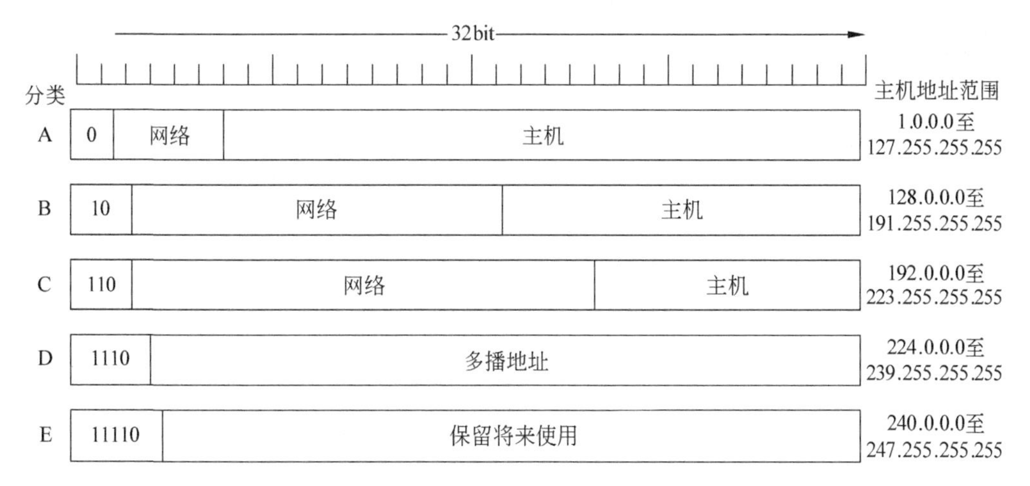

图 3-4 IP 地址的格式与分类

A 类地址用 7 位表示 IP 地址的网络部分，而用 24 位表示 IP 地址的主机部分。因此，它可以用于大型网络。B 类地址用 14 位表示 IP 地址的网络部分，而用 16 位表示 IP 地址的主要部分。它可以用于中型规模的网络。C 类地址用 21 位表示 IP 地址的网络部分，而用 8 位表示 IP 地址的主机部分，在一个网络中最多只能连接 256 台设备，因此，只适用于较小规模的网络。D 类地址为多播的功能保留。E 类地址为将来使用而保留。

根据 A、B、C、D、E 的高位数值，可以总结出它们的第一个字节的取值范围，如

A 类地址的第一个字节的数值为 1～126。表 3-2 给出了每种地址类别第一个字节的取值范围及其规模。

表 3-2 各类地址的取值范围

高 位	第一个字节的十进制数	地址类别
0	1～126	A
10	128～191	B
110	192～223	C
1110	224～239	D
11110	240～254	E

3.2.2 IP 地址与 MAC 地址

MAC（Media Access Control）地址，或称为 MAC 位址、硬件地址，用来定义网络设备的位置。

在 OSI 模型中，第三层网络层负责 IP 地址，第二层链接层则负责 MAC 位址。因此，一个主机会有一个 IP 地址，而每个网络位置会有一个专属于它的 MAC 位址。

MAC 地址是收录在 NIC（Network Interface Card，网卡）里的 MAC 地址，是由 48 位（6B/byte，1Byte=8bit）十六进制的数字组成。0～23 位叫做组织唯一标志符（Organizationally Unique identifier），是识别 LAN 结点的标识。24～47 位是由厂家自己分配。其中，第 40 位是组播地址标志位。

提 示

网卡的物理地址通常是由网卡生产厂家烧入网卡的 EPROM（闪存芯片），它存储的是传输数据时真正赖以标识发出数据的计算机和接收数据的主机的地址。

形象地说，MAC 地址就如同身份证上的身份证号码，具有全球唯一性。

1. MAC 地址的作用

IP 地址就如同一个职位，而 MAC 地址则像是去应聘这个职位的人。职位既可以由甲担任，也可以由乙担任。同理，一个结点的 IP 地址对于网卡是不做要求的，基本上什么样的厂家都可以用，也就是说 IP 地址与 MAC 地址并不存在着绑定关系。

如果一个 IP 主机从一个网络移到另一个网络，可以给它一个新的 IP 地址，而无须换一个新的网卡。

无论是局域网，还是广域网中的计算机之间的通信，最终都表现为将数据包从某种形式的链路上的初始结点出发，从一个结点传递到另一个结点，最终传送到目的结点。数据包在这些结点之间的移动都是由 ARP（Address Resolution Protocol，地址解析协议）负责将 IP 地址映射到 MAC 地址上来完成的。

2. MAC 地址的应用

身份证就是用来证明一个人的身份。平日身份证的作用并不是很大，但是到了一些关键时刻，必须由身份证来说明一个人的一切。

那么，IP 地址与 MAC 地址绑定，就如同在日常生活中一个人与身份证的关系。因为，IP 地址可以随意的，但 MAC 地址是唯一说明 IP 地址身份的。例如，为防止 IP 地址被盗用，通常交换机的端口绑定（端口的 MAC 表使用静态表项）可以在每个交换机端口只连接一台主机的情况下防止修改 MAC 地址的盗用，如果是三层设备，则还可以提供交换机端口、IP 地址和 MAC 地址三者的绑定。

提　示

一般绑定 MAC 地址都是在交换机和路由器上配置的，是网管人员才能接触到的。对于一般计算机用户来说，只要了解了绑定的作用就可以了。

3.2.3 IP 数据报的格式

要进行传输的数据在 IP 层首先需要加上 IP 头信息，封装成 IP 数据报。IP 数据报包括一个报文头以及与更高层协议相关的数据。图 3-5 所示为 IP 数据报的具体格式。

IP 数据报的格式可以分为报头区和数据区两大部分。其中，数据区包括高层需要传输的数据，报头区是为了正确传输高层数据而增加的控制信息，这些控制信息包括以下几种。

0　　4	4　　8	8　　16	16　　24	24　　31
版本	报头长度	服务类型	总长度	
标识符			标志	片偏移
生存同期		协议	头部校验和	
源IP地址				
目的IP地址				
IP选项				填充
数据… ……				

图 3-5 IP 数据报格式

1. 版本

长度为 4bit，表示与数据报对应的 IP 协议版本号。不同的 IP 协议版本，其数据报格式有所不同。当前的 IP 协议版本号为“4”。所有 IP 软件在处理数据报之前都必须检查版本号，以确保版本正确。IP 软件将拒绝处理版本不同的数据报，以避免错误解释其中内容。

2. 报头长度

长度为 4bit，指出以 32bit 长计算的报头长度，IP 数据报头中除 IP 选项域外，其他各域均为定长域，各定长域长度为 20 个字节，这样一个不含选项域的普通 IP 数据报其头标长度域值为“5”。总的来说，头标长度应为 32bit 的整数位，假如不是，在头标尾部添“0”凑齐。

3. 服务类型

服务类型（Service Type）规定对本数据报的处理方式。该域长度为一个字节，被分为 5 个子域，其子域结构如表 3-3 所示。

表 3-3 服务类型子域结构

0　1　2	3	4	5	6　7
优先权	D	T	R	未用

其中，3bit 的“优先权”（Precedence）子域指示本数据报的优先权，表示本数据报的重要程度。优先权取值为 0～7，“0”表示一般优先权，“7”表示网络控制优先权，优先权值是由用户指定的。大多数网络软件对此不予理睬，然而它毕竟提供了一种手段，允许控制信息享受比一般数据较高的优先权。DTR 三位数据表示本数据报所要的传输类型。其中，D 代表低延迟（Delay）；T 代表高吞吐率（Throughput）；R 代表高可靠性（Reliability）。上述 3 位只是用户的请求，不具有强制性，Internet 在寻找路径时可能以它们为参考。

4．总长度

总长域为 16bit，指示整个 IP 数据报的长度，以字节为单位，其中包括报头长度及数据区长。因此，IP 数据报总长可达 $2^{16}-1$（即 65535）个字节。

5．标识

标识是信源机赋予数据报的标识符，目的主机利用此域和信源地址判断收到的分组属于哪个数据报，以使数据报重组。分片时，该域必须不加修改地复制到新片头中，数据报标识符的实现原则是对于同一信源机各标识符必须是唯一的。

6．标志

标志为 3bit，用于控制分片和重组。Bit0：保留，必须为“0”。Bit1：0=可以分片，1=不分片。Bit2：0=最后一个分片，1=还有分片。

7．片偏移

它指出本片数据在初始数据报数据区中的偏移量，以 8 个字节为单位。由于各片按独立数据报的方式传输，其到达信宿机的顺序无法保证，因此，重组的片顺序由片偏移域提供。

8．生存周期

数据报传输的一大特点是随机寻径，因此，从信源机到信宿机的传输延迟也具有随机性。当路由器的路由表出错时，数据报可能会进入一条循环路径，无休止地在 Internet 中流动。为避免这种情况，IP 协议对数据报传输延迟要进行控制。

为此，每生成一个数据报，它都带有一个生存时间，该时间以秒为单位，每个处理该数据报的结点必须至少把 TTL 值减 1，即使处理时间小于一秒。假如数据报在路由器中因等待服务而被延迟，则从 TTL 中减去等待时间，一旦 TTL 减至 0，该数据报将被丢弃。

9．协议

协议为 1 个字节，指创建数据报数据区数据的高级协议类型，如 TCP、OSPF 等。

10．头部校验和

校验为 2 个字节，用于保证头部数据的完整性，其算法很简单，设“头部校验和”初值为 0，然后对头部数据每 16 位求异或，结果取反，便得到校验和。

11. 选项

主要用于控制和测试两个目的。

3.2.4 IP 数据报的分片与组装

当一个 IP 数据报从一个主机传输到另一个主机时，它可能通过不同的物理网络。每个物理网络有一个最大的帧大小，即所谓的 MTU（Maximum Transmission Unit，最大传输单元）。它限制了能够放入一个物理帧中的数据报长度。

IP 用一个进程来对超过 MTU 的数据报进行分片。这个进程建立了一个最大数据量以内的数据报集合。接收主机重新组合原始的数据报。IP 要求每个链路至少支持 68 个 8 位字节的 MTU。这是最大的 IP 报文头长度（60 个 8 位字节）和非最后分片中可能的最小数据长度（8 个 8 位字节）的总和。如果任何一个网络提供了一个比这个还小的值，则必须在网络接口层实现分片和分片重组。这个过程对于 IP 必须是透明的。IP 实现不必处理大于 576 字节的未分片的数据报。

一个未分片的数据报的分片信息字段全为 0，即多个分片标志位为 0，并且片偏移量为 0。分片一个数据报，须执行以下几个步骤。

- 检查 DF 标志位，查明是否允许分片。如果设置了该位，则数据报将被丢弃，并将一个 ICMP 错误返回给源端。
- 基于 MTU 值，把数据字段分成两个部分或多个部分。除了最后的数据部分外，所有新建数据选项的长度必须为 8 个字节的倍数。
- 每个数据部分被放入一个 IP 数据报。这些数据报的报文头略微修改了原来的报文头。
- 除了最后的数据报分片外，所有分片都设置了多个分片标志位。
- 每个分片中的片偏移量字段设为这个数据部分在原来数据报中所占的位置，这个位置相对于原来未分片数据报中的开头处。
- 如果在原来的数据报中包括了选项，则选项类型字节的高位字节决定了这个信息是被复制到所有分片数据报，还是只复制到第一个数据报。
- 设置新数据报的报文头字段及总长度字段。
- 重新计算报文头部校验和字段。

此时，这些分片数据报中的每个数据报如一个完整 IP 数据报一样被转发。IP 独立地处理每个数据报分片。数据报分片能够通过不同的路由器到达目的。如果它们通过那些规定了更小的 MTU 网络，则还能够进一步对它们进行分片。

在目的主机上，数据被重新组合成原来的数据报。发送主机设置的标识符字段与数据报中的源 IP 地址和目的 IP 地址一起使用，分片过程不改变这个字段。

为了重新组合这些数据报分片，接收主机在第一个分片到达时分配一个存储缓冲区。这个主机还将启动一个计时器。当数据报的后续分片到达时，数据被复制到缓冲区存储器中片偏移量字段指出的位置。当所有分片都到达时，完整的未分片的原始数据包就被恢复了。处理如同未分片数据报一样继续进行。

如果计时器超时并且分片保持尚未认可状态，则数据报被丢弃。这个计时器的初始值称为 IP 数据报的生存期值。它是依赖于实现方式的。一些实现方式允许对它进行配置。

在某些 IP 主机上可以使用 netstat 命令列出分片的细节，如 TCP/IP for OS/2 中的 netstat-i 命令。

3.2.5 IP 数据报路由选项

IP 数据报选项字段为 IP 数据报源站提供了两种显式提供路由信息的方法。它还为 IP 数据报提供了一种确定传输路由的方法。

1. 不严格的源路由

不严格的源路由选项也称为不严格的源和记录路由选项，它为 IP 数据报提供了一种显式地提供路由信息的方法。路由器在把数据报转发到目的站时使用该信息，同时还用它来记录路由。

2. 严格的源路由

严格的源路由选项也称为 SSRR（Strict Source and Record Route，严格的源和记录路由）选项，除了中间路由器必须通过一个直接连接的网络把数据报发送到源路由中的下一个 IP 地址外，它使用与不严格的源路由相同的原则。它不能使用中间路由器。如果不能实现这点，它就发出 ICMP 目的不可达的错误消息。

3. 记录路由

这个选项提供了一种记录 IP 数据报通过的路径的方法。它的功能类似于源路由选项。但是，这选项提供了一个空的路由数据字段，这个字段在数据报通过网络时被填入。

源主机必须为这个路由信息提供足够的空间。如果数据字段在数据报到达目的主机之前被填充，则在不记录这个路径的情况下继续转发这个数据报。

4. 网际时间戳

该选项强制目的路由上的一些或所有路由器把一个时间戳放入选项数据中。时间戳按秒度量，并且可以用于调试的目的。但由于大多数 IP 数据在不到 1s 的时间内就被转发及 IP 路由器不需要有同步的时钟，导致时间戳不精确。因此，它不能用于性能度量。

3.3 子网掩码

子网掩码（Subnet Mask）又叫网络掩码、地址掩码，是一种用来指明一个 IP 地址的哪些位标识的是主机所在的子网以及哪些位标识的是主机的位掩码。子网掩码不能单独存在，它必须结合 IP 地址一起使用。子网掩码只有一个作用，就是将某个 IP 地址划分成网络地址和主机地址两部分。

3.3.1 子网掩码概述

互联网是由许多小型网络构成的，每个网络上都有许多主机，这样便构成了一个有层次的结构。IP 地址在设计时就考虑到地址分配的层次特点，将每个 IP 地址都分割成网络号和主机号两部分，以便于 IP 地址的寻址操作。

IP 地址的网络号和主机号各是多少位呢？如果不指定，就不知道哪些位是网络号、哪些是主机号，这就需要通过子网掩码来实现。

子网掩码不能单独存在，它必须结合 IP 地址一起使用。子网掩码只有一个作用，就是将某个 IP 地址划分成网络地址和主机地址两部分。子网掩码的设定必须遵循一定的规则。

子网掩码也是由 32 位的二进制数构成，其左边用若干个连续的二进制数字“1”表示，右边用若干个连续的二进制数字“0”表示，其格式如图 3-6 所示。这样通过左边若干连续个数的“1”及右边连续个数的“0”能够区分 IP 地址的网络号和主机号部分。

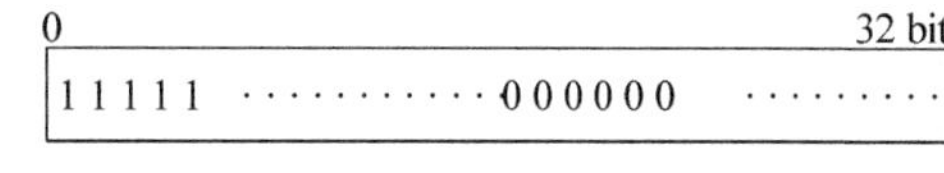

图 3-6 子网掩码格式

子网掩码也通常使用点分十进制数的方法来表示。例如，255.255.255.0 就表示一个子网掩码，与转后的二进制数关系如图 3-7 所示。并且它是 C 类 IP 地址的默认子网掩码。

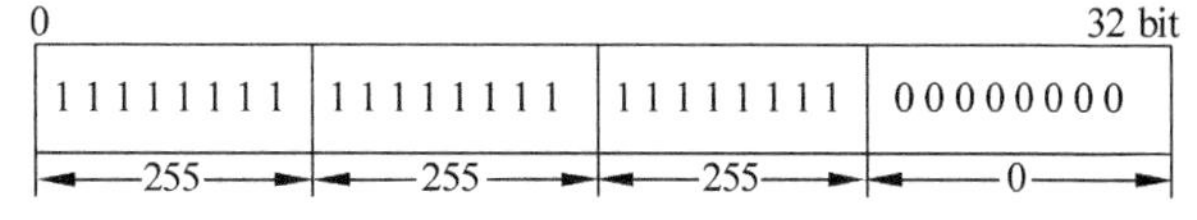

图 3-7 子网掩码十进制与二进制对应关系

常用的子网掩码有数百种，这里只介绍最常用的两种子网掩码，它们分别是 255.255.255.0 和 255.255.0.0。

- **子网掩码是 255.255.255.0 的网络** 最后面一个数字可以在 0~255 范围内任意变化，因此可以提供 256 个 IP 地址。但是实际可用的 IP 地址数量是 256–2，即 254 个，因为主机号不能全是“0”或全是“1”。
- **子网掩码是 255.255.0.0 的网络** 后面两个数字可以在 0~255 范围内任意变化，可以提供 255^2 个 IP 地址。但是实际可用的 IP 地址数量是 255^2–2，即 65023 个。

为了使读者更容易理解子网掩码的相关知识，读者还应该明白什么是掩码，什么是子网。

1. 子网

对于企业所有主机位于同一网络层次中，不方便管理员对其进行管理。因此，提出了将大网络进一步划分成小网络，而这些小网络就称为“子网”。

IP 地址的子网掩码设置不是任意的。如果将子网掩码设置过大，也就是说子网范围扩大。根据子网寻径规则，很可能发往和本地机不属于同一子网内的计算机，会因为错误的判断而认为目标计算机是在同一个子网内中。

那么，数据包将在本子网内循环，直到超时并抛弃，使数据不能正确到达目标的计算机，导致网络传输错误。

如果将子网掩码设置得过小，那么会将本来属于同一子网内的机器之间的通信当作跨子网传输，数据包都交给默认网关处理，这样势必增加默认网关的负担，造成网络效率下降。

因此，子网掩码应该根据网络的规模进行设置。如果一个网络的规模不超过 254 台计算机，则采用 255.255.255.0 作为子网掩码就可以了。

2. 掩码

掩码与 IP 地址相对应，具有 32 位地址，当用掩码与 IP 地址进行逐位“逻辑与”（AND）运算后，就能够得知该 IP 地址的网络地址（网络号）。例如，一个 IP 地址为 221.180.60.15，其默认掩码为 255.255.255.0，与 IP 地址进行 AND 运算后，可得知其网络地址为 201.180.60.0，如图 3-8 所示。

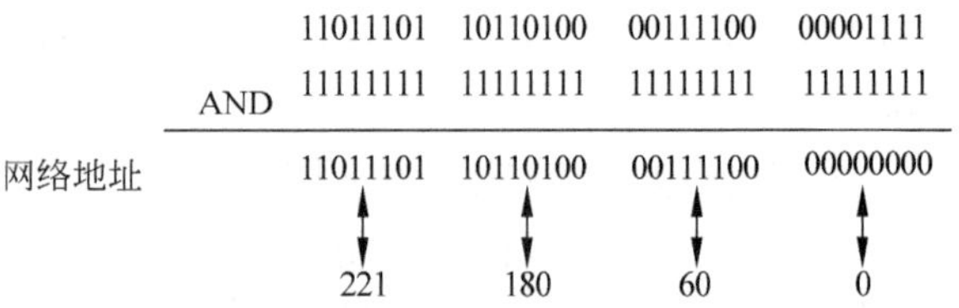

	11011101	10110100	00111100	00001111
AND	11111111	11111111	11111111	11111111
网络地址	11011101	10110100	00111100	00000000
	221	180	60	0

图 3-8 掩码的作用

通常 A 类、B 类和 C 类 IP 地址都有其默认掩码，如图 3-9 所示。

地址类别	默认掩码（十进制）	默认掩码（二进制）
A	255.0.0.0	11111111.00000000.00000000.00000000
B	255.255.0.0	11111111.11111111.00000000.00000000
C	255.255.255.0	11111111.11111111.11111111.00000000

图 3-9 各类地址的默认掩码

提 示

二进制数字“与”运算是对应位数字进行相与，其运算公式为，1 与 1 得 1、1 与 0 得 0、0 与 0 得 0。简而言之，二进制数字的“与”运算公式为：遇 0 得 0。

3.3.2 子网掩码的计算

在对子网进行划分时，需要使用子网掩码，通过子网掩码，能够表明网络中一台主机所在的子网与其他子网的关系，这就需要计算子网掩码。计算子网掩码的方法有利用划分的子网个数和计算子网中主机的数量两种。

1. 利用子网数计算子网掩码

在利用子网数计算子网掩码之前，需要了解具体要划分的子网个数，其具体步骤如图 3-10 所示。

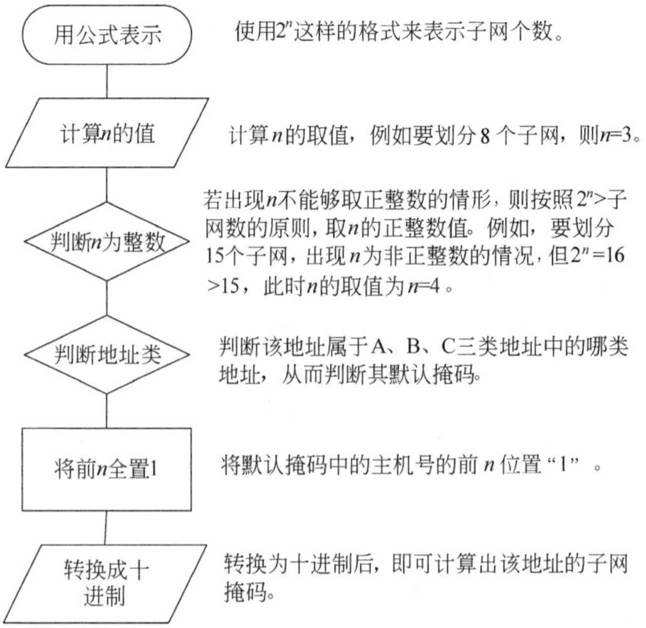

步骤	说明
用公式表示	使用2^n这样的格式来表示子网个数。
计算n的值	计算n的取值，例如要划分 8 个子网，则n=3。
判断n为整数	若出现n不能够取正整数的情形，则按照2^n>子网数的原则，取n的正整数值。例如，要划分 15个子网，出现n为非正整数的情况，但2^n=16 >15，此时n的取值为n=4 。
判断地址类	判断该地址属于A、B、C三类地址中的哪类地址，从而判断其默认掩码。
将前n全置1	将默认掩码中的主机号的前 n 位置“1”。
转换成十进制	转换为十进制后，即可计算出该地址的子网掩码。

图 3-10 计算子网掩码流程

例如，现将一网络地址为 129.65.0.0 的网络划分为 27 个子网，其子网掩码的计算方法为：

首先由(2^n=32)>27 确定 n 的取值为 5，然后根据 129.65.0.0 的网络地址，判断其属于 B 类 IP 地址，其默认掩码为 255.255.0.0。最后，将默认掩码中主机号的前 5 位置为 1，即“11111000”，转换为十进制为 248，所以划分子网的子网掩码为 255.255.248.0。

通过前面的介绍，从划分子网的个数就能够判断出其子网掩码，对于 B 类网络来讲，其子网划分个数与子网掩码即每一个子网的主机数有如下关系，如图 3-11 所示。

对于 C 类网络来讲，其划分子网个数与子网掩码及每个子网所能够容纳的主机数量，如图 3-12 所示。

子网个数	子网掩码
2	255.255.128.0
4	255.255.192.0
8	255.255.224.0
16	255.255.240.0
32	255.255.248.0
64	255.255.252.0
128	255.255.254.0
256	255.255.255.0

图 3-11 B 类网络子网个数与子网掩码对应关系

子网个数	子网掩码
2	255.255.255.128
4	255.255.255.192
8	255.255.255.224
16	255.255.255.240
32	255.255.255.248
64	255.255.255.252

图 3-12 C 类网络子网个数与子网掩码对应关系

2. 利用主机数计算子网掩码

在利用主机数计算子网掩码时，必须知道每个子网所需容纳的主机个数，而不必知道其需要划分的子网个数，其主要步骤如图 3-13 所示。

例如，要将网络号为 180.195.0.0 的网络划分成若干子网，要求其每个子网能够容纳的主机数量为 900 台，那么其子网掩码计算方法为：首先由(2^n=1024)>900，可以确定 n 的取值为 10，然后根据 180.195.0.0 的网络，判断属于 B 类 IP 地址，其默认掩码为 255.255.0.0，最后，将默认掩码中主机号的所有位全部转换为 1，即“11111111 11111111”，接着按照由低位到高位的顺序将 n=10 位全部转换为 0，即“11111100

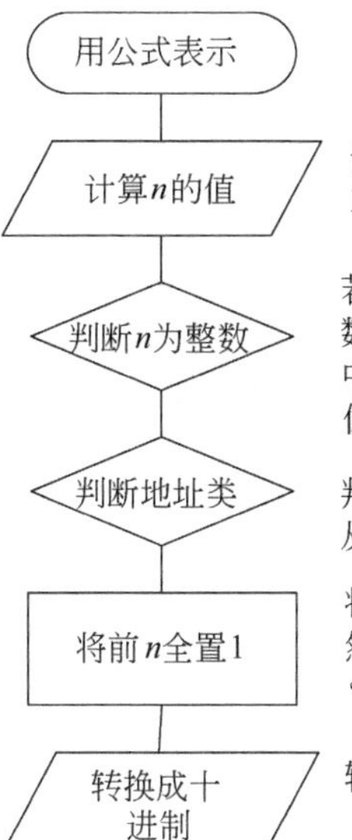

用公式表示
使用2ⁿ这样的格式来表示主机个数。
计算n的值
计算n的值，例如要求每个子网能够容纳 512 台主机，则n=9。
判断n为整数
若出现n不能够取正整数的情形，则按照2ⁿ>主机数的原则，取n的正整数值。例如，要求每个子网中能够容纳500台主机，出现n为非正整数的情况，但2ⁿ=512>500，此时n的取值为n=9。
判断地址类
判断该地址属于A、B、C三类地址中的哪类地址，从而判断其默认掩码。
将前n全置1
将给定地址默认掩码中的主机号全部置换为“1”，然后按照由低位到高位的顺序将n位全部置换为“0”。
转换成十进制
转换为十进制后，即可计算出该地址的子网掩码。

图 3-13 利用主机数计算子网掩码流程

000000”转换成十进制为 252，因此其划分子网的子网掩码为 255.255.252.0。

同过前面的计算，可以得出一个规律，即按照子网能够容纳的主机数量也能够计算出其子网掩码。对于 B 类网络来讲，其子网能够容纳主机数量与子网掩码有如下关系，如图 3-14 所示。

对于 C 类网络来讲，其子网掩码每个子网所能够容纳的主机数量的对应关系，如图 3-15 所示。

每子网容纳主机数量	子网掩码
32766	255.255.128.0
16382	255.255.192.0
8190	255.255.224.0
4094	255.255.240.0
2046	255.255.248.0
1022	255.255.252.0
510	255.255.254.0
254	255.255.255.0

图 3-14 B 网子网掩码与每个子网

每子网容纳主机数量	子网掩码
126	255.255.255.128
62	255.255.255.192
30	255.255.255.224
14	255.255.255.240
6	255.255.255.248
2	255.255.255.252

图 3-15 C 网子网掩码与每个子网

3.3.3 网络号与广播地址

在 IP 地址中，除了人们已经知道的 IP 地址的五类划分及私有地址外，还有网络号和广播地址这两种特殊的 IP 地址。网络地址和广播地址主要用于一些网络协议中，在主机中一般是不允许使用这样的地址的。

1. 网络地址

网络号即网络标识，通常表示一个网络。在网络规划或子网划分中，有时需要了解某主机地址属于哪个网络，以便于管理网络，因此读者需要掌握网络地址的计算方法。

IP 地址与默认掩码做“与”运算或与子网掩码做“与”运算，就能够得到网络号。例如，现有一个主机地址为 202.100.10.130，其子网掩码为 255.255.255.224，那么计算该主机地址的所处网络号的方法为：首先，将 202.100.10.130 转换为二进制表示为“11001010 01100100 00001010 10000010”，子网掩码转换为二进制表示为“11111111 11111111 11111111 11100000”。然后将其进行“与”运算可得结果为“11001010 01100100 00001010 10000000”。

其中，计算格式如图 3-16 所示。最后将其使用十进制表示为 202.100.10.128，即 202.100.10.128 就是网络地址。

```
     11001010  01100100  00001010  10000010
AND  11111111  11111111  11111111  11100000
---------------------------------------------
     11001010  01100100  00001010  10000000
```

图 3-16 计算网络地址

技 巧

在计算主机地址的网络地址时，若给出的是默认掩码，则可立刻得知其网络地址为“网络号+0”，若为非默认掩码时，只需使用该地址的主机号与子网掩码的主机号做“与”运算，得出结果即可，此时网络地址为“网络号+该结果”。

2. 广播地址

广播地址是指用来同时向网络上的所有主机发送报文的地址，而不考虑物理网络的特性如何。广播地址又分为有限广播地址和直接广播地址两种。

有限广播地址：它不能被路由但是能够被传送到相同物理网络段上的所有主机，其地址的网络号和主机号全为“1”，即 255.255.255.255，它是一个本网内的广播地址。

直接广播地址：网络中的广播能够被路由，且能够被传送到该地址网络上的每一台主机。其地址的主机号部分全为“1”，如 136.80.255.255 就是一个 B 类地址中的一个广播地址，将信息发送到该地址，就是指将信息发送给网络地址为 136.80 上的所有主机。

在知道了什么是广播地址后，读者还需要了解广播地址是如何计算的。广播地址的计算与默认掩码或子网掩码密切相关。

- **利用默认掩码计算广播地址**

这种方法由于没有考虑子网问题，因此其计算较为简单。

例如，IP 地址为 202.100.10.130，默认掩码为 255.255.255.0，计算广播地址。

首先，可计算出其网络地址为 202.100.10.0，那么它的广播地址为 202.100.10.255。即此时广播地址为网络地址与最大主机号之和。

- **利用子网掩码计算广播地址**

在使用子网掩码计算广播地址时，由于考虑了子网划分，就不能再使用广播地址为网络地址与最大主机号之和这样的方法来计算广播地址了。此时广播地址为该主机号所属子网段的最后一个地址。

3. 计算网络地址

例如，现有一主机地址为 200.100.50.190，子网掩码为 255.255.255.240，那么计算该主机所在网络的广播地址的方法如下所示。

- **进制转换**

首先，将主机地址 200.100.50.190 转换为二进制表示为“11001000 01100100 00110010 10111110”，子网掩码转换为二进制表示为“11111111 11111111 11111111 11110000”。然后，将主机地址与子网掩码做“与”运算，计算出它的网络地址为“11001000 01100100 00110010 10110000”，如图 3-17 所示。最后，将该结果转换为十进制为 200.100.50.176。

	11001000	01100100	00110010	10111110
AND	11111111	11111111	11111111	11110000
	11001000	01100100	00110010	10110000

图 3-17 计算网络地址

- **计算子网掩码所能容纳的主机 IP 地址数**

子网掩码 255.255.255.240 能够容纳的主机 IP 地址数有 $2^4=16$ 个（包括网络地址和广播地址从 0 到 15）。

- **地址分段**

按照子网掩码所能容纳主机数量（16 个）将主机 IP 地址进行分段，其分段结果如下所示：

200.100.50.0～200.100.50.15；

200.100.50.16～200.100.50.31；

200.100.50.32～200.100.50.47；

200.100.50.48～200.100.50.63；

200.100.50.64～200.100.50.79；

200.100.50.80～200.100.50.95；

200.100.50.96～200.100.50.111；

200.100.50.112～200.100.50.127；

200.100.50.128～200.100.50.143；

200.100.50.144～200.100.50.159；

200.100.50.160～200.100.50.175；

200.100.50.176～200.100.50.191；

200.100.50.192～200.100.50.207；

200.100.50.208～200.100.50.223；

200.100.50.224～200.100.50.239；

200.100.50.240～200.100.50.255。

❑ **计算结果**

当对其进行分段完成后，能够查看到主机地址 200.100.50.190 属于分段 200.100.50.176～200.100.50.191。因此可以得知其广播地址为 200.100.50.191。

提 示

按照子网掩码所能容纳主机数量将主机 IP 地址分段，其中包括网络地址和广播地址，每个分段的第一个地址为该子网的网络地址，最后一个地址为广播地址。

3.4 地址解析协议和逆地址解析协议

地址解析协议 ARP 和反地址解析协议 RARP 都是特定网络的标准协议。ARP 协议负责把 IP 地址转换为物理网络地址，在 RFC826 中对它进行了描述。而 RARP 协议则是把物理网络地址转换为 IP 地址，在 RFC903 中对它进行了描述。本节将对 ARP 协议和 RARP 协议的相关内容进行详细介绍。

3.4.1 地址解析

在一个单独的物理网络上，通过物理硬件地址识别网络上的各个主机。IP 地址以符号地址的形式对目的主机进行编址。

当这样的一个协议想要把一个数据报发送到目的 IP 地址时，设备驱动程序将不能理解这个目的 IP 地址。因此，必须提供这样一个模块，它能将 IP 地址转换为目的主机的物理地址。通常将一台计算机的 IP 地址转换为物理地址的过程称为地址解析。

地址解析也叫地址之间的映射，它包括两个方面的内容：一种是从 IP 地址到物理地址的映射；另一种是从物理地址到 IP 地址的映射。

关于这两种地址间的映射，TCP/IP 专门提供了两个协议：ARP 地址解析协议，用于从 IP 地址到物理地址的映射；RARP 反向地址解析协议，用于从物理地址到 IP 地址的映射。

3.4.2 IP 地址与物理地址的映射

实现从 IP 地址到物理地址的映射是非常重要的，任何一次从 IP 层以上（包括 IP 层）发起的数据传输都使用 IP 地址，一旦使用 IP 地址，必然涉及这种映射，否则物理网络便不能识别地址信息，无法进行数据传输。

IP 地址到物理地址映射有表格方式和非表格方式两种方式。

1. 表格方式

事先在各主机中建立一张 IP 地址，物理地址映射表。这种方式很简单，但是映射表需要人工建立及人工维护，由于人的速度太慢，因此该方式不适应大规模和长距离网络或映射关系变化频繁的网络。

2. 非表格方式

采用全自动技术，地址映射完全由机器自动完成。根据物理地址类型的不同，非表格方式又分为两种，即直接映射和动态联编。

❑ **直接映射**

物理地址可分为固定物理地址和可自由配置的物理地址两类，对于可自由配置的物理地址，经过特意配置后，可以将它编入 IP 地址码中，这样，物理地址的解析就变得非常简单，即将它从 IP 地址的主机号部分取出来便是。这种方式就是直接映射。

直接映射直截了当，但适用范围有限，当 IP 地址中主机号部分容纳不下物理地址时，这种方式就会失去作用。

另外，像以太网这样的物理网络，其物理地址是固定的，一旦网络接口更换，物理地址随之改变，采用直接映射也会有问题。

❑ **动态联编**

像以太网这样的物理网络具备广播能力。针对这种具备广播能力、物理地址固定的网络，TCP/IP 设计了一种巧妙的动态联编方式进行地址解析，并制定了相应标准，这就是 ARP。动态联编 ARP 的原理是，在广播型网络上，一台计算机 A 欲解析另一台计算机 B 的 IP 地址 BP，计算机 A 首先广播一个 ARP 请求文，请求 IP 地址为 BP 的计算机回答其物理地址。网上所有主机都将收到该 ARP 请求，但只有 B 识别出自己的 IP 地址，并做出应答，向 A 发回一个 ARP 响应，回答自己的 IP 地址。这种解析方式就是动态联编。

为提高效率，ARP 使用了高速缓存技术（Caching），在每台使用 ARP 的主机中，都保留了一个专用的内存区（即高速缓存），存放最近获得的 IP 地址——物理地址联编。一收到 ARP 应答，主机就将信宿机的 IP 地址和物理地址存入缓存。欲发送报文时，首先去缓存中查找相应联编，若找不到，再利用 ARP 进行地址解析。这样就不必每发一个报文都要事先进行动态联编。实验表明，由于多数据网络通信都需要持续发送多个报文，所以高速缓存大大提高了 ARP 的效率。

3.4.3 反向地址解析协议 RARP

反向地址解析协议（Reversed Address Resolution Protocol，RARP），可以实现物理地址到 IP 地址的转换。无盘工作站在启动时，只知道自己的物理地址，而不知道自己的 IP 地址。它首先使用 RARP 协议得到自己的 IP 地址后，才能和服务器通信。

在一台无盘工作站启动时，工作站首先以广播方式发出 RARP 请求。同一网络上的 RARP 服务器就会根据 RARP 请求中的物理地址为该工作站分配一个 IP 地址，生成一个 RARP 响应包发送回去。RARP 数据包和 ARP 数据包的格式几乎完全一样。唯一的差别在于 RARP 请求包中是由发送者填好源端物理地址，而源端 IP 地址为空（需要查询）。在同一个子网上的 RARP 服务器接收到请求后，填入相应的 IP 地址，然后发送回源工作站。

RARP 与 ARP 相比，有如下几个方面的改变。

- ARP 只假定所有主机知道它们各自的硬件地址和协议地址之间的映射。RARP 要求网络上的一个或者多个主机来维护硬件地址和协议地址间映射的数据，以便它们能够回答客户主机的请求。
- 由于这个数据库能够采用的最大容量。服务器的部分功能通常在适配器的微代码处实现，在微代码中有选择地实现一个小型缓存。然后，微代码部分仅仅负责 RARP 帧的接收和传输，RARP 映射本身由服务器软件处理，作为主机中的一个普通进程运行。
- 这个数据库的性质还需要用某些软件来人工建立和更新数据库。
- 在网络上有多个 RARP 服务器的情况下，RARP 请求主机只使用它的广播 RARP 请求所接收到的第一个 RARP 应答，而丢弃所有其他应答。

3.5 IPv6 协议及寻址

IPv6（Internet Protocol version 6，互联网通讯协议第 6 版）是被指定为 IPv4 继任者的下一代互联网协议版本，互联网中最先出现的应用到现在依然占有优势。

3.5.1 什么是 IPv6

IPv6 在 1998 年 12 月由互联网工程任务小组（Internet Engineering Task Force，IETF）通过公布互联网标准规范（RFC 2460）的方式定义出台。

IPv6 具有比 IPv4 大得多的地址空间。这是因为 IPv6 使用了 128 位的地址，而 IPv4 只用 32 位。

IPv6 中可能的地址有 $2^{128} \approx 3.4\times10^{38}$ 个。也可以考虑为 16^{32} 个，因为 32 位地址每位可以取 16 个不同的值。

在很多场合，IPv6 地址由两个逻辑部分组成：一个 64 位的网络前缀和一个 64 位的主机地址，主机地址通常根据物理地址自动生成，叫做 EUI-64（或者 64 位扩展唯一标识）。

3.5.2 IPv6 格式

IPv6 二进位制下为 128 位长度，以 16 位为一组，每组以冒号（:）隔开，可以分为 8 组，每组以 4 位十六进制方式表示。例如，“2001:0db8:85a3:08d3:1319:8a2e:0370:7344”是一个合法的 IPv6 位址。

同时 IPv6 在某些条件下可以省略，以下是省略规则。

1. 省略规则一

每项数字前导的 0 可以省略，省略后前导数字仍是 0 则继续，如下组 IPv6 是等价的。

2001:0DB8:02de:0000:0000:0000:0000:0e13

2001:DB8:2de:0000:0000:0000:0000:e13

2001:DB8:2de:000:000:000:000:e13

2001:DB8:2de:00:00:00:00:e13

2001:DB8:2de:0:0:0:0:e13

2. 省略规则二

若有连贯的 0000 的情形出现，可以用双冒号（::）代替。

如果 4 个数字都是零，可以被省略。例如下组 IPv6 是等价的。

2001:DB8:2de:0:0:0:0:e13

2001:DB8:2de::e13

遵照以上省略规则，下面这组 IPv6 都是等价的。

2001:0DB8:0000:0000:0000:0000:1428:57ab

2001:0DB8:0000:0000:0000::1428:57ab

2001:0DB8:0:0:0:0:1428:57ab

2001:0DB8:0::0:1428:57ab

2001:0DB8::1428:57ab

不过请注意有的情形下省略是非法的，例如“2001::25de::cade” IPv6 地址是非法的。因为，它有可能是以下几种情形之一，造成无法推断。

2001:0000:0000:0000:0000:25de:0000:cade

2001:0000:0000:0000:25de:0000:0000:cade

2001:0000:0000:25de:0000:0000:0000:cade

2001:0000:25de:0000:0000:0000:0000:cade

如果这个地址实际上是 IPv4 的地址，后 32 位可以用十进制数表示；因此，“::ffff:192.168.89.9”等价于“::ffff:c0a8:5909”，但不等价于“::192.168.89.9”和“::c0a8:5909”。

"::ffff:1.2.3.4" 格式叫做 IPv4 映射位址。而 "::1.2.3.4" 格式叫做 IPv4 一致位址，目前已被取消。

IPv4 地址可以很容易地转化为 IPv6 格式，如 IP 地址为 135.75.43.52（十六进制为 0x874B2B34），它可以被转化为 "0000:0000:0000:0000:0000:ffff:874B:2B34" 或者 "::ffff:874B:2B34"。同时，还可以使用混合符号（IPv4-Compatible Address），则地址可以为 "::ffff:135.75.43.52"。

3.5.3 IPv6 的特性

IPv6 协议改进了 IPv4 协议报头，并提供了一些新的机制，从而很好地解决了诸如移动性、安全性、多媒体传输等问题。

1．新的报文结构

IPv6 使用了全新的协议头格式，在 IPv6 报文头中包括基本报头和可扩展报头两部分，其格式如图 3-18 所示。

基本报头	扩展报头1	…	扩展报头n	数据

图 3-18 报文结构

其中，基本报头与原 IPv4 报头类似，但在 IPv6 报头中添加了一些新的字段，以及改变了某些字段，如图 3-19 所示。

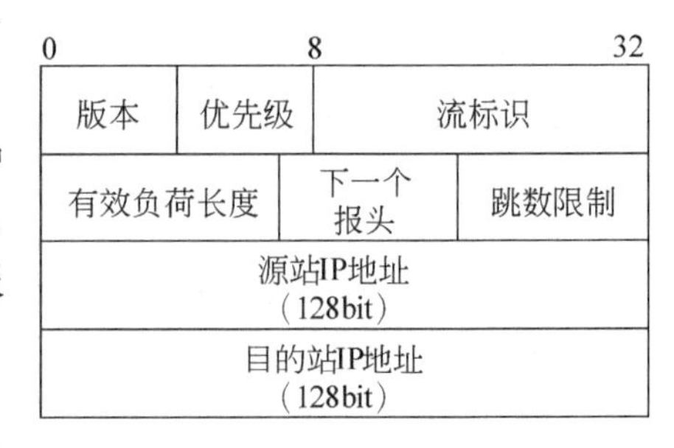

图 3-19 IPv6 报头

扩展报头中提供了许多额外信息，共分为 6 种扩展报头，且它们是可选的。当有多个扩展报头时，这些扩展报头必须按照一定的排列次序跟在基本报头之后，如表 3-4 所示。

IPv6 采用 128 位 IP 地址，其地址空间为 2^{128}。此外，一些非根本性的和可选择的字段被移动到了 IPv6 协议头之后的扩展协议中，从而简化了路由器的选择过程，使得网络中的中间路由器在处理 IPv6 协议头时，有更高的效率。

表 3-4 报头所包含信息

类　型	描　述
站到站选项	用于描述路由器的各种信息
源路由报头	指明数据报到达目换站所必须经过的路由器
分片报头	用于数据报的分片管理
身份验证报头	用于接收端对发送端身份的验证
加密报头	用于传输经过加密的报文信息
目的地选项	有关数据报接收端的附加信息

2．新的地址配置方式

随着网络技术的发展，在 Internet 上的结点不再单单是计算机了，它将发展成为包括个人数字助理（PDA）、移动电话（Mobile Phones），甚至包括冰箱、电视等家用电器，这就要求 IPv6 主机地址配置更加简化。

因此，为了达到简化地址配置的目的，在 IPv6 中除了支持手动地址配置和有状态自动地址配置（使用专用的地址分配服务器动态分配地址）外，还支持一种无状态的地址配置技术。

在该技术中，网络上的主机能够给自己自动配置 IPv6 地址，在同一链路上，所有主机不需人工干涉就可以进行通讯。

3．QoS（服务质量）保证

在 IPv6 的基本报头中新定义了一种被称为流标识的全新字段。它使得网络中的路由器能够对属于一个流标识的数据包进行识别并提供特殊处理。

IPv6 的流标识字段，使得路由器可以在不打开传输的内层数据包的情况下就可以识别流，这就是说即使数据包有效负荷已经进行了加密，但仍然可以实现对 QoS 的支持。

提　示

QoS（服务质量）是指网络提供更高优先服务的一种能力，它包括专用带宽、抖动控制和延迟（用于实时和交互式流量的情况）、丢包率的改进以及不同 LAN、MAN 和 WAN 技术下的指定网络流量等，同时确保为每种流量提供的优先权不会阻碍其他流量的进程。

4．支持实时音频和视频传输

在 IPv6 的报头结构中取消了服务类型字段，增加了流标识字段。该字段除了能提供 QoS 外，还使得源主机可以请求对数据做出特殊的处理，如能够支持实时音频和视频的传输。

5．移动性

在 IPv6 的可扩展报头中，采用了 Routing Header（路由报头）和 Destination Option Header（目的地选项报头）报头类型，使得 IPv6 对移动性提供了内在的支持。

在 IPv6 中能够给移动结点分配一个本地地址，通过此地址总可以访问到它。在移动结点位于本地时，它连接到本地链路并使用其本地地址。在移动结点远离本地时，本地代理（通常是路由器）在该移动结点和正与其进行通信的结点之间传递消息。

这样就达到了设备能够在 Internet 上随意改变位置但仍能够维持现有连接的目的。

3.5.4　IPv6 地址分类

IPv6 地址根据接口不同可以分为单播 IPv6 地址、多播 IPv6 地址和任播 IPv6 地址，其具体介绍如下所述。

1．单播 IPv6 地址

单播 IPv6 地址是指具有单一接口的地址，其中一个单接口有一个标识符。发送给一个单播地址的数据包被送到由该地址标识的接口。

n bit	(128-n) bit
子网前缀	接口 ID

图 3-20　单播地址格式

通常，单播地址在逻辑上划分为子网前缀和接口 ID 两部分，如图 3-20 所示。其中接口 ID 用于标识链路接口，在该链路中其值必须是唯一的，一个接口标识符应与该接口的链路层地址相同，该链路通常由子网前缀来标识。

在 IPv6 单播地址中，如果所有位全部为“0”，那么称该地址为未指定地址，用文本形式表示为“::”，它不能分配给任何结点。另外，IPv6 单播地址“::1”或“0:0:0:0:0:0:0:1”称为环回地址，常用于结点向自己发送数据包，它不能分配给任何物理接口。

2. 多播 IPv6 地址

多播 IPv6 地址是指一组接口的地址（通常分属不同结点），其中这一组接口具有一个标识符，如图 3-21 所示。发送到一个多播地址的数据包被送到由该地址标识的每个接口上。简单地说，多播地址就是一组结点的标识符。

8 bit	4	4 bit	112 bit
11111111	Flag	Extent	Group ID

图 3-21 多播地址格式

第一字段是标识字段，共占 8 位，所有位全部为“1”，用于标识该地址是一个多播地址。

Flag（标志字段），共占 4 位，其格式为“000T”。其中前 3 位为高位是保留位，其初始值为 0；T 的取值包括 0 和 1。若 T=0，则表示一个永久分配的多播地址，由全球 Internet 编号机构进行分配；若 T=1，则表示一个非永久的多播地址。

Extent（范围字段），共占 4 位，主要用于限制多播组的范围。该字段的可能取值。

Group ID（组标识），共占 112 位，主要用于标识多播组，可以是永久的也可以是临时的。

3. 任播 IPv6 地址

任播 IPv6 地址也称为任意点播 IPv6 地址，它是指一组接口的地址（一般属于不同结点）具有一个标识符，发送到任播地址的数据包被送到由该地址标识的、根据路由选择距离度量最近的一个接口上。

任播地址是从单播的地址空间分配而来，可用任何一种规定的单播地址格式。因此，在语法上是无法区别单播地址和任播地址的。当一个单播地址分配给多个接口时，如果把它转为任播地址，那么被分配该地址的结点，必须显示地配置，以便知道这是一个任播地址。

对于任何一个已经分配的单播地址，有一个最长的地址前缀 P 用来标识拓扑地区。在该区域中，所有接口均属于该任播地址。

在前缀 P 内，任播组的每个成员，被告知在选录系统中作为一个独立实体（主机路由）；在前缀 P 以外，任播地址可以集合在前缀 P 的选路通告中。假如，出现 P 为 0 的前缀，那么说明该组成员可能没有拓扑位置。

此时，任播地址将在整个 Internet 上，被告知作为一个分离的选路实体，这样对于任播地址的使用将带来限制。其限制包括：任播地址不能用作 IPv6 包的源地址；任播地址不能指定给 IPv6 主机，只能指定给 IPv6 路由器。其中，预定的子网路由器任播地址格式如图 3-22 所示。

n bit	(128-*n*) bit
子网前缀	00000000000000

图 3-22 任播地址格式

在该格式中，子网前缀用来标识一条特定链路；接口标识为“0”的链路上的一个接口，其任播地址与单播地址在语法上是相同的。

3.5.5 主机和路由器地址

在 IPv6 协议中，不仅主机 IP 地址有所不同，网络设备路由器地址也与 IPv4 协议中的路由器地址不同。

1. 主机地址

在 IPv6 中，一台主机可同时拥有的单点传送地址有每个接口的链路本地地址、每个接口的单点传送地址和环路接口的环路地址（::1）。

另外，每台 IPv6 主机至少有接收本地链路信息的链路本地地址和路由的站点本地地址或全球地址。同时每台主机还需要时刻保持收听包括以下几个方面的多点传送地址上的信息：

- ❑ 结点本地范围内所有结点组播地址（FF01::1）。
- ❑ 链路本地范围内所有结点组播地址（FF02::1）。
- ❑ 请求结点（Solicited-node）多播地址（如果主机的某个接口加入请求结点组）。
- ❑ 多播组多点传送地址（如果主机的某个接口加入任何多播组）。

2. 路由器地址

在 IPv6 中，一台路由器可被分配以下几种类型的单播地址。

- ❑ 每个接口的链路本地地址。
- ❑ 每个接口的单点传送地址（包括一个站点本地地址和一个或多个可聚集全球地址）。
- ❑ 子网-路由器任播地址。
- ❑ 其他任播地址（可选）。
- ❑ 环路接口的环路地址（::1）。

此外，与主机地址类似，路由器同样需要时刻保持收听多点传送地址上的信息。

- ❑ 结点本地范围内的所有结点多播地址（FF01::1）。
- ❑ 结点本地范围内的所有路由器多播地址（FF01::2）。
- ❑ 链路本地范围内的所有结点多播地址（FF02::1）；链路本地范围内的所有路由器多播地址（FF02::2）。
- ❑ 站点本地范围内的所有路由器多播地址（FF05::2）。
- ❑ 请求结点（Solicited-Node）多播地址（如果路由器的某个接口加入请求结点组）。
- ❑ 多播组多点传送地址（如果路由器的某个接口加入任何多播组）。

3.6 练习：子网划分

为了提高 IP 地址的使用效率，可将一个个网络划分为子网。采用借位的方式，从主机位最高位开始借位变成新的子网位，所剩余的部分仍为主机位。

1．实验目的

❑ 查看 IP 地址
❑ 划分子网

2．实验步骤

1 按下 Windows+R 键，打开【运行】对话框，在文本框中输入“cmd”命令，单击【确定】按钮，如图 3-23 所示。

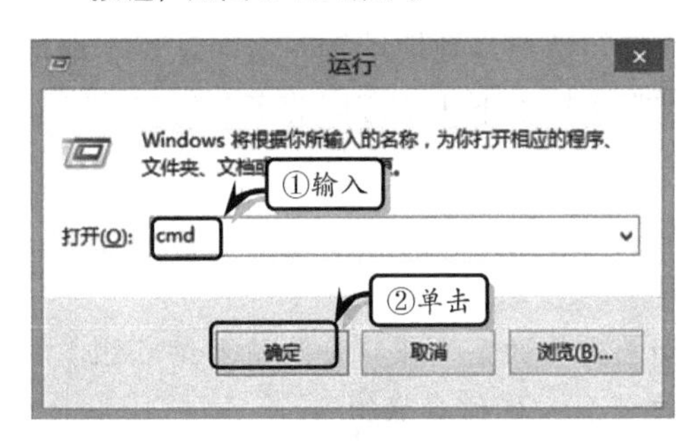

图 3-23　输入运行命令

2 在弹出的窗口中输入 ipconfig 命令，按下 Enter 键，即可查看 IP 地址，如图 3-24 所示。

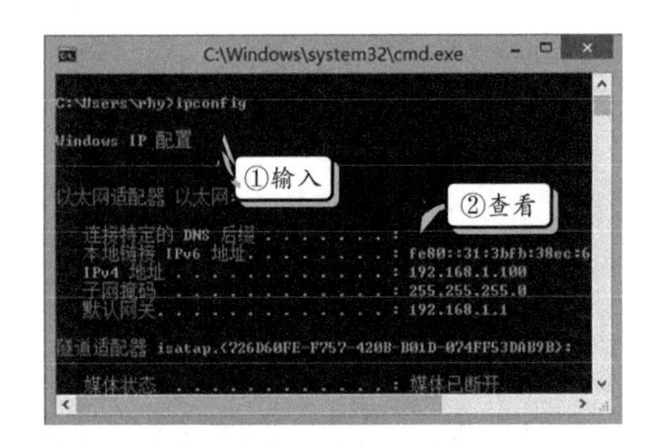

图 3-24　查看 IP 地址

3 下载并运行“子网计算机工具”软件，在界面中激活【主机 IP->本子网 IP】选项卡，并输入主机 IP 地址，如图 3-25 所示。

4 激活【网络 IP->各子网 IP】选项卡，输入网络地址。然后，单击【要划分的子网数量】下拉按钮，选择数量 8，如图 3-26 所示。

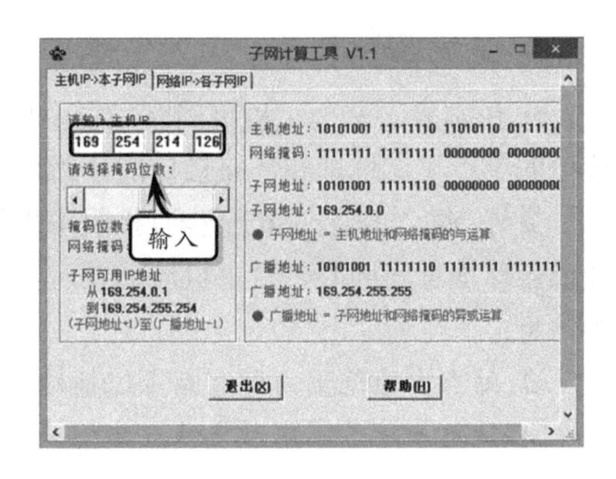

图 3-25　输入 IP 地址

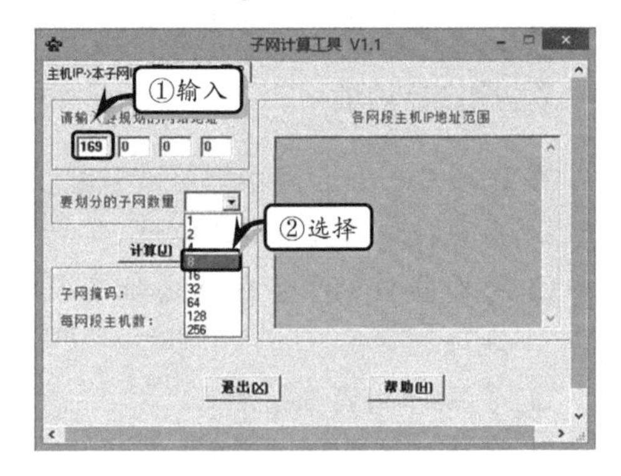

图 3-26　输入规划网络地址

5 单击【计算】按钮，在右侧【各网段主机 IP 地址范围】栏下方的列表框中，将显示出规划的子网 IP，如图 3-27 所示。

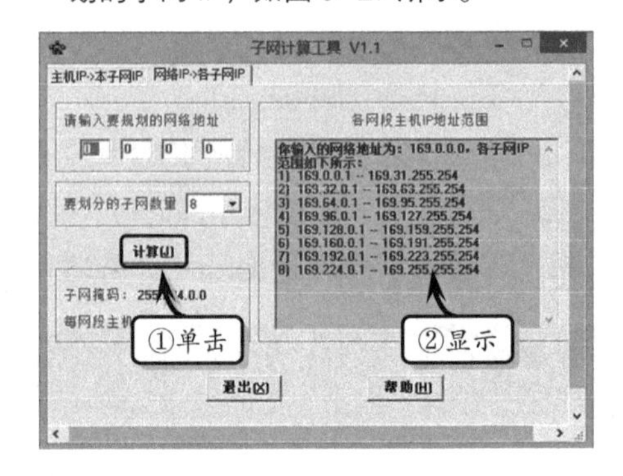

图 3-27　规划子网 IP

3.7 练习：安装协议

IPX/SPX 协议即 IPX 与 SPX 协议的组合，它是 Novel 公司为了适应网络的发展而开发的通信协议，具有很强的适应性，安装方便，同时还具有路由功能，要以实现多网络间的通信。IPX/SPX 协议一般可以应用于大型网络和局域网游戏环境内中，下面将以 Windows 8 系统为例，详细介绍安装 IPX/SPX 的操作方法。

1．实验目的

- ❑ 打开网络连接
- ❑ 添加网络协议

2．实验步骤

1 右击任务栏托盘中的【网络】图标，执行【打开网络和共享中心】命令，在弹出的窗口中选择【更改适配器设置】选项，如图 3-28 所示。

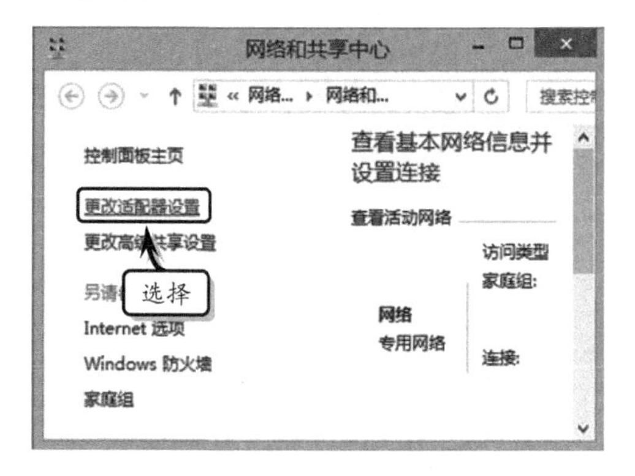

图 3-28 【网络和共享中心】对话框

2 在弹出的【网络连接】对话框中，右击【以太网】图标，执行【属性】命令，如图 3-29 所示。

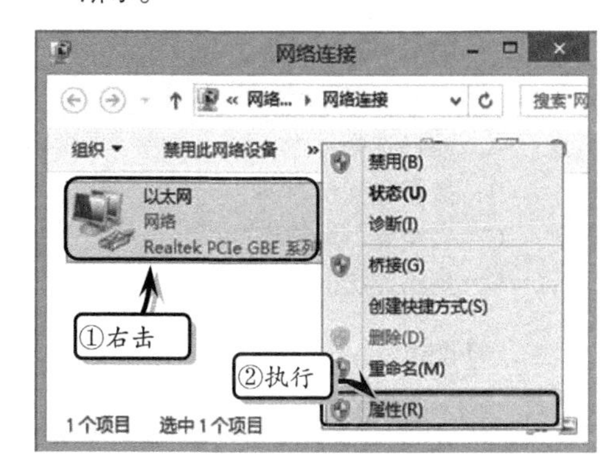

图 3-29 选择连网方式

3 在弹出的【以太网 属性】对话框中，选择【此连接使用下列项目】列表框中的【Internet 协议版本 4（TCP/IPv4）】选项，并单击【安装】按钮，如图 3-30 所示。

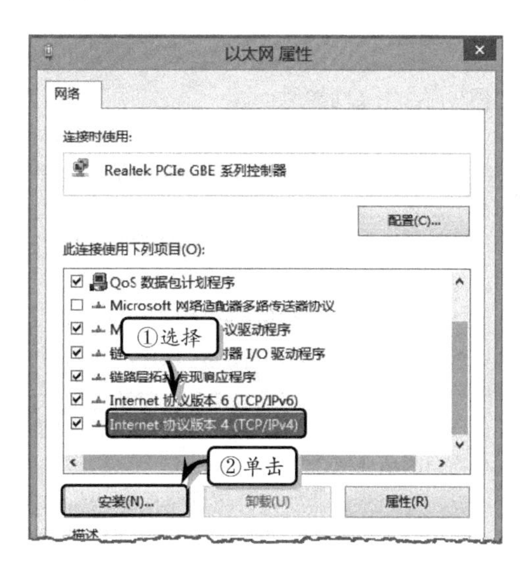

图 3-30 选择安装协议

4 在弹出的【选择网络功能类型】对话框中，选择【协议】选项，并单击【添加】按钮，如图 3-31 所示。

5 在弹出的【选择网络协议】对话框中，根据自身计算机的安装需求选择相应的协议，并单击【确定】按钮，如图 3-32 所示。

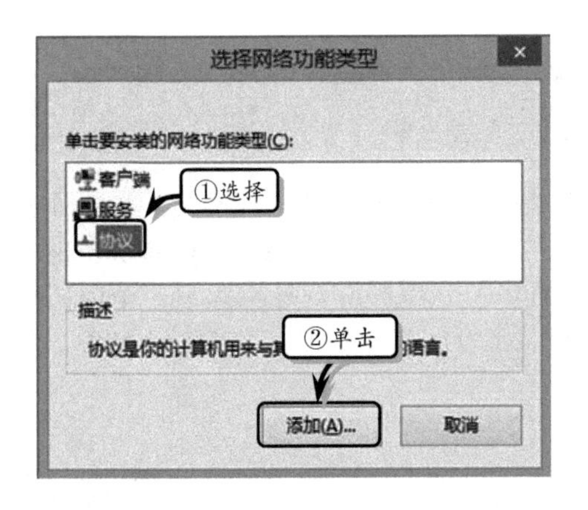

图 3-31 选择网络功能类型

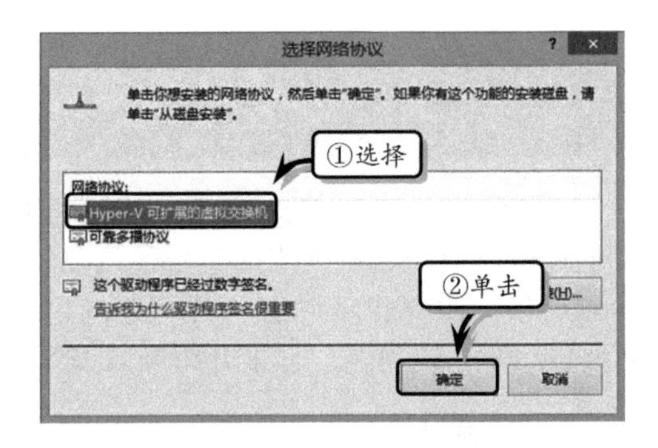

图 3-32 选择网络协议

3.8 思考与练习

一、填空题

1. ＿＿＿＿＿是 OSI 参考模型中的第三层，TCP/IP 中的第二层。

2. 网络层的目的在源和目的子网结点之间选择路由，主要功能是＿＿＿＿＿。

3. 虚电路表示这只是一条＿＿＿＿＿，分组都沿着这条逻辑连接按照存储转发方式传送，而并不是真正建立了一条物理连接。

4. 网络层向上只提供简单灵活的、无连接的、尽最大努力交付的＿＿＿＿＿。

5. TCP/IP 的网络层被称为网际层或 IP 层，其以数据报的形式向＿＿＿＿＿提供面向无连接的服务。

6. 路由算法是提高＿＿＿＿＿功能，尽量减少路由时所带来的开销的算法。

7. 关于路由器如何收集网络的结构信息以及对之进行分析来确定最佳路由，有两种主要路由算法，分别为＿＿＿＿＿和＿＿＿＿＿。

二、选择题

1. ＿＿＿＿＿是网络层的通信设备之一。

A. 网桥　　B. 中继器
C. 路由器　　D. 网关

2. 假如一台连接到网络上的计算机的网络配置为：IP 地址=136.62.2.55，子网掩码=255.255.192.0，网关地址=136.62.89.1。这台计算机在网络中不能与其他主机进行通信，其中＿＿＿＿＿设置导致了问题的产生。

A. 子网掩码　　B. 网关地址
C. IP 地址　　D. 其他配置

3. 下列最好的描述了循环冗余检验特征的是＿＿＿＿＿。

A. 逐个地检查每一个字符
B. 查出 99%以上的差错
C. 查不出有偶数上位出错的差错
D. 不如纵向冗余检查可靠

4. 在虚电路方式中，＿＿＿＿＿。

A. 能保证每个分组正确到达，但分组的顺序发生了变化
B. 能保证每个分组正确到达，且分组的顺序与原来的一样
C. 不能保证每个分组正确到达，且分组的顺序发生了变化
D. 不能保证每个分组正确到达，而且有的分组会丢失

5. 网络层的主要功能中不包括＿＿＿＿。

A. 路径选择
B. 数据包交换
C. 实现端与端的连接
D. 网络连接的建立与拆除

三、简答题

1. 网络层有哪些协议？
2. 路由算法的优化原则是什么？
3. 子网划分的概念是什么？

四、上机练习

1. 添加简单网络管理协议

如果用户需要通过 IIS（Internet 信息服务）建立一个本地站点，首先应该先安装 IIS 组件。首先，打开【控制面板】窗口，选择【程序】选项，并选择【启用或关闭 Windows 功能】选项。然后，在弹出的【Windows 功能】对话框中，启用【简单网络管理协议（SNMP)】复选框，单击【确定】按钮即可，如图 3-33 所示。

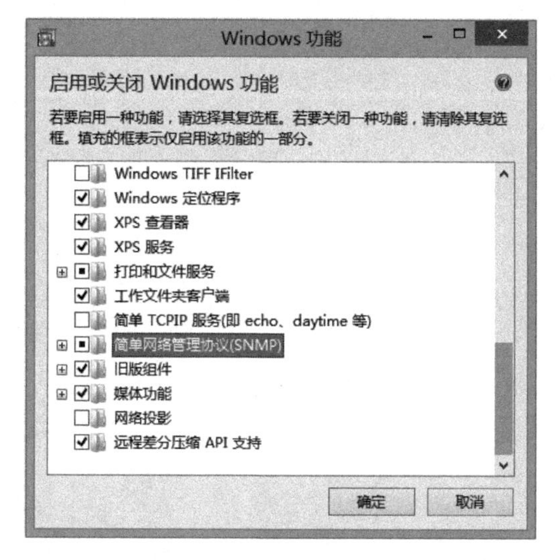

图 3-33 添加 **Hyper-V**

2. 卸载已安装的协议

当计算机上安装的协议与计算机中的另一个协议发生冲突时，用户需要删除一个协议，以保证计算机正常运行。如果用户需要删除安装的 IPX/SPX 协议，右击任务栏托盘中的【网络】图标，执行【打开网络和共享中心】命令，选择【更改网络适配器】选项。然后，右击【以太网】图标，执行【属性】命令。在弹出的【以太网 属性】对话框中，选择【此连接使用下列项目】列表框中的一种协议，单击【卸载】按钮即可，如图 3-34 所示。

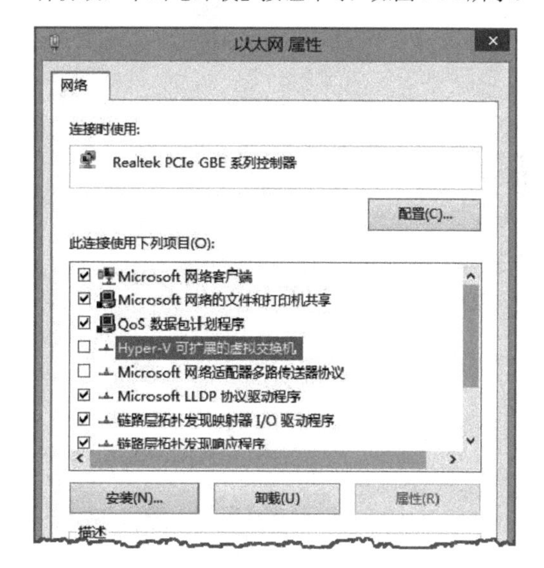

图 3-34 卸载已安装的协议

第 4 章 传输层

传输层主要在通信子网提供的服务基础上，为源计算机和目的计算机之间提供可靠、透明的数据传输。它位于 OSI 参考模型的第四层，是网络体系结构中最重要的一层。在本章中，将详细介绍 OSI 模式中传输层的一些基本概念和理论。

本章学习目的：

- 传输层概述
- 用户数据报协议 UDP
- 传输控制协议（TCP）
- 流量控制
- TCP 的拥塞控制

4.1 传输层概述

传输层的基本功能是向端系统用户（进程—进程）提供端到端之间的可靠的数据传输，向高层用户屏蔽通信子网的细节，并提供通用的传输接口。

4.1.1 传输层服务

传输层是两台计算机经过网络进行数据通信时，第一个端到端的层次，具有缓冲作用。当网络层服务质量不能满足要求时，它将服务加以提高，以满足高层的要求。当网络层服务质量较好时，它只用很少的工作。传输层还可进行复用，即在一个网络连接上创建多个逻辑连接。

另外，传输层也称为运输层。传输层存在于端开放系统中，是位于低 3 层通信子网系统和高 3 层之间的一层，所以是非常重要的一层。因为它是源端到目的端对数据传送进行控制从低到高的最后一层，如图 4-1 所示。

Internet是通过许多小型网络组建而成的，所以各种通信子网在性能上存在着很大差异，如电话交换网、分组交换网、公用数据交换网以及局域网等通信子网都可互联，但它们提供的吞吐量、传输速率、数据延迟通信费等都相同。

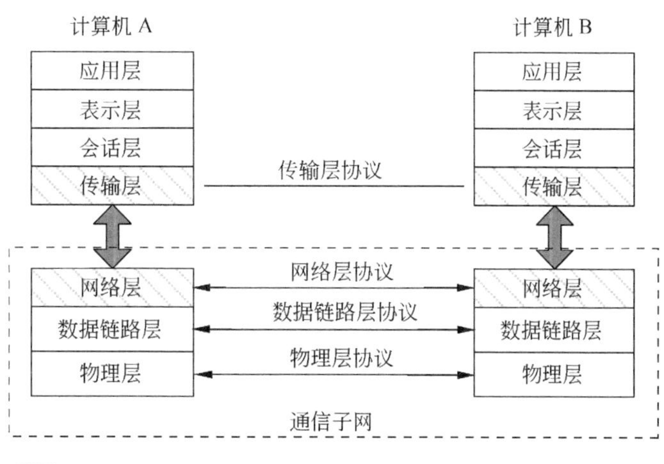

图 4-1 传输层

对于会话层来说，要求网络有一性能恒定的界面。因此，传输层就承担了这一功能，并采用分流/合流、复用等技术来调节通信子网中的差异，使会话层感受不到这些差异的存在。不仅如此，传输层还要具备差错恢复、流量控制等功能，以对会话层屏蔽通信子网在这些方面的细节与差异。

在传输层中，有两种不同类型的服务，这两种服务同网络层两种服务一样（即面向连接和无连接服务）。传输层的面向连接服务与网络服务类似，都分为 3 个阶段：建立连接、数据传输和释放连接。在这两个层上，编址和寻址以及流控制方法也是相同的。

另外，传输层的无连接服务与网络层的无连接服务也非常相似。但是传输层的设置是必要的，因为通信子网不能保证服务质量，会出现丢失分组、错序、频繁发送 N-RESET 的情况。

4.1.2 传输层端—端通信的概念

端—端通信指的是在数据传输前，经过各种各样的交换设备，在两端建立一条链路，就像它们是直接相连的一样。链路建立后，发送端就可以发送数据，直至数据发送完毕，接收端确认接收成功。

建立端到端通信链路后，发送端已知接收设备一定能收到，而且经过中间交换设备时不需要进行存储转发，因此传输延迟小。

在发送过程中，发送端的设备一直要参与传输，直到接收端收到数据为止。如果整个传输的延迟很长，那么对发送端的设备造成很大的浪费。另外，在传输过程中，如果接收设备关机或发生故障，那么端到端传输将无法实现。

端到端传输时，一旦传输端确定后，这两端之间可以同时进行多种服务数据的传输，不同的服务数据各自通过不同的服务端口传输，每一对服务端口的连接可以看作一个传输逻辑通道，它们可以共用一个网络连接。即通过一路网络连接实现端到端的多路传输连接。

1. 端到端的连接管理

连接管理（Connection Management）是传输层在两个结点间建立和释放连接所必须遵循的协议。一般可以通过三次握手协议来完成两端点的建立：计算机 A 传送一个请求一次连接的 TPDU，它的序列号是 X；计算机 B 回送一个确认该请求及其序列号的 TPDU，它的序列号为 Y；计算机 A 通过在第一个数据 TPDU 中包含序列号 X 和 Y，对计算机 B 的确认帧发回一个确认。

请求或确认的丢失可能导致错误的发生。为此让计算机 A 和计算机 B 分别设置定时器，可以解决部分问题。如果计算机 A 的请求或计算机 B 的确认丢失了，计算机 A 将在计时结束后重新发送请求。如果计算机 A 的确认丢失了，计算机 B 将在计时结束后终止连接。

当计算机 A 与计算机 B 通信完毕后，需要两端点终止连接操作。而终止连接的操作可以通过：首先计算机 A 请求终止连接，然后计算机 B 确认请求来实现。如果计算机 A 接收到计算机 B 所发送的确认帧后，再发送一个确认帧，并终止连接。在计算机 B 收到确认后，也终止连接。

在数据传输时，传输层将上层交给它的服务数据分解成多个传输层协议数据单元，将多个传输层协议数据单元分别传送到不同的网络结点，这一过程称为向下多路复用（Downward Multiplexing）。几个传输用户共享一个单一结点称为向上多路复用（Upward Multiplexing）。

2. 端到端的差错控制

在传输层的通信过程中，无论是面向连接还是面向无连接的传输，都需要对传输的内容进行差错控制编码、差错检测、差错处理 3 个方面的处理。

传输层的差错控制是通过在通信子网对差错控制的基础上最后的一道差错控制措施，面对的出错率相对较低。特别是随着传输介质不断的提高，这种出错几率大幅下降，传输的可靠性明显提高。因此，传输层的差错控制编码一般采用比较简单的算法。例如，在传输层协议数据单元（TPDU）内留有专门的校验和字段，用于存放校验码。

在对于差错的处理过程中，一般采用当即纠错、通知发方重传和丢弃 3 种措施。不过采用什么措施都与差错控制算法以及传输服务要求有关。

3. 端到端的流量控制

传输层的流量控制是对传输层协议数据单元的传送速率的控制。其中包括两个方面，分别在两端进行：在发送端控制传输层协议数据单元的发送速率和在接收端控制传输层协议数据单元的接收速率。也就是在同一对传输通信中，发送和接收的速率是各自独立的，这两端的速率可以是不一样的。传输层协议数据单元的发送与接收的速率取决于两端计算机的发送/接收能力和通信子网的传输能力两种因素。

控制两端计算机收发信息数据单元速率的总策略是采用缓存的办法，即在两端计算机设置用于缓存协议数据单元的缓存器。

缓存的设置策略主要是对于低速突发数据传输，在发方建立缓存。而对于高速平稳的数据传输，为了不增加传输负荷，最大限度地利用传输带宽，在收方建立缓存。缓存的大小可以是固定的也可以是可变的，可以为每一个传输连接建立一个缓存，也可以多个传输连接循环共用一个大的缓存。

4．端到端的拥塞控制

拥塞现象是指到达通信子网中某一部分的分组数量过多，使得该部分网络来不及处理，以致引起这部分乃至整个网络性能下降的现象。

拥塞控制是通过开环控制和闭环控制两种方法来实现的。开环控制是在设计网络时，为力求在网络工作时，使其不产生拥塞。但对于变化多端的网络，使用这种控制方法代价太高，很难实现。所以网络采用比较现实的闭环控制，其实现方法如下。

- 监测网络系统在何时何处发生了拥塞。
- 将拥塞的信息传送到可以采取行动的地方。
- 根据拥塞消息，调整网络系统的运行，解决拥塞。

端到端的拥塞控制就是由网络层将拥塞的信息传送到发送端，由发送端采取措施，控制发往网络的传输数据段数。

4.1.3 网络服务与服务质量 QoS

传输层的主要功能可以看作增加和优化网络层服务质量。如果网络层提供的服务很完备，那么传输层的工作就很容易，否则传输层的工作就较繁重。对于面向连接的服务，传输服务用户在建立连接时要说明可接受的服务质量参数值。在讨论传输层服务质量参数时需要注意以下几个问题。

- 服务质量参数是传输用户在请求建立连接时设定的，表明希望值和最小可接受的值。
- 传输层通过检查服务质量参数可以立即发现其中某些值是无法到达的。传输层可以不去与目的计算机连接，而直接通知传输用户连接请求失败与失败的原因。
- 有些情况下，传输层发现不能达到用户希望的质量参数，但可以到达稍微低一些的要求，然后再请求建立连接。
- 并非所有的传输连接都需要提供所有的参数，大多数仅仅是要求残余误码，而其他参数则是为了完善服务质量而设置的。

传输层根据网络层提供的服务种类及自身增加的服务，检查用户提出的参数，如能满足要求则建立正常连接，否则拒绝连接。服务质量参数包括用户的一些要求，如连接建立延迟、连接失败概率、吞吐率、传输延迟、残余误码率、安全保护、优先级及恢复功能等。

下面将介绍服务质量中的这些参数内容。

- **连接建立延迟**　从传输服务用户要求建立连接到收到连接确认之间所经历的时间，它包括了远端传输实体的处理延迟，连接建立延迟越短，服务质量越好。
- **连接建立失败的概率**　在最大连接建立延迟时间内，连接未能建立的可能性。例如，由于网络拥塞，缺少缓冲区或其他原因造成的失败。
- **吞吐率**　在某个时间间隔内测得的每秒钟传输的用户数据的字节数。每个传输方向分别用各自的吞吐率来衡量。
- **传输延迟**　从源计算机传输用户发送报文开始到目的计算机传输用户接收到报文为止的时间，每个方向的传输延迟是不同的。

- **残余误码率** 用于测量丢失或乱序的报文数占整个发送的报文数的百分比。理论上残余误码率应为零，实际上它可能是一较小的值。
- **安全保护** 为传输用户提供了传输层的保护，以防止未经授权的第三方读取或修改数据。
- **优先级** 为传输用户提供用以表明哪些连接更为重要的方法。当发生拥塞事件时，确保高优先级的连接先获得服务。
- **恢复功能** 当出现内部问题或拥塞情况下，传输层本身自发终止连接的可能性。

4.1.4 传输层的端口

在网络技术中，端口（Port）大致有两种意思：一是物理意义上的端口，如 ADSL Modem、集线器、交换机、路由器用于连接其他网络设备的接口等；二是逻辑意义上的端口，一般是指 TCP/IP 协议中的端口，端口号的范围从 0 到 65535。

而端口的序号小于 256 称为通用端口，如 FTP 是 21 端口、WWW 是 80 端口等。端口用来标识一个服务或应用。一台主机可以同时提供多个服务和建立多个连接。端口（Port）就是传输层的应用程序接口。

但由于 IP 地址只对应到因特网中的某台计算机，而 TCP 端口号可对应到计算机上的某个应用进程。因此，TCP 模块采用 IP 地址和端口号的对偶来标识 TCP 连接的端点。一条 TCP 连接实质上对应了一对 TCP 端点，如图 4-2 所示。

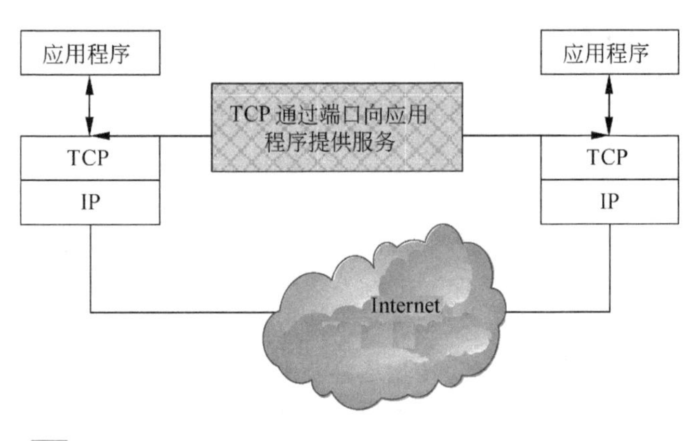

图 4-2 端口作用示意图

端口号实质上也是操作系统标识应用程序的一种方法，其取值可由用户定义或者系统分配。TCP 端口号采用了动态和静态相结合的分配方法，对于一些常用的应用服务（尤其是 TCP/IP 协议集提供的应用服务）可使用固定的端口号。例如：电子邮件（SMTP）的端口号为 25，文件传输（FTP）的端口号为 21 等。

对于其他的应用服务，尤其是用户自行开发的应用服务，端口号采用动态分配方法，由用户指定操作系统分配。而在 TCP/IP 约定中，0～1023 为保留端口号，标准应用服务使用。1024 以上是自由端口号，用户应用服务使用，表 4-1 所示的是重要的 TCP 端口号。

表 4-1 重要的 TCP 端口号

TCP 端口号	关键字	描　述
20	FTP-DATA	文件传输协议数据
21	FTP	文件传输协议控制
23	TELNET	远程登录协议
25	SMTP	简单邮件传输协议

续表

TCP 端口号	关键字	描　　述
53	DOMAIN	域名服务器
80	HTTP	超文本传输协议
110	POP3	邮局协议
119	NNTP	新闻传送协议

4.2　传输层协议

传输层协议主要包括用户数据报协议 UDP 和传输控制协议（TCP），其中用户数据报协议（UDP）是 ISO 参考模型中一种无连接的传输层协议，提供面向事务的简单而不可靠的信息传送服务；而传输控制协议（TCP）可以提供可靠的端到端的数据传输，也是重要的传输层协议。下面，将详细介绍上述两种传输层协议的基础知识。

4.2.1　用户数据报协议（UDP）

UDP（User Datagram Protocol）的全称是用户数据报协议，在网络中它与 TCP 协议一样用于处理 UDP 数据包。

1. UDP 概述

UDP 从问世至今已经被使用了很多年，虽然其最初的光彩已经被一些类似协议所掩盖，但是即使是在今天，UDP 仍然不失为一项非常实用和可行的网络传输层协议。

与所熟知的 TCP 一样，UDP 直接位于 IP 的顶层。根据 OSI 参考模型，UDP 和 TCP 都属于传输层协议。

协议的主要作用是将网络数据流量压缩成数据包的形式。一个典型的数据包就是一个二进制数据的传输单位。每一个数据包的前 8 个字节用来包含报头信息，剩余字节则用来包含具体的传输数据。

UDP 基本上是 IP 与上层协议的接口。UDP 适用端口分辨运行在同一台设备上的多个应用程序。

与 TCP 不同，UDP 不提供对 IP 的可靠机制、流控制以及错误恢复功能等。由于 UDP 比较简单，UDP 头包含很少的字节，比 TCP 负载消耗少。

2. UDP 的首部格式

将 UDP 置于 IP 层之上，表示一个 UDP 报文在网络中传输时要封装到 IP 数据报中。最后，网络接口层将数据报封装到一个帧中再进行物理传输通道上的传输。封装过程如图 4-3 所示。

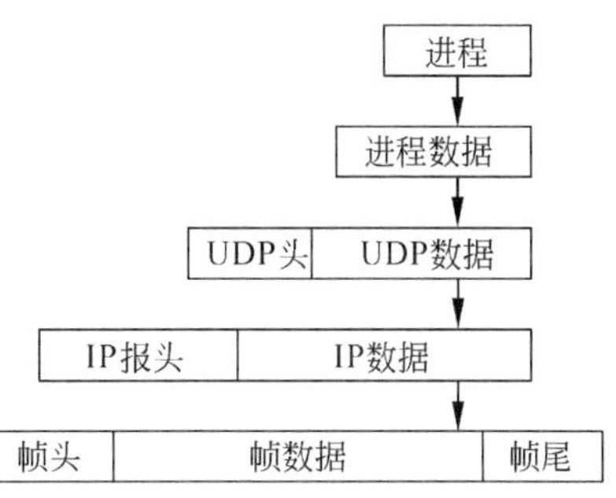

图 4-3　UDP 封装过程

在 UDP 传输过程中，IP 层的报头包含了源计算机和目的计算机，而 UDP 层的报头包含了源端口号、目的端口号、总长度和校验和，如图 4-4 所示。

UDP 适用于不需要 TCP 可靠机制的情形，比如，当高层协议或应用程序提供错误和流控制功能的时候。UDP 是传输层协议，服务于很多知名应用层协议，包括网络文件系统（NFS）、简单网络管理协议（SNMP）、域名系统（DNS）以及简单文件传输系统（TFTP）。

UDP头部	UDP数据

源端口号	目的端口号
总长度	校验和

图 4-4 UDP 报头

4.2.2 传输控制协议（TCP）

TCP 是 TCP/IP 最具代表性的协议，它可以提供进程通信能力和可靠性。

1. TCP 概述

TCP（Transmission Control Protocol，传输控制协议）是一种面向连接（连接导向）的、可靠的、基于字节流的运输层（Transport Layer）通信协议。

在因特网协议族（Internet Protocol Suite）中，TCP 层是位于 IP 层之上，应用层之下的传输层。不同主机的应用层之间经常需要可靠的、像管道一样的连接，但是 IP 层不提供这样的流机制，而是提供不可靠的包交换。

应用层向 TCP 层发送用于网间传输的、用 8 个字节表示的数据流，然后 TCP 把数据流分成适当长度的报文段（通常受该计算机连接的网络的数据链路层的最大传送单元（MTU）的限制）。

此时，TCP 把结果包传给 IP 层，由它来通过网络将包传送给接收端实体的 TCP 层。TCP 为了保证不发生丢包，就给每个字节一个序号，同时序号也保证了传送到接收端实体的包的按序接收。

然后，接收端实体对已成功收到的字节发回一个相应的确认（ACK）；如果发送端实体在合理的往返时延（RTT）内未收到确认，那么对应的数据（假设丢失了）将会被重传。TCP 用一个校验和函数来检验数据是否有错误；在发送和接收时都要计算和校验。

2. TCP 的主要特点

尽管 IP 提供了一种使计算机能够发送数据和接收数据的方法，也就是将分组从信源地址传送到目的地址。但是，必须通过 TCP 解决数据报丢失或顺序传递。在学习 TCP 之前，先来了解一下 TCP/IP 的特点。

- **面向连接的服务** 发送方和接收方分别利用原语创建一个称为套接字的连接端点。也就是为了进行数据传输，首先要在发方和收方之间建立连接。
- **面向数据流** 两个应用程序相互传输大量数据时，可以将数据划分为字节流。在传输过程中，接收端应用程序收到的字节流顺序同发送端送出的字节流顺序一样。
- **缓冲传输** 当应用程序将数据送给 TCP 实体时，TCP 可能将其缓存起来累加到一定量后，作为一个数据片发送出去，这样可以提高传输效率。

对于那些急于发送出去的数据，例如键盘命令，协议提供了一种机制 PUSH，应用程序用 PUSH 标志通知 TCP 软件把当前在缓冲区中的数据立即发送出去。

- ❑ **提供可靠性** TCP 采用带重传的肯定确认（Positive Acknowledgement with Retransmission）来进行差错控制和流量控制。TCP 软件对于不按序到达的数据片，进行整理、组装成原报文。TCP 必须保证可靠性。
- ❑ **全双工连接** TCP 允许在两个方向上同时进行传送。数据流服务允许在一个方向结束数据流动。在另一个方向上，数据却在继续流动。由于是全双工，可以在一个方向的数据流上捎带对相反方向数据流的控制信息，会减轻网络负载。

3. TCP 的报文格式

两台计算机上的 TCP 协议之间传输的数据单元称为报文段。通过报文段的交互来建立连接、传输数据、发出确认、通告窗口大小以及关闭连接。TCP 报文格式如图 4-5 所示。

<table>
<tr><td colspan="3">0　　　　　　　　　　　　15</td><td colspan="2">16　　　　　　　　　　　　31</td></tr>
<tr><td colspan="3">源端口</td><td colspan="2">目的端口</td></tr>
<tr><td colspan="5">序号</td></tr>
<tr><td colspan="5">确认号</td></tr>
<tr><td>数据偏移</td><td>保留</td><td>6个控制位</td><td colspan="2">窗口</td></tr>
<tr><td colspan="3">检验和</td><td colspan="2">紧急指针</td></tr>
<tr><td colspan="4">选项</td><td>数据偏移</td></tr>
<tr><td colspan="5">数据</td></tr>
</table>

图 4-5 TCP 的报文格式

下面分别介绍各段的意义。

- ❑ **源端口号（Source Port）** 本地通信端口，支持 TCP 的多路复用机制。
- ❑ **目的端口号（Destination Port）** 远地通信端口，支持 TCP 的多路复用机制。
- ❑ **序号（Sequence Number）** 数据段的第一个数据字节的序号（除含有 SYN 的段外）。在 SYN 段中，该域是 SYN 的序号，即建立本次连接的初始序号，在该连接上发送的第一个数据字节的序号为初始序号+1。
- ❑ **确认号（Acknowledgment Number）** 当 TCP 段头控制位中的 ACK 置位时，确认号域才有效。它表示本地希望接收的下一个数据字节的序号。对于收到有效确认号的发送者来说，其值表示接收者已经正确接收到了该序号以前的数据。
- ❑ **数据偏移（Data Offset）** 指出该段中数据的起始位置，以 4 字节为单位（TCP 头总以 32 位边界对齐）。
- ❑ **控制位（Control Bits）** 共 6 个，如表 4-2 所示。
- ❑ **窗口（Window）** 该段的发送者当前能够接收的从确认号开始的最大数据长度，该值主要向对方通告本地接收缓冲区的使用情况。
- ❑ **校验和（Checksum）** 校验对象包括协议伪头、TCP 报头和数据。
- ❑ **紧急指针（Urgent Pointer）** 从该段序号开始的一个正向位移，指向紧急数据的最后一个字节。
- ❑ **选项（Options）** 位于 TCP 头的尾端。选项有单字节和多字节两种格式。单字节格式只有选项类型；多字节格式由一个字节的选项类型、多字节的实际选项数据和一个字节的选项长度（三部分的长度）组成。下面是 TCP 必须实现的选项。

选项表尾选项：KIND=0。表示 TCP 头中由全部选项组成的选项表的结束。

无操作选项：KIND=1。该选项可能出现在两个选项之间，作为一个选项分隔符，或提供一种选项字边界对齐的手段，其本身无任何意义。

最大段长选项：KIND=2，LENGTH=4。该选项主要用于通知连接的对方，本地能够接收的最大段长。它只出现在 TCP 的初始建立连接请求中（SYN 段）。如果在 TCP 的 SYN 段中没有给出该选项，就意味着 SYN 段的发送有能力接收任何长度的段。

- ❑ **填充（Padding）** 当 TCP 头由于含有选项而无法以 32 位边界对齐时，将会在 TCP 头的尾部出现若干字节的全 0 填充。
- ❑ **保留（Reserved）** 以备后用。

表 4-2 **TCP 报头的码位字段的含义**

位（从左到右）的标识	该位置 1 的含义
URG	紧急指针字段可用
ACK	确认字段可用
PSH	请求急迫操作
RST	连接复位
SYN	同步序号
FIN	发送方字节流结束

4．建立 TCP 连接

TCP 是一个面向连接的协议，无论哪一方向另一方发送数据之前，都必须先在双方之间建立一条连接。TCP 建立连接的过程也被称为“三次握手”过程。

如图 4-6 所示，计算机 A 要与计算机 B 建立连接，A 发送第一个握手的报文段，其中 SYN 位置 1，并随机选取一个初始数序号 X，这样告诉计算机 A 自己对数据编号的信息。

计算机 B 在接收到计算机 A 发送的请求后返回一个应答报文段，也在其中指出自己的顺序号。

计算机 A 在接收到 B 的应答时发送一个确认报文，其中 ACK 位置 1。计算机 B 在接收到计算机 A 发送的确认报文段后，连接就成功建立。

通过三次握手，计算机 A 与计算机 B 就都做好了传输数据的准备并且交换了一些信息。

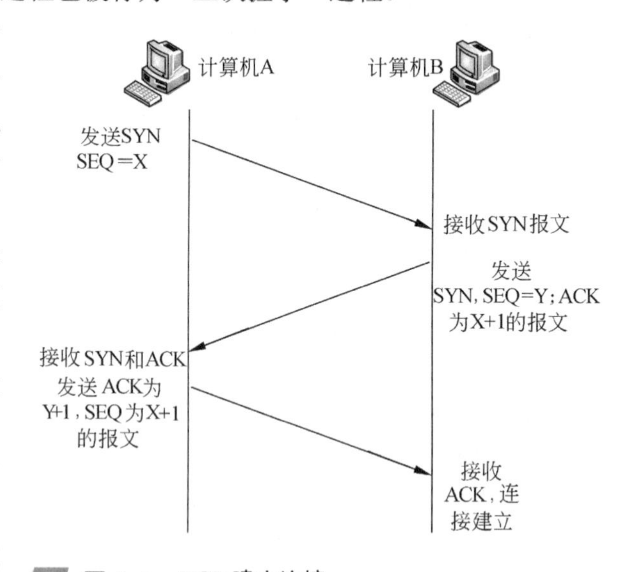

图 4-6 **TCP 建立连接**

5．关闭 TCP 连接

当计算机 A 与计算机 B 的应用程序完成数据传输后，TCP 将关闭连接以释放其所占用的计算机资源。通信双方都可以在数据传输接收后请求释放连接。

如图 4-7 所示，当计算机 A 要关闭连接时，它将发送一个 FIN 位置位、序列号为 Y 的报文段，计算机 B 在接收到此数据后也将马上发送一个证实信号并通知其上层的应用程序，使其直到对方已关闭连接。

此时，计算机 A 不再发送任何数据，但是还可以接收从计算机 B 传送来的数据。当计算机 B 要停止发送数据时，也发送一个带有 FIN 位置的报文段给计算机 A，以告知计算机 A 自己要关闭连接，至此 TCP 连接关闭，双方通信结束。

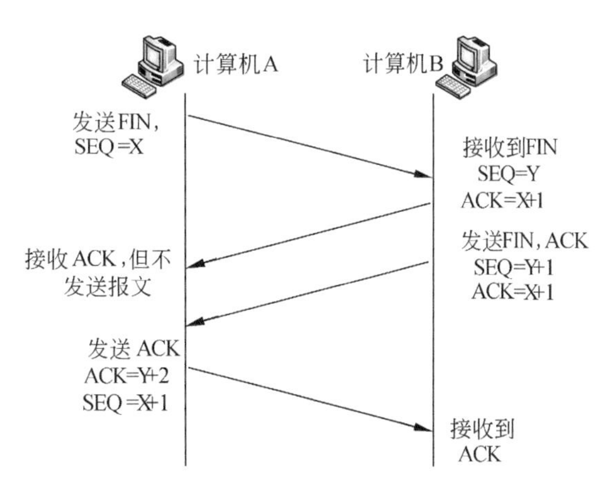

图 4-7 关闭 TCP 连接

提　示

由于 TCP 是全双工通信，因此只有当接收和发送双方主机都关闭连接时，连接才被真正关闭。只有一方发送关闭连接信号时，则其还能接收对方的数据，直到对方也发出管理连接的信号为止。

4.3 流量控制

DTE 与 DCE 速度之间存在很大差异，这样在数据的传送与接收过程当中很可能出现收方来不及接收的情况，这时就需要对发方进行控制，以免数据丢失。

4.3.1 停止等待协议

停止等待协议是最简单的流量控制算法（策略），当源主机发送一个帧后，即停止发送，等待对方的应答。

如果收到目的地主机的肯定应答，则接着发送下一个帧。如果收到否定应答或者超过规定的时间没有收到肯定应答，则重发该帧。它是简单而重要的数据链路层协议，在物理链路层上进行流量控制和差错控制，实现可靠的数据传输。下面通过几个数据传输案例，来学习停—等协议的原理。

如图 4-8（a）所示，源主机发送一个数据帧，而目的地主机收到正确的数据帧，将此帧进行拆装后传送到网络层，然后向源主机返回一个确认帧 ACK。当源主机收到确认 ACK 后，再发送下一个数据帧。

数据传输有差错，一般通过出错重发和超时重发机制来解决此问题。数据在传输过程中有差错，目的地主机收到有差错的数据帧以后可以通过检错码检查出错误，于是不向源主机发送确认帧 ACK 或者向其发送否认帧 NAK；为了避免源主机陷入一直等待，使它在发出一个数据帧后就立即启动一个定时器，如果超出了重发时间后，还没有收到目的地主机的确认帧，就重新发送该数据帧。例如，图 4-8（b）和图 4-8（c）分别表示原始帧和 ACK 丢失的情况。

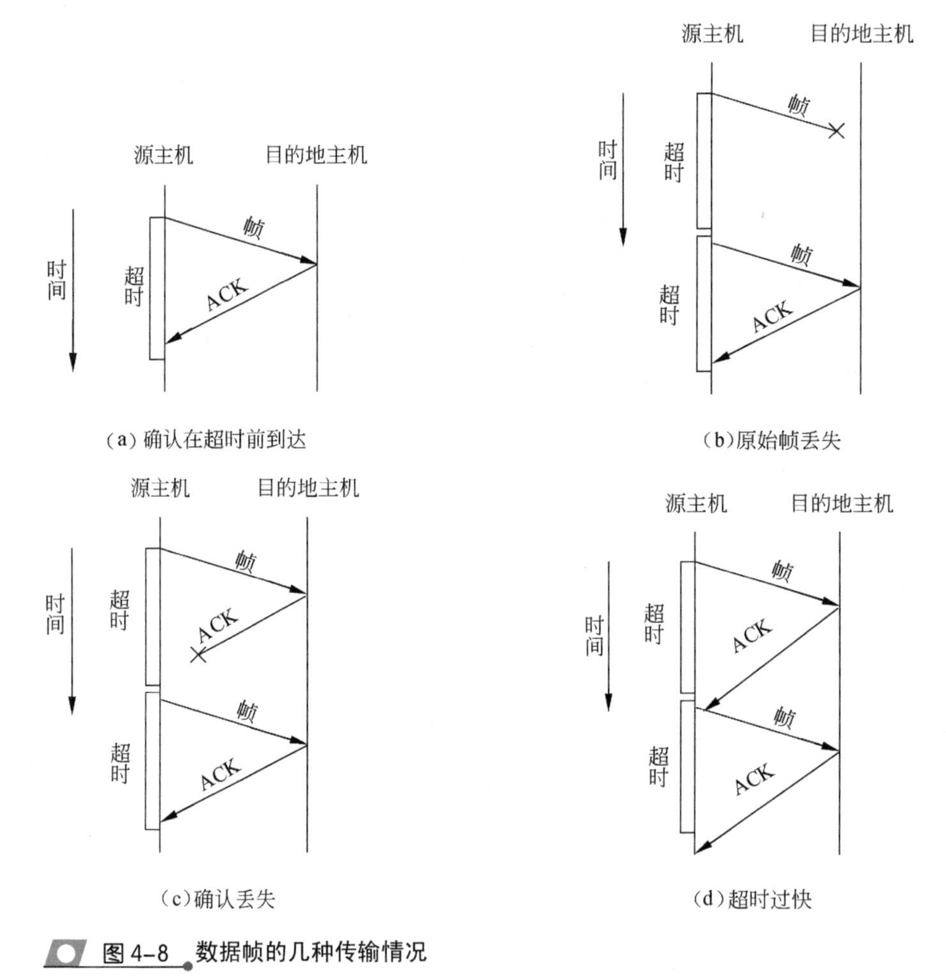

图 4-8 数据帧的几种传输情况

技 巧

在发送数据帧后，重发时间应定得适当，一般选为略大于从发送完毕到收到确认帧所需时间的平均值。

数据在发送过程中，如果连续多次重新发送都出现差错，超过一定次数据，就停止发送，向上一级报告故障情况。

图 4-8（d）表示源主机正确接收了数据帧，但返回的确认帧丢失的情况。例如，源主机发送数据帧，目的地主机返回确认帧 ACK，但该确认帧在传送过程中丢失或者超时。

因此，源主机收不到确认帧，又重新发送该数据帧，于是目的地主机收到两个同样的数据帧，所以就产生错误。

提 示

“丢失”是帧在传输中出错，目的地主机用差错码检测到这类差错，接着将帧丢弃。

在停止等待算法中有一个重要的细节。假设源主机发送一个帧，并且目的地主机确认它，但这个确认丢失或迟到了，如图 4-8（c）和图 4-8（d）所示。

在这两种情况下，源主机超时并重发这一个数据帧，但目的地主机却认为这是下一个数据帧，因为它正确地接收并确认了上一个数据帧。这就引起重复传送帧的问题。

为解决这个问题，停止等待协议的头部通常包含1bit的顺序号，即顺序号可取0和1，并且每一帧交替使用顺序号，如图4-9所示。

因此，当源主机重发帧0时，目的地主机可确定它是一个帧0的重复帧，而不是帧1，因此可以忽略它（目的地主机仍确认它）。

停止等待算法的主要缺点是，它允许源主机每次在链路上只有一个未确认的帧，这可能远远低于链路的容量。例如，考虑一条往返时间为45ms的1.5Mb/s链路，这条链路的延迟与带宽的乘积为 67.15Kb，或近似为8KB。由于源主机每个 RTT 仅能发送一个数据帧，假设1帧的大小为1KB，则最大发送速率为

BitsPerFrame÷TimePerFrame

=1024×8÷0.045

=182Kb/s

或者大约是链路容量的1/8。所以为完全利用链路，源主机在必须等待一个确认之前最多能够发送8帧。

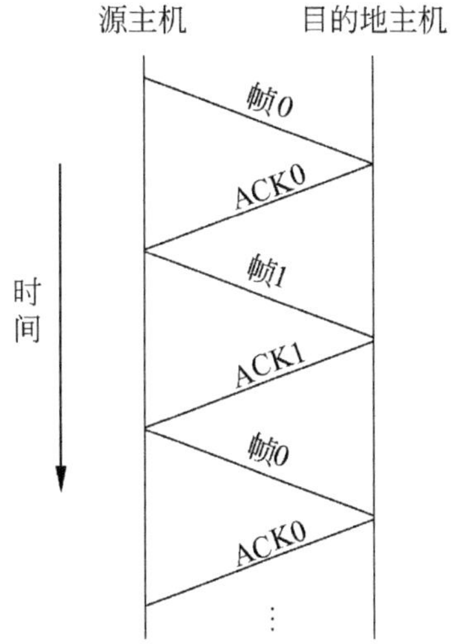

图4-9　具有1bit顺序的停止等待算法的时间线

4.3.2　滑动窗口协议

导致停—等协议信道利用率低的原因，是源主机每发送一个数据帧都需要等待目的地主机的应答，如果能允许源主机连续不断地发送数据帧，而不必每一个数据帧都等待应答，那么显然可以提高传输效率。

允许源主机连续发送多个数据帧而不需要等待目的地主机应答的算法（策略），称为窗口机制（滑动窗口协议）。窗口机制除了提高效率以外，还满足了流量控制、差错控制等数据链路层的基本要求。

在所有的滑动窗口协议中，每一个要发出的数据帧都包含一个序列号，范围是从 0 到 2^n–1，因而序列号能恰好放入 n 位的字段中。停—等滑动窗口协议使用 m＝1，限制序列号为0和1，但是复杂的协议版本则使用任意值 n。例如，设 n=3，序号空间为0至7（即8个序号）。

当数据帧发送没有得到确认信息时，需要对连续发送的数据帧的数目进行限制。导致这个问题的两个因素：一是未得到确认的数据帧太多，一旦出现错帧，就要重发已经发出的多个数据帧；二是连续发送的数据帧的数量大，编号占用的比特就多，使数据帧的额外开销增加。

下面介绍限制连续发送数据帧数据的方法。

1. 发送窗口

源主机允许连续发送而未得到确认的一组数据帧的序号集合成为发送窗口。发送端可以连续发送而未得到确认的数据帧的最大数目，称为发送窗口的尺寸。发送窗口尺寸的确定与反选用的协议有关。源主机每发送一个新数据帧，都要检查它的序号是否落在发送窗口之内。

注 意

发送窗口不是序号空间。序号空间是可以使用的序号的范围，如果用 n 比特表示帧的序号，则帧的序号范围可以从 0 到 2^n-1；而发送窗口是源主机允许连续发送的未得到确认的一组帧的序号集合，它显然应该是帧序号空间的一个子集。

源主机最早发送但还未收到应答的数据帧的序号，称为发送窗口的后沿；发送窗口后沿加上窗口尺寸再减 1，称为发送窗口的前沿。如果发送窗口尺寸为 m，则初始时源主机可以连续发送 m 个数据帧，这些数据帧都因出错或者丢失而需要重发，所以要设置 m 个发送缓冲区来存放 m 个数据帧的副本（例如，一个缓冲区可以存放一个数据帧）。

源主机收到发送窗口后沿所对应的帧的肯定应答后，就将发送窗口向前滑动一个序号，并从发送缓冲区中将该数据帧的副本删除。如果有新数据帧要发送，要对其按顺序进行编号，只要数据帧序号落在发送窗口之内就可发送，直至发送窗口被占满为止。

2. 接收窗口

一组目的地主机允许接收的数据帧序号的集合成为接收窗口。目的地计算机最多允许接收的数据帧数目称为接收窗口尺寸。接收窗口的上、下界分别称为接收窗口的前、后沿。

目的地主机每收到一个数据帧，都要判断该帧是否落在接收窗口之内。如果数据帧的序号正好等于接收窗口的后沿，且经过检验正确，就将该数据帧的数据部分传送到网络层实体，并向源主机发送返回一个应答数据帧，同时使接收窗口向前滑动一个序号。

如果收到了序号不等于接收窗口后沿的数据帧，要看接收窗口尺寸的大小是否等于 1，若接收窗口的尺寸等于 1，则表示接收方只能按顺序接收，就将接收到的数据帧直接丢弃，不做任何处理；若接收窗口尺寸大于 1，则首先检验该数据帧是否正确，如果正确就暂时将它保留在接收缓冲区中，并返回应答。

然后，继续等待序号为接收窗口后沿的数据帧，直到正确地接收到接收窗口后沿的数据帧，才将其连同前面保留在接收缓冲区中的正确的数据帧按顺序送给上层，同时滑动接收窗口。

对于接收到的落在接收窗口之外的数据帧，直接丢弃即可，不需做任何处理。由此可见，无论接收窗口尺寸的大小如何，接收方交给上层的数据总是按顺序的。

发送窗口尺寸不一定等于接收窗口尺寸，窗口大小在一些协议中是固定的，但在另一些协议中是可变的。

发送窗口内的各数据帧，在传输过程中有可能丢失或者损坏，所以所发送的数据帧，需要在缓冲区中保存以备重传。如果缓冲区满，就停止接收网络层的分组，直到有空闲缓冲区。

4.4 TCP的拥塞控制

拥塞是由于路由器超载而引起的严重延迟现象，是通信子网能力不足的表现。一旦发生拥塞，路由器便丢弃数据包，并导致发送方重传被丢弃的报文，而大量的重传报文又会进一步加剧拥塞，这种恶性循环有可能导致整个因特网无法工作。而简单地采用确认重传技术并不能解决传输层的所有问题，TCP 还必须提供适当机制以进行拥塞控制。

4.4.1 了解拥塞控制

TCP 的拥塞控制方法也是基于滑动窗口协议的。它通过限制发送方注入报文的速率而达到拥塞控制的目的。具体地说，TCP 是通过控制发送窗口的大小来对拥塞进行响应。

而决定发送窗口大小的因素有两个：第一个因素是接收方所通告的窗口大小；第二个因素是发送方的拥塞窗口限制，又叫拥塞窗口。发送窗口的大小是取二者之中的较小者。

在通信子网没有发生拥塞的情况下，发送方的拥塞窗口和接收方的通告窗口大小相等。一旦发现拥塞，发送方立即减小拥塞窗口。

TCP 发现拥塞的途径有两条：一条途径是因特网控制信息协议 ICMP 的源抑制报文，另一条途径是报文丢失现象。TCP 假定大多数报文丢失其原因都是通信子网拥塞。

为了迅速抑制拥塞，TCP 使用了两种技术：快速递减和慢启动。这两种技术是相关联的，实现起来也比较容易。所谓快速递减拥塞窗口的策略指的是：一旦发现报文丢失，立即将拥塞窗口大小减半；而对于保留在发送窗口中的报文，按指数增加重传定时器的定时宽度。

换句话说，当可能出现拥塞时，TCP 对传输流量和重传速率都按指数级递减：如果继续出现报文丢失，最终 TCP 将数据传输流量限制到每次只发送一个报文，即变成简单停—等协议。快速递减策略的意图是迅速而显著地减少注入通信子网的传输流量，以便路由器有足够的时间来清除在其发送队列中的数据包。

4.4.2 拥塞控制方法

拥塞结束之后，TCP 应如何恢复数据传输能力呢？TCP 协议采取一种“慢启动”技术来避免系统在流量为零和拥塞之间剧烈振荡。

所谓“慢启动”是指在新建连接或拥塞之后的流量增加，都仅以 1 个报文作为拥塞窗口的初始值，之后每收到一个确认，都将拥塞窗口大小加大 1 倍。

“慢启动”技术使得因特网不会在拥塞之后或新的连接建立时，被突然增加的数据流量淹没。当建立连接时，发送方将拥塞窗口大小初始化为该连接所用的最大数据段的长度值，并随后发送一个最大长度的数据段。

如果读数据段在定时器超时之前得到了确认，那么就可认为网络的传输能力大于最大的数据段长度。发送方会在原拥塞窗口的基础上再增加一个数据段的字节值，使其为两倍最大数据段的大小，然后发送两个数据段。

当这些数据段中的每一个都被确认后，拥塞窗口大小就再增加一倍，即 4 个最大数据段的大小，然后发送 4 个数据段。当拥塞窗口是 M 个数据段的大小时，如果发送的所有 M 个数据段都被及时确认，那么将拥塞窗口大小增加 M 个数据段所对应的字节数目。

实际上，每次成功地得到确认都会使拥塞窗口的大小加倍，拥塞算法过程如图 4-10 所示。此处，最大的数据段长度为 1KB。假设开始时拥塞窗口为 64KB，但此时出现了超时，所以将临界值设置为 32KB，传输号 0 的拥塞窗口为 1KB。之后拥塞窗口按指数规律增大至临界值（32KB），并由此开始按线性规律增大。

传输序号为 12 时，传输效果非常不顺利。而出现了定时器超时，临界值被设置为当前窗口的 1/2（如当前为 40KB，所以 1/2 应为 20KB）并且慢速启动又从头开始。在传输序号为 17 时，前面的 4 次传输每次均是按加倍的增量增大拥塞窗口。但这之后，窗口又将按线性增大。如果一直不出现超时现象，拥塞窗口会一直增大到接收方窗口的大小。

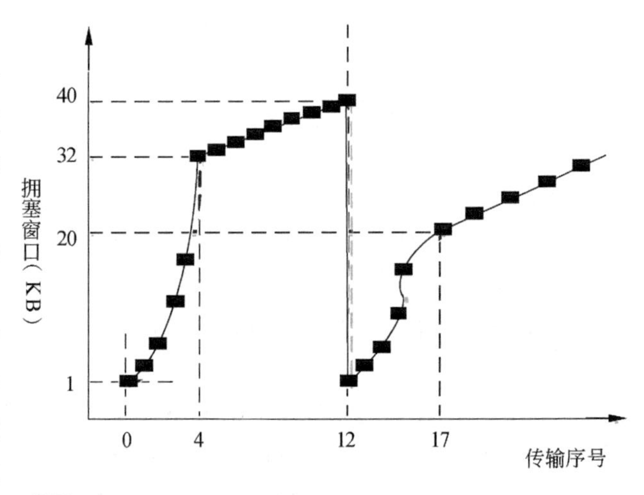

图 4-10 Internet 拥塞算法的一个实例

此时，拥塞窗口停止增大，只要不出现超时，并且接收方窗口也保持不变，则拥塞窗口保持不变。

“慢启动”技术在理想的情况下并不慢。加速 TCP 把拥塞窗口大小初始化为 1，发送一个报文后等待确认报文。当确认报文到达后，TCP 就把拥塞窗口增加为 2，并发送 2 个报文之后又等待确认。如果这两个报文的确认到达之后，拥塞窗口就增加到 4，于是就可以连续发送 4 个报文并又等待确认。收到对它们的确认后拥塞窗口就增加到 8。在 4 个往返时间之后，TCP 就可以连续发送 16 个报文。即便对更大的窗口而言，仅需 $2N$ 个往返时间就可以连续发送 N 个报文。

为避免拥塞窗口增大速度过快导致可能的拥塞，TCP 还附加一个限制，即当拥塞窗口增大到拥塞时窗口大小的一半时，TCP 进入拥塞避免状态，降低窗口增大的速度。在拥塞避免状态，即使发送窗口中所有的报文都被确认之后，拥塞窗口的大小也只能加 1。

把快速递减、慢启动、拥塞避免、对往返时间变化的测量以及按指数规律对重传定时器进行补偿等技术结合在一起，就能在不明显增加 TCP 栈运行开销的情况下显著地提高 TCP 的性能。

4.5 练习：使用网络共享软件

iSHARE 是一款文件共享软件，也是新一代通用下载工具。它不仅可以实现局域网之间的文件共享，也可以下载一些影视、音乐、游戏等多媒体资源。在本练习中，将详细介绍安装和使用 iSHARE 网络共享软件的操作方法和步骤。

1. 实验目的

- ❑ 了解网络共享软件
- ❑ 实用网络共享软件

2. 实验步骤

1 下载并解压 iSHARE 0.9 软件，双击运行程序，会自动弹出【参数配置】对话框，输入相应的参数，单击【应用】按钮，如图 4-11 所示。

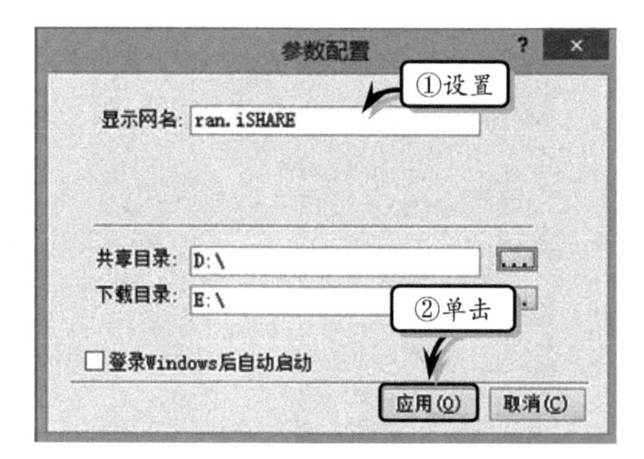

图 4-11 设置配置参数

2 此时，iSHARE v0.9 窗口中双击左侧的网名，将在右侧的列表框中显示共享文件，如图 4-12 所示。

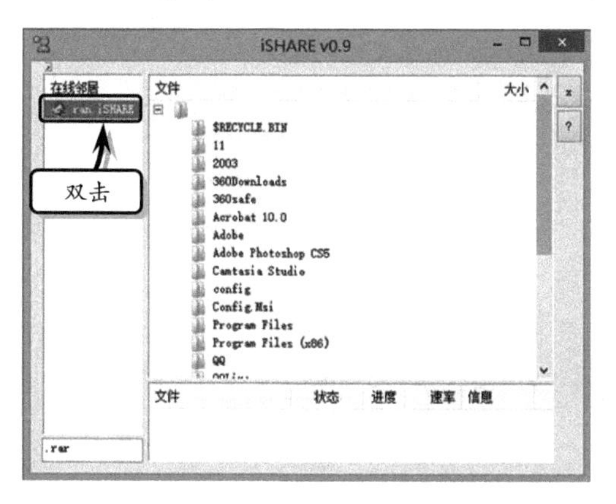

图 4-12 显示共享文件

3 选择右侧列表框中的一个文件夹，右击执行【下载】按钮，即可下载该文件，如图 4-13 所示。

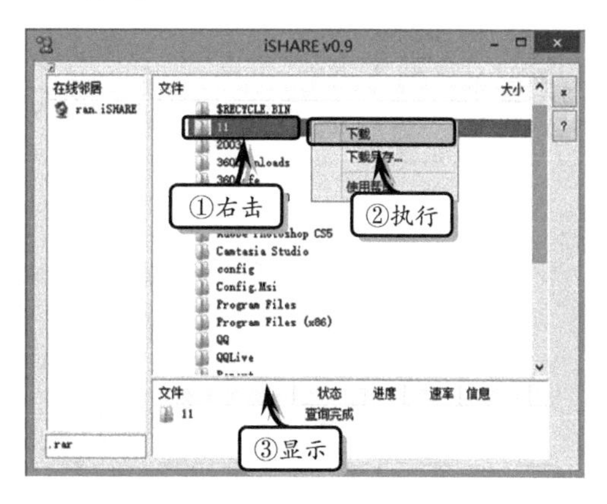

图 4-13 下载文件

4 右击【任务底栏】中下载完毕的文件，执行【打开文件】命令。在新窗口中，查看文件，如图 4-14 所示。

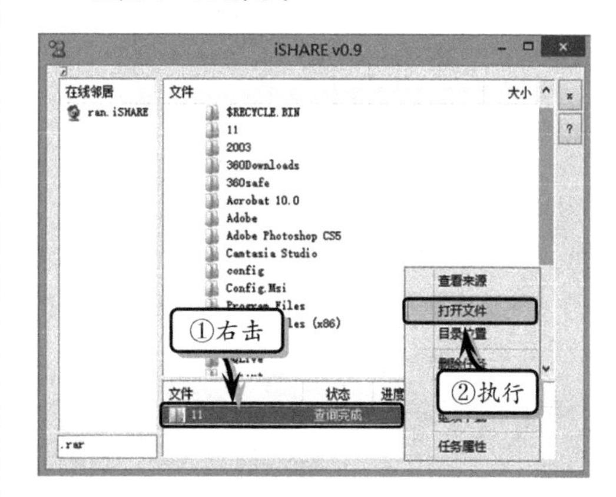

图 4-14 查看下载文件

提　示

右击【任务底栏】中的文件，执行相应命令，可进行删除文件、停止下载等操作。

4.6 练习：使用网络通讯软件

网易泡泡是由网易公司开发的一款功能强大、使用方便、免费的多媒体即时通讯软件。它除具备即时聊天工具的功能外，还拥有许多特色功能，如自建聊天室、自设软件皮肤、网络文件共享、超大文件传输等。在本练习中，将详细介绍网易泡泡聊天工具的使用方法和实用技巧。

1. 实验目的

- ❑ 设置网易泡泡
- ❑ 使用网易泡泡

2. 实验步骤

1 启动网易泡泡，在网易泡泡的登录界面中，输入账号和密码，禁用【保存密码】复选框，单击【登录】按钮，如图 4-15 所示。

图 4-15 登录网易泡泡

2 在弹出的【选择电脑性质】对话框中，选中【家庭】选项，并单击【确定】按钮，如图 4-16 所示。

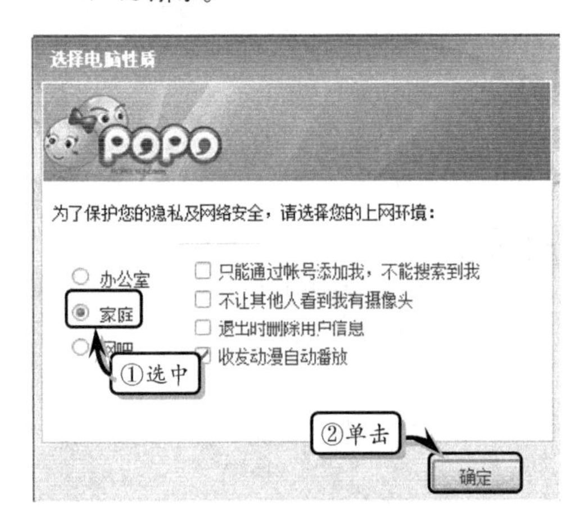

图 4-16 设置电脑性质

3 在网易泡泡主界面中，单击左下角的【加好友】按钮，如图 4-17 所示。

图 4-17 网易泡泡主界面

4 输入要添加好友的账号，并单击【下一步】按钮，如图 4-18 所示。

图 4-18 输入好友账号

5 选中【昵称】选项，并单击【加好友】按钮，如图 4-19 所示。

6 此时，将在弹出的对话框中显示已发送添加请求等信息，单击【完成】按钮，等待好友验证即可，如图 4-20 所示。

图 4-19 设置显示资料

图 4-20 完成添加操作

7 在网易泡泡主界面中，双击好友头像，在弹出的聊天窗口中，输入要发送的文字信息，并单击【发送】按钮，如图 4-21 所示。

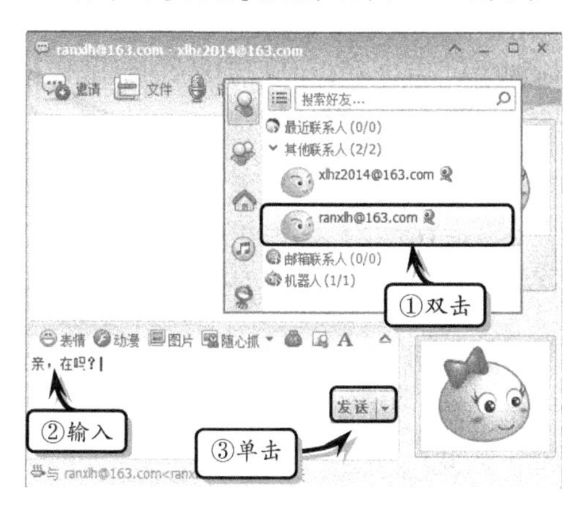

图 4-21 发送聊天信息

8 若要与好友进行语音聊天，在聊天窗口上方单击【语音】按钮。此时显示发出语音请求的状态。当对方接受语音请求之后，即可与对方进行语音聊天，如图 4-22 所示。

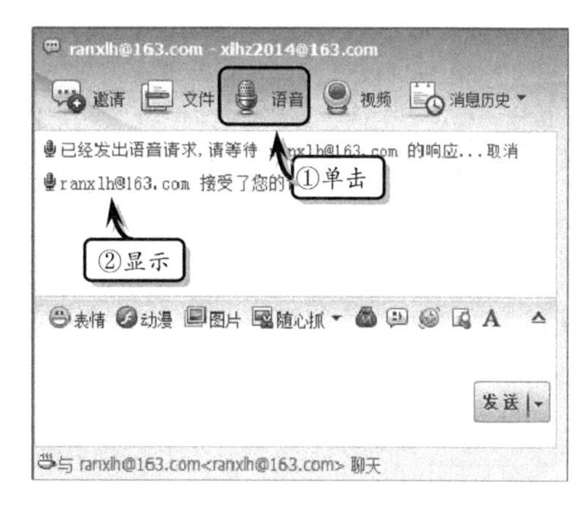

图 4-22 语音聊天

9 在聊天窗口中，单击【表情】按钮，在弹出的页面中选择一种表情，单击【发送】按钮，如图 4-23 所示。

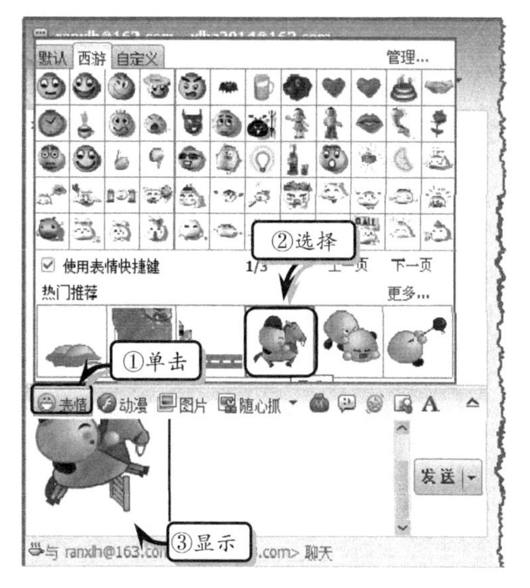

图 4-23 发送表情

4.8 思考与练习

一、填空题

1. 在IP互联网中，__________和__________是传输层最重要的两种协议，它们为上层用户提供不同级别的通信可靠性。

2. TCP可以提供__________服务，UDP可以提供__________服务。

3. 在TCP/IP体系中，根据所使用的协议是TCP或UDP，分别称为__________或__________。

4. TCP连接包括__________、__________和__________3个过程。

5. TCP的拥塞控制有__________、__________、__________和__________4个阶段。

6. TCP通过__________提供连接服务，最后通过连接服务来接收和发送数据。

7. TCP是因特网中的传输层协议，使用__________协议建立连接。

8. 传输层是OSI中最重要、最关键的一层，是唯一负责总体的________和________的一层。

9. 传输层的任务是根据通信子网的特征，最佳地利用__________，为两个端系统的会话层之间，提供建立、维护和取消传输连接的功能，负责端到端的可靠数据传输。

10. 传输层利用网络层提供的服务，并通过传输层__________提供给高层以用户传输数据的通信端口，使系统间高层资源的共享不必考虑数据通信方面和不可靠的数据传输方向的问题。

二、选择题

1. 在TCP/IP参考模型中，传输层的主要作用是在互联网络的源主机与目的主机对等实体之间建立用于会话的__________。

A. 点到点连接　　B. 操作连接
C. 端到端连接　　D. 控制连接

2. 下列协议中属于面向连接的是________。

A. IP　　B. UDP
C. DHCP　　D. TCP

3. 关于TCP和UDP端口，下列说法中正确的是__________。

A. TCP和UDP分别拥有自己的端口号，二者互不干扰，可以共存于同一台主机
B. TCP和UDP分别拥有自己的端口号，但二者不能共存于同一台主机
C. TCP和UDP的端口号没有本质区别，二者互不干扰，可以共存于同一台主机
D. TCP和UDP的端口号没有本质区别，但二者互不干扰，不能共存于同一台主机

4. 下列说法哪项是错误的？__________

A. 用户数据报协议UDP提供了面向非连接的、不可靠的传输服务
B. 由于UDP是面向非连接的，因此它可以将数据直接封装在IP数据报中进行发送
C. 在应用程序利用UDP传输数据之前，首先需要建立一条到达主机的UDP连接
D. 当一个连接建立时，连接的每一端分配一块缓冲区来存储接收到的数据，并将缓冲区的尺寸发送给另一端

5. TCP使用__________进行流量控制。

A. 三次握手法
B. 窗口控制机制
C. 自动重发机制
D. 端口机制

6. 下面哪个协议被认为是面向非连接的传输层协议？___________

A. IP　　B. UDP
C. TCP　　D. RIP

7. 为了保证连接的可靠性，TCP通常采用__________。

A. 三次握手法
B. 窗口控制机制
C. 自动重发机制
D. 端口机制

8. 在TCP/IP协议中，UDP工作在______。

A. 应用层　　B. 传输层
C. 网络互联层　　D. 网络接口层

9. 一条TCP连接的建立过程包括__________个步骤。

A. 2　　B. 3
C. 4　　D. 5

10. 一条TCP连接的释放过程包括_________个步骤。

A. 2　　　　B. 3
C. 4　　　　D. 5

11. TCP/IP 的传输层协议使用哪一种地址形式将数据传送给上层应用程序？__________

A. IP 地址　　B. MAC 地址
C. 端口号　　D. 套接字地址

12. 传输层提供的服务使高层的用户可以完全不考虑信息在物理层、__________通信的具体细节，方便用户使用。

A. 数据链路层
B. 数据链路层的两个子层
C. 数据链路层和网络层
D. 网络层

三、问答题

1. 什么是三次握手法？
2. 如何理解端到端的通信？
3. TCP 和 UDP 之间的区别是什么？
4. 为什么 TCP 对每个 TCY 数据字节都要进行编号？

四、上机练习

1. 查看当前计算机的名称

hostname 命令用于显示或设置系统的主机名。用户若需要查看当前计算机的名称，可以单击【开始】按钮，执行【运行】命令，在弹出的【运行】对话框中，输入 cmd 命令。然后，在弹出的 MS-DOS 窗口中，输入 hostname 命令，即可查看到当前计算机的名称，如图 4-24 所示。

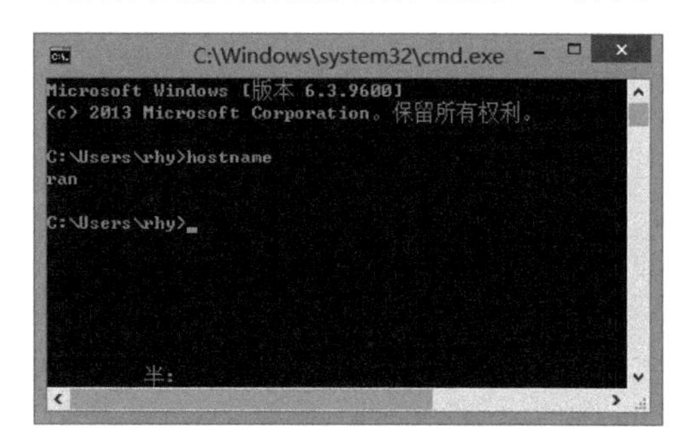

图 4-24　查看当前计算机的名称

2. 清空高速缓存中的网页

当访问一个网站时系统将从 DNS 缓存中读取该域名所对应的 IP 地址，为了提高网速，可以将网页中的缓冲网页删除。

在 IE 浏览器中，执行【工具】|【internet 选项】命令。在弹出的对话框中，激活【常规】选项卡，并单击【删除】按钮。在弹出的【删除浏览历史记录】对话框中，单击【删除】按钮即可，如图 4-25 所示。

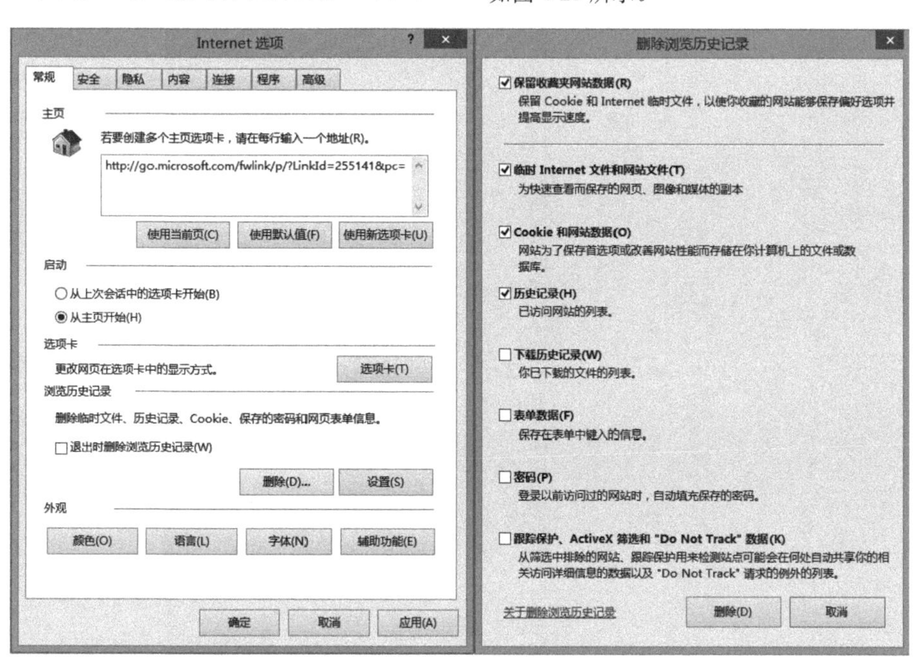

图 4-25　删除网页

然后，右击【开始】按钮，执行【命令提示符】命令，在弹出的【命令提示符】窗口中，输入命令 ipconfig/flushdns，按 Enter 键即可，如图 4-26 所示。

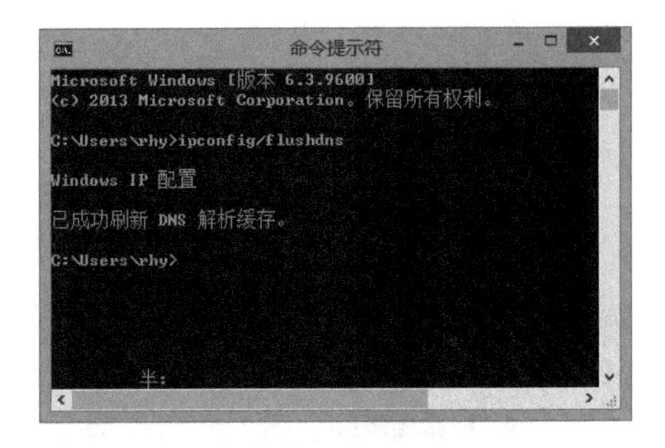

图 4-26 删除高速缓存中的网页

第5章 应用层

应用层是用于向应用程序提供服务的。而这些服务按其向应用程序提供的特性分成组，并称为服务元素。应用层是开放系统的最高层，是直接为应用进程提供服务的。其作用是在实现多个系统应用进程相互通信的同时，完成一系列业务处理所需的服务。在本章中，将详细介绍OSI模式中最后一层，即应用层。应用层面向用户应用，为一些程序提供服务。

本章学习目的：

- 应用层概述
- 域名系统
- 文件传送协议
- 远程终端协议
- 万维网
- 电子邮件

5.1 应用层概述

应用层是开放系统的最高层，是网络可向最终用户提供应用服务的唯一窗口。由于网络用户的要求不同，应用层含有支持不同应用的多种应用实体，能提供多种应用服务，如电子邮件、文件传输、虚拟终端、电子数据交换等。

5.1.1 主要的应用层协议

应用层协议也是TCP/IP中的最高层。在这个协议层中，用户调用某个应用程序通过传输协议提供的通信功能来实现各种应用。

- **FTP（File Transfer Protocol，文件传输协议）** 用于实现通过网络把文件从一台计算机复制到另一台计算机的协议。

- **远程登录协议（Telnet）** Telnet 协议是 TCP/IP 协议族中的一员，是 Internet 远程登录服务的标准协议和主要方式。Telnet 为用户提供了在本地计算机上完成远程主机工作的能力。
- **SMTP（Simple Mail Transfer Protocol，邮件传输协议）** SMTP 协议是一组用于由源地址到目的地址传送邮件的规则，由它来控制信件的中转方式。SMTP 协议属于 TCP/IP 协议簇，它帮助每台计算机在发送或中转信件时找到下一个目的地。通过 SMTP 协议所指定的服务器，就可以把 E-mail 寄到收信人的服务器上。
- **HTTP（Hyper Text Transfer Protocol，超文本传输协议）** 一种详细规定了浏览器和万维网服务器之间互相通信的规则，通过 Internet 传送万维网文档的数据传送协议。
- **DNS（Domain Name System，域名服务系统）** DNS 是 Internet 网络中的一项核心服务，可以将域名和 IP 地址相互映射的一个分布式数据库，能够使人更方便地访问互联网，而不用去记住能够被机器直接读取的 IP 数串。

当然，除上述常见的协议之外，还包含许多协议，如 Gopher、SSL、WHOIS、POP3、TACACS+协议等。

5.1.2 TCP/IP 协议簇及协议之间的关系

TCP/IP 是世界上实行较广泛的协议，它几乎可以运行在所有的计算机。在 Internet 中，一般都使用 TCP/IP 将许多网络连接起来。TCP 和 IP 大致分别对应于 OSI 模型的第 4 层和第 3 层。

TCP/IP 对是一整套 TCP/IP 协议簇的一部分，如图 5-1 所示。TCP 为更高层应用提供面向连接的服务，它依赖于 IP 通过网络发送分组来建立这些连接。然后这些应用为用户提供具体的服务。例如，SMTP 定义了通过因特网投递邮件报文的协议。Telnet 协议允许用户通过因特网登录到远程计算机中。FTP 让因特网用户从远程计算机中传输文件。

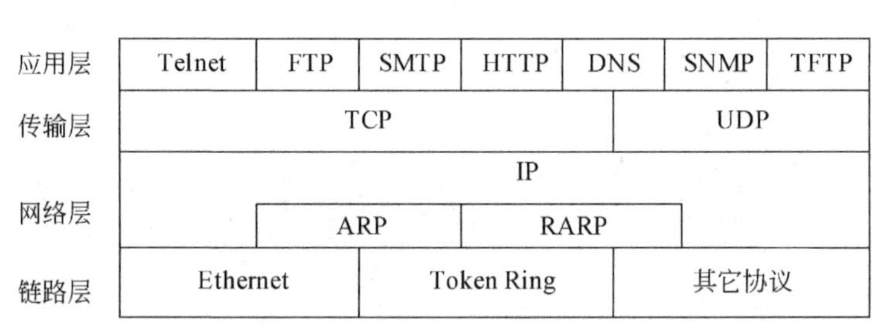

图 5-1 TCP/IP 簇及协议之间的关系

图 5-2 显示了 IP 如何与 TCP 一起工作的。假设两个站点（A 和 B）需要一个面向连接的服务来传输一些数据。TCP 在两个站点之间提供独立于网络结构的可靠连接，而 IP 负责将分组发送到不同的网络中。

其过程就像打电话：在一个层次上，用户只要拨号，某人会在另一端回应。用户建立了一个连接，但用户并不知道这个连接是如何建立的，或者用户的呼叫曾经经过多少个电话交换机。这些都是由相关的电话公司来处理的。

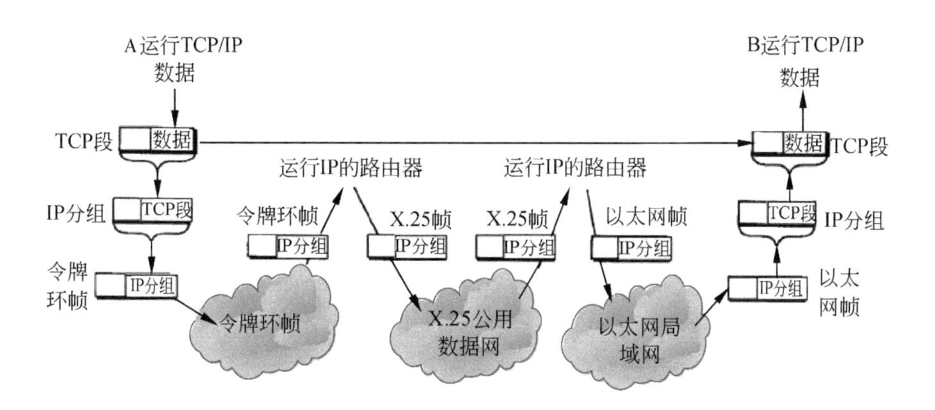

图 5-2 IP 在不同的网络间传输分组

图 5-2 中，站点 A 中的 TCP 创建了一个包含用户数据的 TCP 段，并将段发送给站点 B。如果一切正常，B 会对它收到的段进行确认。从 TCP 的角度来看，它与 B 建立了一个直接连接（虚线）。而 IP 却要在中途将段截获，并创建一个包含 TCP 段的 IP 分组。

如果站点 A 分组要通过一个令牌环 LAN 到达路由器。在此情况下，数据链路协议会创建一个令牌环帧，将 IP 分组放入帧中的数据字段，通过令牌环网络发送给路由器。较低层的协议并不知道它们在传送一个 IP 分组，事实上也并不在意。如前面第 4 章中描述的，它们只是执行它们的任务，投送它们有的任何信息。

当分组到达路由器时，它的数据链路层从令牌环帧中取出 IP 分组，并将其交给路由器的 IP。IP 检查分组的地址，根据路由表决定它应当通过一个 X.25 公共数据网到达另一路由器。路由器的 X.25 协议的底层将 IP 分组嵌入一个 X.25 分组中，再将它送入公共数据网。

第 2 个路由器也必须进行路由选择。在这个例子中，它判断预定的接收者与一个它能访问的以太网相连。于是，路由器的数据链路层为那个 LAN 会创建一个以太帧，将 IP 分组存入其中，并送入以太网。

最后，以太帧到达目的地，以太网的数据链路层取出数据（IP 分组），交给站点 B 的 IP。IP 对分组进行解释，把 TCP 段交给 TCP，TCP 最终取出数据交给 B。这个简单的描述说明了 IP 在通过不同网络传输分组过程中的角色。

5.2 域名系统

域名系统（服务）协议（DNS）是一种分布式网络目录服务，主要用于域名与 IP 地址的相互转换，以及控制 Internet 的电子邮件的发送。

5.2.1 域名系统概述

在 Internet 上，客户机要访问服务器时，通常有两种方式表达服务器的地址：一种为 IP 地址，另一个便为“域名”。IP 地址由数字构成，而域名为较有意义的英文字所构成（如，百度搜索网，www.baidu.com）。由于计算机只认识 IP 地址，而域名方便人类记忆及归纳，因此便有 DNS 的产生，其功能为翻译“域名”为计算机所识别的 IP 地址。

DNS 是一个层次化的数据库，它包括一系列记录，描述了名称、IP 地址和其他关于计算机的信息。这些数据库驻留在 DNS 服务器中，DNS 服务器和 Internet 或 Intranet 互连。简单地说，DNS 就是为需要定位指定服务器的网络应用提供一个名称到地址的目录服务。例如，用户每发送一个电子邮件或者访问一个 Web 网页，都必须有一个 DNS 名。

而早在 ARPANET 网时，计算机名到地址的映射由 NIC（Network Information Center，网络信息中心）保存在一个简单的文件（HOSTS.txt）中。该文件列出了所有的计算机及对应的 IP 地址，并且所有计算机到晚上将它从网络信息中心取走。

但随着计算机数量的猛增，这种机制变得非常不方便。其一是文件变得过大；其二是计算机名不统一，经常发生冲突。因此为了解决这些问题，产生了域名系统 DNS。

DNS 的核心是分级的、基于域的命令机制以及为了实行这个命名机制的分布式数据库系统。它主要用来把计算机名和电子邮件地址映射为 IP 地址，但也用于其他目的。到 1983 年，Internet 开始采用层次结构的命名树作为计算机的名字，并使用分布式的域名系统 DNS（即 RFC1034 和 RFC1035）。这两个文档早已成为 Internet 的正式标准。

Internet 的域名系统被设计成一个联合分布式数据库系统，并采用客户服务器方式。并且使多数名字都在本地解析，仅有少量解析需要在网上通信，因此将大大提高系统的效率。而分布式的优势是，即使用单个计算机出了故障，也不会影响整个系统的正常运行。

域名的解析是由若干个域名服务器程序完成的，域名服务器程序在专设的结点上运行，通常将运行该程序的计算机称为域名服务器。

5.2.2 域名系统的结构

早期的互联网使用非等级的名字空间，但当计算机用户不断增加时，用非等级的名字空间来管理一个很大的而且经常变化的名字集合非常困难。因此，现在的互联网采用了层次树状结构的命名方法。使用这种命名方法能够使任何一个接入互联网的计算机或路由器都有唯一层次结构名字，即域名。这里的域是指名字空间中一个可被管理的划分，域还可以划分为子域，例如二级域、三级域等。

在互联网中，每个域名的结构都由若干个分量组成，各分量之间用小数点隔开。各分量代表不同级别的域名，每一级的域名都由英文字母和数字组成。级别最低的域名写在最左边，而级别最高的顶级域名则写在最右边，一个完整的域名不超过 255 个字符。各级域名由其上一级的域名管理机构管理，用这种方法可以使每一个域名都是唯一的，并且也容易设计出一种查找域名的机制。例如域名 computer.mit.edu 包含 3 个标识，即 computer、mit 和 edu。其中，每一个标识被称为一个域，最右边的.edu 是域名的顶级域名，.mit 是第二层域名，.computer 是真正的域名，位于第三层。

顶级域名的名字可以采用地理和组织两种完全不同的命名分级。其中前者是按照国家或地区来划分，而后者是按组织的类型划分。目前，顶级域名主要有国家顶级域名 n TDL、国际顶级域名 i TDL 和通用顶级域名 g TDL 三大类。表 5-1 所示为常见的顶级域名。

表 5-1 常见顶级域名

标识符	描　述	标识符	描　述
com	商业组织	net	网络支持中心
edu	教育、研究机构	org	非盈利组织
gov	政府部门	cn	中国
int	国际组织	us	美国
mil	军事部门	uk	英国

随着计算机网络的不断发展，ICANN 域名管理机构新增加了一些顶级域名。例如.biz 表示商业，.coop 表示合作公司，.info 表示信息行业，.aero 表示航空业，.pro 表示专业人士，.museum 表示博物馆行业，.name 表示个人等。

在顶级域名下，还可以根据需要定义次一级的域名。例如，在我国的顶级域名.cn 下又设立了.com、.net、.org、.gov、.edu 以及我国各个行政区的划分，如.bj 代表北京，.sh 代表上海等，如图 5-3 所示。

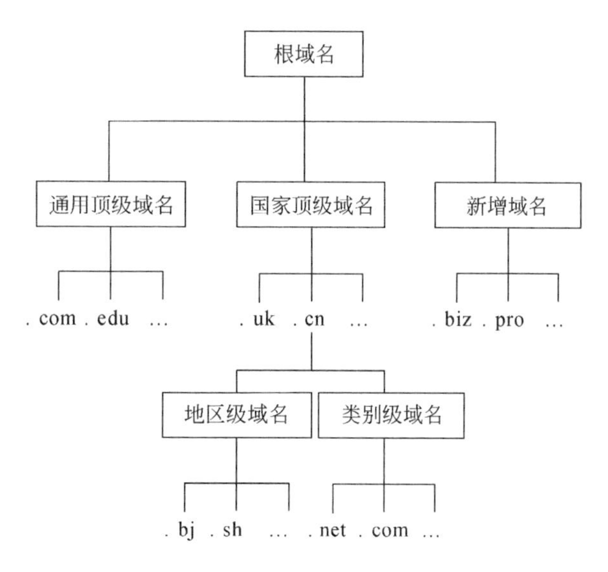

图 5-3 树形域名

5.2.3 域名服务器

域名解析通过域名解析服务器来实现，域名解析服务器在互联网中的作用是将域名转换成为网络可以识别的 IP 地址。

每个域名服务器不仅可以进行将一些域名到 IP 地址的解析，还具有请求其他域名的功能。当一个应用进程需要将计算机名解析为 IP 地址时，该应用进程就称为域名系统的一个客户，并将待解析的域名放到 DNS 请求报文中，以 UDP 数据报方式发送到本地域名服务器。

本地域名服务器在查找域名后，将对应的 IP 地址放在响应报文中返回。应用进程获取目的计算机的 IP 地址后即可进行通信。如果本地域名服务器不能回答该请求，则此本地域名服务器被作为客户端方式，将该请求发送到其他域名服务器请求查询。直到能够回答该请求的域名服务器为止。

在互联网中，域名服务器系统也是按照域名的层次划分的。每一个域名服务器都对应域名体系中的一部分进行管理。一般域名服务器可分为以下 3 种类型。

1. 本地域名服务器

该服务器一般为较小范围的网络提供域名解析服务。例如，每个互联网服务提供者，或者一个大学等。本地域名服务器也被称为默认域名服务器，也是 DNS 查询报文首先访问的服务器。

2. 根域名服务器

用来管理一个顶级域。一般当本地域名服务器不能回答计算机查询时，本地域名服务器将以 DNS 客户的身份向某一个根域名服务器请求查询。如果根域名服务器查询到请求信息时，就向本地域名服务器发送 DNS 响应报文，然后本地域名服务器再将该信息发送给请求查询的计算机。根域名服务器并不直接对下面所属的所有域名进行转换，不过它一定能够找到下面所有二级域名的域名服务器。

3. 授权域名服务器

每一个本地域名服务器都必须在授权域名服务器处注册登记。实际上，许多域名服务器同时充当本地域名服务器和授权域名服务器，所以授权服务器总是能够将其管辖的计算机名转换为该计算机的 IP 地址。

域名解析包括正向解析（从域名到地址）以及逆向解析（从地址到域名）。在 TCP/IP 域名系统中，包含一个有效的、可靠的、通用的、分布式的名字解析系统，即地址映射系统。所谓有效是指多数名字都可以进行本地解析，只有少数名字解析需要经过互联网传输；可靠是指某一台计算机的故障不会妨碍整个系统正常工作；通用是指该系统不仅限于解析计算机名字，还可以解析电子邮件邮箱名、网络服务器名等；分布式是指由分布在不同地点的组服务器合作完成名字解析工作。

图 5-4 显示了一个树形结构域名服务器的布局。树形结构的根服务器就是顶级域名，并在该服务器下面包含了多个二级域名，以及在每个二级域名下面还包含了多个三级域名。例如，在根（.cn）服务器中，包含有.com、.edu、.gov 等服务器，而在二级域名.edu 服务器中，又包含了 tsinghua.edu.cn、zzu.edu.cn 等三级域名服务器。在三级域名服务器中，还可以包含四级域名服务器，如在 zzu.edu.cn 服务器中，还包含了邮件服务器 mail.zzu.edu.cn。

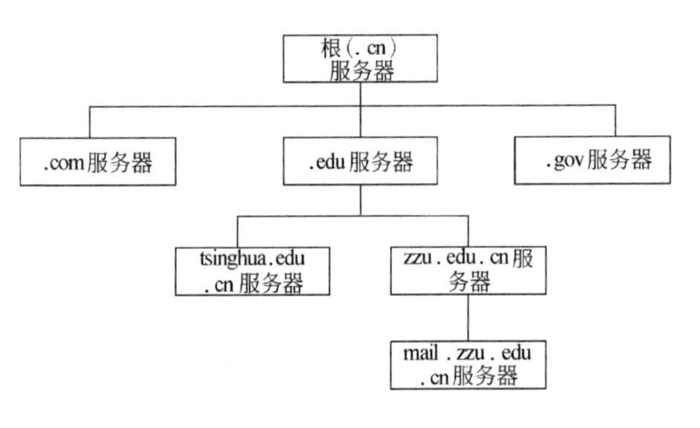

图 5-4 一个树形结构域名服务器的布局

提 示

服务器树是用来表示互联网通信的抽象结构，不表示物理网络的连接，而只是一个解析域名的逻辑连接。

域名解析过程是自上而下进行的，从根服务器开始，逐级处理，直到目的服务器。例如，在 tsinghua.edu.cn 服务器下的一台客户机 A，需要访问 zzu.edu.cn 服务器下的另一台客户机 B，首先，客户机 A 发出一个查询数据报请求到 tsinghua.edu.cn 服务器，该服务器在自己的本地域中没有找到客户机所需要的域名。

然后，tsinghua.edu.cn 服务器以客户机的方式将该请求发送到.edu 服务器，该服务器查找到客户机 B 在 zzu.edu.cn 服务器的域中，并将该信息发送到 tsinghua.edu.cn 服务器，tsinghua.edu.cn 服务器再将信息发送到客户机 A。最后，客户机 A 根据服务器回应的信息访问到客户机 B。

5.3 应用层协议

应用层协议主要包括文件传送协议和远程终端协议，其中文件传输协议（File Transfer Protocol，FTP）是计算机网络中使用最广泛的文件传输协议，它提供交互式的访问，允许用户指明文件类型和格式，并允许对文件具有存取权限；而远程终端协议是为用户提供了在本地计算机上完成远程主机工作的能力，在终端使用者的计算机上使用 Telnet 程序，用它连接到服务器。

5.3.1 文件传送协议

文件传送协议（FTP）屏蔽了各种计算机系统的细节，适合于在异构网络中任意计算机之间传送文件。下面，将详细介绍一下文件传送协议的基础知识。

1. FTP 概述

FTP 协议主要用来完成两台计算机之间的文件复制工作，从远程计算机复制文件到本地计算机上，称为下载文件；若将文件从本地计算机复制到远程计算机上，称为上载文件。在 TCP/IP 协议中，FTP 协议控制命令的 TCP 端口号为 21，数据传输的 TCP 端口号为 20。使用 FTP 协议在计算机间传输文件，与计算机所处的位置、连接方式，以及是否使用相同的操作系统都无关。其中，FTP 协议的传输模式包括 ASCII 传输模式和二进制数据传输模式两种。

❑ **ASCII 传输模式**

用户在复制文件时，包含简单的 ASCII 码文本。如果远程计算机上运行的不是 UNIX 操作系统，则文件在传输过程中，FTP 协议将自动调整成远程计算机可以存储的文本文件格式。该传输模式主要用于文本文件的传输。

❑ **二进制数据传输模式**

该传输模式主要用于非文本文件的传输，例如使用 FTP 协议传输应用程序、数据库等文件，FTP 协议不对其进行任何处理。在该传输模式中，保存文件传输的位序，以便保持原始文件和复制文件逐位一一对应。例如，Macintosh 操作系统以二进制方式传送可执行文件到 Windows 操作系统中，FTP 协议不会对其进行任何处理，即使该执行文件在 Windows 操作系统中无法运行。

如果在 ASCII 模式下传输二进制文件，即使不需要对文件进行转译，FTP 协议也会对文件进行转译。使传输速度变慢，并且将造成文件数据损坏，以致传输过去的文件无法使用。

2. FTP 基本工作原理

FTP 是基于客户/服务器模型而设计的，客户与服务器之间利用 TCP 建立连接。与一般客户/服务器模型不同，FTP 的客户端与服务器之间要建立双重连接，一个是控制连接，一个是数据连接。建立双重连接的原因在于：FTP 是个交互式会话系统，FTP 客户进程每次调用 FTP 协议便与服务器建立会话，会话以控制连接来维持，直至推出 FTP。

FTP 协议工作原理模型如图 5-5 所示。客户机由 3 个部分组成，即用户接口、客户机控制进程和客户机数据传输进程。而服务器由两个部分组成：服务器控制进程和服务器数据传输进程。

图 5-5 **FTP 模型**

在整个 FTP 交互会话过程中，控制连接始终保持。而数据连接在每个文件传送时打开和关闭。两个 FTP 连接使用不同的策略和端口号。

FTP 服务器可提供两种访问形式，即内部用户 FTP 和匿名 FTP。其中，匿名 FTP 是互联网公共信息服务，访问范围限于匿名 FTP 区域。而内部用户 FTP 适用于在 FTP 服务器上有账号的用户，用户登录时需要输入账号和密码，登录后可以访问整个文件系统中有读权限的文档，并可任意将数据上载到有写权限的目录中。

3. 简单文件传送协议

简单文件传输协议（Trivial File Transfer Protocol，TFTP）是 TCP/IP 协议簇中的一个用来在客户机与服务器之间进行简单文件传输的协议，提供不复杂、开销不大的文件传输服务。端口号为 69。

TFTP 是一个传输文件的简单协议，它基于 UDP 协议而实现，但是人们也不能确定有些 TFTP 协议是基于其他传输协议完成的。此协议设计的时候是为进行小文件传输的。

因此，TFTP 不具备通常的 FTP 的许多功能，它只能从文件服务器上获得或写入文件，不能列出目录，不进行认证，它传输 8 位数据。

传输中有 3 种模式，其中 Netascii 模式是 8 位的 ASCII 码形式；Octet 模式是 8 位源数据类型；而最后一种 mail 已经不再支持，它将返回的数据直接返回给用户而不是保存为文件。

5.3.2 远程终端协议

终端使用者可以在 Telnet 程序中输入命令，这些命令会在服务器上运行，就像直接在服务器的控制台上输入一样。Telnet 服务虽然也属于客户机/服务器模型的服务，但它更大的意义在于实现了基于 Telnet 协议的远程登录（远程交互式计算）。

1. Telnet 基本概念

目前，操作系统为分时系统，即允许多个用户同时使用一台计算机。但是，为了保证系统的安全和记账方便，系统要求每个用户有单独的账号作为登录标识，系统还为每个用户指定了一个口令。用户在使用该系统之前要输入标识和口令，这个过程被称为“登录”。

远程登录是指用户使用 Telnet 命令，使自己的计算机暂时成为远程主机的一个仿真终端的过程。仿真终端等效于一个非智能的机器，它只负责把用户输入的每个字符传递给主机，再将主机输出的每个信息回显在屏幕上。

2. Telnet 工作过程

使用 Telnet 协议进行远程登录时需要满足以下几个条件。

- 在本地计算机上必须装有包含 Telnet 协议的客户程序。
- 必须知道远程主机的 IP 地址或域名。
- 必须知道登录标识与口令。

Telnet 远程登录服务分为以下 4 个过程。

其一，本地与远程主机建立连接。该过程实际上是建立一个 TCP 连接，用户必须知道远程主机的 IP 地址或域名。

其二，将本地终端上输入的用户名和口令及以后输入的任何命令或字符以 NVT（Net Virtual Terminal）格式传送到远程主机。该过程实际上是从本地主机向远程主机发送一个 IP 数据包。

其三，将远程主机输出的 NVT 格式的数据转化为本地所接收的格式送回本地终端，包括输入命令回显和命令执行结果。

最后，本地终端对远程主机进行撤销连接。该过程是撤销一个 TCP 连接。

5.4 万维网

WWW（World Wide Web）的含义是“环球网”，俗称为“万维网”、3W、Web。它是由欧洲粒子物理实验室（CERN）研制的基于 Internet 的信息服务系统。WWW 以超文本技术为基础，用面向文件的阅览方式替代通常的菜单的列表方式，提供具有一定格式的文本、图形、声音和动画等。

5.4.1 万维网概述

从各网络服务来看，在 Internet 中占前两位的分别是 WWW 和 FTP。WWW 已经成为人们在网上查找、浏览信息的主要手段，并且很多 Internet 的信息服务都基于 Web 网络应用技术。虽然 FTP 比不上 WWW 的增长速率，但一直在远程传输中占主要地位。

WWW 提供一种友好的信息查询接口，将位于 Internet 网上不同地点的相关数据信息有机地编织在一起，用户仅需提出查询要求，然后由 WWW 自动完成并显示出用户所需应答。因此，WWW 带来的是世界范围的超级文本服务，用户只需要操纵电脑的鼠标就可以通过 Internet 从全世界任何地方调来用户所希望得到的文本、图像（包括活动影像）和声音等信息。

WWW 是 Internet 的多媒体信息查询工具，是 Internet 上近年才发展起来的服务，也是发展最快和目前用得最广泛的服务。正是因为有了 WWW 工具，才使得近年来 Internet 迅速发展，且用户数量飞速增长。

由于用户在通过 Web 浏览器访问信息资源的过程中，无须再关心一些技术性的细节，而且界面非常友好，因而 Web 在 Internet 上一推出就受到了热烈的欢迎，并迅速走红全球，得到爆炸性的发展。

1. WWW 的发展和特点

长期以来，人们只是通过传统的媒体（如电视、报纸、杂志和广播等）获得信息。但随着计算机网络的发展，人们想要获取信息，已不再满足于传统媒体那种单方面传输和获取的方式，而希望有一种主观的选择性。现在，网络上提供各种类别的数据库系统，如文献期刊、产业信息、气象信息、论文检索等。由于计算机网络的发展，信息的获取变得非常及时、迅速和便捷。

到 1993 年，WWW 的技术已有了突破性的进展，它解决了远程信息服务中的文字显示、数据连接以及图像传递的问题，使得 WWW 成为 Internet 上最为流行的信息传播方式。

现在，Web 服务器成为 Internet 上最大的计算机群。Web 文档之多、链接的网络之广，令人难以想象。可以说，Web 为 Internet 的普及迈出了开创性的一步，是近年来 Internet 上取得的最激动人心的成就。

WWW 采用的是客户/服务器结构，其作用是整理和储存各种 WWW 资源，并响应客户端软件的请求，把客户所需的资源传送到 Windows 95（或 Windows 98）、Windows NT、UNIX 或 Linux 等平台上。

2. WWW 的工作原理

万维网有如此强大的功能，那 WWW 是如何运作的呢？WWW 中的信息资源主要由一篇篇的 Web 文档，或称为 Web 页的基本元素构成。这些 Web 页采用超级文本（Hyper Text）的格式，即可以含有指向其他 Web 页或其本身内部特定位置的超级链接，或简称链接；也可以将链接理解为指向其他 Web 页的“指针”。链接使得 Web 页交织为网状。这样，如果 Internet 上的 Web 页和链接非常多的话，就构成了一个巨大的信息网。

当用户从 WWW 服务器取到一个文件后，用户需要在自己的屏幕上将它正确无误地显示出来。由于将文件放入 WWW 服务器的人并不知道将来阅读这个文件的人到底会使用哪一种类型的计算机或终端，所以若要保证每个人在屏幕上都能读到正确显示的文件，就必须以某种各类型的计算机或终端都能“看懂”的方式来描述文件，于是就产生了 HTML（超文本语言）。

HTML（Hype Text Markup Language）的正式名称是超文本标记语言。HTML 对 Web 页的内容、格式及 Web 页中的超级链接进行描述，而 Web 浏览器的作用就在于读取 Web 网点上的 HTML 文档，再根据此类文档中的描述组织并显示相应的 Web 页面。

HTML 文档本身就是文本格式，用任何一种文本编辑器都可以对它进行编辑。HTML 语言有一套相当复杂的语法，专门提供给专业人员用来创建 Web 文档，一般用户并不需要掌握它。在 UNIX 系统中，HTML 文档的后缀为“.html”，而在 DOS/Windows 系统中则为“.htm”。

WWW 的成功在于它制定了一套标准的、易为人们掌握的超文本开发语言 HTML、统一资源定位器 URL 和超文本传输协议 HTTP。

5.4.2 统一资源定位符

统一资源定位器（URL）是一种用于表示因特网上可用资源的语法及语义。例如，人们可以通过 URL 知道 Web 地址和 FTP 站点地址。URL 为通用语法新建模式提供了框架结构，它们使用本文档以外的其他协议。

URL 相当于一个文件名在网络范围的扩展。因此 URL 是与 Internet 相连的机器上的任何可访问对象的一个指针。由于对不同对象的访问方式不同（如通过 WWW、FTP 等），所以 URL 还指出读取某个对象时所使用的访问方式。这样，URL 的一般形式如下（即由以冒号隔开的两大部分组成，并且在 URL 中的字符对大写或者小写没有要求）：

<URL 的访问方式>://<计算机>:<端口>/<路径>

在式子中冒号左边的<URL 的访问方式>中，最常用的有 3 种，即 ftp（文件传送协议 FTP），http（超文本传送协议 HTTP）和 news（USENET 新闻）。式子冒号右边部分，<计算机>一项是必须有的，而<端口>和<路径>则有时可省略。

一般 URL 由三部分组成：URL 访问方式（协议类型）、计算机和路径。例如，

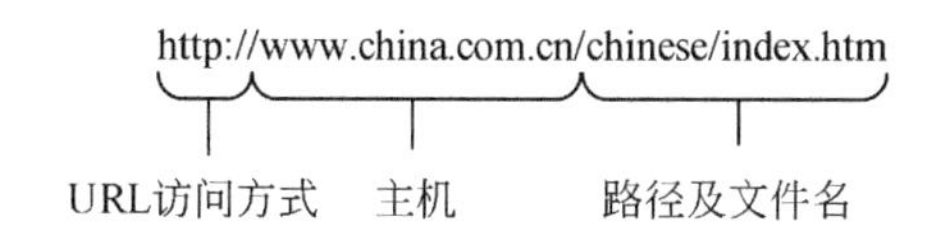

其中，http 指明要访问的服务器（即 WWW 服务器）；www.china.com.cn 指明要访问的服务器的计算机名称。计算机名可以是服务器提供的域名，也可以是服务器提供的 IP 地址；chinese/index.htm 指明要访问的路径及文件名称。

URL 通过提供一个抽象的资源位置标识符来定位因特网上的资源。对于定好位的资源，系统可以在资源上运行各种各样的操作，如“访问”、“更新”、“替换”、“查找属性”等。总之，对于任何 URL 模式，只有“访问”途径需要详细说明。

5.4.3 超文本传送协议

超文本传输协议（Hypertext Transfer Protocol，HTTP）是用于从 WWW 服务器传输超文本到本地浏览器的传送协议。它可以使浏览器更加高效，使网络传输减少。从层次的角度看，HTTP 是面向事务的应用层协议。它是万维网上能够可靠地交换文件（包括文本、声音、图像等各种多媒体文件）的重要基础。

HTTP 不仅保证计算机能正确快速地传输超文本文档，还准确了传输文档中的位置等。所以人们在浏览器中看到的网页地址都是以“http://”开头的。

由于 HTTP 是基于客户机/服务器模式。所以客户机与服务器建立连接后，发送一个请求给服务器，请求方式的格式为：统一资源标识符（URL）、协议版本号，后边是 MIME 信息，包括请求修饰符、客户机信息和可能的内容。服务器接到请求后，给予相

应的响应信息，其格式为一个状态行，包括信息的协议版本号、一个成功或错误的代码；后边是 MIME 信息，其包括服务器信息、实体信息和可能的内容。

许多 HTTP 通讯是由一个用户代理初始化的并且包括一个申请在源服务器上资源的请求。最简单的情况可能是在用户代理和服务器之间通过一个单独的连接来完成。在 Internet 上，HTTP 通讯通常发生在 TCP/IP 连接之上。但这并不预示着 HTTP 协议在 Internet 或其他网络的其他协议之上才能完成。HTTP 只预示着一个可靠的传输。所以万维网的大致工作过程如图 5-6 所示。

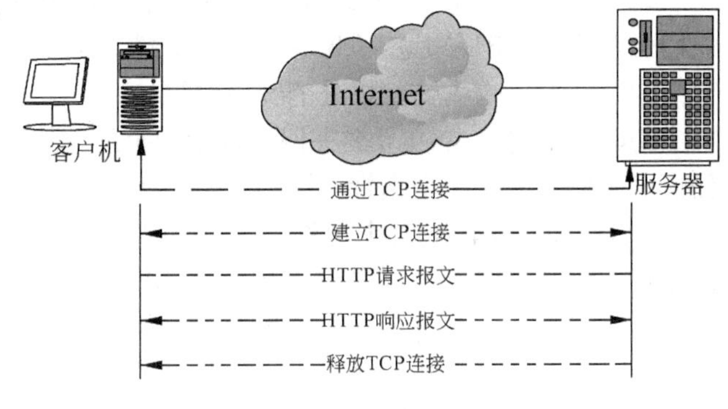

图 5-6 万维网的工作过程

在 WWW 中，“客户”与“服务器”是一个相对的概念，只存在于一个特定的连接期间，即在某个连接中的客户在另一个连接中可能作为服务器。基于 HTTP 协议的客户/服务器模式的信息交换过程，它分 4 个过程：建立连接、发送请求信息、发送响应信息、释放连接。这就好像人们电话订货的全过程。

每个万维网网点都有一个服务器进程，它不断地监听 TCP 的端口 80，以便发现是否有浏览器（即客户进程）向它发出连接建立请求。一旦监听到连接建立请求并建立了 TCP 连接之后，浏览器就向服务器发出浏览某个页面的请求，服务器接着就返回所请求的页面作为响应。最后，TCP 连接就被释放了。在浏览器和服务器之间的请求和响应的交互，必须按照规定的格式和遵循一定的规则。这些格式和规则就是超文本传送协议 HTTP。

HTTP 规定在 HTTP 客户与 HTTP 服务器之间的每次交互都由一个 ASCII 码串构成的请求和一个“类 MIME（MIME-like）”的响应组成。虽然大家都使用 TCP 连接进行传送，但标准并没有这样明确规定。

用户浏览页面的方法有两种：一种方法是在浏览器的地址窗口中键入所要找的页面的 URL；另一种方法是在某一个页面中用鼠标单击一个可选部分，这时浏览器自动在因特网上找到所要链接的页面。

其实简单说就是任何服务器除了包括 HTML 文件以外，还有一个 HTTP 驻留程序，用于响应用户请求。用户的浏览器是 HTTP 客户，向服务器发送请求，当浏览器中输入了一个开始文件或单击了一个超级链接时，浏览器就向服务器发送了 HTTP 请求，此请求被送往由 IP 地址指定的 URL。驻留程序接收到请求，在进行必要的操作后回送所要求的文件。在这一过程中，在网络上发送和接收的数据已经被分成一个或多个数据包（Packet），每个数据包包括：要传送的数据；控制信息，即告诉网络怎样处理数据包。TCP/IP 决定了每个数据包的格式。如果事先不告诉用户，用户可能不会知道信息被分成用于传输和再重新组合起来的许多小块。

归结起来，HTTP 有如下 6 个重要特点。

（1）采用客户/服务器模型：HTTP 的设计支持客户/服务器通信，注重超文本数据的传输。单个服务器可以为世界范围内众多的客户提供信息服务。

（2）简易性：HTTP 协议使得 WWW 服务器能够高速地处理大量请求，客户通过发送请求方式和 URL 等规格化信息就能使用服务，与 FTP 等协议相比，HTTP 速度快、开销小。

（3）灵活性与扩展性：HTTP 允许传送任意类型的数据，在 HTTP 的信息包中，通过内容/类型标识可以定义传输的数据类型，不同的数据贴上不同的标签，就可指明操作方法。随着新的数据格式涌现，HTTP 只需要公布新的标识就可以为这些数据传送提供服务。

（4）无连接性：HTTP 就好像是寄信，服务器收到一封申请信，马上答复一封信，每一次在服务器一方都是独立的，不需要在请求的间隔中浪费时间。

（5）无状态性：HTTP 的无状态性表现在两方面：一方面协议不记忆事务，为后续事务所需的信息必须在协议之外完成，从而每一次都需要传递完全的信息来说明服务，有些必要信息可能大量重复传送；另一方面，HTTP 无须每次保留维护状态表，可以加快处理速度。

（6）可协商性：HTTP 在客户方提出请求时，可以指能够接受的响应类型，从而在服务器一方可以用最恰当的方式把信息组合起来送交客户方。

5.5 电子邮件

电子邮件服务（简称 E-mail 服务）是目前 Internet 中使用最频繁的服务。它为用户提供了一种快捷、低廉的通信方法，特别是在交流中发挥着重要的作用。

5.5.1 电子邮件概述

电子邮件（Electronic Mail，E-mail，标志为@，也被大家昵称为“伊妹儿”），又称电子信箱、电子邮政，它是一种用电子手段提供信息交换的通信方式，是 Internet 应用最广的服务，通过网络的电子邮件系统，用户可以用非常低廉的价格、快速的方式，与世界上任何一个角落的网络用户联系。

这些电子邮件可以是文字、图像、声音等各种方式。同时，用户可以得到大量免费的新闻、专题邮件，并实现轻松的信息搜索。

1. 电子邮件格式

电子信箱实际上就是在 Internet 服务商 ISP（Internet Service Provider）的电子邮件服务器上为用户开辟出一块专用的磁盘空间，用来存放用户的电子邮件文件。每个电子信箱都有一个地址，称为电子信箱地址（E-mail Address）。电子信箱地址的格式是固定的，并且在全球范围内是唯一的。

一个完整的 Internet 邮件地址由以下两个部分组成，格式如下：

```
USER@yahoo.com.cn
```

即：登录名@计算机名.域名

中间用一个表示 at 的符号“@”分开，符号的左边是对方的登录名，右边是完整的计算机名，它由计算机名与域名组成。其中，域名由几部分组成，每一部分称为一个子域，各子域之间用圆点“. ”隔开，每个子域都会告诉用户一些有关这台邮件服务器的信息。

假定用户 USER 的本地机（必须具有邮件服务器功能）为 dns.cug.edu.cn，则其 E-mail 地址为：USER @dns.cug.edu.cn

其意义表示：这台计算机在中国（cn），隶属于教育机构（edu）下的中国地质大学（cug），机器名（dns）。在@符号的左边是用户名（USER）。

2. 电子邮件原理

电子邮件的工作过程遵循客户/服务器模式。每份电子邮件的发送都要涉及发送方与接收方，发送方式为客户端，而接收方为服务器，服务器含有众多用户的电子信箱。发送方通过邮件客户程序，将编辑好的电子邮件向服务器（SMTP 服务器）发送。服务器识别接收者的地址，并向管理该地址的邮件服务器（POP3 服务器）发送消息。邮件服务器将消息存放在接收者的电子信箱内，并记录接收方有新邮件。接收方通过邮件客户程序连接到服务器后，就会看到服务器的记录，并打开自己的电子信件来查收邮件内容，如图 5-7 所示。

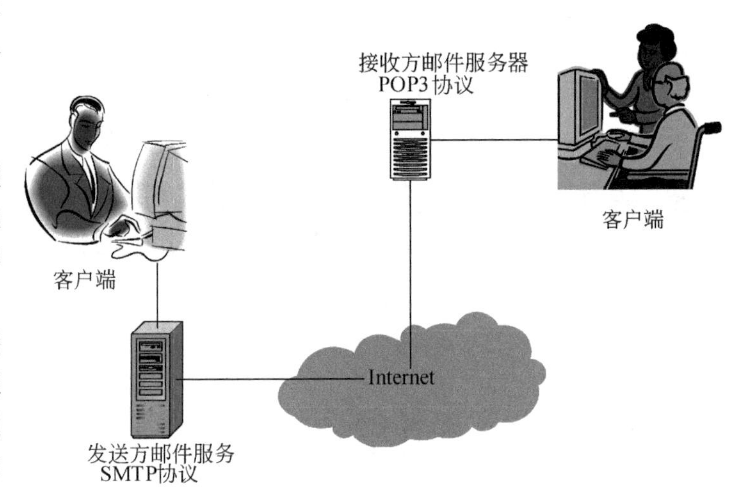

图 5-7 电子邮件的系统结构

电子邮件在发送和接收过程中，还要遵循一些基本协议和标准，如 SMTP，POP3 等。这些协议和标准保证电子邮件在各种不同系统之间进行传输。一般来说，电子邮件系统支持以下功能。

（1）撰写（Composition）：提供一个非常方便的编辑信件的环境，来创建消息和回答的过程。

（2）传输（Transfer）：将信件从发送方传输到接收方。

（3）报告（Reporting）：告诉发送方信件发送的情况。

（4）显示（Displaying）：到接收方以后，应显示信件内容。有时需要进行转换或者需要激活浏览器。

（5）处理（Disposition）：当接收方阅读信件后，需要将该邮件进行处理。如丢弃或者保存等。

一个电子邮件系统由两个主要部分组成：用户接口和邮件传输程序。整个电子邮件系统与 Internet 相连，如图 5-8 所示。

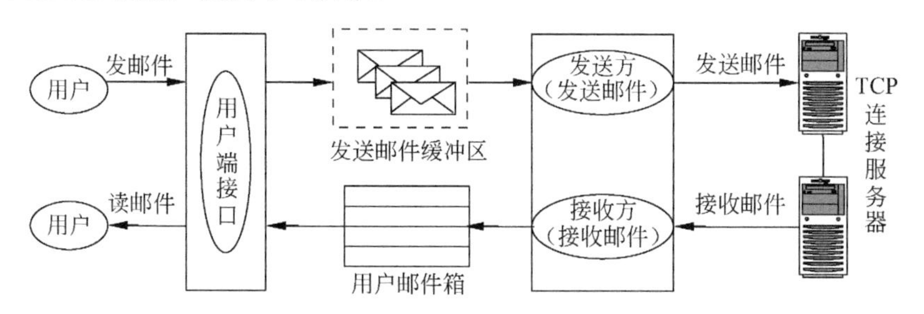

图 5-8 电子邮件的组成部分

用户接口是一个在本地运行的程序，又称为 UA（User Agent，用户代理），它使用户能够通过一个友好的接口来发送和接收邮件。用户接口部分至少应当具有以下三个功能：撰写、显示和处理。

5.5.2 简单邮件传送协议

简单邮件传送协议（SMTP）是一种电子邮件协议，它既具有客户机（发送者）功能，又具有服务器（接收者）功能。SMTP 是 Internet 上的基础传输机制，大多数系统使用它在计算机服务器之间发送邮件。SMTP 允许将电子邮件从一个计算机邮件服务器发送到另一个计算机邮件服务器。SMTP 服务器接收本地用户的邮件，以将它传输到网络外部的服务器上。

大多数系统通过本地邮件系统服务器在本地按路径发送电子邮件。SMTP 发送程序从输出邮件队列中得到报文，通过多个 TCP 连接将它们传输到目标端的 25 号端口上，将这些报文传输到正确的目的计算机。在发送过程中，SMTP 接收程序必须能证实本地邮件目的地址，并处理各种差错，包括传输差错以及没有足够的磁盘空间等。

SMTP 发送程序对报文所负的责任直到 SMTP 接收程序指示传送完成为止。SMTP 协议的作用范围仅限于 SMTP 发送程序和 SMTP 接收程序之间的对话过程。SMTP 主要功能是传送报文。

SMTP 规定了 14 条命令和 21 种应答信息，每条命令由一行文本组，并以 4 个字母组成，而每一种应答信息由一个 3 位数据代码开始，后面附加很简单的文字说明。下面我们来了解 SMTP 通信最主要的命令和响应信息，一般分以下 3 个阶段：

1. 连接建立

发送方将需要发送的邮件发送到邮件缓存。SMTP 发送程序将每隔一定时间对邮件缓存进行扫描一次。如有邮件未发送，将使用 SMTP 程序端口号（25 号）与目的计算机的 SMTP 服务器建立连接。

当连接建立后，将发送“220 Service ready”（服务就绪），并向 SMTP 服务器发送 HELO（HELLO）命令来标识自己。

接收方 SMTP 程序，接收到所发来的标识后，则返还应答“250 OK”（一切正常）来接收发送程序的身份标识。

如果接收方的邮件服务不可用，则返还应答“421 Service not available”（服务不可用）。

2. 邮件传送

当连接建立后，SMTP 发送程序将向 SMTP 接收程序发送报文信息。报文传送有以下 3 个逻辑阶段。

- 用一个 MAIL 命令标识出报文发起方。例如：MAIL FROM：<USER@yahoo.com.cn>。
- 用一个或者多个 RCPT 命令标识该报文的接收方。例如：RCPT TO：<收信人地址>。
- 用一个 DATA 命令传送报文文本。

发送 MAIL 命令后，若 SMTP 服务器已经准备好接收邮件时，则应答“250 OK”。否则，返回代码，并指出原因。例如：451（处理时出错），452（存储空间不够），500（命令无法识别）等。

RCPT 命令标识邮件数据的接收方，通过多次使用这个命令就能够指定多个接收者。并且每个 RCPT 命令都会返还一个单独的应答。例如“550 No such user here（无此用户）”，即不存在此邮箱。RCPT 命令的作用是：先查清 SMTP 接收服务器是否准备好接收邮件，然后再将邮件发送。

3. 释放连接

邮件发送完毕后，发送方的 SMTP 服务器程序将发送 QUIT 命令。接收方的 SMTP 服务器程序返还应答“211（服务关闭）”信息，表示发送方 SMTP 服务器程序同意释放 TCP 连接。

5.6 练习：使用 Foxmail 管理电子邮件

Foxmail 是一款优秀的国产电子邮件客户端软件，提供基于 Internet 标准的电子邮件收发功能。同时，它还具备强大的反垃圾邮件功能，有效地降低了垃圾邮件对用户的干扰。在本练习中，将详细介绍使用 Foxmail 管理电子邮件的操作方法。

1. 实验目的

- 了解 Foxmail 软件
- 管理电子邮件

2. 实验步骤

1 运行 Foxmail，在弹出的【新建账号】对话框中，输入邮箱地址和密码，并单击【创建】按钮，如图 5-9 所示。

2 此时，软件会自动验证邮箱，并显示验证结果，单击【完成】按钮，完成账号的创建操作，如图 5-10 所示。

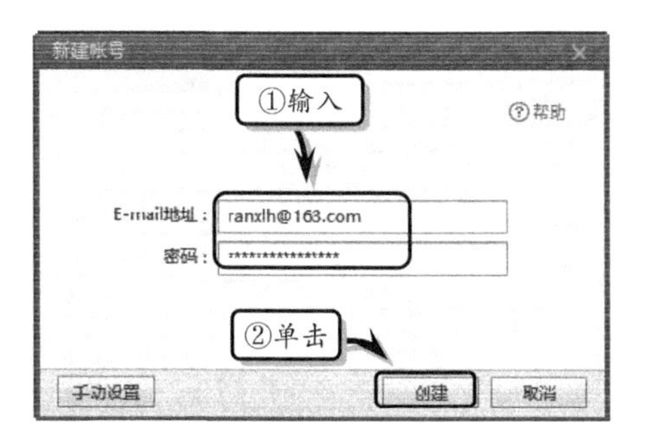

图 5-9 设置邮箱

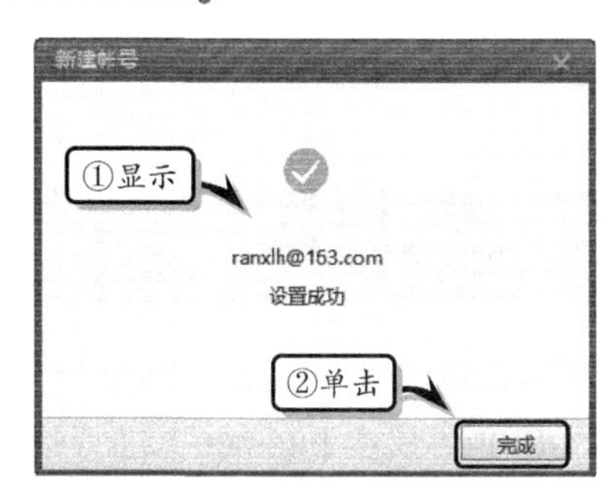

图 5-10 显示验证结果

3 在 Foxmail 主界面的左侧列表中，选择【所有未读】选项，在右侧列表中查看未读邮件，如图 5-11 所示。

图 5-11 查看未读邮件

4 在邮件列表中选择一个邮件，在右侧的阅读列表中查看邮件的具体信息，如图 5-12 所示。

5 单击【写邮件】按钮，在弹出的对话框中输入收件人地址、主题和正文内容，如图 5-13 所示。

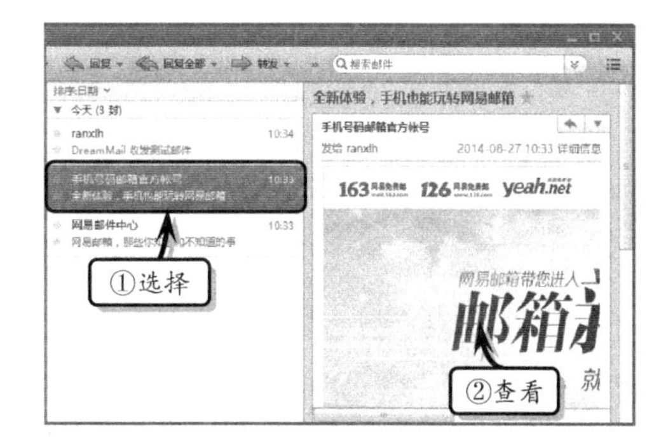

图 5-12 查看邮件

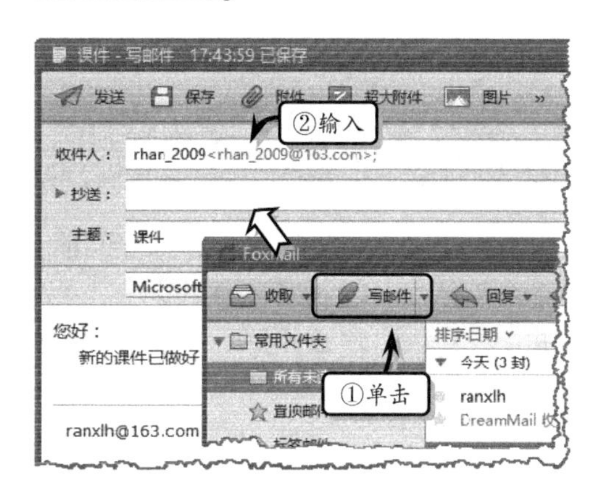

图 5-13 写邮件

6 单击【发送】按钮之后，软件将自动发送邮件，并显示发送信息，如图 5-14 所示。

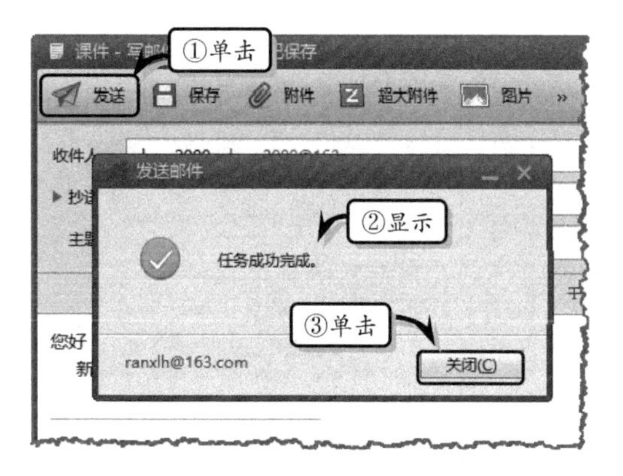

图 5-14 发送邮件

7 在主界面中，选择【已发送邮件】选项，查看已发送的邮件，如图 5-15 所示。

8 在主界面中，单击【收取】按钮，将收取所有邮箱中的邮件，如图 5-16 所示。

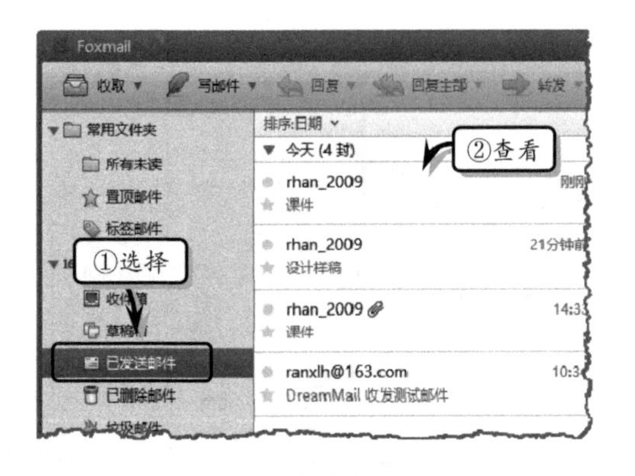

图 5-15 查看已发送邮件

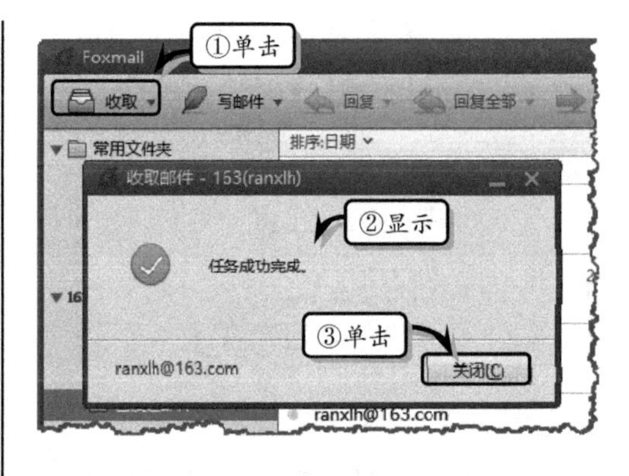

图 5-16 收取邮件

5.7 练习：安装 FTP 服务器

Serv-U 是为互联网提供存储空间的计算机，也是 Windows 中最流行、功能最强大、使用最简单的 FTP 服务器软件之一，它可以通过使用 FTP 协议在 Internet 上进行信息共享和文件传输。在本练习中，将详细介绍安装 Serv-U 服务器的操作方法。

1．实验目的

- ❑ 了解 FTP 服务器知识
- ❑ 安装 FTP 服务器软件

2．实验步骤

1 下载并运行 Serv-U 安装程序，在弹出的【选择安装语言】对话框中，选择语言类型，单击【确定】按钮，如图 5-17 所示。

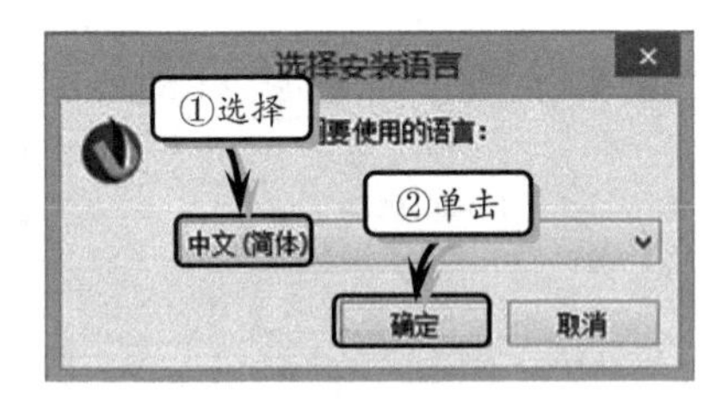

图 5-17 选择安装语言

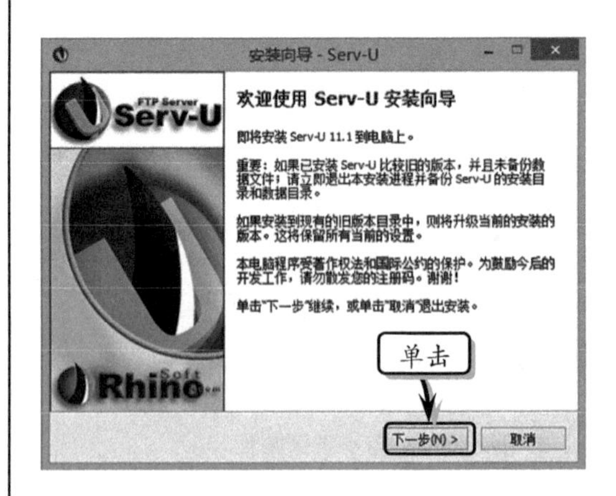

图 5-18 安装向导

2 在弹出的【安装向导】对话框中，单击【下一步】按钮，如图 5-18 所示。

3 在【许可协议】栏中，查看安装许可协议，选中【我接受协议】选项，并单击【下一步】按钮，如图 5-19 所示。

4 在【选择目录位置】栏中，单击【浏览】按钮，选择安装目录位置，并单击【下一步】按钮，如图 5-20 所示。

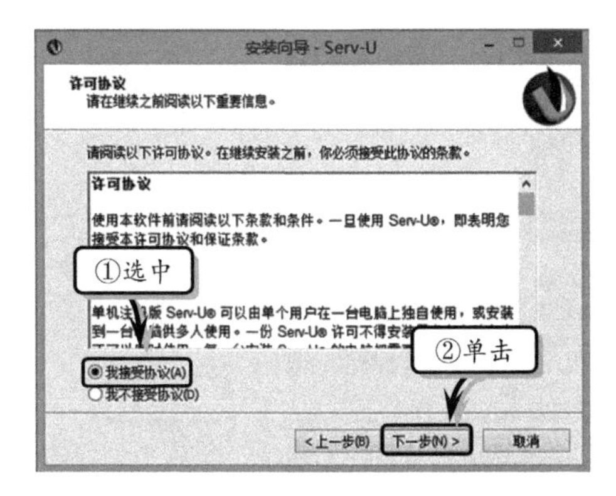

图 5-19 接受协议

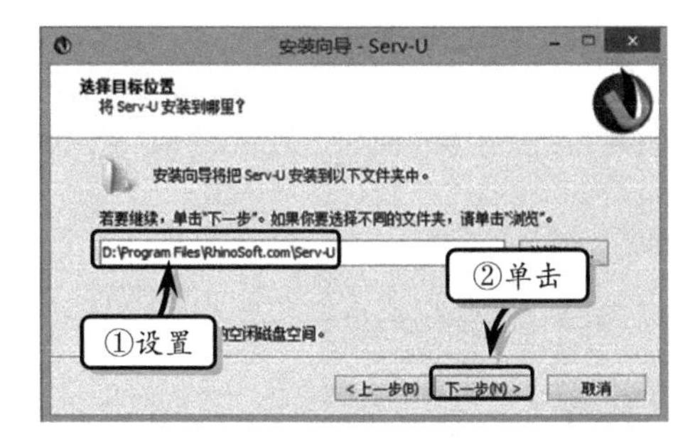

图 5-20 设置安装位置

5 在【选择开始菜单文件夹】栏中，直接单击【下一步】按钮，如图 5-21 所示。

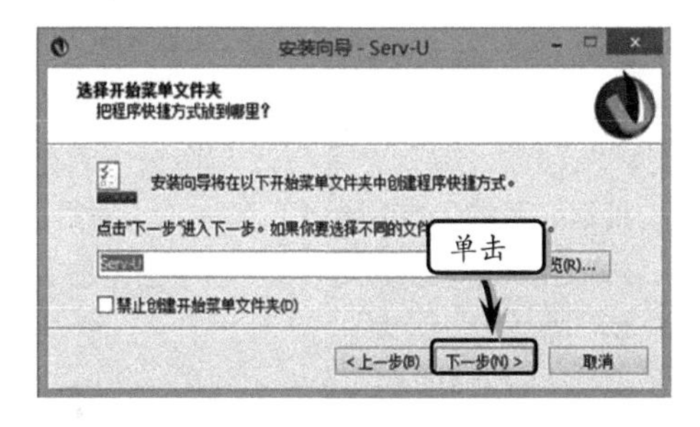

图 5-21 设置开始菜单文件夹

6 在【选择附加任务】栏中，启用所有的复选框，并单击【下一步】按钮，如图 5-22 所示。

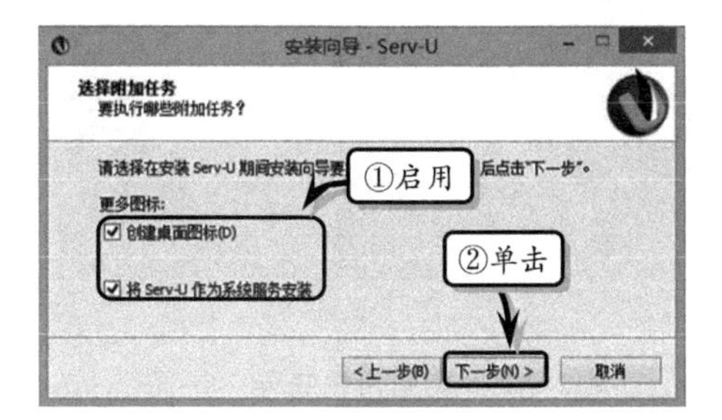

图 5-22 设置附加任务

7 在【准备安装】栏中，单击【安装】按钮，开始安装服务器，如图 5-23 所示。

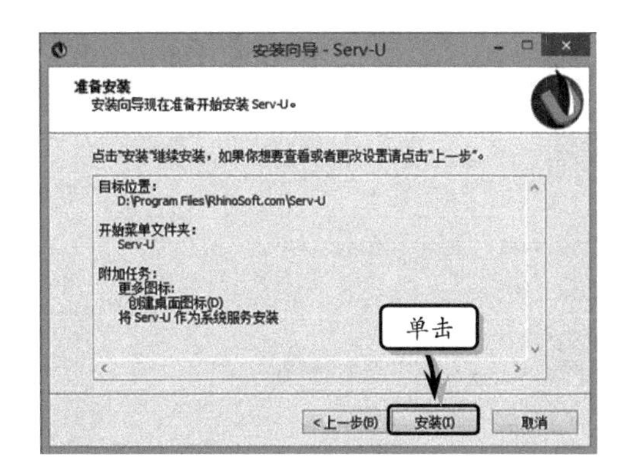

图 5-23 安装服务器

8 安装完成之后，系统将自动弹出向导对话框，用于帮助用户将服务器添加 Windows 防火墙列表中，如图 5-24 所示。

图 5-24 添加防火墙

9 此时，系统将提示用户是否定义新域，单击【是】按钮，如图 5-25 所示。

图 5-25 启用域向导

10 在弹出的【域向导-步骤 1 总步骤 4】对话框中，输入域名称，并单击【下一步】按钮，如图 5-26 所示。

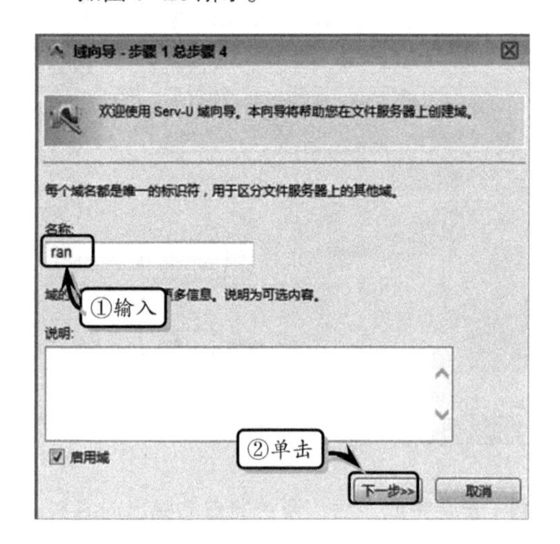

图 5-26 设置域名称

11 在弹出的【域向导-步骤 2 总步骤 4】对话框中，保持默认设置，并单击【下一步】按钮，如图 5-27 所示。

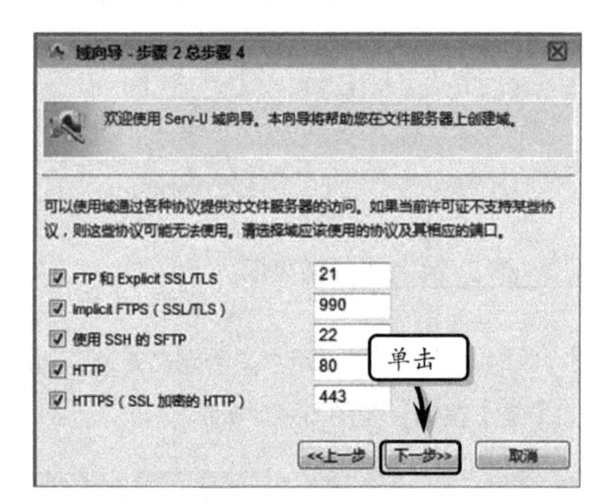

图 5-27 设置域协议

12 在弹出的【域向导-步骤 3 总步骤 4】对话框中，单击【IPv4 地址:】下拉按钮，在其下列列表中选择一个地址，并单击【下一步】按钮，如图 5-28 所示。

13 在弹出的【域向导-步骤 4 总步骤 4】对话框中，保持默认设置，单击【完成】按钮，如图 5-29 所示。

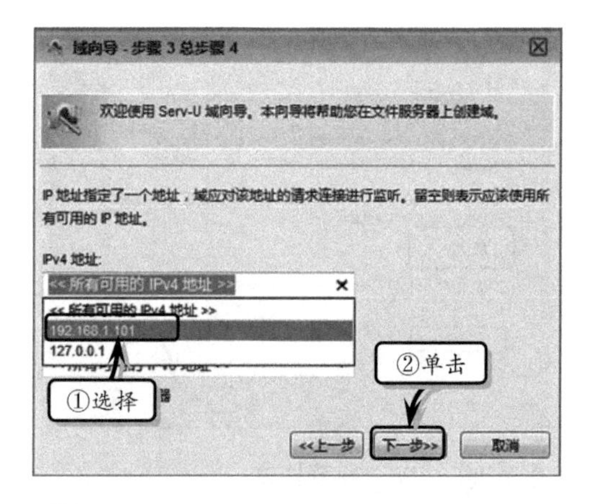

图 5-28 设置 IP 地址

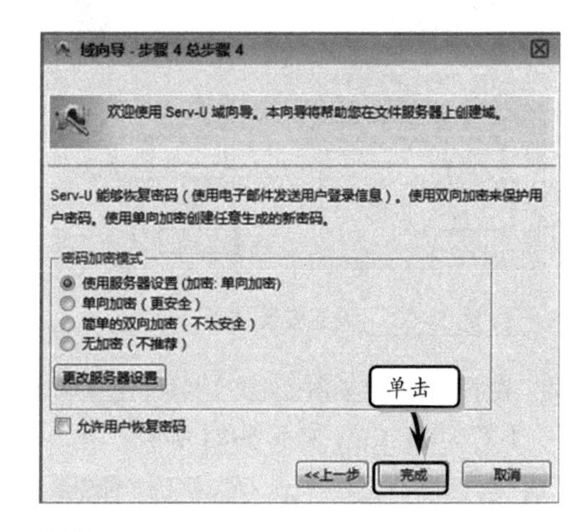

图 5-29 设置加密方式

14 此时，系统会自动弹出【Serv-U】对话框，询问用户是否创建用户账户，单击【是】按钮，如图 5-30 所示。

图 5-30 启用用户向导

15 在弹出的【用户向导–步骤 1 总步骤 4】对话框中，输入登录用户名，并单击【下一步】按钮，如图 5–31 所示。

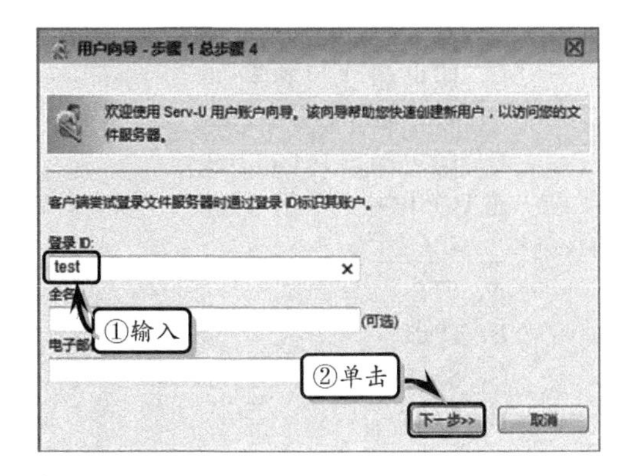

图 5–31 输入登录用户名

16 在弹出的【用户向导–步骤 2 总步骤 4】对话框中，保存默认的登录密码，单击【下一步】按钮，如图 5–32 所示。

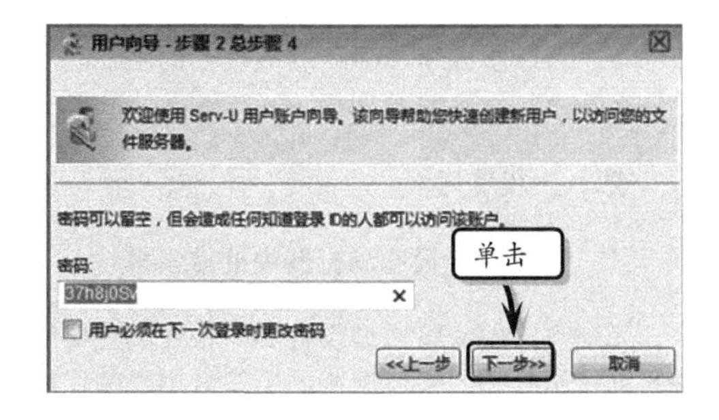

图 5–32 设置登录密码

17 在弹出的【用户向导–步骤 3 总步骤 4】对话框中，设置根目录位置，并【下一步】按钮，如图 5–33 所示。

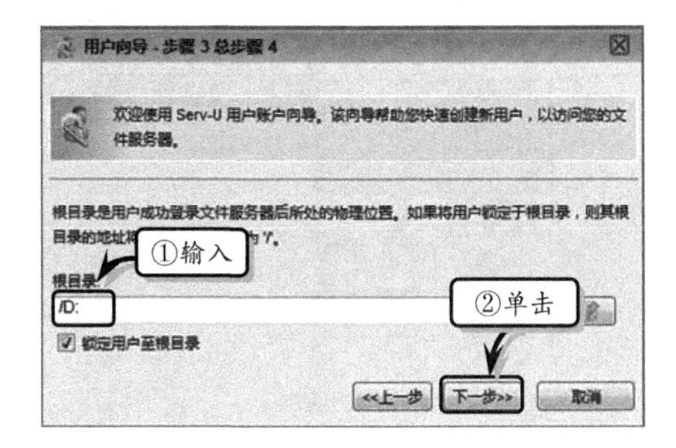

图 5–33 设置根目录

18 在弹出的【用户向导–步骤 4 总步骤 4】对话框中，将【访问权限】设置为“只读访问”，并单击【完成】按钮，如图 5–34 所示。

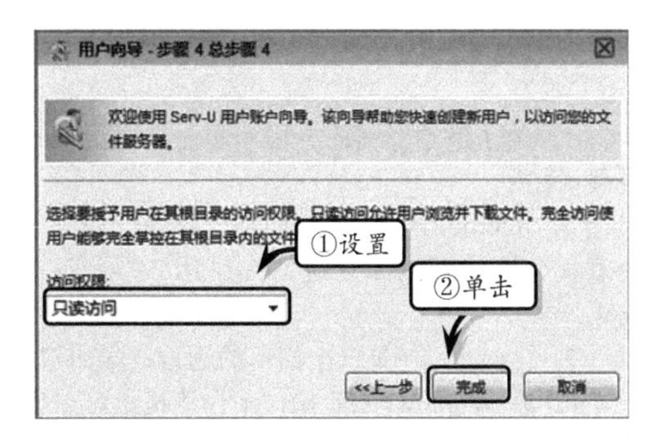

图 5–34 设置访问权限

19 在浏览器中输入“192.168.1.101”地址，自动弹出登录界面，输入登录 ID 和密码，单击【登录】按钮，如图 5–35 所示。

图 5–35 登录 FTP 服务器

20 在弹出的【客户端选项】对话框中，选择需要使用的客户端类型，单击【确定】按钮即可，如图 5–36 所示。

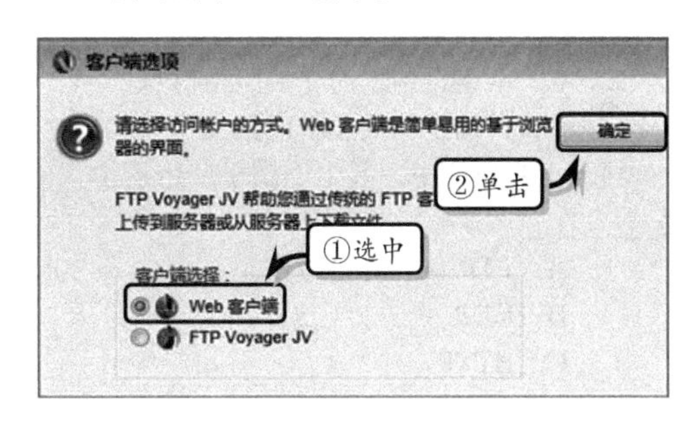

图 5–36 选择客户端类型

5.8 思考与练习

一、填空题

1. 为了解决具体的应用问题而彼此通信的进程就称为__________。

2. Internet 的域名系统 DNS 被设计成为一个联机分布式数据库系统，并采用__________模式。

3. __________是一个简单的远程终端协议。

4. 在 Windows NT Server 计算机上可以安装__________文件传输服务。

5. __________协议可以在 WWW 服务器和 WWW 浏览器之间传输信息。

6. SNMP 管理器的功能是__________。

7. SNMP 在子网间发送信息使用的是__________和__________协议。

二、选择题

1. 简单网络管理协议 SNMP 处于网络体系结构的哪一层？__________

A. 互联层

B. 传输层

C. 应用层

D. 逻辑链路控制层

2. 应用层 DNS 协议主要用于实现哪种网络服务功能？__________

A. 网络设备名字到 IP 地址的映射

B. 网络硬件地址到 IP 地址的映射

C. 进程地址到 IP 地址的映射

D. 用户名到进程地址的映射

3. 应用层 FTP 主要用于实现的网络服务功能是__________。

A. 互联网中远程登录功能

B. 互联网中交互式文件传输功能

C. 网络设备之间交换路由信息

D. 网络中不同主机间的文件共享

4. 下列协议中，其中不属于应用层协议的是__________。

A. FTP

B. UDP

C. HTTP

D. SMTP

5. 著名的 SNMP 使用的公开端口为__________。

A. TCP 端口 20 和 21

B. UDP 端口 20 和 21

C. TCP 端口 161 和 162

D. UDP 端口 161 和 162

6. 在 TCP/IP 中的应用层协议中，文件传输协议是指__________。

A. FTP

B. DNS

C. SMTP

D. TFTP

三、简答题

1. 什么是解析器？

2. 因特网分层域名结构中最顶级的名称叫什么？

3. 举例说明一些组织的域名有哪些。

4. 为什么要安装次名称服务器？

5. FTP 服务和 TFTP 服务之间的主要区别是什么？

四、上机练习

1. 隐藏 360 极速浏览器中的搜索框

在本实例中，将通过设置 360 极速浏览器的搜索框显示状态，来使浏览器更符合用户的使用习惯。首先，启动 360 极速浏览器，单击右上角的【自定义和控制 360 极速浏览器】下拉按钮。然后，在其下拉列表中选择【选择界面样式】选项，在展开的列表中取消【显示搜索框】选项，隐藏界面中的搜索框，如图 5-37 所示。

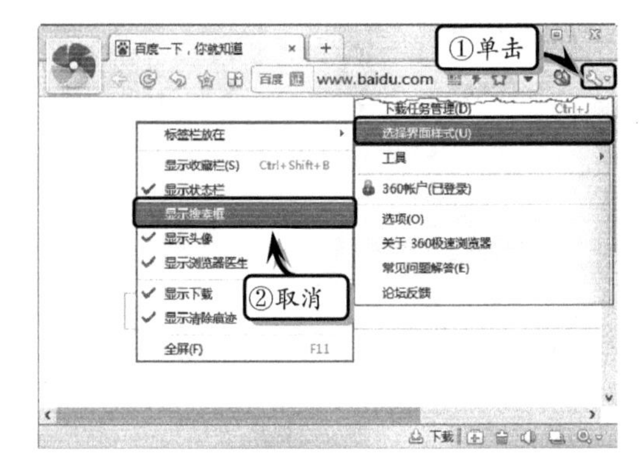

图 5-37 隐藏搜索框

2．启用 IPv6 协议

IPv6 是一种互联网协议，它可以提高网速。因为一些优化工具把 IP Helper 服务禁用，所以要使用该协议提高网速，首先应启用 IPv6 的服务。用户可以单击【开始】按钮，执行【程序】|【管理工具】|【服务】命令，打开【服务】窗口，并双击 IPv6 Helper Service 选项。然后，在【IPv6 Helper Service 的属性（本地计算机）】对话框中，设置【启动类型】为“自动”，如图 5-38 所示，并单击【应用】按钮，根据提示启用该协议。

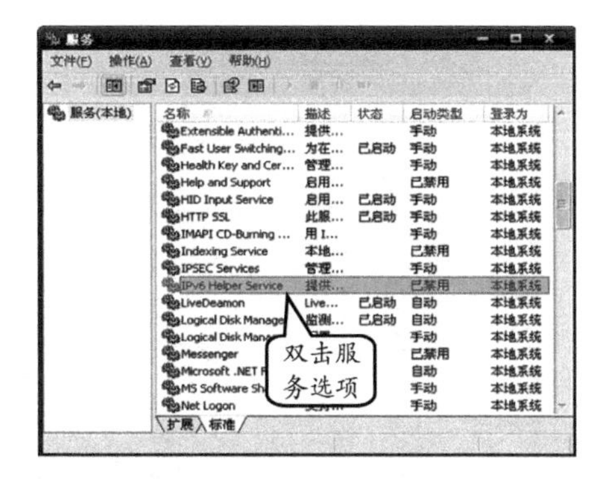

图 5-38　启用 IPv6 协议

第6章 网络设备与传输介质

当用户需要将多台计算机组建成一个网络时，还需要必要的网络设备和传输介质。网络设备在整个网络中起着举足轻重的作用，其主要功能是传递数据、存储数据和管理数据。而传输介质分为有线和无线两种类型，其中有线传输价值是使用同轴电缆、双绞线、光缆作为传输介质，对网络数据进行传输。因此，学习和掌握计算机网络设备和传输介质的基础功能和使用方法对理解计算机网络的组成原理以及相关应用十分重要。

本章学习目的：

- 网卡
- 交换机
- 路由器
- 双绞线
- 光纤

6.1 网卡

在局域网中，不同计算机、网络设备以及计算机与网络设备之间的连接，都需要通过网卡来实现。因此，网卡是计算机网络中的重要设备之一。

6.1.1 网卡概述

网卡（Network Interface Card，NIC）也叫网络适配器，是计算机连接网络中各设备的接口，如图6-1所示。它能够使计算机、服务器、打印机等网络设备，通过网络传输介质（如双绞线、同轴电缆或光纤）接收并发送数据，达到资源共享的目的。

由于网卡是计算机和网络之间的物理接口，因此网卡工作在OSI参考模型的物理层和数据链路层之间。网卡的硬件特性、驱动程序在这两层得以实现，如图6-2所示。

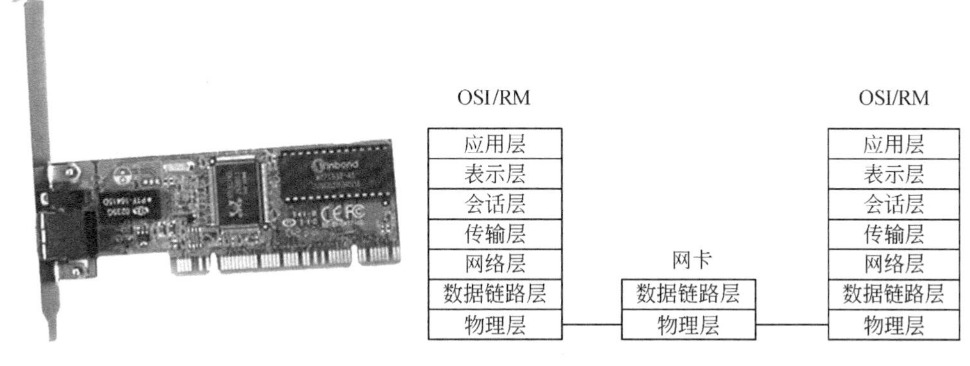

图 6-1 网卡

图 6-2 网卡在 OSI 参考模型中

在计算机网络中，网卡一方面负责接收网络上的数据包，通过和自己本身的物理地址相比较决定是否为本机应接信息，解包后并将数据通过主板上的总线传输给本地计算机。另一方面将本地计算机上的数据打包后传入网络。其主要功能体现在以下 3 个方面。

1. 固定网络地址

在计算机网络通信过程中，一台计算机中的数据要传输到另一台计算机，必须确定计算机的标识。例如，一封邮件发送时，必须填写发信人和收信人的地址。而计算机就是靠网卡的物理地址来标识的。

数据从一台计算机传输到另外一台计算机时，也就是通过一块网卡中的数据传输到另一块网卡，即从源地址传输到目的地址。

网卡的物理地址标识（Ethernet Address，物理地址）是由十六进制表示的，每个网卡在出厂时都被赋予一个全世界范围内唯一的地址，即 MAC 地址。

2. 数据转换并发送到网络上

网络上传输数据方式必须遵守一定的数据格式（通信协议）。所以计算机将数据传输到网卡时，网卡会自动将数据转换成网络可以识别的数据格式，然后再将数据传送到传输介质，通过传输介质到达目的计算机的网卡。

3. 接收数据并转换数据格式

在网络通信中，网卡不仅将本地计算机上的数据进行格式转换送入网络，还需要接收网络传送来的数据包，并对数据包进行解包以及反向转换。

6.1.2 网卡的工作原理

计算机发送数据时，网卡首先侦听传输介质上是否有载波（载波由电压指示）。如果有，则认为其他站点正在传送信息，继续侦听传输介质。一旦传输介质在一定时间段内（称为帧间缝隙 IFG=9.6μs）没有载波，即没有被其他站点占用，则开始进行帧数据发送，同时继续侦听传输介质，以检测冲突。如果检测到冲突，则立即停止该次发送，并向传输介质发送一个“阻塞”信号，告知其他站点已经发生冲突，从而丢弃那些可能一直在接收的受到损坏的帧数据，并等待一段时间（CSMA/CD 确定等待时间的算法是二进制指数退避算法），然后再进行新的发送。如果重传多次后（大于 16 次）仍发生冲突，就放弃发送，如图 6-3 所示。

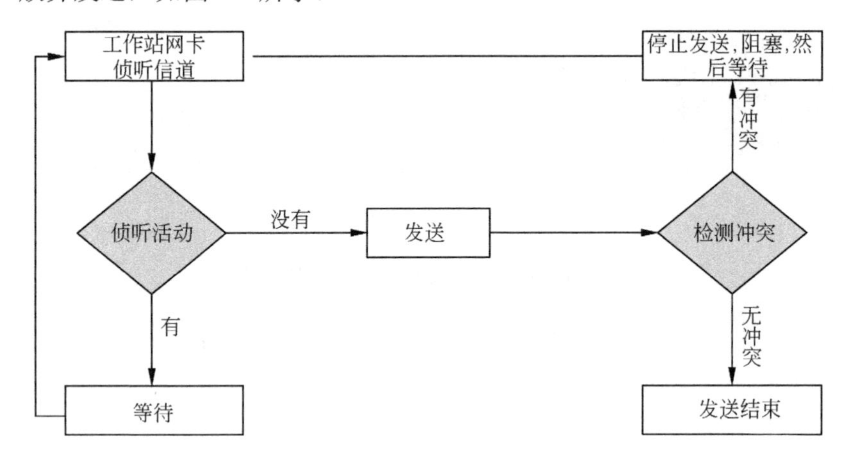

图 6-3 网卡发送数据

计算机接收数据时，网卡浏览传输介质上传输的每个帧，如果其长度小于 64 字节，则认为是冲突碎片。如果接收到的帧不是冲突碎片且目的地址是本地地址，则对帧进行完整性校验，如果帧长度大于 1518 字节（称为超长帧）或未能通过 CRC 校验，则认为该帧发生了畸变。通过校验的帧被认为是有效的，网卡将其接收下来并交给本地计算机处理。

6.1.3 网卡的类型

随着计算机技术的发展，以及主板集成度的提高，很多主板都集成网卡。因此，网卡市场上常见的有集成网卡和独立网卡两种类型。

1．集成网卡

集成网卡又称板载网卡，是将网卡芯片整合到主板上，而芯片的运算都交给 CPU 或者是主板南桥芯片处理，网卡接口设置在主板的 I/O 接口中，如图 6-4 所示。

集成网卡主要有 10M/100M 网卡、DUAL 网卡、千兆网卡等类型。其中 10M/100M 集成网卡、千兆集成网卡同相应的独立网卡应用相同，而 DUAL 集成网卡提供双网卡功能，对使用宽带共享上网的用户较为实用。

图 6-4 集成网卡

2．独立网卡

独立网卡用于安装在计算机的扩展插槽内，充当计算机和网络之间的物理接口，如图 6-5 所示。

6.2 交换机

交换机（Switch）是一种基于 MAC 地址识别，能够封装、转化数据包的网络设备。交换机通过分析数据包中的 MAC 地址信息，可以在数据发送端和目标接收端之间建立临时通信路径，使数据包能够在不影响其他端口正常工作的情况下从发送端直接到达接收端。它改变了传统共享式网络的结构，提高了网络数据交换速度。

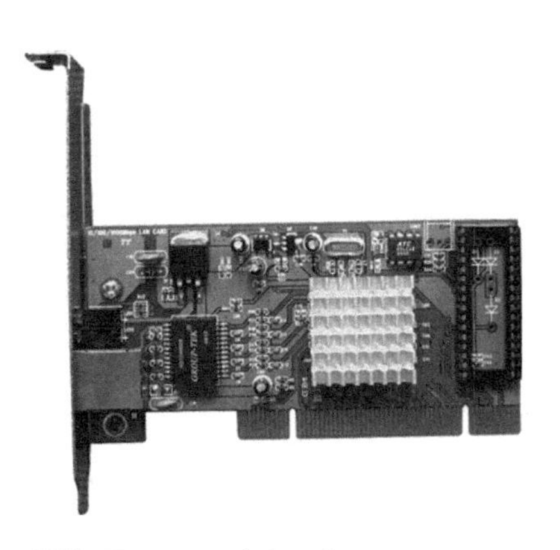

图 6-5 独立网卡

6.2.1 交换技术

交换机作为局域网中常见的互联设备，工作在 OSI 参考模型的数据链路层，主要用于完成数据链路层和物理层的工作。其中交换技术是交换机的核心技术。它是指按照通信两端数据传输的需要，将数据发送至符合要求的相应数据传输通道上的技术统称。目前，常见交换机主要采用以下 3 种交换技术。

1. 端口交换

端口交换技术最早出现在插槽式的集线器中，这类集线器的背板通常划分有多条以太网段（每条网段为一个广播域），各网段间无法直接访问。当以太模块插入后会被分配到背板上的某个网段中，端口交换即用于将以太模块端口在背板上多个网段间进行分配、平衡。根据支持程度的不同，端口交换还可分为以下几种。

- **模块交换** 这种交换技术会将整个以太网模块在不同网段间进行迁移，以实现数据交换的需求。由于这种交换技术会导致模块上所有端口的网段都发生改变，所以模块交换技术的灵活性较差。
- **端口组交换** 通常情况下，以太网模块上的所有端口会被分成若干个端口组。当某个网络结点发出数据交换请求时，只需将相应端口组进行网段迁移即可实现不同网段间的数据传输。
- **端口级交换** 端口级交换技术支持每个端口在不同网段之间进行迁移。该交换技术是基于 OSI 参考模型的物理层上来完成的，具有灵活性和负载平衡能力等优点。由于该交换技术没有改变共享传输介质的特点，因而不是真正的交换。

提 示

广播域（Broadcast Domain）是一个逻辑上的计算机组，该组内的所有计算机都会收到相同的广播信息。

2. 帧交换

帧交换技术是目前局域网中应用范围最广的分组交换技术，它通过对传输介质进行分段，提供并行传输机制，以减小冲突域，获得较高的带宽。市场上不同产品在帧交换的实现技术上会有细微差异，但对网络数据帧的处理方式一般有以下几种。

❑ 直通转发（Cut-through）

在直通转发方式中，当交换机的端口检测到数据输入时，会首先分析数据以获取目的地址，然后根据交换机内部的端口—地址映射表将该目的地址转换为相应的输出端口，并将数据传输至该端口，实现数据交换。图 6-6 所示为交换机直通转发方式示意图。

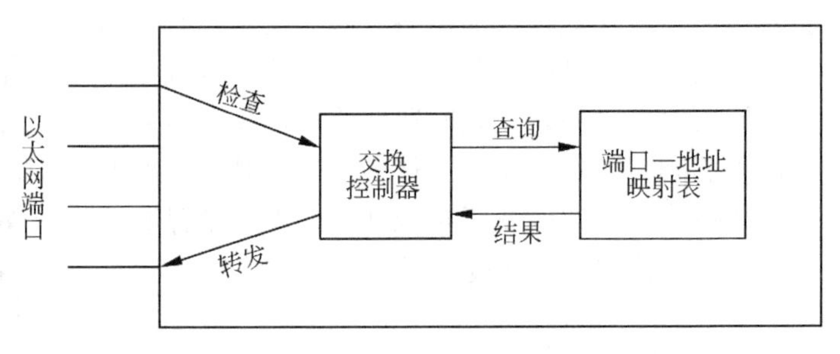

图 6-6 交换机直通转化方式

由于该方式只检测数据帧中包含目的MAC地址的前14个字节，因此直通转发方式具有延迟小、交换速度快的优点。

直通转发的缺点是，由于交换机没有保存数据内容，因此无法检测所传输的数据帧是否有误，不提供错误检测能力；由于没有对数据进行缓存，所以无法在不同速率的端口之间实现数据交换，容易出现数据丢失现象。

❑ 存储转发（Store and Forward）

存储转发是目前使用最为广泛的交换技术之一。在存储转发式模式下，当交换机收到数据输入时，会首先将数据帧存入高速缓冲存储器，并检查数据帧的正确性及完整性。检测完成后，再分析数据帧以获取目的地址。最后将目的地址转化为输出端口地址，并转发数据帧。图 6-7 所示为交换机存储转发方式示意图。

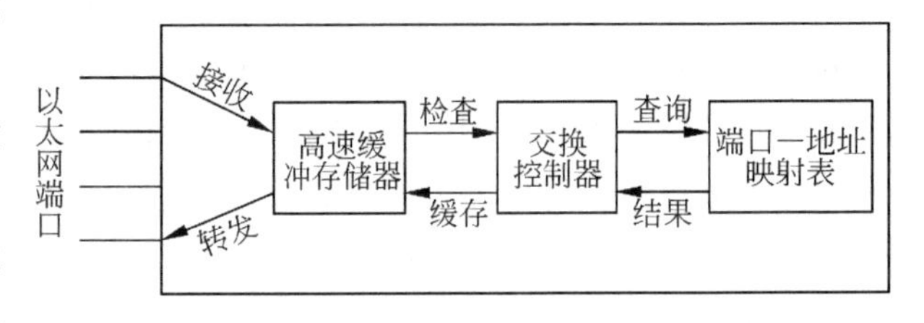

图 6-7 交换机存储转发方式

存储转发方式的优点是，通过检测高速缓存中的数据帧，可以排除由于传输差错引起的错误帧，避免了继续传送错误帧对网络带宽的浪费，从而间接改善网络性能。它的另一优点是，通过缓存数据，实现了不同速率端口间的数据交换，保证了高速端口和低速端口间的协同工作。

它的缺点是需要收到整个数据帧，才能进行数据交换工作，这就使数据帧的延时变长，降低了交换速度。

❑ 碎片隔离（Fragment Free）

碎片隔离方式是介于直通转发和存储转发之间的一种解决方案。使用这种处理方式的交换机采用 FIFO（First In First Out，先进先出式）缓存。当交换机接收到数据时，首先检测数据帧的长度是否够 64 个字节，如果小于 64 字节，说明该数据帧为冲突碎片（或称假包），交换机会直接丢弃该帧；如果大于 64 字节，则直接转发该数据帧。碎片隔离方式不提供数据校验，其数据处理速度比存储转发方式快，但比直通转发方式慢。

3. 信元交换

信元交换又称为 ATM（异步传输模式）交换，它将数据分解为固定大小（53 字节）的若干段（信元），通过硬件来实现信元的交换，其处理速度极快。ATM 采用非差别连接，并行运行，可以通过一个交换机时同时建立多个节点，但并不影响每个节点之间的通信能力。另外，ATM 还允许在数据发送端和接收端之间建立多个虚拟链接，以保障足够的带宽和容错能力，提高数据传输速度。

6.2.2 交换机的类型

从 1993 年局域网交换设备的出现到现在万兆交换机在网络中的应用，数年间随着网络技术的不断发展，交换设备的类型也越来越多。按照不同的分类原则，能够将交换机分为不同的类型，常见的分类方法有以下 8 种。

1. 从应用领域划分

交换机可以分为两种：广域网交换机和局域网交换机。广域网交换机主要应用于电信领域，提供通信用的基础平台；而局域网交换机则应用于局域网中，用来连接终端设备，如计算机及网络打印机等。

2. 从网络技术划分

按照采用的网络技术不同，交换机可以分为以太网交换机、ATM 交换机、电话交换机、FDDI 交换机等。

3. 从网络技术划分

按照外观尺寸来分，交换机可以分为机箱式交换机、机架式交换机和桌面型交换机 3 种类型。

- **机箱式交换机** 其外观比较庞大，并且交换机所有的部件都是可拔插的部件（通常称为模块），可以根据网络的需要选择合适的模块，灵活性非常好，如图 6-8 所示。

图 6-8 机箱式交换机

提 示

交换机中的模块分为三大类：一是用来管理整个交换机工作的管理模块；二是负责连接其他网络设备和网络终端的应用模块；三是电源模块、风扇模块等。

- **机架式交换机** 该交换机是可以放置在标准机柜中的交换机，如图 6-9 所示。机架式交换机又可以分为带扩展插槽的机架式交换机和无扩展插槽的机架式交换机。
- **桌面型交换机** 一般不具备标准的尺寸，体积较小，可以放置在光滑、平整、安全的桌面上，通常功率较小，性能较低、噪声较低。该类型交换机主要适用于小型网络，例如办公室网络或家庭网络。

图 6-9 机架式交换机

4．从传输速度划分

按照交换机支持的最大传输速度来分，交换机可以分为 10M 交换机、100M 交换机、1000M 交换机以及 10G 交换机。通常传输速度较高的交换机能够兼容传输速度较低的交换机，如 1000M 交换机一般也都提供 100M 网络接口模块。

5．从应用规模划分

按应用规模来分，交换机分为企业级交换机、部门级交换机和工作组交换机等。通常企业级交换机可以支持 500 个信息点以上大型企业应用，而部门级交换机可以支持 300 个信息点以下的中型企业应用，工作组交换机支持 100 个信息点以内的单位或小型企业应用。

6．从工作协议层划分

从交换机工作的协议层来分，交换机分为二层交换机、三层交换机以及四层交换机。二层交换机是按照 MAC 地址进行数据的过滤和转发，是目前网络中最常见的交换机；三层交换机采用“一次路由，多次交换”的原理，基于 IP 地址转发数据包。四层交换机以及四层以上交换机统称为内容型交换机，通常用于大型的网络数据中心。

提　示

工作在 OSI 参考模型高层的交换机兼容在工作底层的交换机，例如四层交换机具有二层交换机以及三层交换机所具有的功能。

7．从是否可以网络管理划分

从交换机的可管理性划分，交换机分为可网管交换机（又称智能交换机）和不可网管交换机。可网管交换机便于网络监控、流量分析，但成本相对较高。通常网络中心的交换机都是可网管交换机。

8．从是否可以堆叠划分

按交换机是否可以堆叠划分，交换机可以分为可堆叠交换机和不可堆叠交换机两种。交换机的堆叠技术主要是为了增加交换机端口密度，便于管理。

6.2.3　交换机工作原理

在前面了解到根据交换机在 OSI 参考模型中工作的协议层不同，将交换机分为二层交换机、三层交换机、四层交换机。交换机工作的协议层不同，其工作原理也不相同。下面将介绍各层交换机的工作原理。

1．二层交换机工作原理

二层交换机能够识别数据包中的 MAC 地址信息，然后根据 MAC 地址进行数据包的转发，并将这些 MAC 地址与对应的端口记录在内部的地址列表中。二层交换机的工作原理如下。

（1）当交换机从端口收到数据包后，首先分析数据包包头中的源 MAC 地址和目的 MAC 地址，并找出源 MAC 地址对应的交换机端口。然后，从 MAC 地址表中查找目的 MAC 地址对应的交换机端口。

（2）如果 MAC 地址表中存在目的 MAC 地址的对应端口，则将数据包直接发送到该对应端口。如果 MAC 地址表中没有与目的 MAC 地址的对应端口，则将数据包广播到交换机所有端口，待目的计算机对源计算机回应时，交换机学习目的 MAC 地址与端口的对应关系，并将该对应关系添加至 MAC 地址表中。

（3）这样，当下次再向该 MAC 地址传送数据时，就不需要向所有端口广播数据。并且，通过不断重复上面的过程，交换机能够学习到网络内的 MAC 地址信息，建立并维护自己内部的 MAC 地址表。图 6-10 所示为二层交换机工作原理示意图。

2. 三层交换机工作原理

三层交换机是在二层交换机的基础上增加了三层路由模块，能够工作于 OSI 参考模型的网络层，实现多个网段之间的数据传输。三层交换机既可以完成数据交换功能，又可以完成数据路由功能。其工作原理如下。

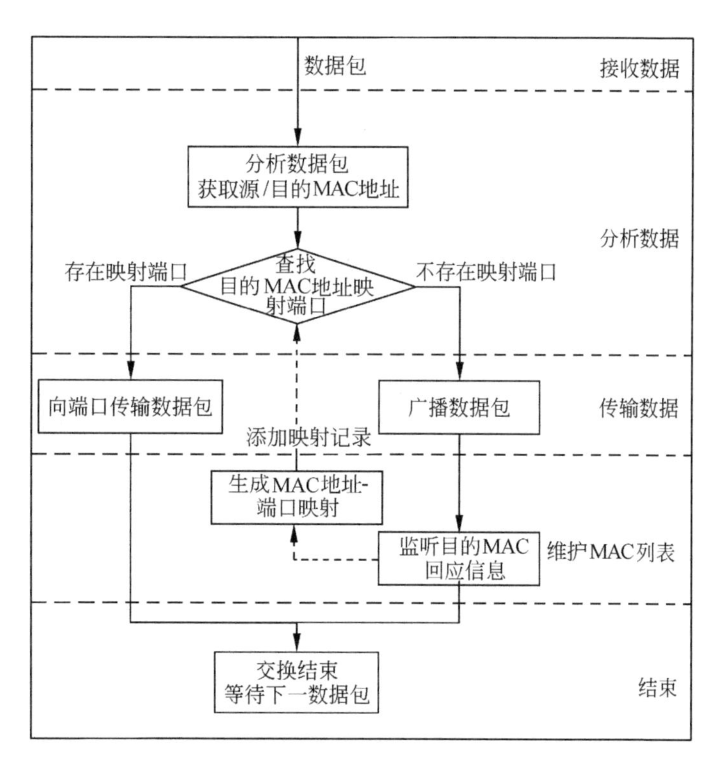

图 6-10　二层交换机工作原理

（1）当三层交换机接收到某个信息源的第一个数据包时，交换机将对该数据包进行分析，并判断数据包中的目的IP地址与源IP地址是否在同一网段内。如果两个 IP 地址属于同一网段，三层交换机会通过二层交换模块直接对数据包进行转发；如果两个 IP 地址分属不同网段，三层交换机会将该数据包交给三层路由模块进行路由。

（2）当三层路由模块接收到数据包后，首先在其内部路由表中查看该数据包的目的 IP 地址与目的 MAC 地址是否存在对应关系。如果存在两者的对应关系，则将数据包转回二层交换模块进行转发。如果不存在两者的对应关系，三层路由模块会再对数据包进行路由处理后，将该数据包的 MAC 地址与 IP 地址映射记录添加至内部路由表中，然后将数据包转回二层交换模块进行转发。

（3）这样一来，当该信息源的后续数据包再次进入三层交换机时，交换机能够根据第一次生成并保存的 MAC 地址与 IP 地址映射表，直接从二层由源地址转发到目的地址，而不需要再经过三层路由模块处理。实现了“一次路由、多次交换”，从而消除了路由选择时造成的网络延迟，提高了数据包的转发效率，解决了不同网段间传输信息时产生的网络瓶颈。图 6-11 所示为三层交换机工作原理示意图。

3. 四层交换机工作原理

四层交换机通过分析数据包包头来获取端口号（Port Number），并以此为依据来判断该数据包的应用业务（如 HTTP、FTP 等）。其工作原理如下。

（1）四层交换机在工作中会为支持不同应用的服务器组设立虚拟 IP 地址，并且在网络的域名服务器（DNS）中并不存储应用服务器的真实地址，而是每项应用的服务器组所对应的虚拟 IP 地址。

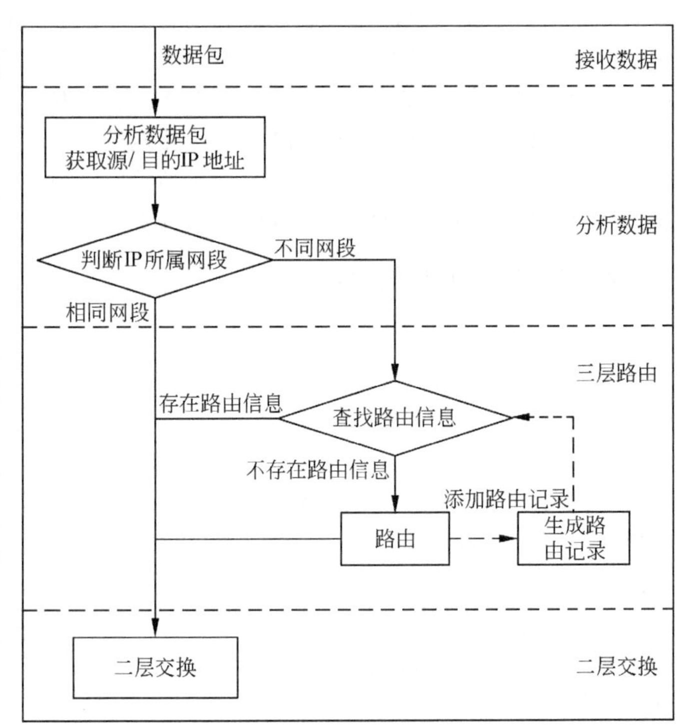

图 6-11　三层交换机工作原理

（2）当用户发出应用申请时，四层交换机会从该项应用的服务器组中选择最佳服务器，并将数据包目的地址中的虚拟 IP 地址改为最佳服务器的真实 IP 地址，然后通过三层交换模块将该连接请求传给该服务器。这样，数据包即可在用户和同一服务器间进行传输。

6.2.4　交换机技术参数

在前面学习了交换机的交换技术、分类以及各层交换机的工作原理等知识，而评价一台交换机质量的优劣，还需要了解交换机的相关技术参数。下面将介绍交换机的一些相关技术参数。

1. 交换方式

交换方式决定了交换机在转发数据包时采用的转发机制，目前常见的帧交换机主要使用直通交换、存储转发和碎片隔离 3 种交换方式。

- 直通交换技术的优点是转发速度快、数据延时少以及整体吞吐率高。但由于直通交换技术并不检测数据包的完整性，因此，在通信质量不高的网络环境下，直通交换式交换机会给网络带来许多垃圾数据包。
- 存储转发改进了直通交换的缺点，它在转发前会首先判断数据包的完整性，只有当数据包完整无误时才会进行转发。这就避免了继续转发垃圾数据包情况的发生，但由于检测数据完整性需要接收到整个数据包后才能进行，使得存储转发的转发速度较直通交换要慢。

- 碎片隔离式转发技术吸收了以上两种转发方式的优点，通过检测数据碎片，在高速转发和高正确率之间选择了一条折中的解决方法。

2. 背板带宽

背板带宽（也叫交换带宽），指交换机的接口处理器或接口卡和数据总线间所能吞吐的最大数据量。背板带宽标示了交换机总的数据交换能力，单位为 Gb/s，常见交换机的背板带宽从几 Gb/s 到上百 Gb/s 不等。

一台交换机的背板带宽越高，所能处理数据的能力就越强，但同时设计成本也会越高。另外，背板带宽的利用率还与交换机的内部结构有关。

提 示

目前交换机的内部结构主要分为共享内存结构、交叉总线结构和混合交叉总线结构 3 种类型。

3. 内存容量

在交换机中，内存用于数据缓冲或存储交换机配置信息。交换机内存容量越大，它所能存储、缓冲的数据越多，其工作状态也就越稳定。目前，在交换机中，共采用了以下几种不同类型的内存。

- **只读内存（ROM）** 顾名思义，ROM 是只读存储器，用户不能修改其中存放的代码。如要进行升级，则要替换 ROM 芯片。只读内存在交换机中的功能与计算机中的 ROM 相似，主要用于系统初始化等功能。
- **闪存（Flash）** 闪存是可读可写的存储器，在交换机重新启动或关机之后仍能保存数据。
- **随机存储器（RAM）** RAM 也是可读可写的存储器，但存储于 RAM 中的内容在交换机重启或关机后将被清除。

4. 包转发率

包转发率标示了交换机转发数据包能力的大小，单位一般为 p/s（包每秒）。一般交换机的包转发率在几十 Kp/s 到几百 Mp/s 不等。其实，在交换机中影响包转发率的还是背板带宽。背板带宽越高，所能处理数据的能力就越强，交换机的包转发率也就越高。

5. MAC 地址数量

MAC 地址数量是指交换机 MAC 地址表的 MAC 地址最大存储数量，它决定了交换机的计算机接入容量。MAC 地址数量的多少取决于交换机端口的缓存容量大小，缓存越大，所能存储的 MAC 地址就越多。目前，一般交换机都能够记忆 1024 个 MAC 地址。

6. 支持网络标准

交换机是否支持某种网络标准，决定了交换机能否在该标准的网络环境中工作。交换机支持的网络标准越多，表明该交换机产品的网络适应能力越强。

除了上面所介绍的主要技术参数外，交换机还有交换机的端口数量、端口类型、传输速率、网络管理功能等参数。

6.3 路由器

路由器（Router）是典型的网络互联设备。它能够实现多个网络或网段的连接，并能够将不同网络或网段之间的数据信息进行“翻译”，以使它们能够相互“读懂”对方的数据，实现相互之间的通信，从而构成一个更大的网络。

6.3.1 路由器的功能及路由原理

路由器工作在OSI参考模型的第三层，即网络层。它主要处理网络层的数据分组或网络地址，决定数据分组的转发，并决定网络中数据传输的完整路由。下面将介绍路由器的功能以及路由原理知识。

1．路由器的功能

目前的路由器产品都具有识别网络层地址、选择路由、生成和保存路由表，更好地控制拥塞，隔离子网，提供安全和强化管理等功能。其中最主要的功能包括以下3个方面。

❑ **识别网络层地址和选择路由**

当路由器接收到数据包时，首先将该数据包在数据链路层所附加的包头去掉，并提取网络层地址（即IP地址）。然后再根据路由表，确定数据包的传输路由，执行本身的路由协议，进行安全、优先权等处理。最后，将通过各项处理的数据包重新附加上数据链路层包头，进行转发。

❑ **生成和保存路由表**

路由选择表是路由器赖以寻址的依据。内容包括每个路由器所连接的网络标识，以及每个网络中所连接的主机标识。建立路由选择表的方法包括静态路由生成法和动态路由生成法。其中静态路由生成法是由管理员根据网络结构以手工方法生成，存入路由器的内存中；而动态路由生成法则是经过路由器执行相关的路由协议自动生成。

❑ **隔离子网连通广域网**

路由器通常可以处理多种协议并具备相应的协议处理软件。因此路由器能够使用不同技术将物理上分离的网络进行互联，并且能够将不同协议的网络视为一个子网进行互联，每个子网都是一个独立的管理域。路由器只将网络中传输的数据包发往特定的子网进行通信，绝不会向其他子网广播，从而实现子网隔离。

2．路由原理

当IP子网中的计算机A发送数据给同一IP子网中的计算机B时，则两台计算机不需要进行路由选择，可直接进行数据传输，如图6-12所示。

而如果将数据发送给不同IP子网主机时，就需要进行路由选择功能（如计算机B向计算机C发送数据）。即选择一条能到达目的子网的路径，因此需要把数据送给路由器，由路由器负责把数据送到目的地。如果没有找到这样的路由器，主机就把数据送给一个称为“缺省网关”（Default Gateway）的路由器上。“缺省网关”是每台主机上的一个配置参数，它是接在同一个网络上的某个路由器端口的 IP 地址。

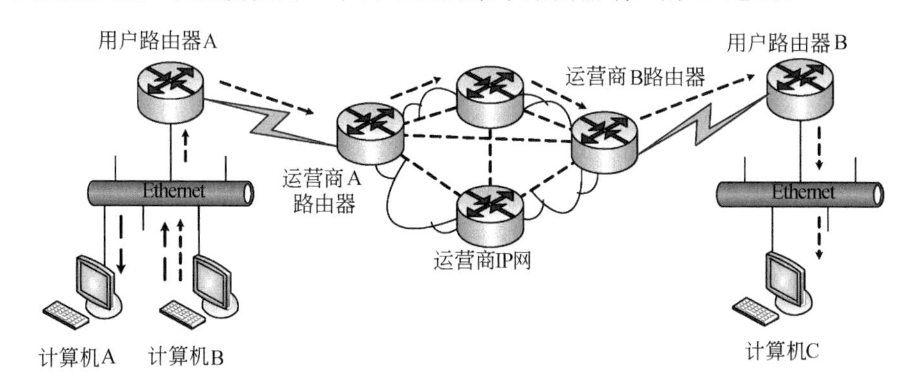

图 6-12 路由原理

路由器转发数据时，只根据数据中目的 IP 地址的网络号部分选择合适的端口，把数据送出去。同主机一样，路由器也要判定端口所接的是否是目的子网，如果是，就直接把分组通过端口送到网络上，否则也要选择下一个路由器来传送分组。路由器也有缺省网关，用来传送自身无法选择路由的数据。这样，通过路由器把能够选择路由的数据正确转发出去，无法选择路由的数据转发给“缺省网关”路由器，这样一级一级地进行传送。从而使数据最终将送到目的地，如果传送不到目的地，数据则被网络丢弃。

6.3.2 路由器的类型

随着计算机网络的不断发展，用户对数据传输的速率、数据传输的吞吐量等，也有更高的要求。因此，为了满足各种应用需求，也出现过各式各样的路由器。下面我们将从不同的分类标准，来介绍路由器产品类型。

1．按性能档次划分

对于一般产品，都可以分为高、中、低 3 个档次，而路由器也不例外。因此，路由器也可分为高、中和低档路由器，不过不同厂家划分标准也不相同。通常将背板交换能力大于 40Gb/s 的路由器称为高档路由器，背板交换能力在 25～40Gb/s 之间的路由器称为中档路由器，低于 25Gb/s 的路由器称为低档路由器。

图 6-13 模块化路由器

2．按结构划分

从结构上分，路由器可分为模块化结构与非模块化结构。通常中高端路由器为模块化结构，低端路由器为非模块化结构。模块化结构路由器可以进行灵活地配置，如图 6-13 所示。而非模块化路由器只能提供固定接口，如图 6-14 所示。

图 6-14 非模块化路由器

3．按功能划分

从功能上划分，可将路由器分为骨干级（核心层）路由器、企业级（分发层）路由器和接入级（访问层）路由器。

❑ 骨干级路由器

骨干级路由器是实现企业级网络互联的重要设备，它的数据吞吐量较大。骨干级路由器的主要基本性能要求是高速度和高可靠性。当收到一个数据包时，输入端口在路由表中查找该包的目的地址以确定其目的端口，当数据包越长或者数据包需要发往多个目的端口时，势必增加路由查找的代价。

因此，骨干级路由器常将一些访问频率较高的目的端口放到缓存（Cache）中，从而达到提高路由查找效率的目的。

❑ 企业级路由器

企业或校园级路由器连接许多终端系统，连接对象多，但系统相对简单，且数据流量较小。对这类路由器的要求是以尽量便宜的方法实现尽可能多的端点互联，同时还要求能够支持不同的服务质量。

路由器连接的网络系统能够将机器分成多个广播域，所以可以方便地控制一个网络的大小。此外，路由器还支持一定的服务等级，允许将网络分成多个优先级别。但是路由器的每个端口造价昂贵，并且在使用之前需要配置，另外还要求企业级路由器有效地支持广播和组播。

在企业网络中，可以分为很多不同的局域网络，所以路由器需要支持多种协议，支持防火墙、包过滤、大量的管理和安全策略以及 VLAN。

❑ 接入级路由器

接入级路由器主要应用于连接家庭或 ISP 内的小型企业客户群体。接入级路由器不只是提供 SLIP 或 PPP 连接，还支持诸如 PPTP 和 IPSec 等虚拟私有网络协议。这些协议都能在每个端口上运行。

6.3.3 路由器的主要技术

路由器发展到今天，已经成为一种成熟网络产品，应用于路由器上的新技术也在不断涌现出来。下面主要介绍一下路由器的硬件技术和软件技术。

1．路由器硬件技术

路由器技术是结合现代通信、计算机、网络、微电子芯片等先进技术。目前，对于提高路由器性能起关键作用的几项主要技术：一是越来越多的功能以硬件方式来实现；二是在路由器中采用分布式处理技术，极大地提高了路由器的路由处理能力和速度；三是普遍采用交换式路由技术，在交换结构设计中采取巨型计算机内部互联网络的设计或引入光交换结构。

❑ 硬件体系结构

最初的路由器采用了传统计算机体系结构，包括共享中央总线、中央 CPU、内存及挂在共享总线上的多个网络物理接口。这种单总线单 CPU 的主要局限是处理速度慢，一个 CPU 完成所有的任务，从而限制了系统的吞吐量。另外，系统容错性也不好，CPU 若出现故障容易导致系统完全瘫痪。

目前，路由器采用分布式处理技术对报文进行转发，可以插多个线路处理板，每个线路板独立完成转发处理工作，即做到在每个接口处都有一个独立 CPU，专门单独负责接收和发送本接口数据包，管理接收发送队列、查询路由表并做出转发决定等。通过核心交换板实现板间无阻塞交换，而主控 CPU 仅完成路由器配置控制管理等非实时功能。

同时借鉴 ATM 交换机结构的方法，采用交换开关方式实现各端口之间的线速无阻塞互联。在 ATM 交换机和高速并行计算机中广泛应用，市场上可直接买到高速交换开关速率就高达 50Gb/s 的设备。

❑ **ASIC 技术**

由于 ASIC 技术不断地成熟，且厂商需要降低成本，所以 ASIC 技术在路由器中得到了越来越广泛的应用。在路由器中，要极大地提高速度，首先想到的是 ASIC。ASIC 可以用作包转发、查找路由，并且已经有专门用来查找 IPv4 路由的商用 ASIC 芯片。

一般来说，ASIC 只用于已完全标准化的处理，而网络的结构和协议变化频繁，因此在网络设备中，出现了“可编程 ASIC”。目前，有两种类型的“可编程 ASIC”，一种以 3Com 公司为主的 FIRE（Flexible Intelligent Routing Engine）芯片为代表。另一种以 Vertex Networks 的 HISC 专用芯片为代表，这种芯片是一种专门为通信协议处理而设计的 CPU，通过改写微码，可使这种专用芯片具有同协议的能力。

❑ **三层交换**

自从 Ipsilon 在 1994 年推出一次路由再交换 IP Switching 技术之后，各大公司纷纷推出了各自专有的三层交换技术，在综合所有三层交换技术优势之后，IETF 终于在 1998 年推出了性能优越的多协议标记交换（MPLS）。与“一次路由再交换”技术相比，MPLS 多网络结构这一更高层次来考虑三层交换技术。

2. 路由器软件技术

路由器除了在硬件方面所采取的技术外，在软件方面同样具有许多先进技术。例如，路由表的快速查寻技术，QoS 保证以及采用 MPLS 技术优化未来网络、VPN 网络等。

❑ **VPN 技术**

VPN（Virtual Private Network）的中文名为“虚拟专用网”，它是路由器具有的重要技术之一。VPN 是指在公用网络上建立虚拟私有网，并且包括专用 VPN、拨号 VPN 等多种类型。

❑ **QoS 技术**

QoS（Quality of Service）中文名为“服务质量”。QoS 原来只是在 ATM 中专用，但利用 IP 传 VOD 等多媒体信息的应用越来越多。因此，其弊端主要体现在：延迟长且不为定值，丢包造成信号不连续且失真大。

解决 IP 网络对 QoS 的支持是下一代 Internet 技术发展的主要方向。路由器支持 QoS 的程度也成为评价路由器性能的主要指标。目前 QoS 主要有两种实现框架：IS（Integrated Service）和 DiffServ（Differentiated Service）。

IS 应用资源预留协议 RSVP（Resource Reservation Protocol）在实时业务发送前建立发送通道并预留资源。它为一个数据流通知其所经过的每个节点（IP 路由器），与端点协商为此数据流提供资源预留。

但 RSVP 是以每一个数据流为协商服务对象，在网络流量增长的情况下，路由器转发的数据流个数急剧增长，路由器已经根本不可能再为每个数据流进行复杂的资源预留协议。而且当由于线路繁忙或路由器故障等原因，路由修改时，需要重新进行一次相对耗时的 RSVP 过程。

DiffServ 则是一种分散控制策略，它的工作流程是：终端应用设备通过 SLA（Service Level Agreement）与边缘路由器协商获得其应用数据流可得到保证的服务级别。根据这个服务级别，边缘路由器为每个接收到的数据包打上级别的标记，而核心路由器则只是根据每个包的服务级别的标记决定转发时的调动行为。

- **MPLS 技术**

MPLS（Multiprotocol Label Switching）是多协议标签交换技术，是对 ATM 标记交换和 IP 路由协议的有机结合。

通过 MPLS 的 LDP 协议建立 IP 的路由表和 MPLS 的标记转发表的映射，并根据映射信息为通过 MPLS 的网络的流量建立一条标记交换路径（LSP）——可采取拓扑驱动的方式或数据驱动的方式。

提 示

所谓的拓扑驱动方式，就是给路由表的每一项路由条目建立一条通过 MPLS 网络的标记交换路径，而数据驱动的方式是当数据报到达 MPLS 网络时才为数据报的目的地所在的路由表项建立一条通过 MPLS 网络的标记交换路径。

MPLS 网络由若干 LER 和 LSR 组成。LER 和 LSR 通常是同时具有 IP 功能和 MPLS 功能的 LER 根据已建立的标记路径，将进入 MPLS 网络的 IP 数据报打上标记，转发到下一个 LSR；LSR 查 MPLS 的标记转发表用该标记交换路径中的标记替换数据报的标记，继续转发给后续 LSR 直到到达 MPLS 网络的边缘 LER；LER 将数据报的标记去掉按 IP 数据报向下转发报文。

6.3.4 路由器的接口

路由器既可以对不同局域网段进行连接，也可以对不同类型的广域网络进行连接，所以路由器的接口类型必须包含有局域网接口和广域网接口两种。另外，路由器需要进行必要的配置后才能够正常地工作，因此路由器的接口类型中还必须包含有配置接口，用来连接计算机或终端设备。

1. LAN 接口

由于局域网的有线传输介质是多种多样的，所以路由器的局域网接口类型也较多。不同的网络有不同的接口类型，常见的局域网接口主要有 AUI、BNC 和 RJ-45 接口，还有 FDDI、ATM、光纤接口。而在路由器上常见的局域网接口主要有以下几种类型。

- **AUI 接口**　AUI 接口是与粗同轴电缆相连接的接口，其外观为粗 D 型 15 针接口，这在令牌环网或总线型网络中是一种比较常见的接口之一。路由器上的 AUI 接口主要用于连接以粗同轴电缆作为传输介质的网络，如图 6-15 所示。

- ❑ **RJ-45 接口**　在计算机网络中，RJ-45 接口应用较为普遍，主要以双绞线作为传输介质。100Base-TX 网的 RJ-45 接口则通常标识为“10/100bTX”，这主要是因为快速以太网路由器产品多数还是采用 10Mbps/100Mbps 带宽自适应的。
- ❑ **SC 接口**　路由器 SC 接口（即光纤接口）用于与光纤的连接。一般情况，另一端则连接快速以太网具有的光纤端口的交换机。这种端口一般在高档路由器才具有，如图 6-16 所示。

图 6-15　AUI 接口

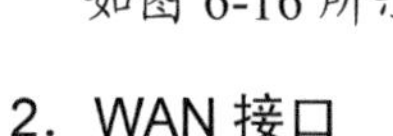

2. WAN 接口

路由器除了实现局域网之间连接，更重要的应用在于局域网与广域网、广域网与广域网之间的互联。但因为广域网规模大，网络环境复杂，所以也就决定了路由器用于连接广域网的端口的速率要非常高。在路由器上常见的广域网接口如下。

图 6-16　SC 接口

- ❑ **高速同步串口**　在路由器的广域网连接中，应用最多的接口还要算“高速同步串口”（SERIAL）了，这种接口主要是用于连接 DDN、帧中继（Frame Relay）、X.25、PSTN（模拟电话线路）等网络连接模式。在企业网之间有时也通过 DDN 或 X.25 等广域网连接技术进行专线连接。这种同步接口一般要求速率非常高，由于使用该类型接口所连接的网络两端都要求实时同步，如图 6-17 所示。

图 6-17　高速同步串口

- ❑ **异步串口**　异步串口（ASYNC）主要用于连接 Modem 或 Modem 池，以实现远程计算机通过公用电话网接入网络，如图 6-18 所示。该类型接口与高速同步串口相比，对所连接的网络两端不需要保持实时同步，只要求连续即可。因此人们在上网时所看到的并不一定是网站上实时的内容，两者之间存在细微的延时。

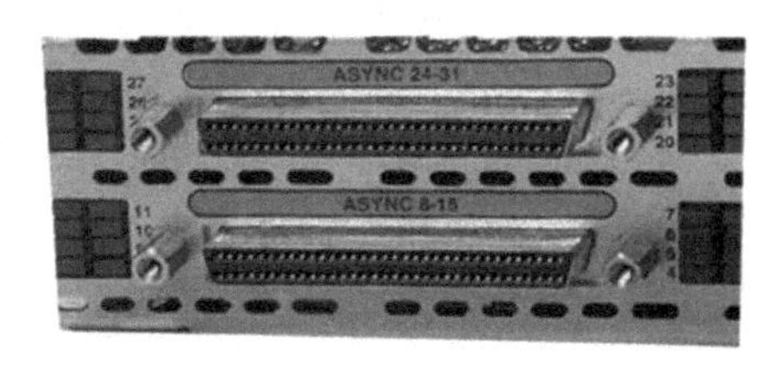

图 6-18　异步串口

- ❑ **ISDN BRI 接口**　ISDN BRI 接口用于 ISDN 线路通过路由器实现与 Internet 或其他远程网络的连接，可实现 128Kb/s 的通信速率。ISDN 有两种速率连接接口，一种是 ISDN BRI（基本速率接口），另一种是 ISDN PRI（基群速率接口）。其中

ISDN BRI 接口采用 RJ-45 标准，与 ISDN NT1 的连接使用 RJ-46-to-RJ-45 直通线。

提 示

NT1 是 ISDN 功能组中的一种网络终端设备类型，NT1 设备能够控制 ISDN 的物理和电子终端，同时将用户内部系统连接到用户数字回路中。另一种网络终端设备记作 NT2，主要提供多路复用、流量控制、数据打包的功能，并提供数据产生设备与 NT1 之间的信号处理。

3. 配置接口

路由器的配置接口其实有两个，分别是 Console 和 AUX 接口，Console 通常是用来进行路由器的基本配置时通过专用连线与计算机连用的，而 AUX 是用于路由器的远程配置连接用的。

- **Console 接口** Console 接口使用配置专用线缆直接连接至计算机的串口，利用终端仿真程序（如 Windows 下的“超级终端”）进行路由器本地配置。路由器的 Console 接口多为 RJ-45 接口，如图 6-19 所示。

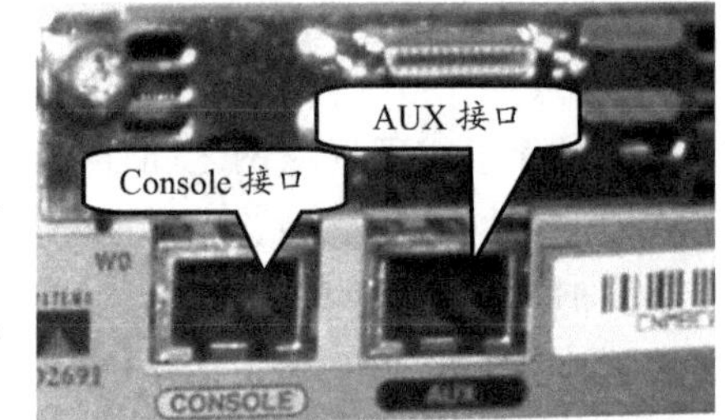

图 6-19 **Console 接口和 AUX 接口**

- **AUX 接口** AUX 接口为异步接口，主要用于远程配置，也可用于拨号连接，还可通过收发器与 Modem 进行连接。支持硬件流控制（Hardware Flow Control）。AUX 接口与 Console 接口通常被放置在一起，因为它们各自所适用的配置环境不一样。

6.4 双绞线

在局域网布线中，双绞线是应用最为广泛的传输介质。不管是在小型局域网中，还是在大型局域网中，计算机与计算机、计算机与网络设备之间的连接都需要用双绞线来实现。

6.4.1 双绞线的结构

双绞线是局域网布线中最常用到的一种传输介质，尤其在星型网络拓扑中，其是必不可少的布线材料。双绞线由两根具有绝缘保护层的铜导线组成。把两根绝缘的铜导线按一定密度互相绞在一起，可降低信号干扰的程度，每一根导线在传输中辐射的电波会被另一根线上发出的电波抵消。

双绞线一般由绝缘铜导线相互缠绕而成，每根铜导线的绝缘层上分别涂有不同的颜色，以示区别。如果把一对或多对双绞线放在一个绝缘套管中便成了双绞线电缆，如图 6-20 所示。

双绞线的每根铜线直径为 0.4～0.8mm。双绞线对中的一根铜线传输信号信息，另一根铜线被接地并吸收干扰。将两根线缠绕在一起有助于减少近端串扰的影响，近端串扰是通过分贝（dB）进行度量的。当附近铜线传输的信号损害了另一对的信号时，即发生了所谓的近端串扰现象。

每条双绞线两头都需要安装 RJ-45 连接器(俗称水晶头)，如图 6-21 所示。然后，将 RJ-45 连接器的一端连接在网卡上的 RJ-45 接口，另一端连接在集线器或交换机上的 RJ-45 接口。

图 6-20 双绞线

图 6-21 RJ-45 连接器（水晶头）

6.4.2 双绞线的分类

双绞线电缆是目前局域网中最为常用的传输介质，其优点是价格便宜、易于安装，而且在传输距离较远时，可使用中继器来放大信号，其缺点是容易遭受物理伤害。双绞线电缆能够轻易地应用于多种不同的拓扑结构中，例如经常用于星型拓扑结构中。目前，计算机网络内常用的双绞线电缆主要分为以下两种。

1. 屏蔽双绞线（STP）

屏蔽双绞线（STP）电缆中的缠绕电线对被一种金属如箔制成的屏蔽层所包围，而且每个线对中的电线也是相互绝缘的，一些 STP 使用网状金属屏蔽层。

这层屏蔽层如同一根天线，将噪声转变成直流电（假设电缆被正确接地），该直流电在屏蔽层所包围的双绞线中形成一个大小相等，方向相反的直流电（假设电缆被正确接地）。屏蔽层上的噪声与双绞线上的噪声反相，从而使得两者相抵消。影响 STP 屏蔽作用的因素包括环境噪声的级别和类型，屏蔽层的厚度和所使用的材料，接地方法以及屏蔽的对称性和一致性。图 6-22 所示为屏蔽双绞线结构示意图。

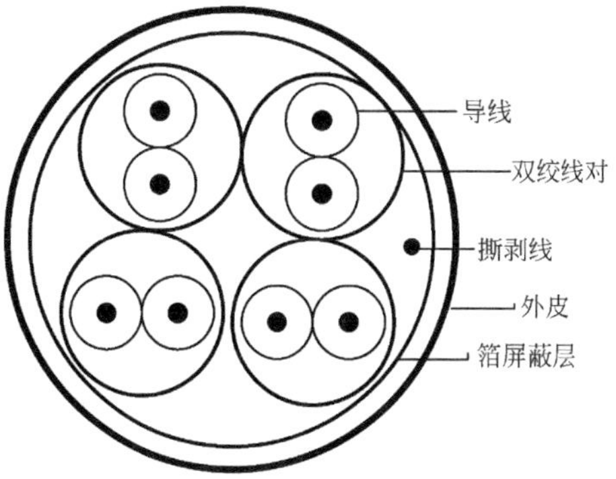

导线
双绞线对
撕剥线
外皮
箔屏蔽层

图 6-22 屏蔽双绞线结构

2. 非屏蔽双绞线（UTP）

非屏蔽双绞线（UTP）电缆包括一对或多对由塑料封套包裹的绝缘电线对。由于没有额外的屏蔽层，因此，UTP 比 STP 更便宜，但抗干扰能力也相对较低，其结构如图 6-23 所示。

IEEE 将 UTP 电缆命名为 10BaseT，其中 10 代表最大数据传输速度为 10Mb/s，Base 代表采用基带传输方法传输信，T 代表 Twinst Pair。

提 示

在实际的局域网组建过程中，使用非屏蔽双绞线较多，若没有特殊说明，双绞线类型一般都是非屏蔽双绞线。

6.4.3 双绞线的类别

在实际的局域网组建过程中，使用UTP较多。所以用户没有特殊说明双绞线类型时，一般都指UTP双绞线。而UTP双绞线主要有以下5种。

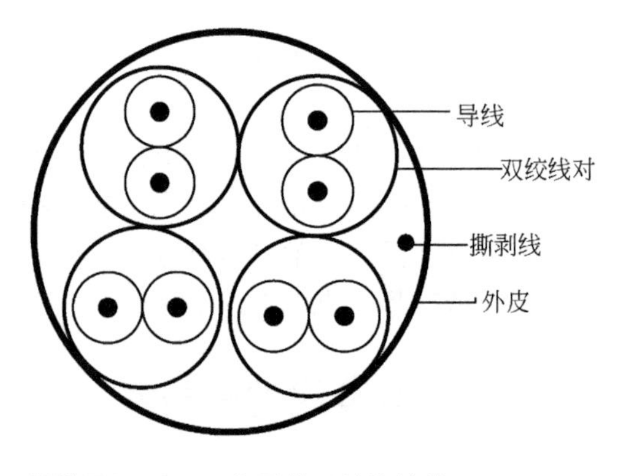

图 6-23 非屏蔽双绞线结构

1. 三类双绞线

三类双绞线是在ANSI和EIA/TIA 568标准中指定的双绞线电缆。该双绞线的传输频率为16MHz，而用于语音传输及最高传输速率为10Mb/s。随着计算机网络技术的不断发展，三类双绞线已经被五类和超五类双绞线所取代。

2. 四类双绞线

四类双绞线的传输频率为20MHz，用于语音传输和最高传输速率16Mb/s的数据传输。该双绞线主要用于基于令牌的局域网。但是，四类双绞线由于在以太网中应用较少，因此已经退出市场。

3. 五类双绞线

五类双绞线电缆增加了绕线的密度，并且外壳采用了一种高质量的绝缘材料，传输频率可达100MHz，用于语音传输和最高传输速率为100Mb/s的数据传输。五类双绞线是目前最流行的以太网电缆，也是网络布线的主流。

4. 超五类双绞线

超五类双绞线是在对五类双绞线现有的部分性能加以改善后出现的双绞线电缆，不少性能参数，如近端串扰、衰减串扰比等都有所提高，但其传输带宽仍为100MHz。

超五类双绞线也是采用4个绕线对，其绕线对的颜色与五类双绞线完全相同，分别为橙白、橙、绿白、绿、蓝白、蓝、棕白和棕。裸铜线直径为0.51mm（线规为24AWG），绝缘线直径为0.92mm，双绞线电缆直径为5mm。

提 示

AWG（American Wire Gauge）是美国区分线缆直径的标准，通常以"英寸"为度量单位。

虽然超五类双绞线能够提供高达1000Mb/s的传输带宽，但是需要借助于价格高昂的特殊设备支持。因此，通常只被应用于100Mb/s快速以太网中，实现桌面交换机到计算机的连接。

5. 六类双绞线

六类双绞线是由电信工业协会（TIA）和国际标准化组织（ISO）共同制定的，主要用于千兆网络。它的各项参数都有大幅度提高，带宽可达到250MHz。六类双绞线在外形上和结构上与五类和超五类双绞线都有一定的差别，它不仅增加了绝缘的十字骨架，将双绞线的四对线分别置于十字骨架的 4 个凹槽内，而且双绞线电缆的直径也更粗。六类双绞线结构示意图如图 6-24 所示。

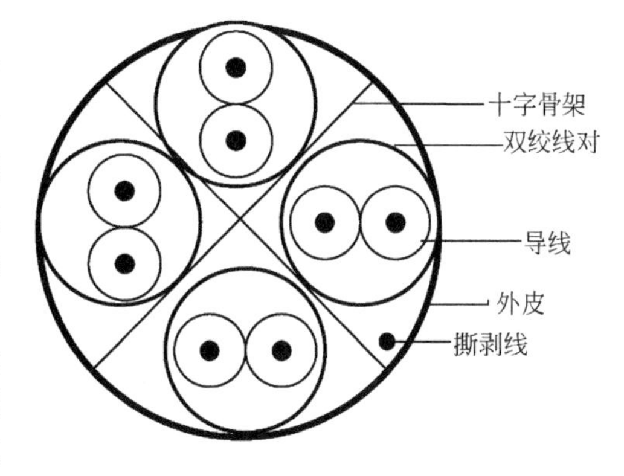

图 6-24　六类双绞线

六类双绞线电缆中央的十字骨架随长度的变化而旋转角度，将 4 个绕线对卡在骨架的凹槽内，保持 4 个绕线对的相对位置，提高电缆的平衡特性和串扰衰减。另外，能够保证在安装过程中电缆的平衡结构不遭到破坏。六类双绞线的裸铜线直径为 0.57mm（线规为 23AWG），绝缘线直径为 1.02mm，双绞线电缆直径为 6.53mm。

提　示

目前，在局域网中，用到七类双绞线占少数。七类双绞线能够在 100Ω的双绞线上提供高达 600MHz 的带宽，支持语音、数据和视频的传输，其接口有 RJ 型和非 RJ 型两种。

6.4.4　双绞线与设备的连接

在局域网中，双绞线主要用于计算机与网络设备之间的连接，或者是网络设备与网络设备之间的连接。在连接设备时每条双绞线两端都必须通过安装 RJ-45 连接器，才能与网卡以及网络设备相连接。

1．国际标准

双绞线水晶头的制作标准有 EIA/TIA 568A 和 EIA/TIA 568B 两个国际标准。可以看到经常使用的五类双绞线是由 4 对 8 根细的线缆构成，8 根细线中有 4 根彩色线和 4 根带有少许颜色的白线，并且彩色和带有少许颜色的白线两两缠绕在一起，把带有少许颜色的白线称为 X 白，例如与橙色缠绕在一起的线叫做橙白。EIA/TIA 568A 接头铜线排列顺序如表 6-1 所示，而 EIA/TIA 568B 接头铜线排列顺序如表 6-2 所示。

表 6-1　EIA/TIA 568A 标准

引脚顺序	介质直接连接信号	双绞线铜线的排列顺序
1	TX+（传输）	绿白
2	TX－（传输）	绿
3	RX+（接收）	橙白
4	没有使用	蓝
5	没有使用	蓝白
6	RX－（接收）	橙
7	没有使用	棕白
8	没有使用	棕

表 6-2 EIA/TIA 568B 标准

引脚顺序	介质直接连接信号	双绞线铜线的排列顺序
1	TX+（传输）	橙白
2	TX-（传输）	橙
3	RX+（接收）	绿白
4	没有使用	蓝
5	没有使用	蓝白
6	RX-（接收）	绿
7	没有使用	棕白
8	没有使用	棕

提 示

在实际组网过程中，EIA/TIA568A 和 EIA/TIA568B 两个标准并没有本质的区别，只是在颜色上有差别，用户需要注意的只是在连接两个水晶头时必须保证：

- 1,2 线对是一个绕线对；
- 3,6 线对是一个绕线对；
- 4,5 线对是一个绕线对；
- 7,8 线对是一个绕线对。

2. 直通线缆/交叉线缆

在网络设备的实际连接过程中，双绞线有两种常用的连接方法，即直通线缆和交叉线缆。

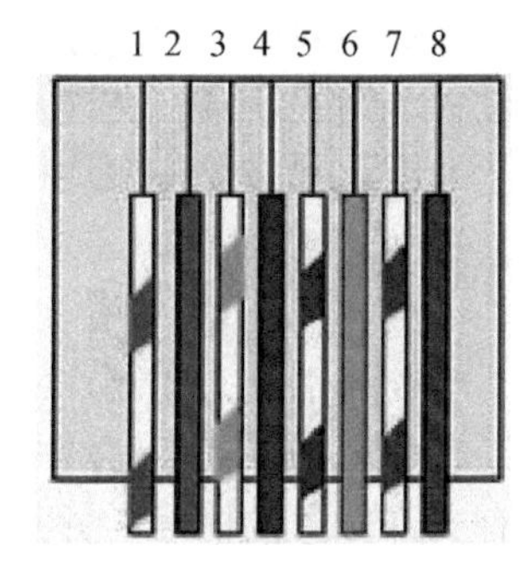

图 6-25 双绞线顺序

❑ 直通线缆

双绞线两端的 RJ-45 连接器都采用 EIA/TIA 568A 标准或者 EIA/TIA 568B 标准来制作。双绞线的每组绕线是一一对应的，颜色相同的为一组绕线，如图 6-25 所示。

直通线缆主要用在计算机与集线器、计算机与交换机、集线器 UPLINK 口与集线器普通口、交换机 UPLINK 口与交换机普通口之间的连接。

❑ 交叉线缆

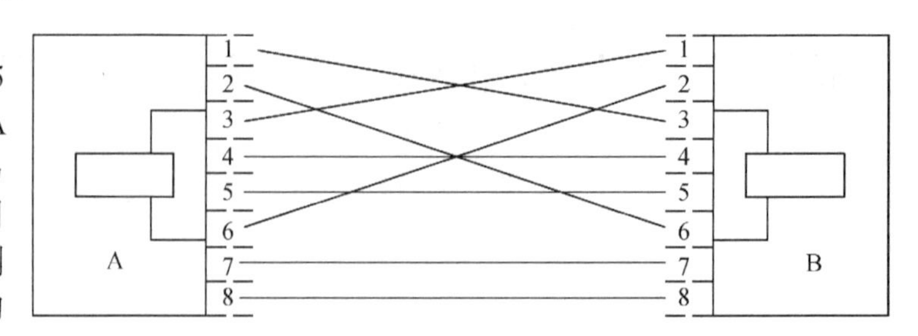

图 6-26 交叉线缆

双绞线一端的 RJ-45 连接器采用 EIA/TIA 568A 标准来制作，而另一端的 RJ-45 连接器采用 EIA/TIA 568B 标准来制作。两个 RJ-45 连接器的连线交叉连接，A 水晶头的1，2 对应B 水晶头的3，6；而A 水晶头的3，6 对应B 水晶头的1，2。颜色相同的为一组绕线，如图6-26 所示。

交叉线缆主要用在计算机与计算机、集线器普通口与集线器普通口、交换机普通口与交换机普通口之间的连接。

提　示

如果两个集线器/交换机的物理距离较远，一般采用级联方式。在级联过程中，一般 IEEE 802.3u 100 BASE-TX CLASS Ⅱ 类 HUB 之间的长度不能超过 5m，100M 以太网中两个交换机的最大距离为 100m。如果已经使用了 UPLINK 口级联，而旁边的普通端口就不可再使用。

6.5　光纤

光导纤维简称为光缆或者光纤。在它的中心部分包括了一根或多根玻璃纤维，通过从激光器或发光二极管发出的光波穿过中心纤维来进行数据传输。使用光纤传输数据是通信系统中最先进的技术，光纤主要用于数据传输速度快、数据交换量较大的网络环境中。例如，局域网的主干通常使用光纤作为传输介质。

6.5.1　光纤概述

20 世纪 80 年代初期，光缆开始进入网络布线，与铜质介质相比，光纤具有一些明显的优势。因为光纤不会向外界辐射电子信号，所以使用光纤介质的网络无论是在安全性、可靠性，还是网络性能方面都有了很大的提高。

光纤是用于电气噪声环境中最好的传输介质，因为它携带的是光脉冲。一般将光纤作为计算机网络的主干，来提供服务器之间最快的和容错性最好的数据通路。

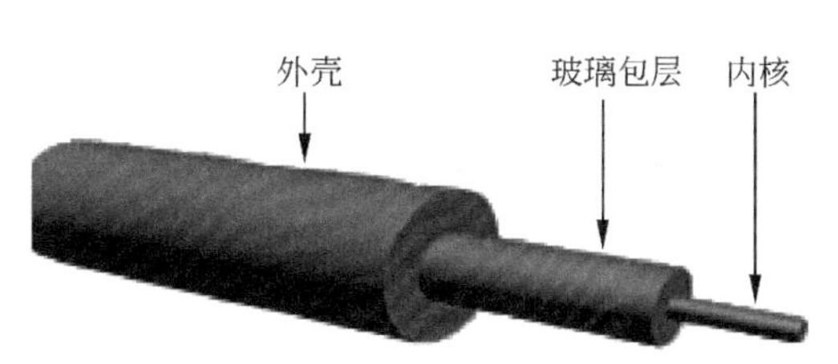

图 6-27　光纤

在光纤的外面，是一层玻璃称之为包层。它如同一面镜子，将光反射回中心，反射的方式根据传输模式而不同。这种反射允许纤维的拐角处弯曲而不会降低通过光传输的信号的完整性。在包层外面，是一层塑料的网状的 Kevlar（一种高级的聚合纤维），以保护内部的中心线。最后一层塑料封套覆盖在网状屏蔽物上。图 6-27 所示为一根光纤的不同层面。

光缆无须像铜线一样传输电信号，因而它不会产生电流。因此，光缆传输的信号可以保持在光缆中而不会被轻易截取，除非在目标节点处。但另一方面，通过侵入网络，就可以监视铜线产生的信号。光缆传输信号的距离也比双绞线电缆所能传输的距离要远得多。它的整个网络长度也得益于无须中继器或放大器。除此之外，光缆还广泛用于高速网络行业。使用光缆最大的障碍是高成本，另一个缺点是光缆一次只能传输一个方向的数据。为了克服单向性的障碍，每根光缆必须包括两股——一股用于发送数据，一股用于接收数据。

按光波在光纤中的传输模式可分为：多模光纤和单模光纤。

1. 多模光纤（Multi Mode Fiber）

多模光纤能够在单根或者多根光缆上同时传输几种光波，其中心玻璃芯较粗（50μm 或 62.5μm）。但其模式色散较大，这就限制了传输数字信号的频率，而且随距离的增加会更加严重。例如，600MB/km 的光纤在 2km 时只有 300MB 的带宽。

提　示

光纤色散是指由于光纤中传输信号的不同频率成分，或者信号能量的各种模式成分，在传输过程中，因速度不同互相散开，所造成信号波形失真、脉冲展宽的物理现象。模式色散是指光纤中同一频率信号能量的各种模式成分，由于不同模式的时间延迟不同而引起的色散。

2．单模光纤（Single Mode Fiber）

单模光纤中心玻璃芯很细（芯径一般为 9μm 或 10μm），只能传一种模式的光。其模间色散很小，适用于远程通讯，但还存在着材料色散和波导色散，这样单模光纤对光源的谱宽和稳定性有较高的要求，即谱宽要窄，稳定性要好。图 6-28 所示为单模光纤和多模光纤的差异。

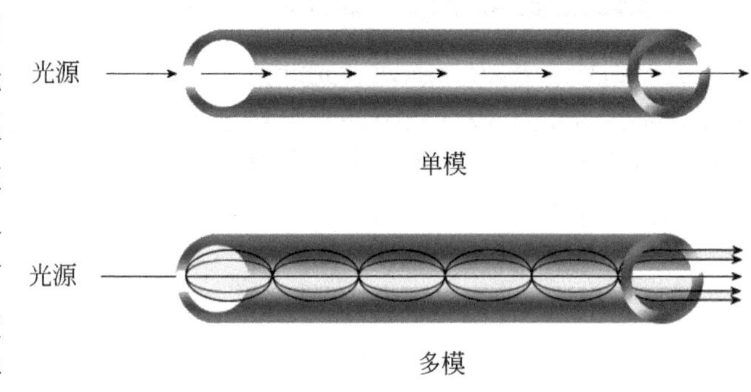

图 6-28　单模光纤和多模光纤

提　示

材料色散是指由于光纤纤芯材料的折射率会随着频率而变化，使光纤中不同频率的信号分量具有不同传输速度，从而引起的色散现象。波导色散是指光纤中某种导波模式在不同频率下，因速度不同而引起的色散。

6.5.2　光纤通信

在光纤通信中，传输数据的介质是光导纤维，介质中传输的信号是激光。在光纤通信中起主导作用的是产生和接收光波的激光器、检波器以及传输光波的光纤。

1．光纤通信原理

目前使用的光纤通信系统，主要采用数字编码、强度调制和直接检波通信系统。强度调制就是用光纤信号电流去直接调制光源的光强，使光强随信号的电流而变化。直接检波是指光信号到达光接收机后将光强信号检测转换为电流信号。图 6-29 所示为光纤通信系统的基本构成。

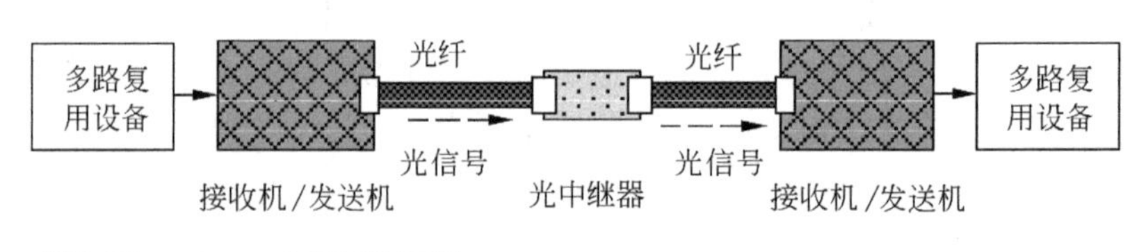

图 6-29　光纤通信系统

提　示

发光强度简称为光强，即单位面积的光功率。国际单位是坎德拉（candela，cd）。

在光发送机中，能够将多路复用设备送来的电信号变换成光信号，采用的光源是半导体激光器（LD）或半导体发光二极管（LED）。两者的共同点都是通过加载正向偏置电流而使其发光的半导体二极管，所不同的是 LD 发出的是激光，光频带集中于很窄的带宽上，利于加载高速数据，数据传输效率较高；而 LED 发出的是荧光，其光频带较宽，数据传输速率相对较低。

光发送机将载有数据的电信号经调制生成光波信号，并将光波信号送入光纤，通过光纤传至光接收机。

光接收机是将光信号变换成电信号的设备，光信号经过光纤传输到达接收端，首先经过光电二极管（PIN）或雪崩光电二极管（APD）接收光波并产生光电效应，将光信号还原为电信号。然后，经过放大、均衡、判决等处理，恢复为与发送端多路复用设备送来的相同电信号，再送至接收端的多路复用设备。PIN 和 APD 都是能够将光信号转换为电信号的光电二极管，但 PIN 接收微弱光后输出的电信号比 APD 弱得多，所以 APD 性能比 PIN 更佳。

在光纤通信系统中通常将多路复用设备称为电端机。单一光纤中的光纤通信为单工通信，即一根光纤只能单向传输光信号，要进行双向传输数据通常需要使用两根以上的光纤。

光中继器用于光纤远程通信，由于光信号在光纤中传输会产生损耗而减弱，因此为了增强和恢复光信号而引入中继设备，其作用是为了增强和放大光信号。

2．光纤通信的特点

光纤通信与电通信有两点差异：一是光纤通信用光波作为传输信号，二是用光纤作为信号的传输线路。除了这两点差异外，光纤通信还具有全新的特点，主要体现在以下几个方面。

- **传输频带宽，通信容量大**　在光纤通信中，光波的频率比微波频率高 $10^3 \sim 10^4$ 倍，载波频率越高，通信容量越大，所以其通信容量比微波的容量可增加 $10^3 \sim 10^4$ 倍。
- **损耗低**　由于光纤的损耗低，光信号在光纤中的传输与传统的电信号有线传输距离相比可以很长，在长途通信线路中可以减少中继站的数量，既降低成本又提高了通信质量。
- **不受电磁干扰**　电磁干扰是电信号传输中引起差错的主要原因之一。但光纤中传输的是光信号，光纤本身也是不导电的非金属材料，因此它不受电磁干扰，可以消除因电磁干扰而引起的数据传输差错。
- **线径细，质量轻**　由于光纤的直径很小，只有 0.1mm 左右，因此制成多芯光缆后直径要比同样的电缆细，而且质量也轻，在长途干线或市内干线上，空间利用率高。
- **抗化学腐蚀**　制作光纤的材料为非金属的二氧化硅材料，比金属更耐腐蚀，适合于一些特殊环境下的布线。

当然，光纤也存在着一些缺点：如质地脆，机械强度低；切断和连接中技术要求较高等，这些缺点也限制了目前光纤的普及。

6.5.3 光纤接入所需元件

由于光纤具有较高的数据传输速率，较远的传输距离等特点，因此光纤在远距离的网络布线中得到了广泛应用。在实际应用中多使用光缆而不是光纤，因为光纤只能单向传输信号，所以在网络布线中连接两个设备时至少需要两根光纤，其中一根用于发送数据，而另一根用于接收数据。

提 示

在网络布线中，一般使用 62.5μm/125μm、50μm/125μm 规格的多模光纤和 8.3μm/125μm 的单模光纤。

目前，由于光纤接入技术的不断更新和越来越多的生产厂商加盟，光纤接入设备的类别也越来越多，主要分为光纤通信接续文元件、光纤收发器、光纤工程设备（如光纤测试仪等）三类。其中，在光纤通信接续文元件和光纤收发器中，分别包括有光纤跳线、光纤盒、光纤模块卡、光纤耦合器及配线箱（架）等。

1. 光纤跳线

光纤跳线是指与计算机或者设备直接相连接的光纤，以方便设备的连接和管理。光纤跳线也分为单模和多模两种。其中单模光纤跳线通常用黄色表示，接头和保护套为蓝色，传输距离较长，如图 6-30 所示。而多模光纤跳线通常用橙色表示，有时用灰色表示，接头和保护套用米色或者黑色，传输距离较短，如图 6-31 所示。

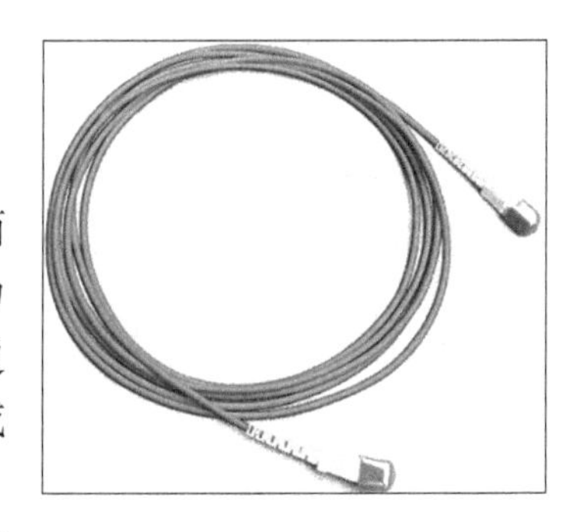

图 6-30 单模光纤跳线

使用光纤跳线时应该注意，光纤跳线两端的光模块收发光波信号的波长应该一致，即光纤跳线的两端必须是相同波长的光模块。简单的区分方法是光模块的颜色要一致，一般情况下，短波光模块使用多模光纤跳线（橙色光纤跳线），长波光模块使用单模光纤跳线（黄色光纤跳线），以保证数据传输的准确性。光纤跳线使用中不要过度弯曲和绕环，避免增加光波信号在传输过程中的衰减。另外，光纤跳线使用后一定要用保护套将光纤接头保护起来，以免灰尘和油污进入。

图 6-31 多模光纤跳线

2. 光纤盒

光纤盒利用光纤技术传输数字和类似语音，视频和数据信号。光纤盒可进行直接安装或桌面安装。特别适合进行高速的光纤传输。图 6-32 所示的设备为“单模转换器”，它将通过 ST 连接器输入的光信号转换成通过 RJ-45 接口输出的数据信号。

3. 光纤模块卡

千兆系列光纤模块卡与交换机配合使用，使用光纤或五类双绞线传输，可扩展局域网范围，扩大带宽，适合于大、中型局域网在扩大带宽、扩展其网络覆盖范围时使用，如图 6-33 所示。

该光纤模块完全符合 IEEE 802.3z 协议，工作于 850nm、1300nm 模式；也完全符合 IEEE 802.3ab 协议，兼容其他相同千兆协议的设备。由于该模块体积小，直接安装于交换机内部，不需额外占用空间，由交换机内部供电，安装使用简便，可配合多款交换机使用。

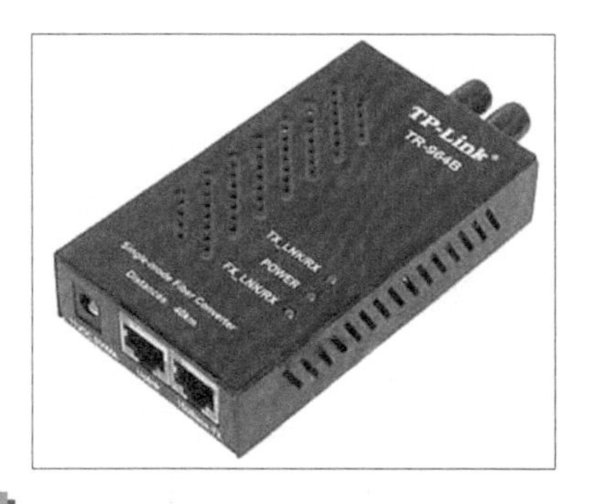

图 6-32 单模转换器（光纤盒）

提 示

IEEE 802.3z 和 IEEE 802.3ab 是由电气与电子工程师协会（IEEE）正式批准的两个千兆以太网标准。

4. 光纤耦合器

光纤耦合器又称分歧器，是将光信号从一条光纤中分至多条光纤中的元件。在电信网络、有线电视网络、用户网络系统、区域网络中都将应用到该元件。光纤耦合器分为标准耦合器（即将光信号分成两个分支）、星状/树状耦合器，以及波长多工器。制作方式有烧结、微光学式、光波导式 3 种，而以烧结式方法生产占多数。图 6-34 所示为 ST 耦合器。

图 6-33 光纤模块卡

5. 光纤收发器

光纤收发器是一种将短距离的双绞线电信号和长距离的光信号进行相互转换的网络设备，也称为光电转换器或者光纤转换器，如图 6-35 所示。为了保证与网卡、集线器等网络设备的完全兼容，光纤收发器产品严格符合相关的局域网标准。

图 6-34 ST 耦合器

图 6-35 光纤收发器

提 示

烧结方式是将两根光纤并在一起烧融拉伸，使纤芯聚合在一起，以达到光耦合作用的目的。

光纤收发器一般应用在局域网电缆无法覆盖、必须使用光纤来延长传输距离的实际网络环境中；同时在帮助把光纤最后 1 km 线路连接到城域网和更外层的网络上也发挥了巨大的作用。有了光纤收发器，也为需要将网络系统从铜线升级到光纤，但缺少资金、人力或时间的用户提供了一种廉价的方案。

6. 光纤连接器

在光纤网络系统中，使用光纤连接器能够将光纤或光缆相互联接起来，以实现光链路的接续。

光纤链路的接续包括永久性的接续和活动性的接续两种。其中永久性的接续，通常采用熔接法、粘接法或固定连接器来实现；而活动性的接续，一般采用活动连接器来实现。活动连接器（俗称活接头）也称为光纤连接器，是用于连接两根光纤或光缆形成连续光通路，并可以重复使用的元件。目前广泛应用在光纤传输线路、光纤配线架和光纤测试仪器、仪表中。

按照不同的分类方法，光纤连接器可以分为不同的种类。例如按传输介质的不同可分为单模光纤连接器和多模光纤连接器；按结构的不同可分为 FC、SC、ST、MU、LC 等类型；按连接器的插针端面可以分为 FC、PC、APC 类型。但在实际应用过程中，一般按照光纤连接器结构的不同来加以区分。

❑ **FC 型光纤连接器**

FC（Ferrule Connector）型光纤连接器外部加强方式采用金属套，紧固方式为螺丝扣。最早，FC 型光纤连接器的陶瓷插针对接端面采用的是平面接触方式，此连接器结构简单，操作方便，制作容易，但光纤端面对微尘较为敏感。随着技术的不断革新，该连接器的对接端面改成呈球面的插针（PC），而外部结构没有改变，如图 6-36 所示。

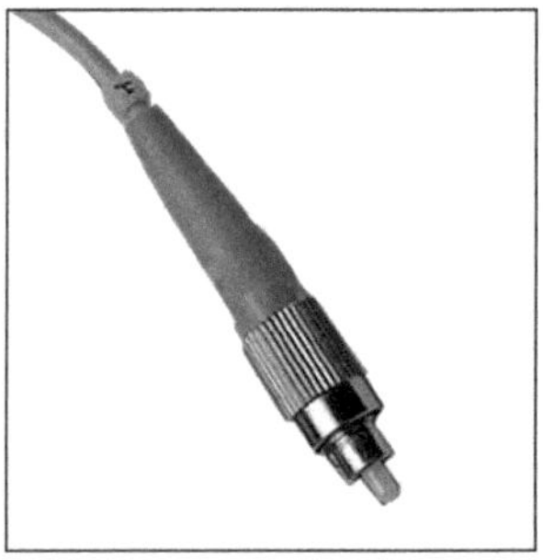

图 6-36 FC 型光纤连接器

❑ **SC 型光纤连接器**

该类型连接器的外壳呈矩形，所采用的插针与耦合套筒的结构尺寸与 FC 型连接器完全相同，其中插针的端面多采用 PC 型或 APC 型研磨方式；紧固方式采用插拔销闩式，不需旋转。此类连接器价格低廉，插拔操作方便，介入损耗波动小，抗压强度高，如图 6-37 所示。

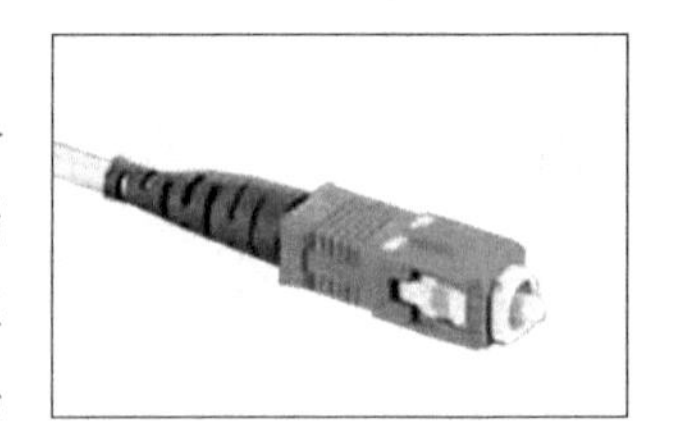

图 6-37 SC 型光纤连接器

❑ **ST 型光纤连接器**

该类型连接器的外壳呈圆形，所采用的插针与耦合套筒的结构尺寸与 FC 型连接器完全相同，其中插针的端面多采用 PC 型或 APC 型研磨方式；紧固方式采用螺丝扣。此类连接器适用于各种光纤网络，操作简单，且具有较强的灵活性，如图 6-38 所示。

❑ **MT-RJ 型光纤连接器**

MT-RJ 型光纤连接器是由美国 AMP 公司推出的。MT-RJ 带有与 RJ-45 型局域网连接器相同的闩锁结构，通过安装于小型套管两侧的导向销对准光纤，为便于与光信号收发机相连，连接器端光纤为双芯（间隔 0.75mm）排列设计，它主要用于数据传输的高密度光连接器，如图 6-39 所示。

提 示

新的光缆连接器叫做 SFF(Small Form Factor)，也称为微型光缆连接器。目前最主要的 SFF 光缆连接器有 4 种类型：LC 型、FJ 型、MT-RJ 型和 VF-45 型。

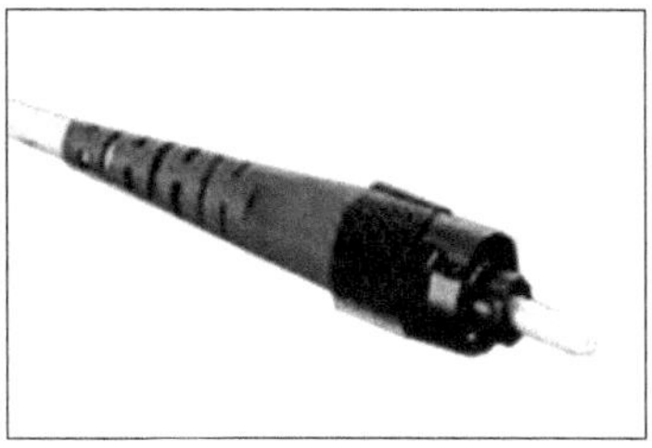

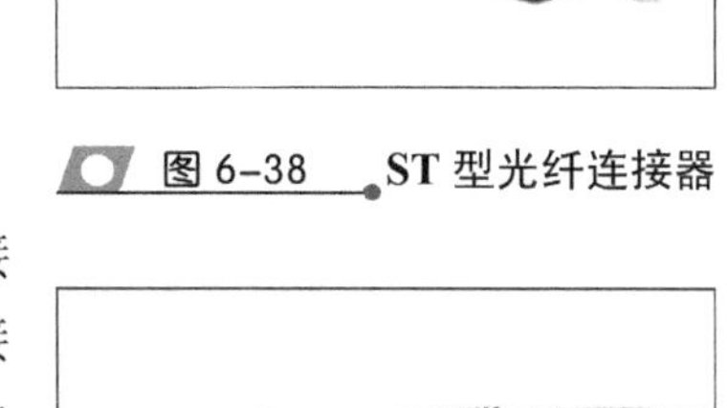

图 6-38 ST 型光纤连接器

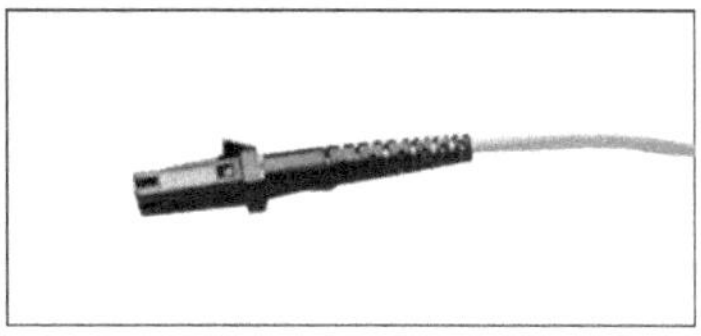

图 6-39 MT-RJ 型光纤连接器

❑ **LC 型光纤连接器**

LC 型光纤连接器是由 Bell 研究所研究开发的，采用操作方便的模块化插孔闩锁结构制成。该连接器所采用的插针和套筒尺寸是普通 SC、FC 等连接器所用尺寸的一半，即 1.25mm，提高了光配线架中光纤连接器的密度，如图 6-40 所示。

❑ **MU 型光纤连接器**

MU（Miniature Unit Coupling）光纤连接器是以 SC 型连接器为基础研发的最小单芯光纤连接器。该连接器采用 1.25mm 直径的套管和自保持结构，其优势在于能够实现高密度安装，如图 6-41 所示。

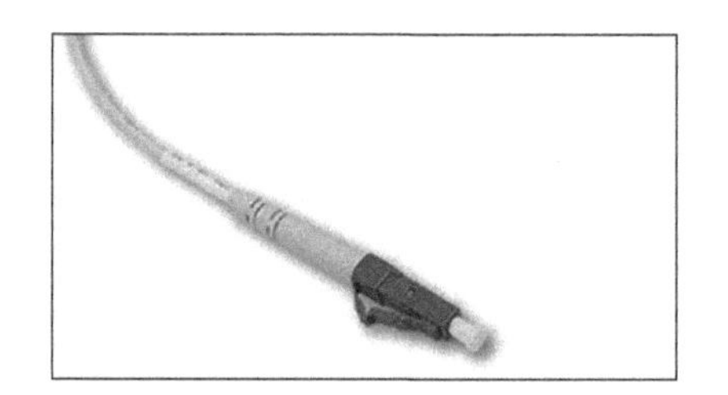

图 6-40 LC 型光纤连接器

图 6-41 MU 型光纤连接器

提 示

MU 型光纤连接器系列包括用于光缆连接的插座型光连接器（MU-A 系列）、具有自保持结构的底板连接器（MU-B 系列）以及用于连接 LD/PD 模块与插头的简化插座（MU-SR 系列）等。

7．光端机

光端机是将多个 E1（一种中继线路的数据传输标准，通常速率为 2.048Mb/s，此标准为中国和欧洲采用）信号变成光信号并传输的设备。光端机根据传输 E1 口数量的多少，价格也不同。一般最小的光端机可以传输 4 个 E1，目前最大的光端机可以传输 4032 个 E1。

图 6-42 所示为 OPT80 系列数字视频光端机采用国际最先进的 10 位数字视频编码技术，图像信号可达广播级质量。

图 6-42 光端机

提　示

光端机分为PDH、SPDH和SDH 3类。其中，PDH（即准同步数字系列）光端机是小容量光端机，一般是成对应用，也叫点到点应用，容量一般为4E1，8E1，16E1；SDH（即同步数字系列）光端机容量较大，一般是16E1到4032E1；SPDH光端机是带有SDH（同步数字系列）特点的PDH传输体制。

8．光纤配线架

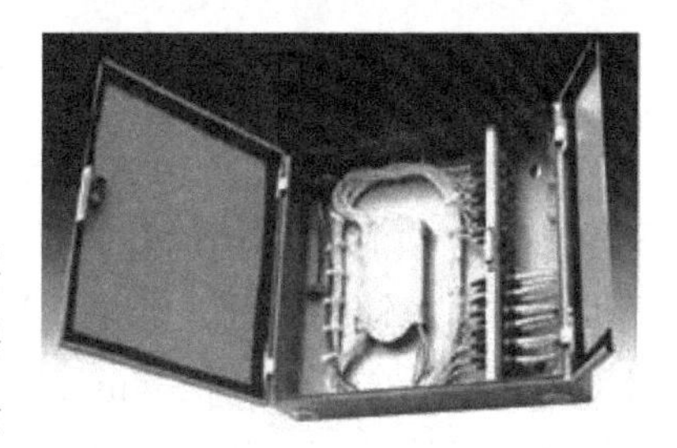

图6-43　壁挂式光纤配线架

光纤配线架（Optical Fiber Distribution Frame，ODF）是光传输系统中一个重要的配套设备。它主要用于光缆终端的光纤熔接、光纤连接器的安装、光路的调接，以及光缆的保护等，它对光纤通信网络安全运行和灵活使用有着重要的作用。

光纤配线架根据结构的不同可分为壁挂式和机架式。壁挂式光纤配线架可直接固定于墙体上，一般为箱体结构，适用于光缆条数和光纤芯数都较小的场所，如图6-43所示。而机架式光纤配线架可直接安装在标准机柜中，适用于较大规模的光纤网络，如图6-44所示。

图6-44　机架式光纤配线架

提　示

FC、SC或者ST的连接方式是主要的传统的光缆链路连接方式，目前仍然在大量使用。这些光缆的连接方式简单方便，所连接的每条光缆都是可以独立使用的。

6.6　练习：制作双绞线

双绞线是综合布线工程中最常用的一种传输介质，它可以用来抵御一部分外界电磁波干扰。双绞线以前主要是用来传输模拟信号，但现在同样也适用于数字信号的传输。

1．实验目的

- 学习双绞线的相关知识
- 学习制作双绞线

2．实验步骤

1 使用专用的网线钳把双绞线的一端剪整齐，并把剪齐的一端插入到网线钳。然后，顶住网线钳后面的挡位，握紧网线钳慢慢旋转一圈，让刀口将双绞线的外皮剥除，如图6-45所示。

注　意

网线钳的挡位一般距离剥线刀口的长度恰好为水晶头的长度，这样可以有效地避免剥线过长或过短。

2 剥除外包皮后会看到双绞线的4对芯线，将芯线分开。然后，按照橙白、橙、绿白、蓝、蓝白、绿、棕白、棕的颜色一字排列，并用网线钳将线的顶端剪齐，如图 6-46 所示。

图 6-45 剥线

图 6-46 排列芯线

提 示

双绞线有两种接法：EIA/TIA 568A 标准和 EIA/TIA 568BA 标准。本例使用 T568B 标准，其接线顺序为橙白、橙、绿白、蓝、蓝白、绿、棕白、棕。

3 使 RJ-45 插头的弹簧卡朝下，然后将正确排列的双绞线插入 RJ-45 插头中，并使各芯线都插到水晶头的底部，如图 6-47 所示。

4 将插入双绞线的 RJ-45 插头插入网线钳的压线插槽中，用力压下网线钳的手柄，使 RJ-45 插头的针脚可以接触到双绞线的芯线，如图 6-48 所示。

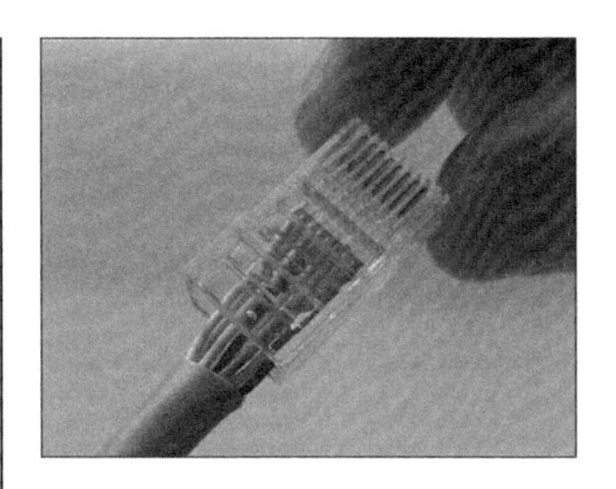

图 6-47 插入双绞线

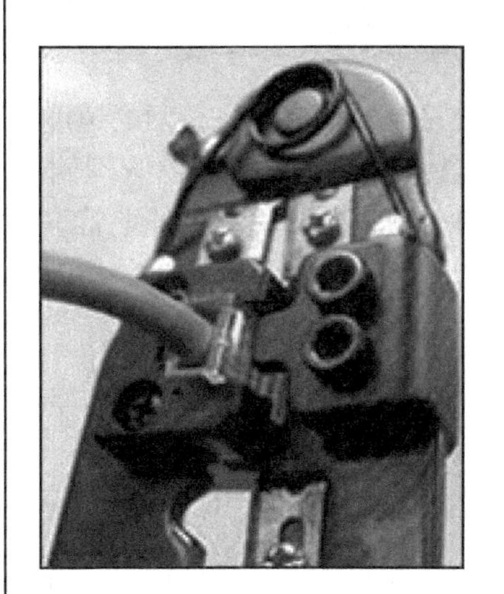

图 6-48 压线

5 使用相同的方法制作双绞线的另一端，即可完成直通线的网线制作，如图 6-49 所示。

图 6-49 制作直通线

提 示

直通线又叫正线或标准线，两端采用 568B 做线标准，注意两端都是同样的线序且一一对应。

6 将双绞线的两端分别插入网线测试仪的

RJ-45 接口，并接通测试仪电源，如图 6-50 所示。

提 示

如果测试仪上的 8 个绿色指示灯都顺利闪过，说明制作成功。

图 6-50 测试网线

6.7 练习：提高共享计算机的上网速度

为了提高多台共享计算机上网的速度，可以设置可保留带宽，然后配合使用 P2P 终结者软件。P2P 终结者是一款网络管理软件，用来管理局域网中 BT、电驴等大量占用带宽的下载软件，可以帮助用户更好地管理局域网。

1. 实验目的

- ❑ 设置可保留带宽
- ❑ 安装 P2P 终结者

2. 实验步骤

1 单击【开始】按钮，执行【运行】命令，弹出【运行】对话框。然后，在对话框中，输入 gpedit.msc 命令，如图 6-51 所示。

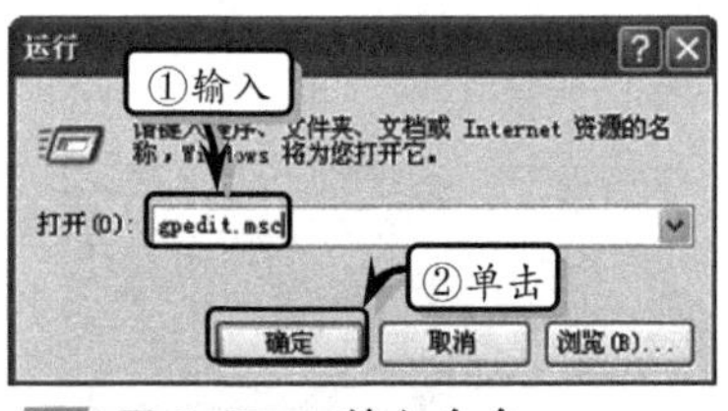

图 6-51 输入命令

2 在【组策略】窗口中，选择【计算机配置】选项，并选择【管理模板】选项，如图 6-52 所示。

图 6-52 选择组策略

3 选择【网络】选项，并双击窗口右侧的【限制可保留带宽】选项，如图 6-53 所示。

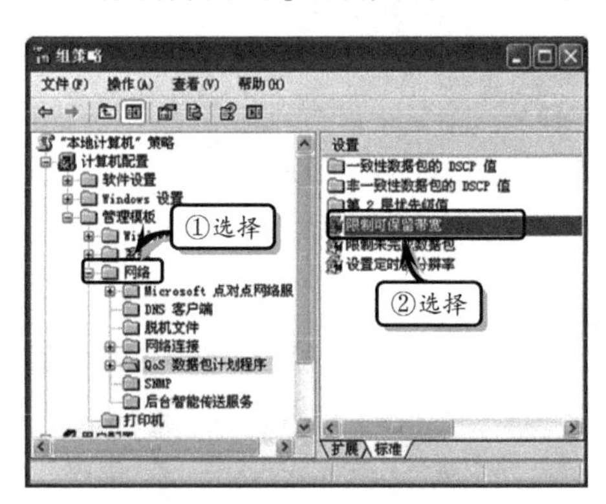

图 6-53 选择具体策略

4 在【限制可保留带宽 属性】对话框中，选择【设置】选项卡，选中【已启用】选项，设置【带宽限制】为 0，并单击【确定】按钮，如图 6-54 所示。

5 运行下载的“P2P 终结者”软件，在【P2P 终结者 4.22 安装】对话框中，单击【下一步】按钮，如图 6-55 所示。

图 6-54 设置宽带限制

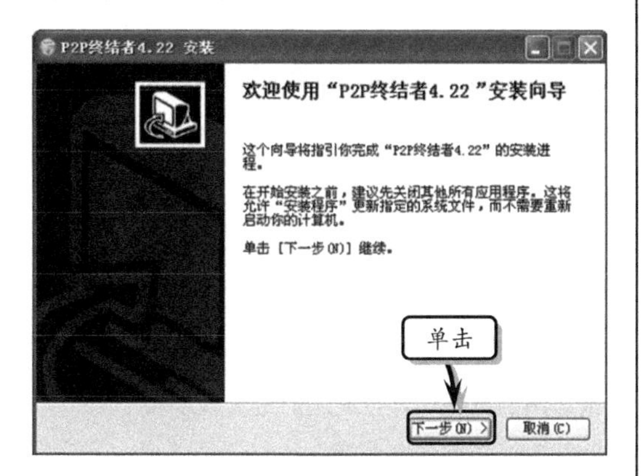

图 6-55 安装 P2P 终结者

6 在【P2P 终结者 4.22 安装】对话框中，单击【我接受】按钮，如图 6-56 所示。

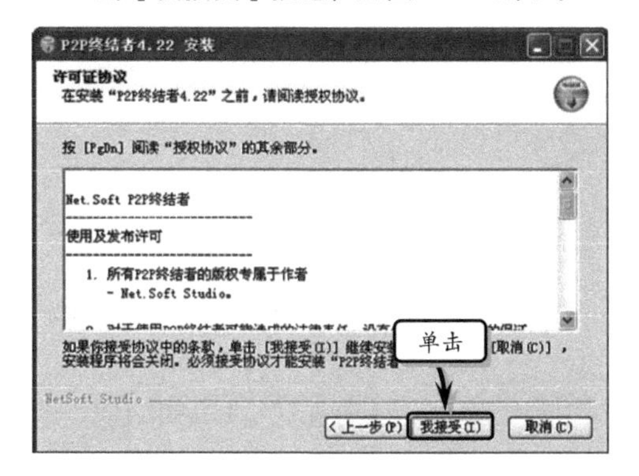

图 6-56 接受许可证协议

7 在【目标文件夹】栏下方的文本框中，设置目标文件位置，并单击【安装】按钮如图 6-57 所示。

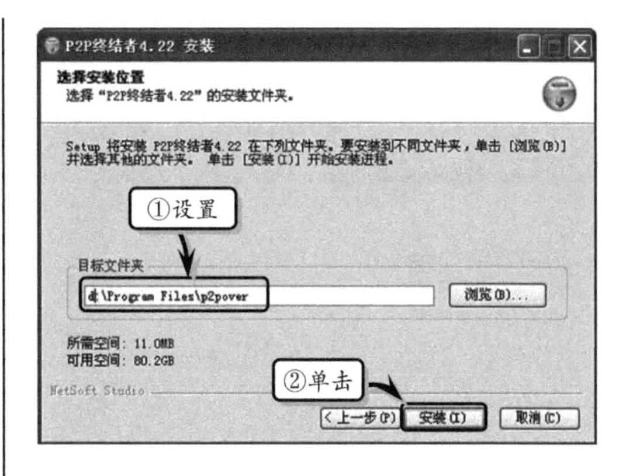

图 6-57 输入安装目录

提 示

在【P2P 终结者 4.22 安装】对话框中，单击【浏览】按钮，也可以选择合适的目标文件夹。

8 在【P2P 终结者 4.22 安装】对话框中，将显示"正在安装"的相关信息，如图 6-58 所示。

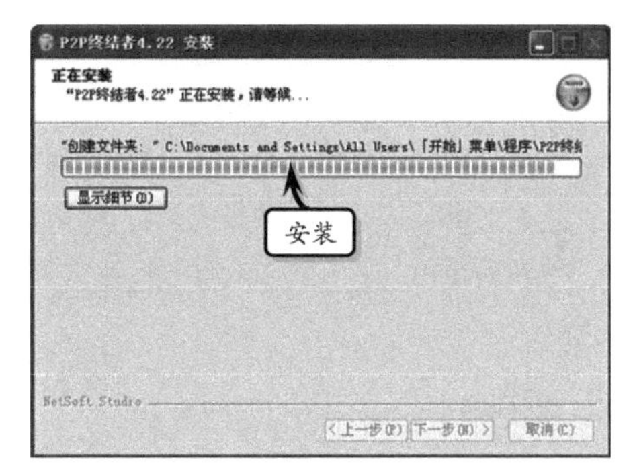

图 6-58 正在安装

9 在【P2P 终结者 4.22 安装】对话框中，启用【立即运行 P2P 终结者】复选框，并单击【完成】按钮，如图 6-59 所示。

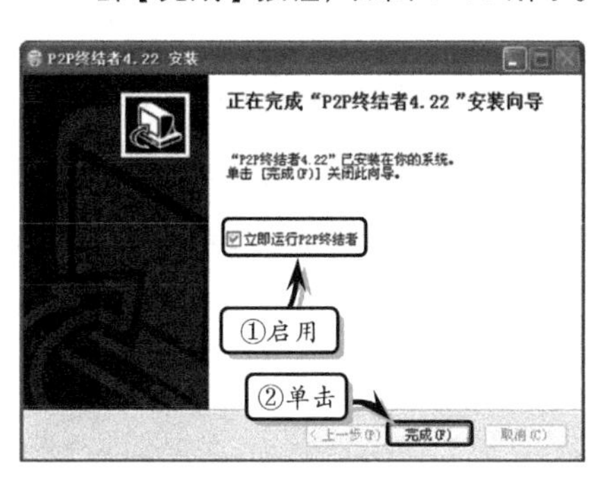

图 6-59 完成安装

6.8 思考与练习

一、填空题

1．网卡上的连接头有__________、__________和__________3 种。

2．网卡所用的总线有__________和__________两种。

3．路由器的广域网接口分__________和__________。

4．配置台式机使用的 Modem 有__________和__________。

5．交换机按是否支持网络管理功能可分为__________和__________两大类。

6．计算机网络中常用的 3 种有线传输介质是__________、__________、__________。

7．双绞线可分为__________和__________。

8．根据光纤传输点模数的不同，光纤主要分为__________和__________两种类型。

9．双绞线是由__________对__________芯线组成的。

二、选择题

1．下列不属于传输介质的是__________。

A．双绞线　　B．光纤
C．声波　　D．电磁波

2．双绞线分为__________。

A．TP 和 FTP 两种
B．五类和超五类两种
C．绝缘和非绝缘两种
D．UTP 和 STP 两种

3．五类双绞线的最大传输距离是__________。

A．5m　　B．200m
C．100m　　D．1000m

4．光纤的传输距离一般可达到__________。

A．100m　　B．200m
C．10m　　D．1000m

5．双绞线由两根互相绝缘绞合成螺纹状的导线组成。下面关于双绞线的叙述中，不正确的是__________。

A．它既可以传输模拟信号，也可以传输数字信号
B．安装方便，价格便宜
C．不易受外部干扰，误码率低
D．通常只用做建筑物内的局域网通信介质

6．在双绞线组网的方式中，__________是以太网的中心连接设备。

A．集线器　　B．收发器
C．中继器　　D．网卡

7．在局域网组网中，选择网卡的主要依据是组网的拓扑结构、网段的最大长度和节点之间的距离，还有__________。

A．接入网络的计算机类型
B．互联网络的规模
C．网络的操作系统类型
D．使用的传输介质的类型

8．网卡的主要功能不包括__________。

A．将计算机连接到通信介质上
B．进行电信号匹配
C．实现数据传输
D．网络互联

9．交换机的哪一项技术可减少广播域__________。

A．ISL　　B．802.1Q
C．VLAN　　D．STP

三、问答题

1．路由器有什么重要部件？各有什么作用？

2．网卡的作用是什么？

3．路由器的类型有哪些？

4．简述光纤和光缆的基本结构是什么。

四、上机练习

1．使用 Ipconfig 查看网络配置信息

IPConfig 实用程序可用于显示当前的 TCP/IP 配置信息，以便检验人工配置的 TCP/IP 设置是否正确，其应用方法如下。

首先，在 Windows 8 系统中，右击【开始】按钮，执行【运行】命令，并在弹出的【运行】对话框中输入 cmd 命令，单击【确定】按钮。然后，在弹出的对话框中输入 ipconfig 命令，并按 Enter 键即可显示当前计算机的网络配置信息，如图 6-60 所示。

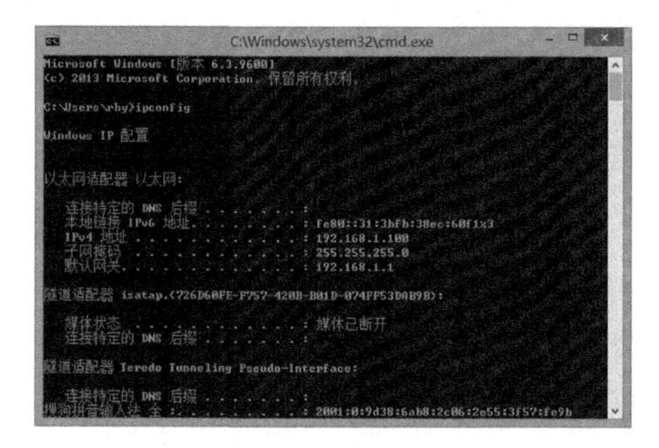

图 6-60 显示配置信息

2．关闭 Windows 内置防火墙

如果其他用户需要访问用户的 FTP 服务器，可以将 Windows 8 内置防火墙关闭。如果不关闭，将无法访问，而会被防火墙拦截，不允许访问。

首先，右击【开始】图标，执行【控制面板】命令，在弹出的【控制面板】对话框中选择【系统和安全】选项。然后，选择【Windows 防火墙】选项，并选择【启用或关闭 Windows 防火墙】选项。最后，在弹出的【自定义设置】对话框中，分别选中【关闭 Windows 防火墙（不推荐）】选项，单击【确定】按钮即可，如图 6-61 所示。

图 6-61 关闭 Windows 内置防火墙

第7章

路由协议与路由选择

路由器是位于OSI模式第三层的设备，提供不同网之间的互联机制，实现将一个网络的数据包发送到另一个网络。而路由就是指导IP数据包发送的路径信息。路由协议就是在路由指导IP数据包发送过程中事先约定好的规定和标准。

通过路由协议，可以了解整个局域网的路径情况，并建立一个指示路径的路由表。当用户数据到达路由器后，路由器根据数据报头中的网络层地址信息，查阅路由表，将数据从一个接口转发到另一个接口，从而实现不同网络间通信。

本章学习目的：

- 路由算法
- 网际控制报文协议
- IP路由选择协议
- 虚拟专用网
- 网络地址转换

7.1 路由算法

网络层的主要功能是将分组从源计算机通过所选定的路由送到目标计算机中。在大多数子网中，分组需要经过多次转发才能到达目的地。广播式网络是唯一一个值得指出的例外，但即使是在广播式网络中，如果源机器和目标机器不在同一个网络中，仍然有路由选择的问题。路由选择算法及其使用的数据结构是网络层设计主要的内容。

7.1.1 什么是路由算法

路由算法（Routing Algorithm）是网络层软件的一部分，它负责确定所收到的分组应该被传送的线路。如果子网内部采用数据报，那么路由器需要对每一个收到的数据分组重新作路由选择，因为对第一个分组来说，上次选择的最佳到达路径可能已被改变。

但是，如果子网内部采用虚电路，当建立一条新的虚电路时，仅需要做一次路由选择，以后数据分组就在这条已经建立的路径上传递。

后一种情况有时又称作会话路由选择（Session Routing），因为在整个用户会话过程中，传输路径必须保持有效（例如终端上的登录会话或文件传输期间），不管是针对每个分组单独地选择路由，还是只有建立新连接的时候才选择路由。

当然，路由选择算法中，总希望具有正确性、简单性、健壮性、稳定性、公平性和最优性等特征。正确性和简单性不需要多加解释，但对健壮性的要求则并不显然。一旦一个重要的网络投入运行，它有可能需要连续无误地运行数年。在这期间，将会出现各种各样的硬件和软件错误。主机、路由器和线路可能会增加或撤除，网络拓扑结构也可能会发生多次变化。

路由选择算法应该能够妥善处理拓扑结构和流量的变化，而不会使所有主机都停止工作，并且每当某台路由器崩溃时，不需要重新启动该网络。稳定性也是路由选择算法的一个重要目标。有些路由算法不管运行了多长时间，都不可能会趋于平衡。一个稳定的算法则会使其达到平衡，并且保持平衡状态不变。公平性和最优性是显而易见的，但它们又通常是相互矛盾的。

路由算法可以分成两大类：非自适应的和自适应的。非自适应的算法（Non-adaptive Algorithm）不会根据当前测量或者估计的流量和拓扑结构来做路由选择。相反，从 I 到 J 的路由对于所有从 I 到 J 是预先在离线的情况下计算好的，在网络启动时就被下载到路由器中。这一过程有时也被称为静态路由选择（Static Routing）。

相反，自适应算法（Adaptive Algorithm）则会改变它们的路由选择，用来反映出拓扑结构的变化，通常也会反映出流量的变化情况。自适应算法由于其获取信息的来源不同（例如，从本地、从相邻路由器或从所有路由器）、改变路径的时间策略不同（例如，每隔 *T* 秒、当载荷变化或者拓扑结构改变的时候）、用于优化的参数不同（例如，距离、站点数或估计传输时间）。

7.1.2 算法优化原则

在讨论某个具体的算法之前，应该指出在不考虑通信子网的网络拓扑结构和流量的情况下，也可以对最优路径做出总体的论述。这条论述也被称为最优化原则（Optimality Principle）。

如果路由器 J 在从路由器 I 到路由器 K 的最优路径上，那么从 J 到 K 的最优路径就会在同一路由中。为理解这些，将从 I 到 J 的路由称为 r1，而路由其余部分称为 r2。如果从 I 到 K 还有一条比 r2 更好的路由，那么它可以同 r1 连接起来，以改进从 I 到 K 的路由，这与 r1、r2 是最优路由的断言相悖。

最优化原则的一个直接结果是，从所有的源结点到一个指定目标结点的最优路径的集合构成了一棵以目标结点为根的树。这样一棵树被称为汇集树（Sink Tree），如图 7-1 所示，图中的距离度量单位是步长数。

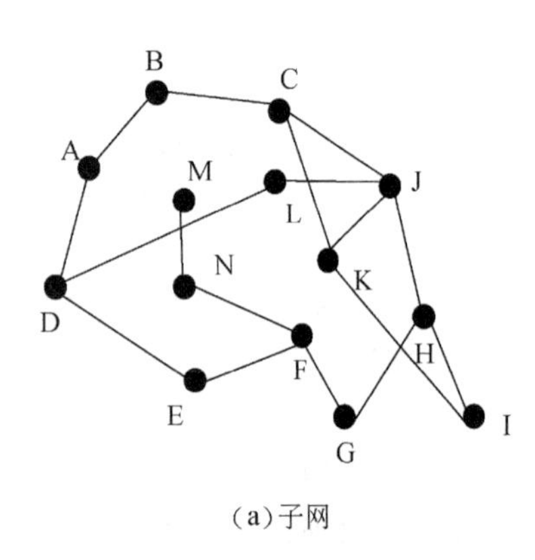

（a）子网

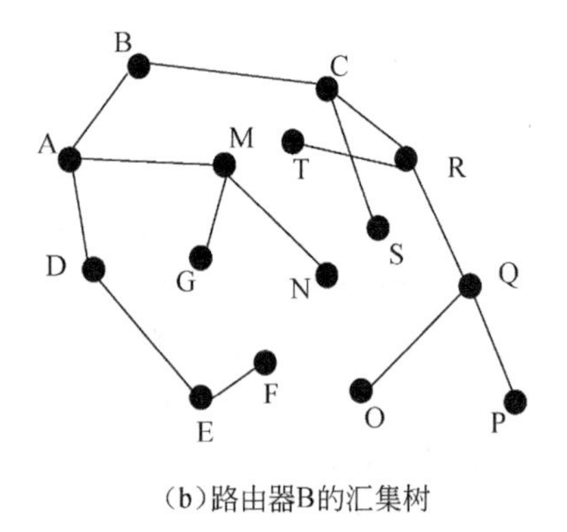

（b）路由器B的汇集树

图 7-1　子网和路由器 B 的汇集树

应该指出的是，汇集树并不必是唯一的，其他具有同样的路由长度的树也可能存在。所有路由选择算法的目标就是为所有的路由器找到并使用汇集树。

因为，汇集树的确是一棵树不包含任何循环，所以每个分组可以在有限的步长之内被递交给目标主机。

但是，实际的情况并不是如此简单。在运行过程中，链路或路由器可能会断开或停止工作，然后又恢复工作，所以不同的路由器对于当前的拓扑结构，可能会有不同的看法。

并且，用户也必须弄清楚，是否每台路由器都独立地获取那些用于计算汇集树的信息，或是用其他的方法来获取信息。不管怎么样，最优化原则和汇集树为其他各种路由算法提供了一个测量标准。

7.1.3　最短路径路由

在路由选择方法中，经常采用的算法是：求给定网络中任意两个结点间的最短路径。即求任意两个结点间的最小时延或最小费用的路径。这里已知的是整个网络拓扑和各链路的长度。

求最短路径的方法有许多种，下面以图 7-2 所示的网络为例来讨论一种由 Dijkstra 提出的求最短路径的算法，即寻找从源结点到网络中其他各结点的最短路径。在本例中，设结点 A 为源结点，然后逐步寻找其最短路径，每次找一个结点到源结点的最短路径，直到把所有的点都找到为止。

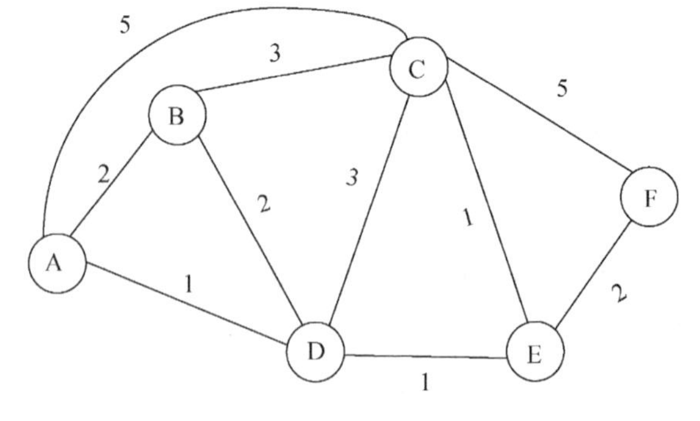

图 7-2　求最短路径算法的网络举例

令 D(v)为源结点（结点 A）到结点 v 的距离，它就是沿着某一通路的所有链路的长度之和。再令 l(i,l)为结点 i 至结点 j 之间的距离。整个算法如下所示：

步骤 1：初始化。

令 N 表示网络结点的集合。先令 N={A}，对所有不在 N 中的结点 v，写出：

$$D(v)=\begin{cases}\lambda(A,v)\text{若结点 } v \text{ 与结点 A 直接相连}\\ \infty\text{若结点 } v \text{ 与结点 A 不直接相连}\end{cases}$$

在用计算机进行求解时，可以用一个比任何路径长度大得多的数值代替∞，可以使 D(v)=99。

步骤 2：寻找一个不在 N 中的结点 w，其 D(w)值为最小。

把 w 加入到 N 中，然后对所有不在 N 中的结点。用 D(v)与[D(w)+λ(w, v)]中较小的值去更新原有的 D(v)值，即

$$D(v)\leftarrow \min[D(v),D(w)+\lambda(w,v)]$$

步骤 3：重复上述步骤，直到所有的网络结点都在 N 中为止。

表 7-1 所示是对网络进行求解的详细步骤。可以看出，上述的步骤 2 共执行了 5 次，表中带圆圈的数字是在每一次执行步骤 2 时所寻找的具有最小值的 D(w)值。当第 5 次执行步骤 2 并得出了结果后，所有网络结点都已包含在 N 之中，整个算法即告结束。

表 7-1 网络的最短路径

步骤	N	D(B)	D(C)	D(D)	D(E)	D(F)
初始化	{A}	2	5	1	∞	∞
1	{A,D}	2	4	①	2	∞
2	{A,D,E}	2	3	1	②	4
3	{A,B,D,E}	②	3	1	2	4
4	{A,B,C,D,E}	2	③	1	2	4
5	{A,B,C,D,E,F}	2	3	1	2	④

最后，可以得出以结点 A 为根的最短路径树。从这个最短路径树可以清楚地看出从源结点 A 到网内任何一个结点的最短路径。

图 7-2 中，每个结点旁边括号中的数字表明该结点是在执行第几步的算法时加入到集合中去的。初始化步骤为第 0 步，结点 A 内存中的路由表，如图 7-3 所示。该路由表指出对于发往某个目的站的分组，从结点 A 出发后的后继结点应当是哪个结点，同样，在所有其他各结点中都有一个这样的路由表。当然，这就需要分别以这些结点为源结点，重新执行算法，然后才能找出其最短路径树和相应的源结点路由表。

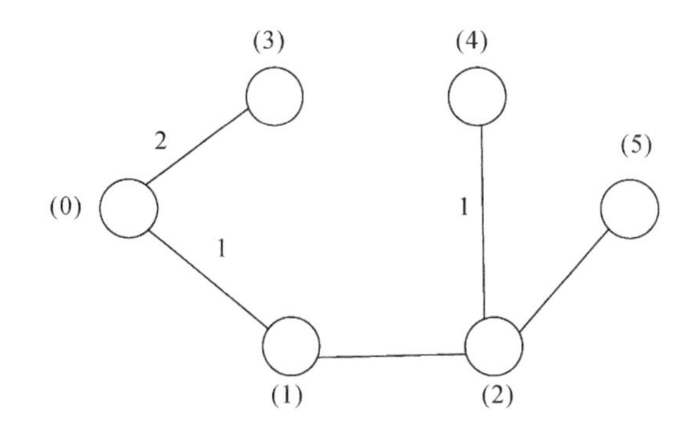

（a）用算法求出结点A的最短路径树

目的结点	后继结点
B	B
C	D
D	D
E	D
F	D

（b）结点A的路由表

图 7-3 结点 A 的最短路径树和路由表

7.1.4 距离矢量路由

距离矢量路由选择（Distance Vector Routing）算法是通过每个路由器维护一张表（即一个矢量）来实现的，该表中列出了到达每一个目标地的可知的最短路径及所经过的线路，这些信息通过相邻路由器间交换信息来更新完成。

而这张表为路由表，表中按进入子网的结点索引，每个表项包含两个部分，到达目的地最优路径所使用的出线及一个估计的距离或时间，所使用的度量可能是站段数、时间延迟、沿着路径的排队报数或其他。

距离矢量路由选择算法有时候也称为分布式 Bellman-Ford 路由选择算法和 Ford-Fulkerson 算法，（Bellman，1957；Ford and Fulkerson，1962）它们都是根据其开发者的名字来命名的。它最初用于 ARPANET 路由选择算法，还用于 Internet 和早期版本的 DECnet 和 Novell 的 IPX 中，其名字为 RIP。AppleTalk Cisco 路由器使用了改进型的距离矢量协议。

在距离矢量路由选择算法中，每个路由器维护了一张子网中每一个以其他路由器为索引的路由选择表，并且每个路由器对应一个表项。该表项包含两部分：为了到达该目标路由器而首选使用的输出线路，以及到达该目标路由器的时间估计值或者距离估计值。所使用的度量可能是站点数，或者是以毫秒计算的延迟，或者是沿着该路径排队的分组数目，或者其他类似的值。

假设路由器知道它到每个相邻路由器的“距离”。如果所用的度量为站点，那么该距离就为一个站点。如果所用的度量为队列长度，那么路由器只需检查每一个队列即可。如果度量值为延迟，则路由器可以直接发送一个特殊的“响应”（ECHO）分组来测出延时，接收者只对它加上时间标记后就尽快送回。

7.1.5 链路状态路由

在 1979 年以前，ARPANET 使用的一直是距离矢量路由选择算法，而在此之后则改为链路状态路由选择算法。两个主要问题导致了距离矢量路由选择算法的消亡。

第一，因为延迟度量是队列长度，所以在选择路径的时候并没有考虑线路带宽。开始，所有的线路都是 56Kb/s，因此线路带宽并不是待考虑的因素，但是当有些线路被升级到 230Kb/s 乃至 1.544Mb/s 之后，带宽因素就变成了一个重要的问题。当然，也可以将延迟度量中将线路带宽因素考虑进去。

第二，也就是距离矢量路由选择算法需要很长时间才能收敛到稳定状态（无穷计算的问题）。由于这些原因，距离矢量路由选择算法被一个全新的算法所替代，该算法称为链路状态路由算法（Link State Routing）。现在，各种各样的链路状态路由选择算法得到了广泛的应用。

隐藏在链路状态路由算法背后的思想十分简单，可以分 5 个部分加以描述。每一个路由器必须完成以下的工作。

- 发现它的邻结点，并知道其网络地址。

- 测量到各邻结点的延迟或者开销。
- 构造一个分组，分组中包含它刚知道的所有信息。
- 将这个分组发送给所有其他路由器。
- 计算出到每一个其他路由器的最短路径。

事实上，完整的拓扑结构和所有的延迟信息都使用实验的方法来测量，并分发给每一个路由器。然后每个路由器用 Dijkstra 算法就可以找出从它到每一个其他路由器的最短路径。

7.1.6 分级路由

随着网络规模的增长，路由器的路由表也呈比例地增长。不断增长的路由表不仅占用路由器的内存，而且还需要更多的 CPU 时间来扫描路由表，以及需要更多的带宽来发送有关的状态报告。

在网络不断增长的某一时刻，可能会达到这样一个点：在这个点上每个路由器不太可能再为其他每一个路由器维护一个表项。因此，就像在电话网络中一样，不得不进行分级路由选择。

当采用分级路由选择时，路由器被划分为区域，每个路由器知道如何将分组路由到自己所在区域内的目标地址，但是对于其他区域的内部结构毫不知情。当不同的网络被相互连接起来时，很自然地就会将每个网络当作一个独立的区域，以便让一个网络中的路由器免于必须知道它网络的拓扑结构。

对于大型的网络，两级的分层结构可能是不够的，这就有必要将区域分组，形成簇（Cluster），簇又分成区（Zone），区又分成组（Group），像这样继续下去，直到将所有的集合名词用完为止。

7.1.7 移动主机的路由

如今，成千上万的人拥有便携式计算机。通常，他们希望能在世界的任何地方读到他们的电子邮件和访问自己的普通文件系统。这种移动式主机引入了新的复杂性，要想把一个分组送给一个移动主机，首先网络得找到它。如何将移动主机联入网络中是很新的话题，但在这里，将大概地描述一些有关的要点，并给出一种可靠的方案。

从来不移动的用户称作静态的用户，他们通过铜线或光纤与网络相连。把与此相反的非静态用户分为两类。迁移用户基本上是静态的，他们不断地从一个固定的地方转移到另一个固定的地方，但他们只在机器物理地连上网络后才上网。漫游用户实际上是在流动过程中使用计算机，并希望他们在到处奔波时也能保持与网络的连接。将用移动用户一词来代表后两类用户中的任一类，也就是说移动用户是指那些离开了原始站点还想继续连接网络的用户。

如果所有的用户都有一个永久不变的主地址来确定他们的主场所（Home Location），就像电话号码 87-010-12345678 来表示中国（国家代码 86）和北京（区号 010）一样，在包含移动用户的系统中，路由算法的目标是能够做到用移动用户的主地址给它们发送分组，而且不管这些用户在哪个地方，这些分组都能够递交给他们。那么，这里的关键是如何才能找到这些用户。

我们将用户分别所在的地理位置分成许多小的区域，通常一个区域是一个 LAN 或者无线蜂窝单元。每个区域有一个或者多个外部代理（Foreign Agent），所谓外部代理是指这样的进程：它们记录下所有当前正在访问该区域的移动用户。而且，每个区域有一个本地代理（Home Agent），所谓本地代理是指这样的进程：它们记录下那些“主场所在这个区域，但是当前正在访问其他区域”的用户。

当一个新的用户进入一个区域的时候，不管它是直接通过电缆连接到网络中（比如插入到 LAN 中），还是通过漫游方式进入到无线蜂窝单元中，该用户必须在外部代理注册。而当一个用户离开一个区域的时候，他也应该宣布自己的离开请求，以便让外部代理注销自己，但是许多用户在完成了工作之后总是突然地关掉计算机。

当一个分组被发送给移动用户的时候，它将被路由到该计算机本地 LAN 中，因为那才是该用户的地址所指的网络位置，然后由本地代理查找该移动用户的新场所，并且找到管理该移动用户的外部代理的地址。本地代理要做两件事情：

第一，它将该分组封装在另一个外送分组的净荷域中，并将这个外送分组发送给外部代理，这种机制称为隧道。外部代理得到了这个被封装的分组之后，它从净荷域中提取出原来的分组，并且将它当作数据链路帧发送给移动用户。

第二，本地代理告诉发送方，以后给移动用户发送分组的时候不要直接将这些分组发送到移动用户的主地址，而是将它们封装到新分组的净荷中，这些新分组显式地使用外部代理的地址。因此，后续的分组现在可以通过外部代理被直接路由给移动用户，完全绕过了移动用户的主场所。

7.2 网际控制报文协议

ICMP（Internet Control Message Protocol，因特网控制消息协议）是 TCP/IP 协议集中的一个子协议，主要用于在主机或路由器之间传递有关 IP 数据报传输的控制信息。例如，线路故障、超过数据报生存周期等原因引起的错误报告，以及路由器为数据报提供的最短路径信息等。

由于 IP 数据报是一种不可靠的传送，不能够保证数据报分组的完整性。因此，通过 ICMP 协议能够有效地减少 IP 数据报分组的丢失，尽可能得到完整的 IP 数据报。

7.2.1 ICMP 报文格式

ICMP 报文通常被作为 IP 数据报的数据来封装，并与 IP 数据报的头部组成 IP 数据报发送出去。图 7-4 所示为 ICMP 报文格式及封装方法。

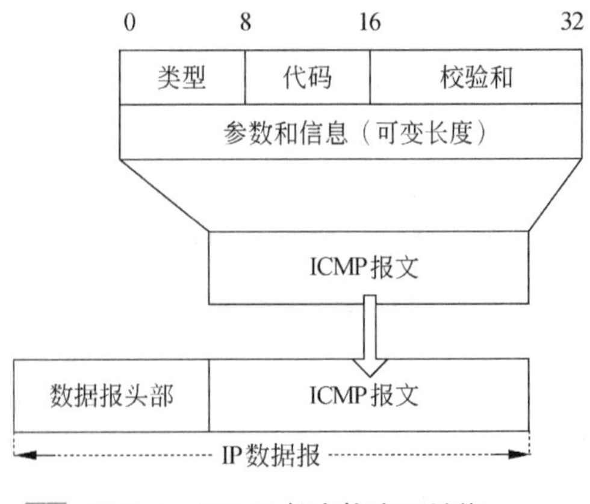

图 7-4 ICMP 报文格式及封装

ICMP 报文的前 32 位格式是固定不变的，共包括类型、代码和校验 3 个域。而后面的参数和信息域是随着 ICMP 的类型而变化的。下面对格式固定不变的 3 个域进行简单介绍。

1．类型

该域长度为 8bit，表示 ICMP 报文的类型。其类型域取值与 ICMP 报文类型的对应关系，如表 7-2 所示。

表 7-2　类型域值与 ICMP 报文类型对应关系

类型域值	ICMP 报文类型	类型域值	ICMP 报文类型
0	Echo 响应	3	目标站不可达
4	源站抑制	5	路由重定向
8	Echo 请求	11	数据报超时
12	数据报参数问题	13	时间戳请求
14	时间戳响应	17	地址掩码请求
18	地址掩码响应		

2．代码

代码域长度为 8bit，可用来表示 ICMP 报文类型的少许参数，当参数较多时，则写入到参数和信息域中。例如，代码域值为 0，表示网络不可到达；代码域值为 1，表示主机不可到达等。

3．校验和

该域长度为 16bit，它检验整个 ICMP 报文，由于数据报头部的校验和不检验数据报的内容，因此无法保证经过传输后的 ICMP 报文没有发生差错，通过校验和域能够检验该 ICMP 报文是否发生差错。

7.2.2　ICMP 报文类型

ICMP 报文主要分为两种类型，即 ICMP 差错报文和 ICMP 询问报文。其中在 ICMP 差错报文中，使用较多的报文类型是路由重定向报文；而在 ICMP 询问报文中，使用较多的报文类型包括 ICMP Echo 请求报文、ICMP 时间戳请求报文和 ICMP 地址掩码请求报文。

1．路由重定向报文

当路由器发现当前数据报传输路径不是最佳路径时，则会向与之连接的源端主机发送该报文，告知源端主机数据报经过最佳路径的下一个路由器 IP 地址，以便数据报快速到达目的接收端。

在如图 7-5 所示的网络中，如果计算机 A 与计算机 C 进行通信，但计算机 A 在其路由表中，没有查找到路由器 R2 的路由表项，则将数据报传送到路由器 R1。当 R1 接收到数据报后，查找其路由表，发现要将数据报发送计算机 C，必须先转发给 R2，而 R2 与计算机 A 在同一网络中。于是 R1 向计算机 A 发出路由重定向报文，并将 R2 的 IP 地址告知计算机 A，计算机 A 根据收到的信息更新其路由表。以后计算机 A 再向计算机 C 发送数据报时，查找其路由表将数据报直接传送到 R2。

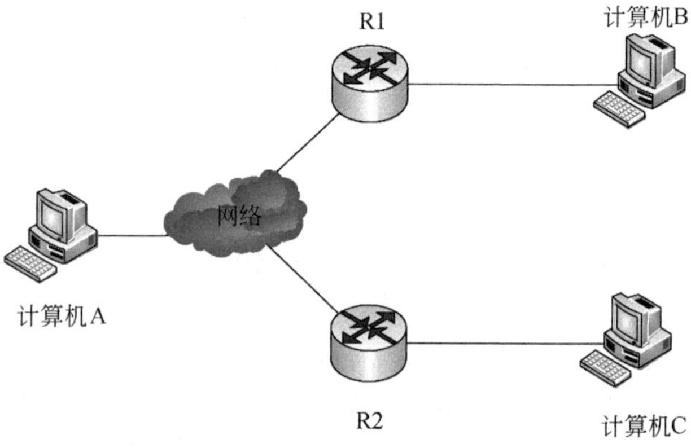

图 7-5　ICMP 路由重定向报文

2. ICMP Echo 请求报文

该请求报文是由主机或路由器向某一特定目的主机发出的询问。接收到此报文的主机必须向源端主机发送 ICMP Echo 响应报文。ICMP Echo 请求报文能够用来测试源端主机和目的主机之间通信线路是否畅通。

提　示

在判断网络故障中常用的 ping 程序，就是利用 ICMP Echo 请求报文和 ICMP Echo 响应报文来工作的。

3. ICMP 时间戳请求报文

该请求报文主要用来测试两个结点之间的通信延迟时间。请求方发出本地发送时间，响应方必须返回自己的接收时间和发送时间，从而能够测试出特定通信线路上的通信延迟。

4. ICMP 地址掩码请求报文

通过该类型的报文，主机能够获得其所在局域网的子网掩码。首先主机广播地址掩码请求报文，同一局域网中的路由器以地址掩码响应报文回应，告知请求主机需要的子网掩码。

7.3　IP 路由选择协议

在互联网层中，IP 数据报根据路由表来确定其转发的路由，而路由表的建立和更新需要通过路由选择协议来完成。

7.3.1　自治系统与路由选择协议

在前面了解到路由选择协议包括自适应路由协议和非自适应路由选择协议，IP 采用的路由选择协议属于自适应路由选择协议。

当网络规模非常大时，如果让网络中所有路由器都知道整个网络的路径，则这种路由表将非常庞大，而且处理开销也比较大。所以为了便于进行路由选择，通常将整个网络划分为许多较小的单位，每个单位就是一个 AS（Autonomous System，自治系统）。

在一个自治系统内的路由器可以自由地选择寻找路由、传播路由、确认路由，以及检测路由一致性的机制。根据路由选择协议是否在一个自治系统内使用，可以将其分为以下两种。

1．内部网关协议

内部网关协议（Interior Gateway Protocol，IGP）即在一个自治系统内部使用的路由选择协议，它与互联网中其他自治系统所采用的路由选择协议无关。目前，在网络中使用较多的内部网关协议有 RIP 和 OSPF 两种路由选择协议。

2．外部网关协议

外部网关协议（External Gateway Protocol，EGP）是一种为两个相邻并位于不同自治系统的路由器提供路由信息的协议。在互联网络中外部网关协议特别重要，因为与之相连接的自治系统使用它向系统内部通知路由可达信息。

在图 7-6 所示的两个互联自治系统中，实线双向箭头表示内部网关协议，而虚线双向箭头表示外部网关协议。

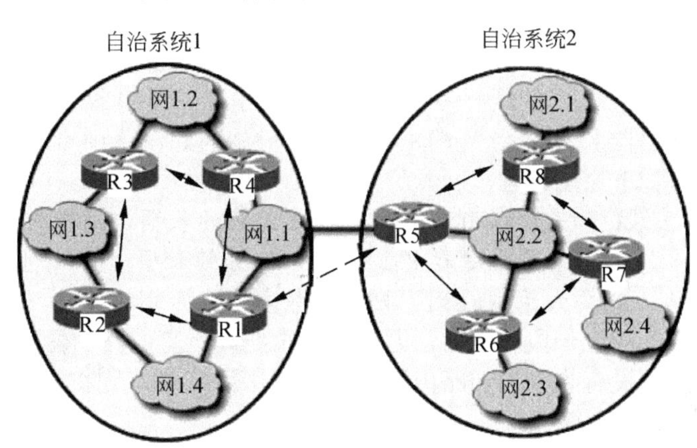

图 7-6　自治系统和 IGP、EGP 协议

7.3.2　路由信息协议（RIP）

路由信息协议（Routing Information Protocol，RIP）是一个基于距离矢量的路由选择协议，也是一种使用最为广泛的内部网关协议。RIP 协议定义“距离”为到目的网络所经过的路由器数，也称为跳数。每经过一个路由器，跳数值就增加 1，它认为通过路由器数最少的路由为最佳路由。RIP 中的每条路由最多只能包含 15 个路由器，即跳数值应该不大于 15，如果跳数值超过 15 时，表示目的站不可达，因此 RIP 只适用于小型自治系统中。

RIP 通过广播 RIP 报文来共享到已知目的网络的距离信息。RIP 报文被封装在 UDP 报文中进行传输，使用 520 端口来发送和接收数据报。图 7-7 所示为 RIP 报文格式。

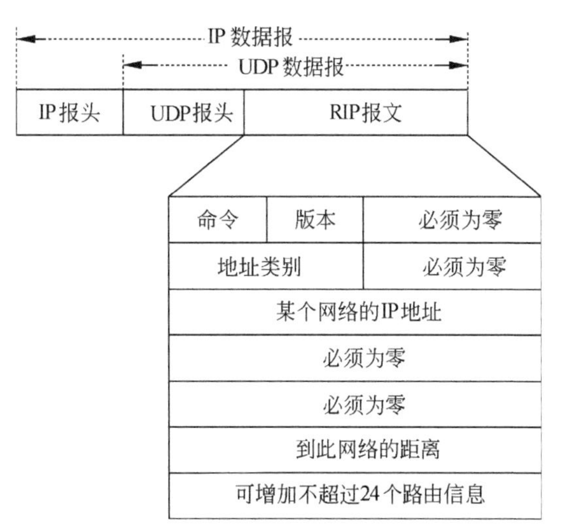

图 7-7　RIP 报文格式

RIP 报文由 32bit 的 RIP 报文头部信息以及若干条路由信息两部分组成，而每条路由信息中都含有从该路由器到某一目的网络地址的距离信息。一个 RIP 报文最多可包含有 25 条路由信息，并且每条路由信息占用 20 个字节，因此一个 RIP 报文的最大长度为 504 字节。命令字段值为 1 时代表 RIP 请求报文，为 2 时代表 RIP 响应报文；版本字段值一般为 1，若采用新版本的 RIP 协议，则该字段

值为 2；地址类别字段为 2，表示采用 IP 地址。

RIP 协议不能在两个网络之间同时使用多条路由，它只能选择其中一条跳数值最小的路由。RIP 协议的工作原理为：首先互联网络中的每个路由器每隔 30s 向相邻路由广播自己的路由表，在路由表中包含到达某网络的距离，以及应经过的下一站信息。然后，接收到路由表信息的路由器，对照并更新自己的路由表。最后，使互联网络中的所有路由器都建立自己到整个网络的路由表。

路由表更新的原则是使到各目的网络的距离最短。其更新依据是：如果路由器 X 到目的网络 Y 的距离为 N，则由与 X 相邻的路由器 K 可断定，若将下一站路由器选为 X，路由器 K 到网络 Y 的距离就为 N+1。因此，路由器 K 在收到相邻路由器 X 的信息后，将如下原则处理。

- 如果原路由表中没有到网络 Y 的表项，则增加一个到网络 Y 的表项。
- 如果原路由表中已有到网络 Y 的表项，并且到目的网络 Y 经过其他路由器的距离大于 N+1 时，则更新该表项；否则不变。

经过一段时间后，更新过程收敛到所有的路由器都建立起自己的路由表。如果 180s 后还没有收到相邻路由器的更新路由表信息，则将此相邻路由器记为不可达的路由器，即跳数值为 16。

图 7-8 显示了采用 RIP 建立路由表的过程。其中，空心箭头表示路由表的更新，而实心箭头表示更新路由表需要用到相邻路由器传送过来的路由信息。当路由器 R1、R2 和 R3 刚刚启动 RIP 协议时，3 个路由器的路由表中只有与其直连网络的路由，这些路由的距离都为 0，并且没有下一站路由器。

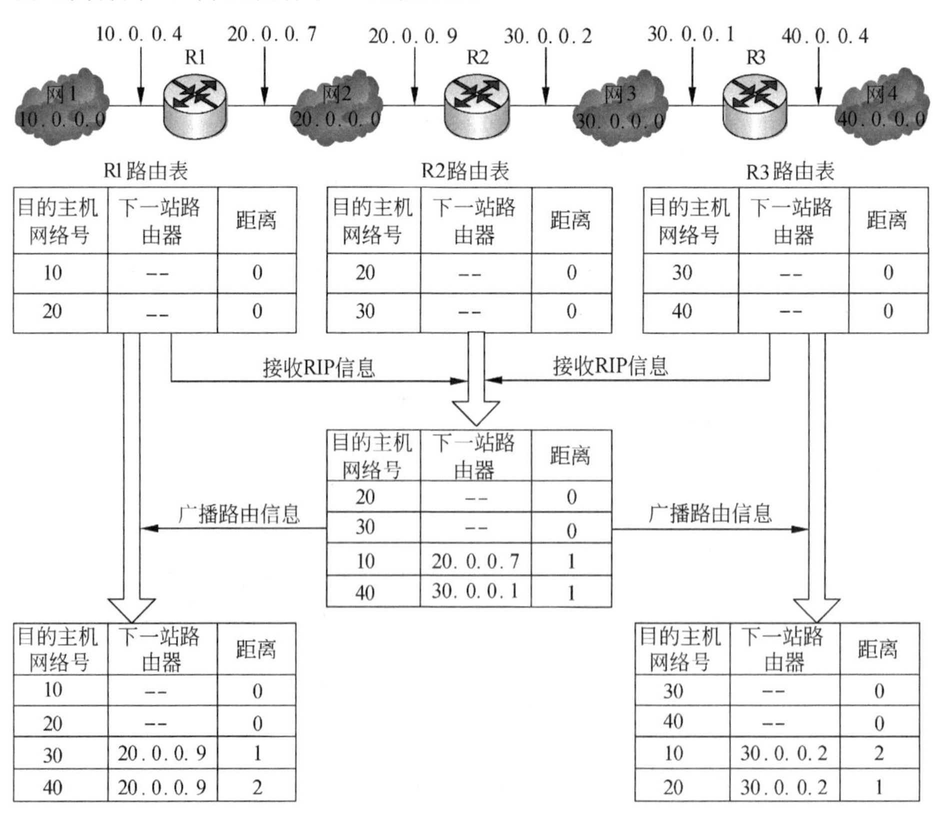

图 7-8 RIP 协议建立路由表过程

接着各路由器都向其相邻路由器广播 RIP 报文，如果路由器 R2 先收到路由器 R1 和 R3 广播的 RIP 报文，并根据报文中的路由信息更新其路由表。然后，将更新后的路由表广播给路由器 R1 和 R3，R1 和 R3 接收到路由信息后，分别对其路由表进行更新。经过一段时间，网络中每台路由器都会建立到达整个网络的路由表。

RIP 的一个主要缺点是：当网络出现故障时，需要经过较长的时间才能将此消息传送到所有的路由器。如图 7-8 所示的网络中，如果 3 个路由器都已经建立了各自的路由表，但路由器 R1 和网络 1 的连接线路突然断开。路由器 R1 发现后，将到网络 1 的距离改为 16，并将此消息广播给路由器 R2。由于路由器 R3 广播给路由器 R2 的信息是“到网络 1 经过 R2 距离为 2”，因此路由器 R2 将此项更新为“到网络 1 经过 R3 距离为 3”，并广播给路由器 R3。路由器 R3 接收到消息，更新路由表并广播给路由器 R2，其信息为“到网络 1 经过 R2 距离为 4”，这样一直到距离增大到 16 时，路由器 R2 和 R3 才知道网络 1 是不可达的。

RIP 的最大优点就是简单，但随着网络规模的不断扩大，RIP 的缺点更加明显。首先 RIP 限制了网络的规模，它能使用的最大距离为 15。其次路由器之间交换的完整路由信息开销较大。最后，坏消息传播得慢会使许多更新过程的收敛时间较长。

7.3.3 开放式最短路径优先协议（OSPF）

开放式最短路径优先协议（Open Shortest Path First，OSPF）是另一种使用较为广泛的内部网关协议。它是一种链路状态路由选择协议，其实现过程比 RIP 复杂，但其更新过程收敛较快，适合在大型自治系统中使用。

OSPF 协议的基本原理是：在自治系统中每一台运行 OSPF 协议的路由器都维护着一个链路状态数据库，并通过洪泛算法在整个系统中广播自己的链路状态信息，使得在整个系统内部维护一个同步的链路状态数据库。根据链路状态数据库，路由器能够计算出以自己为根，其他网络结点为叶的一根最短路径树，从而得到自己到达系统内部各网络的路由表。

OSPF 协议不再使用 UDP 数据报来传送报文，而是直接使用 IP 数据报来传送报文，并且这种数据报很短，能够减少路由信息的通信量。图 7-9 所示为 OSPF 报文的报头格式。

<table>
<tr><td>0</td><td>8</td><td>16</td><td>32</td></tr>
<tr><td>版本</td><td>类型</td><td colspan="2">报文长度</td></tr>
<tr><td colspan="4">源路由器IP地址</td></tr>
<tr><td colspan="4">域标识符</td></tr>
<tr><td colspan="2">校验和</td><td colspan="2">鉴别类型</td></tr>
<tr><td colspan="4">鉴别（0至3字节）</td></tr>
<tr><td colspan="4">鉴别（4至7字节）</td></tr>
</table>

图 7-9 **OSPF 报文的报头格式**

在 OSPF 报文的报头中，版本字段指出了协议的版本号，类型字段指示报文的类型，源路由器 IP 地址字段给出了发送地址，域标识符字段指出了 32 位的域标识号，而鉴别类型字段说明了所使用的鉴别机制。其中，OSPF 报文的类型主要包括 5 种，如表 7-3 所示。

表 7-3 OSPF 报文类型

类型	报文名称	报文作用
1	Hello 报文	用来发现和维持邻站的可达性
2	拓扑结构的数据库描述报文	向邻站传送链路状态项目的摘要信息
3	链路状态请求报文	向对方请求发送某链路状态项目的详细信息
4	链路状态更新报文	用洪泛算法向整个系统广播链路状态更新信息
5	链路状态确认报文	对链路状态更新报文的确认

在 OSPF 协议中，每两个相邻路由器每隔 10s 要交换一次 Hello 报文。通过 Hello 报文来确定相邻站是否可以到达，因为只有可达相邻站的链路状态信息才能够存入链路状态数据库，并由此计算出路由表。在正常情况下，网络中传送的绝大多数 OSPF 报文都是 Hello 报文，如果在 40s 内没有收到某个相邻路由器发来的 Hello 报文，则可认为该相邻路由器是不可达的，应立即修改链路状态数据库，并重新计算路由表。

在 OSPF 报文类型中，除了 Hello 报文以外，其他 4 种报文都是用来进行链路状态数据库的同步。当一个运行 OSPF 协议的路由器开始工作时，它只能通过 Hello 报文获得与其相邻的工作路由器，以及将数据发送相邻路由器所需的费用。

此时，OSPF 协议使每一个路由器都用数据库描述报文与相邻路由器交换自己数据库中已存在的链路状态摘要信息。其中摘要信息主要指出有哪些路由器的链路状态信息及其序号已经写入数据库。

通过相邻路由器进行数据库描述报文交换后，路由器使用链路状态请求报文，向对方请求发送自己所缺少的某些链路状态项目的详细信息。经过一系列这种报文交换，整个网络的链路数据库将建立。

在网络运行过程中，只要一个路由器的链路状态发生变化，该路由器将使用链路状态更新报文，通过洪泛算法向整个网络广播链路状态更新报文，以便其他路由器及时更新其链路状态数据库。

为了确保链路状态数据库与整个网络的状态保持一致，OSPF 协议规定每隔一段时间（如 30min）就对数据库中的链路状态进行刷新。

7.3.4 外部网关协议（EGP）

两个交换路由选择信息的路由器若分别属于两个自治系统，则被称为外部邻站，但它们若同属于一个自治系统，则被称为内部邻站。EGP 是一种在外部邻站中使用，实现在多个自治系统间交换路由信息的协议。

在多个自治系统间，进行 IP 数据报的传输，需要通过 EGP 协议来获得对方自治系统的路由信息，从而为 IP 数据报选择最佳路由。因此，EGP 协议应具有以下 3 个基本功能。

- 支持邻站获取机制，即允许一个路由器请求另一个路由器同意交换可达路由信息。
- 路由器持续测试其 EGP 邻站是否有响应。
- EGP 邻站周期性地传送路由更新报文来交换网络可达路由信息。

EGP 协议为了实现以上 3 个基本功能，定义了在该协议实现过程中使用的 10 种报文类型，如表 7-4 所示。

表 7-4 EGP 协议报文类型

报文类型	报文描述
获取请求（Acquisition Request）	请求路由器建立外部邻站关系
获取确认（Acquisition Confirm）	对获取请求报文的肯定响应
获取拒绝（Acquisition Refuse）	对获取请求报文的否定响应
中止请求（Cease Request）	请求路由器中止外部邻站关系
中止确认（Cease Confirm）	对中止请求报文的肯定响应
你好（Hello）	请求外部邻站回答是否活跃
已听到（I Heard You）	对 Hello 报文的回答
轮询请求（Poll Request）	请求更新网络路由信息
路由更新（Routing Update）	更新网络可达信息
差错报文（Error）	对不正确报文的响应

在 EGP 中，所有的 EGP 报文都有其固定的报头用于说明报文类型。图 7-10 所示为 EGP 报文的报头格式。

0 8 16 24 32
版本 类型 代码 状态
校验和 自治系统编号
序号

图 7-10 EGP 报文的报头格式

- **版本** 字段取整数值，指出该报文使用的 EGP 版本号。以便接收方通过检测来确认双方是否使用相同版本的 EGP。
- **类型** 字段指出 EGP 报文的类型。
- **代码** 字段给出了报文的子类型。
- **状态** 字段包含了与该报文有关的状态信息。
- **校验和** 字段用来确认报文的正确到达。
- **自治系统编号** 字段表示发送该报文路由器所在的自治系统编号。
- **序号** 字段用于收发双方进行联系，路由器请求邻站时赋值一个初始序号，以后每发送一个报文，序号将增加 1。邻站回送最近收到的序号值，发送方将回送值与发送时的值做比较，以确保报文传输的正确性。

EGP 使用邻站获取报文，来建立邻站路由器之间的 EGP 通信。EGP 的邻站获取报文，除了标准头部的序号等字段外，还包含 Hello 报文间隔和查询间隔两个字段。其中，Hello 报文间隔字段表示每隔一段时间要对邻站是否活跃进行检测；查询间隔字段用于控制路由信息更新的最高频率。图 7-11 所示为 EGP 的邻站获取报文格式。

图 7-11 EGP 邻站获取报文格式

EGP 检测邻站是否活跃的方式有主动方式和被动方式两种。主动方式即路由器周期性地发送轮询报文和 Hello 报文并等待邻站的响应。被动方式即路由器依靠邻站向其发送 Hello 报文或轮询报文，路由器处于被动地等待状态。而采用被动方式工作的路由器使用邻站可达报文中的状态字段来判断邻站是否活跃，以及邻站是否知道自己是活跃的。图 7-12 所示为 EGP 邻站可达性请求报文格式。

EGP 路由器使用轮询请求和轮询响应报文获得网络可达信息。EGP 轮询报文格式如图 7-13 所示。IP 源网络字段说明了一个与这两个路由器都相连的网络，并且这个网络是两个自治系统所共有的。而在轮询响应报文中含有的路由信息，其距离都是以该 IP 源网络上的路由器为参照计算的。

0	8	16	24	32
版本	类型	代码（0或1）	状态	
校验和		自治系统编号		
序号				

图 7-12 EGP 邻站可达性请求报文格式

0	8	16	24	32
版本	类型	代码（0或1）	状态	
校验和		自治系统编号		
序号		保留		
IP 源网络				

图 7-13 EGP 轮询报文格式

在 EGP 中，外部路由器通过发送路由更新报文，将可达网络的信息传递给 EGP 邻站。运行 EGP 的路由器可以向其他邻站路由器报告两类可达信息，第一种是由该路由器所在的自治系统中所有目的网络构成的；第二种是由该路由器所知道的、位于其自治系统之外的目的网络构成的。

EGP 对路由器通告的网络信息有严格限制，通告的信息仅限于该路由器所在自治系统的内部目的网络。即 EGP 限制一个（非核心）路由器仅仅通过那些完全可以从该自治系统内部到达的网络。图 7-14 所示为 EGP 路由更新报文格式。

0	8	16	24	32
版本	类型	代码（0）	状态	
校验和		自治系统编号		
序号		内部路由器数	外部路由器数	
IP 源网络				
路由器1的IP 地址（无网络前缀）				
距离数				
距离 DI1		在DI1的网络数		
在距离DI1的网络1				
在距离DI1的网络2				
…				
距离DI2		在DI2的网络数		
在距离DI2的网络1				
在距离 DI2的网络2				
…				
路由器N的IP 地址（无网络前缀）				
距离数				
距离Dn1		在Dn1的网络数		
在距离Dn1 的网络1				
在距离Dn1 的网络2				
…				
路由器N的最后一个距离的最后一个网络				

图 7-14 EGP 路由更新报文格式

7.4 虚拟专用网

在计算机网络中，任意两个结点之间的连接并没有传统专网所需的端到端的物理链路，而是架构在公用网络服务商所提供的网络平台，如 Internet、ATM、Frame Relay（帧中继）等之上的逻辑网络，用户数据在逻辑链路中传输。

用户也可以将一种私有（保留）地址转化为合法 IP 地址的转换技术，它被广泛应用于各种类型 Internet 接入方式和各种类型的网络中。

7.4.1 了解虚拟专用网

虚拟专用网络（Virtual Private Network，VPN）是在公用网络上建立专用网络的技术。同时，它也被称为“虚拟网”，其主要是因为整个 VPN 网络的任意两个结点之间的连接并没有传统专网所需的端到端的物理链路，而是架构在公用网络服务商所提供的网络平台，用户数据在逻辑链路中传输。

虚拟专用网络涵盖了跨共享网络或公共网络的封装、加密和身份验证链接的专用网络的扩展。它主要采用了隧道技术、加解密技术、密钥管理技术和使用者与设备身份认证技术。

1．虚拟专用网作用

虚拟专用网的提出就是来解决以下这些问题的。

- ❑ **使用 VPN 可降低成本**　通过公用网来建立 VPN，就可以节省大量的通信费用，而不必投入大量的人力和物力去安装和维护 WAN 设备和远程访问设备。
- ❑ **传输数据安全可靠**　虚拟专用网产品均采用加密及身份验证等安全技术，保证连接用户的可靠性及传输数据的安全和保密性。
- ❑ **连接方便灵活**　用户如果想与合作伙伴联网，如果没有虚拟专用网，双方的信息技术部门就必须协商如何在双方之间建立租用线路或帧中继线路，有了虚拟专用网之后，只需双方配置安全连接信息即可。
- ❑ **完全控制**　虚拟专用网使用户可以利用 ISP 的设施和服务，同时又完全掌握着自己网络的控制权。用户只利用 ISP 提供的网络资源，对于其他的安全设置、网络管理变化可由自己管理。在企业内部也可以自己建立虚拟专用网。

2．虚拟专用网划分标准

根据不同的划分标准，VPN 可以按几个标准进行分类划分。

- ❑ **按 VPN 的协议分类**　VPN 的隧道协议主要有 3 种，PPTP、L2TP 和 IPSec，其中 PPTP 和 L2TP 协议工作在 OSI 模型的第二层，又称为二层隧道协议；IPSec 是第三层隧道协议，也是最常见的协议。L2TP 和 IPSec 配合使用是目前性能最好，应用最广泛的一种。
- ❑ **按 VPN 的应用分类**　Access VPN（远程接入 VPN），即客户端到网关，使用公网作为骨干网在设备之间传输 VPN 的数据流量；Intranet VPN（内联网 VPN），即网关到网关，通过公司的网络架构连接来自同公司的资源；Extranet VPN（外联网 VPN），即与合作伙伴企业网构成 Extranet，将一个公司与另一个公司的资源进行连接；按所用的设备类型进行分类。

3．VPN 网络设备

网络设备提供商针对不同客户的需求，开发出了以下几种不同的 VPN 网络设备。

- ❑ **路由器式 VPN**　路由器式 VPN 部署较容易，只要在路由器上添加 VPN 服务即可。
- ❑ **交换机式 VPN**　主要应用于连接用户较少的 VPN 网络。
- ❑ **防火墙式 VPN**　防火墙式 VPN 是最常见的一种 VPN 的实现方式，许多厂商都提供这种配置类型。

7.4.2 实现 VPN 连接

要实现 VPN，最关键部分是在公网上建立虚信道，而建立虚信道是利用隧道技术实现的，IP 隧道的建立可以是在链路层和网络层。第二层隧道主要是 PPP 连接，如 PPTP，L2TP，其特点是协议简单，易于加密，适合远程拨号用户；第三层隧道是 IPinIP，如 IPSec，其可靠性及扩展性优于第二层隧道，但没有前者简单直接。

1．隧道协议

隧道是利用一种协议传输另一种协议的技术，即用隧道协议来实现 VPN 功能。为创建隧道，隧道的客户机和服务器必须使用同样的隧道协议。

- ❑ **PPTP（点到点隧道协议）** 一种用于让远程用户拨号连接到本地的 ISP，通过因特网安全远程访问公司资源的新型技术。它能将 PPP（点到点协议）帧封装成 IP 数据包，以便能够在基于 IP 的互联网上进行传输。PPTP 使用 TCP（传输控制协议）连接的创建，维护，与终止隧道，并使用 GRE（通用路由封装）将 PPP 帧封装成隧道数据。被封装后的 PPP 帧的有效载荷可以被加密或者压缩或者同时被加密与压缩。
- ❑ **L2TP 协议** L2TP 是 PPTP 与 L2F（第二层转发）的一种综合，它是由思科公司所推出的一种技术。
- ❑ **IPSec 协议** 一个标准的第三层安全协议，它是在隧道外面再封装，保证了在传输过程中的安全。IPSec 的主要特征在于它可以对所有 IP 级的通信进行加密。

2．加解密技术

加解密技术是数据通信中一种较成熟的技术，VPN 可直接利用现有技术实现加解密。

3．密匙管理技术

密匙管理技术的主要任务是如何在公用数据网上安全地传递密匙而不被窃取。

4．使用者与设备身份认证技术

使用者与设备认证技术最常用的是使用者名称与密码或卡片式认证等方式。

7.5 网络地址转换

网络地址转换（Network Address Translation，NAT）属接入广域网（WAN）技术，是一种将私有（保留）地址转化为合法 IP 地址的转换技术，它被广泛应用于各种类型 Internet 接入方式和各种类型的网络中。原因很简单，NAT 不仅完美地解决了 IP 地址不足的问题，而且还能够有效地避免来自网络外部的攻击，隐藏并保护网络内部的计算机。

7.5.1 网络地址转换工作流程

NAT 是将 IP 数据包包头中的 IP 地址转换为另一个 IP 地址的过程。在实际应用中，NAT 主要用于实现私有网络访问公共网络的功能。这种通过使用少量的公有 IP 地址代表较多的私有 IP 地址的方式，将有助于减缓可用 IP 地址空间的枯竭。

私有 IP 地址是指内部网络或主机的 IP 地址，公有 IP 地址是指在因特网上全球唯一的 IP 地址。例如，A 类：10.0.0.0～10.255.255.255；B 类：172.17.0.0～172.31.255.255；C 类：192.168.0.0～192.168.255.255。

上述 3 个范围内的地址不会在因特网上被分配，因此可以不必向 ISP 或注册中心申请而在公司或企业内部自由使用。

在图 7-15 中，终端的网关设定为 NAT 主机，所以当要连上 Internet 的时候，该封装包就会被送到 NAT 主机。这个时候的封装包的源 IP 为 192.168.1.100。

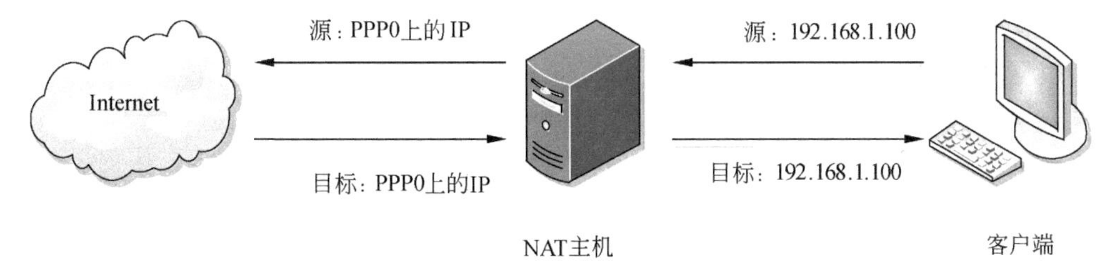

图 7-15 地址转换

而透过这个 NAT 主机，它会将客户端的对外联机封装包的源 IP（192.168.1.100）伪装成 PPP0（假设为拨接情况）。这时，通过 NAT 主机所连接 Internet，将使用 NAT 主机分配的公共 IP 进行连接。同时，NAT 主机并且会记忆这个联机的封装包是由哪一个（192.168.1.100）客户端传送来的，如图 7-16 所示。

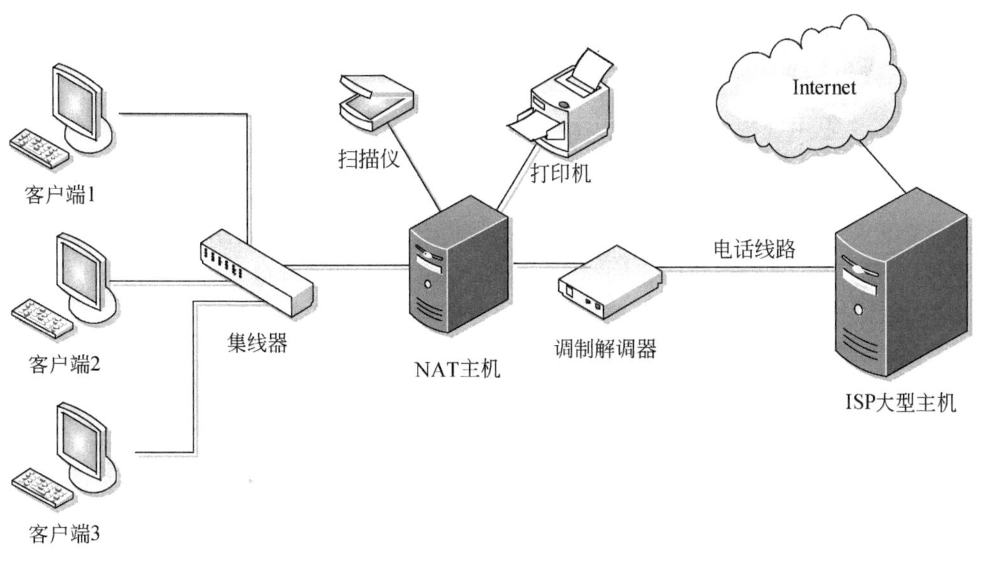

图 7-16 伪装地址

由 Internet 传送回来的封装包，当然由 NAT 主机来接收。这时，NAT 主机会去查询原本记录的路由信息，并将目标 IP 由 PPP0 上面的公共 IP 还原成源 IP 地址（192.168.1.100）。最后，则由 NAT 主机将该封装包传送给原先发送封装包的客户端。

7.5.2 NAT 技术的作用

借助于 NAT，私有（保留）地址的“内部”网络通过路由器发送数据包时，私有地址被转换成合法的 IP 地址，一个局域网只需使用少量 IP 地址（甚至是 1 个）即可实现私有地址网络内所有计算机与 Internet 的通信需求。

NAT 将自动修改 IP 报文的源 IP 地址和目的 IP 地址，IP 地址校验则在 NAT 处理过程中自动完成。有些应用程序将源 IP 地址嵌入到 IP 报文的数据部分中，所以还需要同时对报文的数据部分进行修改，以匹配 IP 头中已经修改过的源 IP 地址。否则，在报文数据都分别嵌入 IP 地址的应用程序就不能正常工作。

NAT 的实现方式有 3 种，即静态转换（Static Nat）、动态转换（Dynamic Nat）和端口多路复用（OverLoad）。

1．静态转换

将内部网络的私有 IP 地址转换为公有 IP 地址，IP 地址对是一对一的，是一成不变的，某个私有 IP 地址只转换为某个公有 IP 地址。借助于静态转换，可以实现外部网络对内部网络中某些特定设备（如服务器）的访问。

2．动态转换

将内部网络的私有 IP 地址转换为公用 IP 地址时，IP 地址是不确定的，是随机的，所有被授权访问 Internet 的私有 IP 地址可随机转换为任何指定的合法 IP 地址。也就是说，只要指定哪些内部地址可以进行转换，以及用哪些合法地址作为外部地址时，就可以进行动态转换。动态转换可以使用多个合法外部地址集。当 ISP 提供的合法 IP 地址略少于网络内部的计算机数量时，可以采用动态转换的方式。

3．端口多路复用（Port address Translation，PAT）

改变外出数据包的源端口并进行端口转换，即端口地址转换，其采用端口多路复用方式。内部网络的所有主机均可共享一个合法外部 IP 地址实现对 Internet 的访问，从而可以最大限度地节约 IP 地址资源。同时，又可隐藏网络内部的所有主机，有效避免来自 Internet 的攻击。因此，目前网络中应用最多的就是端口多路复用方式。

7.6 练习：划分 VLAN 端口

当网络规模较大时，网上的广播信息会很多，导致网络性能恶化。可以通过划分 VLAN，对不同的计算机进行隔离，使广播信息不会跨过 VLAN，从而缩小了广播范围，提高网络性能。在此，本节借助【工大瑞普路由模拟器】来进行划分 VLAN 端口的配置，其配置方法与真实环境相同。

1. 实验目的

- ❑ 掌握如何进入 vlan 模式
- ❑ 掌握如何创建 vlan
- ❑ 掌握如何划分 vlan 端口

2. 实验步骤

1 在用户模式下，输入 enable（进入特权模式）命令，并按 Enter 键，如图 7–17 所示。

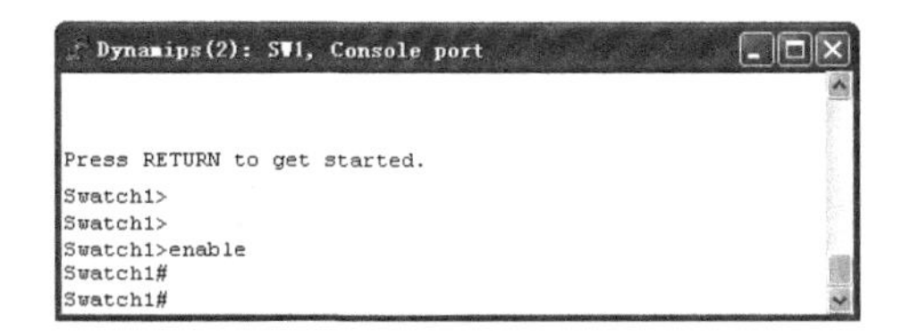

图 7–17　输入 enable 命令

提　示

交换机开机自动加载完成后，默认进入的是用户模式。

2 在特权模式下，输入 vlan database（进入 VLAN 模式）命令，并按 Enter 键，如图 7–18 所示。

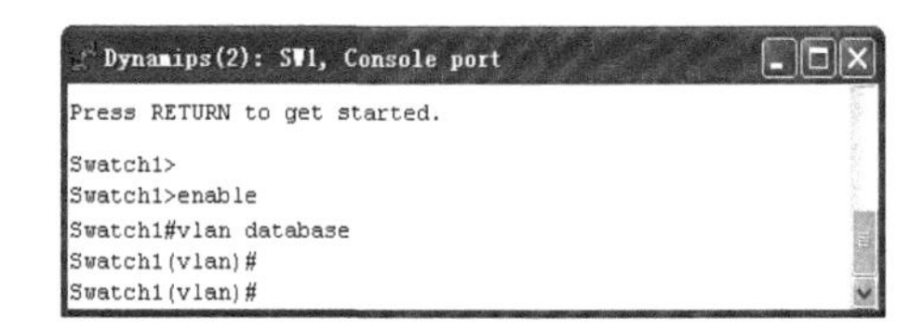

图 7–18　输入 vlan database 命令

3 在 vlan 模式下，输入 vlan 10（创建 VLAN10）命令，并按 Enter 键，如图 7–19 所示。

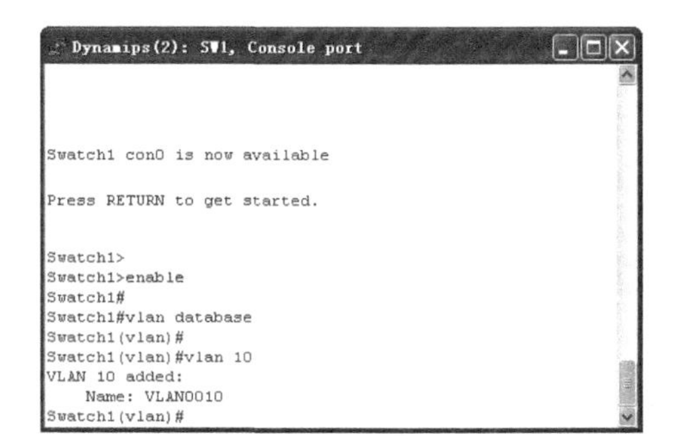

图 7–19　输入 vlan 10 命令

提　示

创建 vlan 的命令格式为："vlan 编号"，在此创建一个 vlan，其编号为 10。

4 在该模式下，输入 exit（退出 VLAN 模式）命令，并按 Enter 键，如图 7–20 所示。

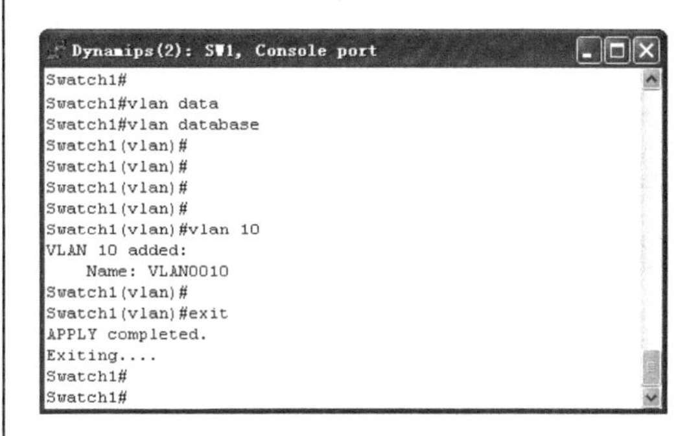

图 7–20　输入 exit 命令

5 在特权模式下，输入 show vlan–switch（查看 VLAN 信息）命令，并按 Enter 键，如图 7–21 所示。

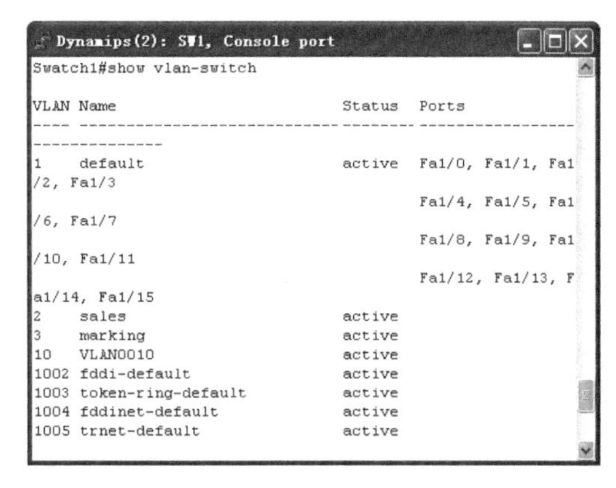

图 7–21　输入 show vlan-switch 命令

提　示

默认情况下，交换机的所有端口都属于 vlan1。

6 在特权模式下，输入 config terminal（进入全局配置模式）命令，并按 Enter 键，如图 7-22 所示。

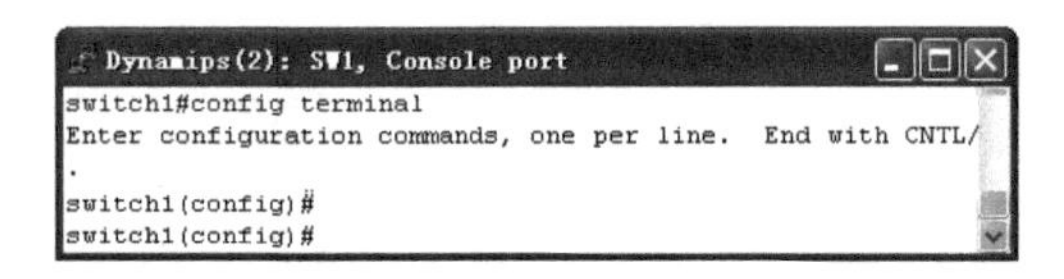

图 7-22 输入 config terminal 命令

7 在全局配置模式下，输入 interface fastEethernet 1/0（进入 fa1/0 端口）命令，并按 Enter 键，如图 7-23 所示。

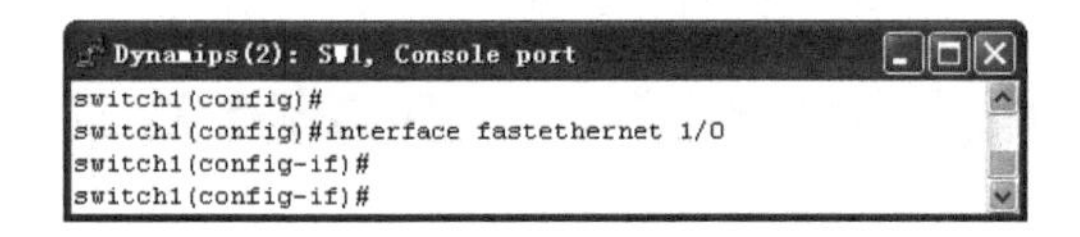

图 7-23 输入命令

8 在接口模式下，输入 switchport mode access（设置交换机的连接方式）命令，按【回车】键。输入 switchport access vlan 10 命令，并按 Enter 键，如图 7-24 所示。

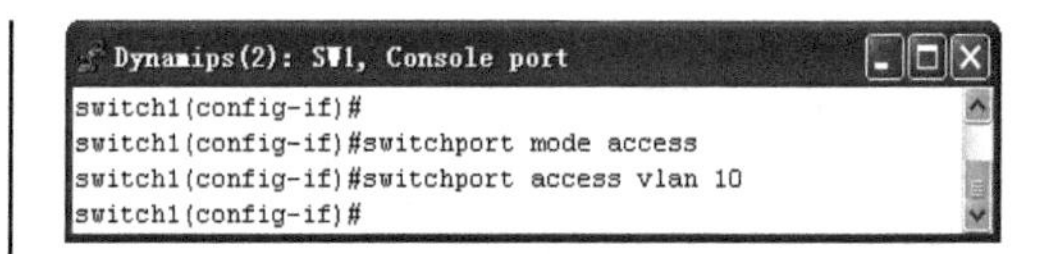

图 7-24 关联接口

提 示

交换机有两种连接方式，一种连接方式为“access”，表明是接入连接，另一种为“trunk”连接，表明是中继连接，默认为“access”。

9 在接口模式下，输入 end 命令，并按 Enter 键，如图 7-25 所示。

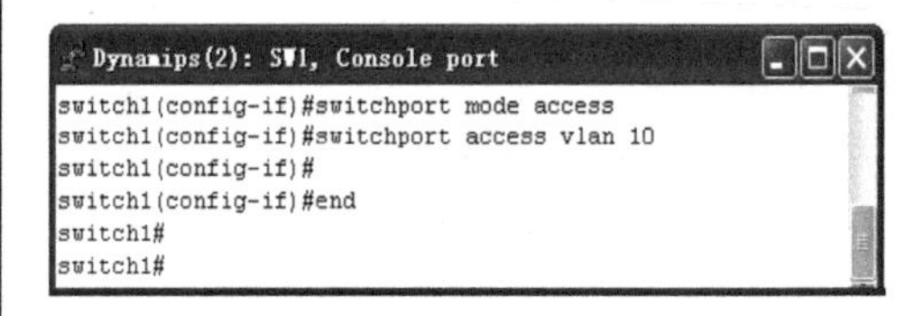

图 7-25 输入 end 命令

提 示

由接口模式返回到特权模式的命令有 exit、end，exit 命令是逐级返回，而 end 则可直接返回。

7.7 练习：IP 及子网掩码配置

IP 地址是 IP 网络中数据传输的依据，它标识了 IP 网络中一个连接。然而，要想让路由器能够在网络中使用，就必须为它配置 IP 地址及掩码。

在此，借助【工大瑞普路由模拟器】交换版来进行 IP 地址及子网掩码的配置，其配置方法与真实环境相同。

1. 实验目的

- ❑ 掌握如何进入端口模式
- ❑ 掌握如何配置 IP 地址及掩码
- ❑ 掌握如何查看 IP 地址

2. 实验步骤

1 在用户模式下，输入 enable（进入特权模式）命令，并按 Enter 键，如图 7-26 所示。

提 示

与交换机一样，路由器开机自动加载完成后，默认进入的是用户模式。

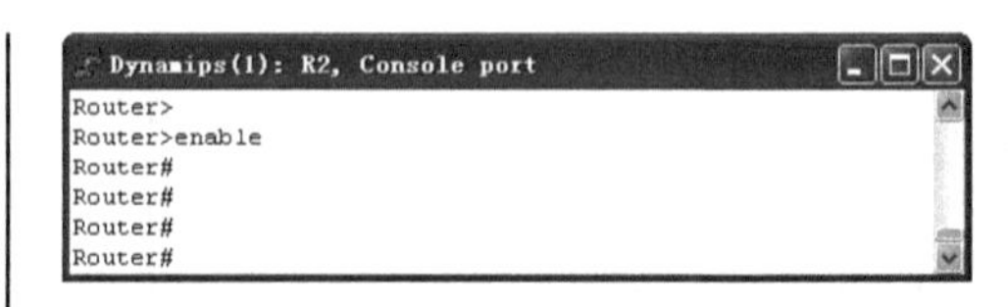

图 7-26 输入 enable 命令

2 在特权模式下，输入 config terminal（进入全局配置模式）命令，并按 Enter 键，如图 7-27 所示。

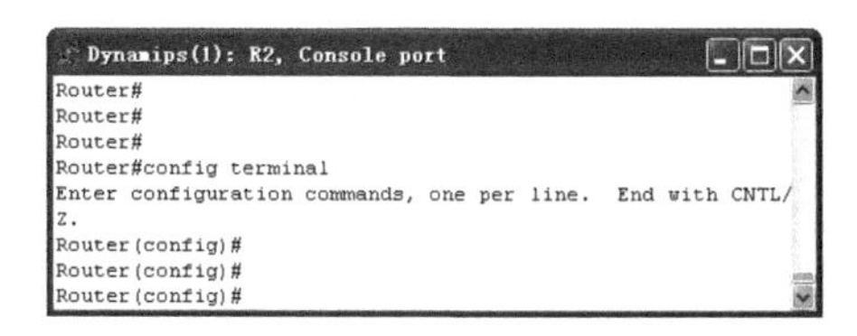

图 7-27 输入 config terminal 命令

3 在全局配置模式下，输入 interface serial 1/0 命令，并按 Enter 键，如图 7-28 所示。

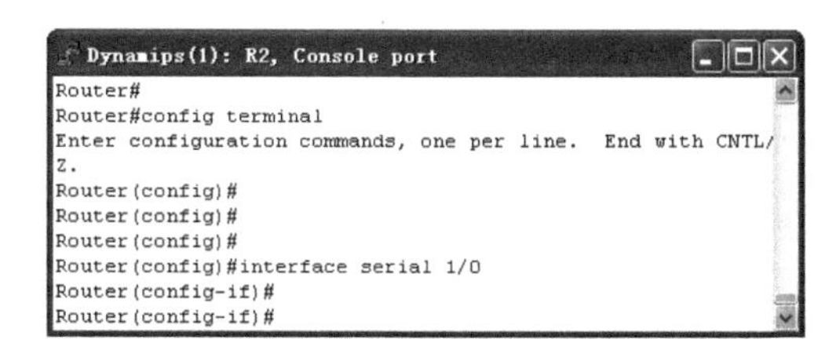

图 7-28 进入 S1/0 端口

4 在端口模式下，输入 ip address 192.168.1.1 255.255.255.0 命令，按 Enter 键。然后，输入 no shutdown（激活端口 IP 地址）命令，并按 Enter 键，如图 7-29 所示。

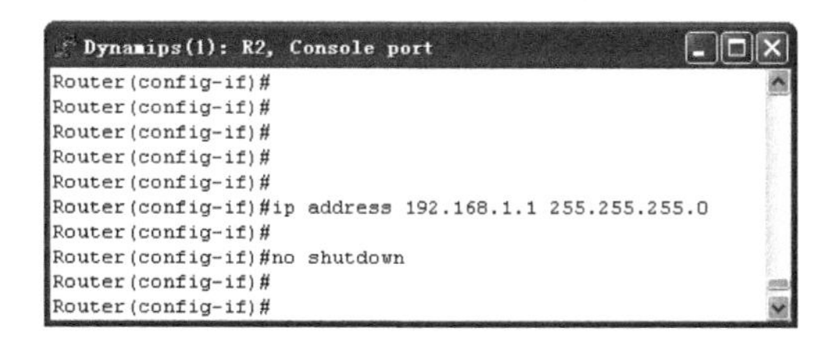

图 7-29 配置 IP 地址及子网掩码

提 示

使用"no shutdown"命令，作用是让配置的 IP 地址生效。

5 在该模式下，输入 end 命令，并按 Enter 键，如图 7-30 所示。

```
Dynamips(1): R2, Console port
Router(config-if)#
Router(config-if)#
Router(config-if)#
Router(config-if)#
Router(config-if)#
Router(config-if)#ip address 192.168.1.1 255.255.255.0
Router(config-if)#
Router(config-if)#no shutdown
Router(config-if)#
Router(config-if)#end
```

图 7-30 输入 end 命令

提 示

要想退出当前模式，可以使用 exit 和 end 两个命令，但是它们之间是有区别的，exit 命令是逐级退出，而 end 则可以直接返回到特权模式。

6 在特权模式下，输入 show interface serial 1/0 命令，并按 Enter 键，如图 7-31 所示。

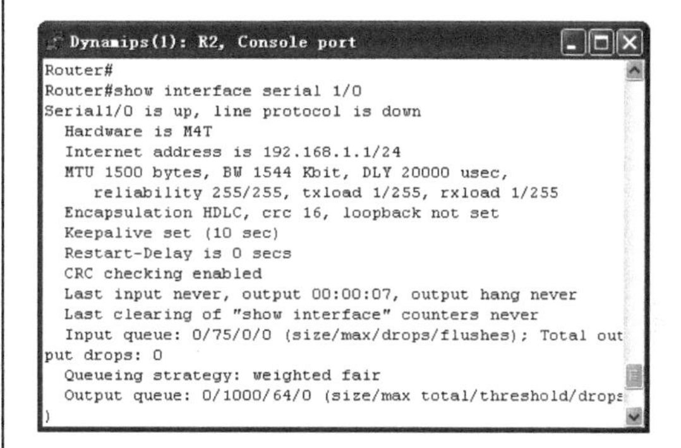

图 7-31 查看配置信息

提 示

如果要查看设备上所有端口的 IP 配置信息，可以在特权模式下，输入"show running-config"命令。

7.8 思考与练习

一、填空题

1. ___________是网络层软件的一部分，它负责确定所收到的分组应该被传送的线路。

2. 路由算法可以分成两大类：___________和自适应的。

3. 从所有的源结点到一个指定目标结点的最优路径的集合构成了一棵以目标结点为根的

树，这样一棵树被称为__________。

4．__________是TCP/IP协议集中的一个子协议，主要用于在主机或路由器之间传递有关IP数据报传输的控制信息。

5．__________是在公用网络上建立专用网络的技术，主要是架构在公用网络服务商所提供的网络平台，用户数据在逻辑链路中传输。

二、选择题

1．地址解析协议 ARP 的作用是__________。

A．查询本机的MAC地址

B．查询本机的IP地址

C．查询制定IP地址所对应的MAC地址

D．查询指定MAC 地址所对应的IP地址

2．以下哪个是非法的 IP 地址？__________。

A．202.0.0.202

B．202.255.255.3

C．10.10.10.10

D．1.2.3.256

3．__________属于因特网外部网关协议。

A．OSPF

B．BGP

C．RIP

D．ARP

4．典型的内部网关协议有__________和OSPF。

A．RIP

B．ARP

C．PPP

D．DHCP

5．路由表分为静态路由表和动态路由表，使用路由选择信息协议 RIP 来维护的路由表是__________路由表。

A．静态

B．动态

C．静态和动态

D．变动

三、简答题

1．简述路由算法。

2．什么是分级路由？

3．外部网关协议是什么？

4．什么是虚拟专用网？

四、上机练习

配置IP地址

在组成局域网网络时，除了将计算机与相应的网络设备连接外，还需要进行相应的配置，如配置计算机的IP地址。首先，打开【网络连接】窗口，右击【本地连接】图标，执行【属性】命令，打开【本地连接 属性】对话框。然后，在【常规】选项卡中，选择【此连接使用下列项目】栏中的【Internet协议（TCP/IP）】项，并单击【属性】按钮。最后，在弹出对话框内选择【使用下面的IP地址】单选按钮后，依次为该网卡设置IP地址和子网掩码，如图7-32所示。

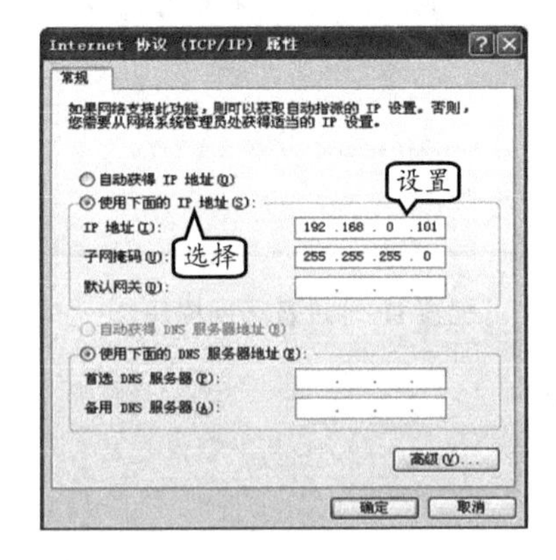

图7-32 配置IP地址

第 8 章

组建对等网

对等网是当今所有类型网络中最为简单的一种网络，不仅投资少，其连接方式也很简单。对等网主要采用分散式管理方法，网络中的计算机既可以作为服务器又可以作为客户机，用户只需管理当前计算机中的资源即可。一般情况下，对等网的计算机连接数量小，比较适合家庭、校园和小型办公室使用。在本章中，将详细介绍对等网的基础知识和组建方法，以帮助用户随时随地在不同系统下组建对等网，共享资源信息。

本章学习目的：

- 什么是对等网
- 对等网的网络结构
- 对等网的优缺点
- 对等网的组建方法
- 共享文件
- 共享打印机

8.1 对等网概述

在网络的发展过程中，不仅很多类型的局域网是从对等网的衍生发展而来的，而且一些客户机/服务器模式的网络也是架构在对等网的基础之上的；因此了解和掌握对等网的基础知识和创建方法，对用户学习局域网有着一定的基础性作用。

8.1.1 什么是对等网

对等网又称为工作组网，一般是由少量的计算机组成，具有投资少、连接容易、维护简单等优点。相对于局域网来讲，对等网中不存在“域”，也不存在所谓的域控制，而是以“工作组”的形式存在的，而且每个计算机之间的关系都是对等关系。“工作组”相对于“域”的功能非常有限，因此对于对等网中的用户数也存在一定的限制。一般情况下，对等网最好不要超过20台计算机，当大于10台计算机时，网络性能将会降低。

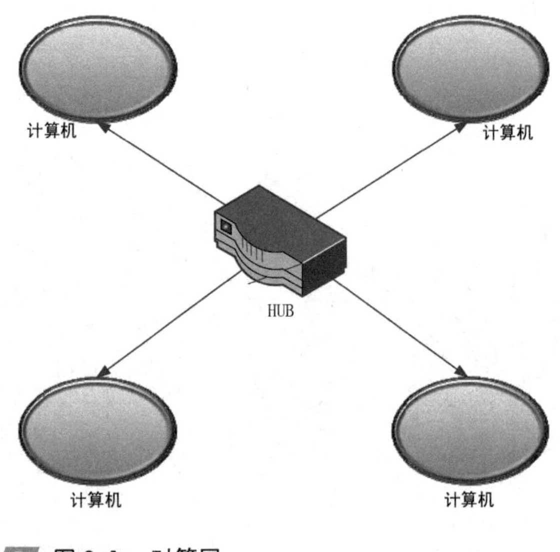

图8-1 对等网

对等网中的计算机具有相同的功能，不具有主从之分，所有的计算机既可以作为网络服务器为其他计算机提供相应的资源，又可以作为工作站来分享其他服务器中的资源。一般情况下，对等网分为两种形式，一种是不通过集线器（HUB）相连的对等网，另一种是通过集线器（HUB）相连的对等网，如图8-1所示。

在对等网中，除了共享一般的文件资源之外，还可以共享网络打印机，以方便对等网中的所有计算机使用同一台打印机。另外，由于对等网无须专门的服务器来做网络支持，因此对等网的组建价格相对低廉，但是也存在数据保密性差这一缺点。除了存在上述缺点之外，对等网还存在网络性能较低、文件管理分散和计算机资源占用过大等缺点。

8.1.2 对等网的网络拓扑

目前比较适合对等网使用的网络布线的拓扑结构为总线型和星型结构。其中，总线型结构是使用一根连接线连接所有的计算机，只适用于计算机数量比较少的对等网；由于多台计算机使用一根连接线，当连接线中的一段线缆出现问题时，将会导致整个网络处于瘫痪状态，因此不建议在对等网中使用该网络拓扑结构。

星型网络拓扑结构则是以集线器（HUB）为中心，使用双绞线进行连接各个计算机。当对等网中的某台计算机或某段线路出现故障时，并不会影响其他计算机之间的连接状态，而且用户只需查看HUB中的指示灯，即可发现故障的具体位置。另外，对于星型网络拓扑结构来讲，如果用户想增减一台计算机，只需将该计算机连接到HUB上即可，在扩充网络方面具有一定便捷性；因此建议在对等网中使用星型网络拓扑结构。

确定了对等网的整体网络拓扑结构之后，用户还需要根据对等网的使用环境和需求，以及传输介质和规模，来确定对等网的不同方式。一般情况下，对等网的方式是根据计算机的数量来确定的，包括两台计算机、三台计算机，或者三台以上计算机等方式。

1. 两台计算机的对等网

两台计算机的对等网一般采用双绞线、同轴电缆或串、并行电缆等组建方式对两台计算机进行互联，除了串、并行电缆组建方式之外，两台计算机的对等网的其他组件方式还需要借助网卡进行互联，如图8-2所示。

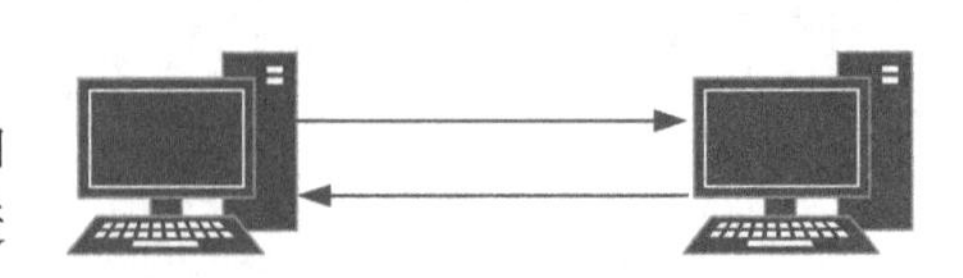
图8-2 两台计算机互联

对等网中的串、并行电缆方式又称为“零调制解调器”，也被称为“远程通信”领域，是借助两台计算机中的串口（COM）或并口（LPT），在不使用网卡的情况下，通过一根电缆实现两台计算机互联。由于该组建方式节省了网卡的购买成本，因此也是所有对等网组建方式中最廉价的一种组建方式。但是，该组建方式的网络传输速率比较低，其制作相对也比较麻烦；因此在网卡价格低廉的当今，该组建方式已逐渐被淘汰。

2．三台计算机的对等网

三台计算机的对等网必须在使用网卡的状态下，采用双绞线或同轴电缆作为传输介质。如果使用双绞线组建对等网，根据不同的网络结构存在下列两种组建方法：

- ❑ **双网卡网桥方式** 双网卡网桥方式是在三台计算机中的一台计算机上安装两块网卡，另外两台计算机则只安装一块网卡；然后使用双绞线连接各个计算机，并对计算机进行相应的系统设置。
- ❑ **集线器方式** 集线器方式是在组建对等网时，添加一个集线器，三台计算机直接与集线器相连，从而组建一个星型对等网。该方式所组建的对等网的网络性能很好，但成本会高于双网卡网桥方式。

如果使用同轴电缆组建对等网，只需每台计算机配备一块网卡，并使用同轴电缆直接串联三台计算机即可。但是，同轴电缆的价格相对双绞线要贵一些，因此在组建成本上与双绞线的组建方法相差不大。

3．三台以上计算机的对等网

三台以上计算机的对等网与三台计算机的对等网的组建方式大体相同，主要包括集线器和同轴电缆两种组建方式。

- ❑ **集线设备方式** 集线器是在组建对等网时，添加一个集线设备，也就是添加一个集线器或交换机，相连于各个计算机，从而组成星型网络。
- ❑ **同轴电缆方式** 同轴电缆方式是使用同轴电缆直接串联各个计算机。另外，在同轴电缆方式下也可以采用双网卡网桥的连接方式；但是该方式需要多个双网卡配置，从而大大提高了网络组建的费用，并且双网卡配置对计算机的硬件资源要求较高，因此该方法并没有被广大用户所采用。

在组建对等网时，相对于硬件配置其软件系统方便且比较灵活，几乎所有的操作系统都可以配置对等网，例如最古老的 DOS、Windows 95、Windows NT/2000/2003，以及最新版的 Windows 7/8 等。

8.2 对等网的组建方法

对等网的组建分为无 HUB 式和 HUB 式对等网两种类型，其组建步骤大体相同都分为网线制作、安装网卡、连接网卡、安装网卡驱动器、系统配置等。在本小节中，将详细介绍在不同系统下组建对等网的配置方法和操作步骤。

8.2.1 连接物理设备

组建对等网的首要工作是连接物理设备，也就是使用双绞线或集线器，连接各个计算机。下面，将根据对等网不同的组建样式，详细介绍连接物理设备的操作方法。

1．组建无 HUB 式对等网

对等网分为 HUB 式和无 HUB 式对等网，无 HUB 式是不使用 HUB（集线器），直接使用双绞线互联计算机的一种对等网。在该类型的对等网中，如果是 2 台计算机，则直接使用双绞线互联即可；如果是 3 台计算机，则需要在其中一台计算机中安装 2 块网卡分别连接另外 2 台计算机。

而连接各个计算机的网线称为双绞线，它是目前网络中最为常见的网络传输介质，制作时需要将其与专用的 RJ-45 连接器（俗称“水晶头”）进行连接。根据双绞线两端与水晶头连接方式的不同，利用双绞线可以制作出直通线和交叉线两种不同类型的网络。而交叉线又称为反线，是专门用于组建对等网的一种双绞线。其线序一端按照 EIA/TIA 568A 的标准进行排列（白绿、绿、白橙、蓝、白蓝、橙、白棕、棕），另外一端则按照 EIA/TIA 568B 的标准线序进行排列（白橙、橙、白绿、蓝、白蓝、绿、白棕、棕）。

首先，选择一根网线，将网线的一端置于网钳的切割刀片下后，切齐双绞线。然后，将切齐后的双绞线放入剥线槽内，并在握住网钳后轻微合力，再扭转网线，切下双绞线的外皮，如图 8-3 所示。

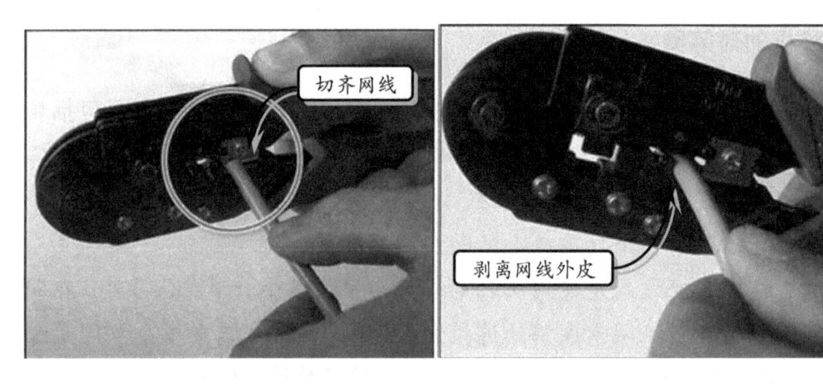

图 8-3 切齐和剥离双绞线

拔掉已经切下的双绞线外皮，分离所有的双绞线，并将双绞线内的 8 根铜线依次拉直，如图 8-4 所示。

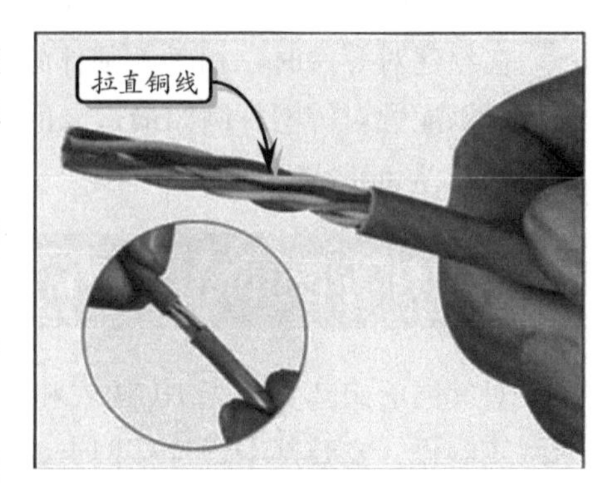

图 8-4 拉直双绞线

拉直之后，按照 EIA/TIA 568A 的标准线序对 8 根铜线进行排列，并将铜线置于网钳切割片下，握住网钳合力将线端切齐。紧接着，用手捏住切齐后的 8 根铜线后，将水晶头裸露铜片的一面朝上，并将排列好的 8 根铜线推入水晶头内的线槽中，如图 8-5 所示。

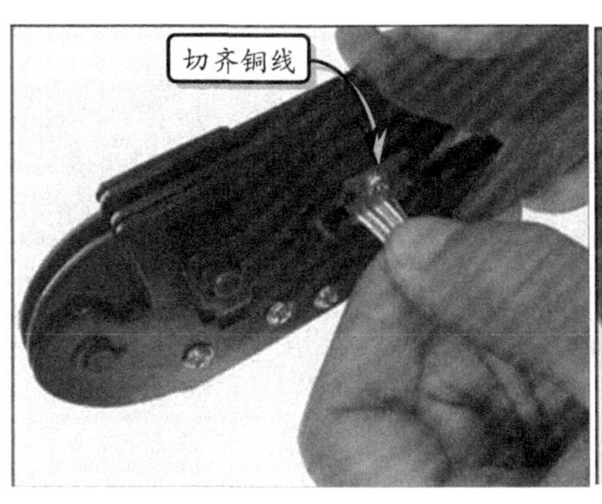

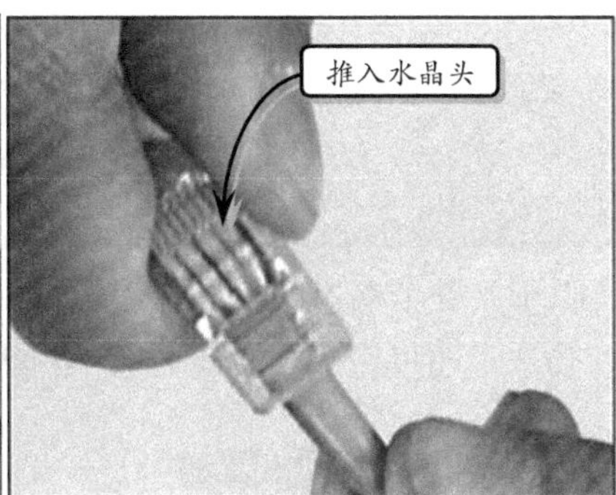

图 8-5 剪切并插入铜线

最后，确认 8 根铜线已经全部插入至水晶头线槽的顶端后，将其放入网钳的 RJ-45 压线槽内，并合力挤压网钳手柄，如图 8-6 所示。

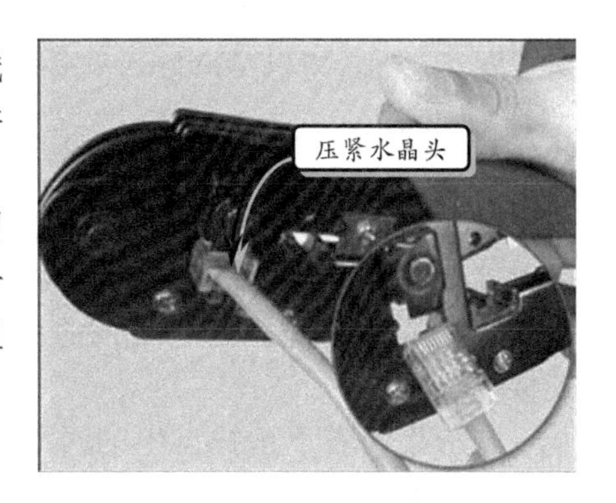

图 8-6 挤压水晶头

此时，完成 EIA/TIA 568A 端头的制作。使用相同方法制作线序为 EIA/TIA 568B 的双绞线另一端，完成后将交叉线连接到两台计算机中，即可组建一个无 HUB 式的对等网。

2. 组建 HUB 式对等网

组建 HUB 式对等网则需要添加一个集线器（HUB），用于连接各台计算机。HUB 是一个多端口转发器，大部分是以 RJ-45 接口与计算机相连，按其结构和功能可以分为未管理的集线器、堆叠式集线器和底盘集线器。

- **未管理的集线器** 未管理的集线器是通过以太网总线提供中央网络连接，常用于星型网络拓扑结构。该类型的集线器适用于小型的网络，一般不多于 12 个结点，而且不需要管理软件或协议来提供网络管理功能。
- **堆叠式集线器** 堆叠式集线器比为管理的集线器稍微复杂一些，它具有 8 个可以直接彼此相连的转发器，方便扩展集线器的数量。用户只需添加新的集线器，并将其连接到已安装的集线器上，即可扩展网络。
- **底盘集线器** 底盘集线器是一种模块化的设备，可以在其底板的电路板上插入多种类型的模块，从而可以适应以太网、快速以太网、光纤分布式数据接口和异步传输模式等不同的段。除此之外，部分集线器还包含网桥、路由器和交换模块。

集线器（HUB）具有普通口和级联口（UP-LINK）两种接口，其中普通口不仅可以连接集线器和计算机，而且还可以连接集线器和集线器；连接集线器和计算机需要使用直通线，而连接集线器和集线器则需要使用交叉线。集线器中的级联口（UP-LINK）则用于连接集线器和集线器，此时需要使用直通线进行连接，如图 8-7 所示。

图 8-7 集线器（HUB）

提　示

集线器（HUB）在出厂设置时，有的级联口（UP-LINK）为自适应，也就是既可以使用直通线也可以使用交叉线进行连接。另外，有的集线器（HUB）中的普通口也可以使用交叉线，其具体情况需要根据集线器（HUB）的具体设置而定。

了解集线器（HUB）各个端口的具体作用之后，用户只需使用双绞线将各台计算机与集线器（HUB）相连，即可组建一个带有 HUB 的对等网了。

8.2.2 对等网的系统配置

连接物理设备之后，用户还需要对当前系统进行一系列的配置，才可以体现真正的对等网。下面，将以 Windows 7 系统为例，详细介绍对等网的系统设置内容。

1. 设置 Internet 协议

Internet 协议即是设置网络 IP 地址，使对等网中的计算机处于同一个 IP 地址段内，否则将无法创建对等网的真正连接。

右击桌面右下角托盘中的网络图标，打开【网络和共享中心】对话框，选择左侧的【更改适配器设置】选项，如图 8-8 所示。

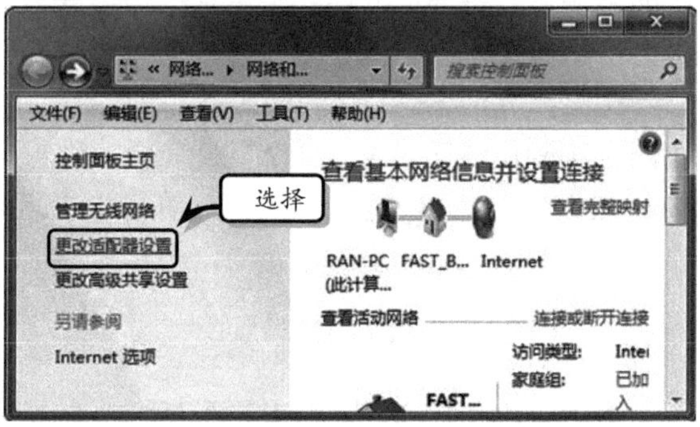

图 8-8 【网络和共享中心】对话框

在弹出的【网络连接】对话框中，右击【本地连接】图标，执行【属性】命令，准备设置 Internet 协议，如图 8-9 所示。

然后，在弹出的【本地连接 属性】对话框中，双击【此连接使用下列项目】列表框中的【Internet 协议版本 4（TCP/IPv4）】选项，如图 8-10 所示。

图 8-9 选择网络类型

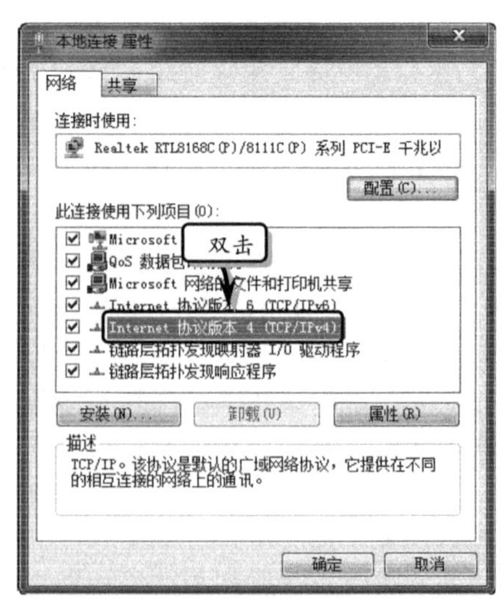

图 8-10 选择协议类型

在弹出的【Internet 协议版本 4（TCP/IPv4）属性】对话框中，选中【使用下面的 IP 地址】选项，并将【IP 地址】设置为 192.168.1.2，同时将【子网掩码】设置为 255.255.255.0，并单击【确定】按钮，如图 8-11 所示。

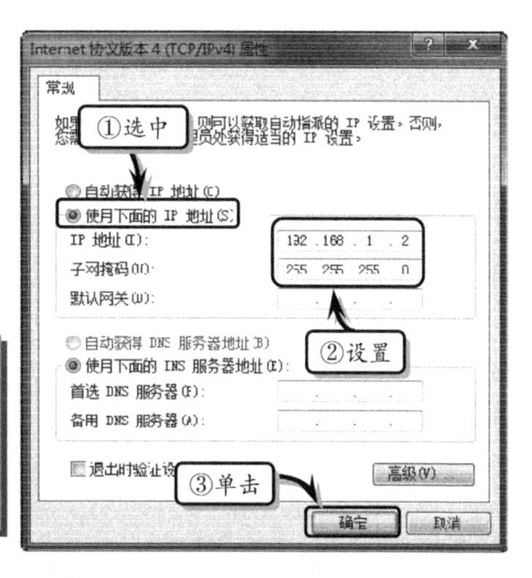

图 8-11　设置协议属性

提　示

对等网中的所有计算机的 Internet 协议都需要参照上述方法进行设置，唯一不同的是 IP 地址的最后一位数，例如第 2 台计算机的 IP 地址可以设置为 192.168.1.3，该 IP 地址介于 1~255 之间。

2．设置工作组名称

为了确保对等网中的每台计算机都可以互相访问，除了设置必要的 Internet 协议之外，还需要设置工作组，使各个计算机处于同一个工作组中。

在桌面中右击【计算机】图标，右击执行【属性】命令，在弹出的【系统】对话框中选择左侧的【高级系统设置】选项，如图 8-12 所示。

图 8-12　【系统】对话框

在弹出的【系统属性】对话框中，激活【计算机名】选项卡，在【计算机描述】文本框中输入描述文本，并单击【网络 ID】按钮，如图 8-13 所示。

在弹出的【加入域或工作组】对话框中，选中【这台计算机是商业网络的一部分，用它连接到其他工作中的计算机（T）】选项，并单击【下一步】按钮，如图 8-14 所示。

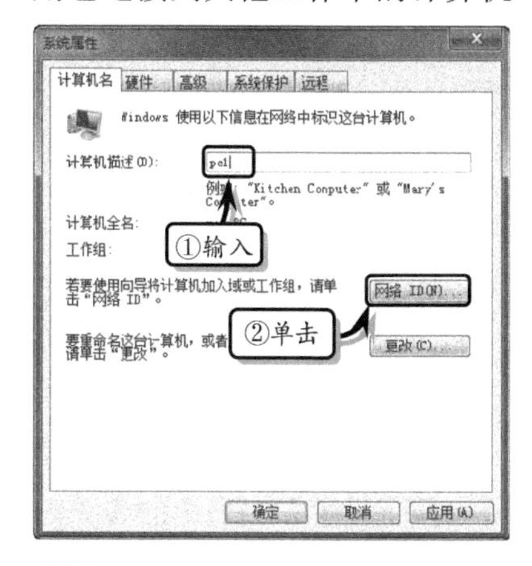

图 8-13　【系统属性】对话框

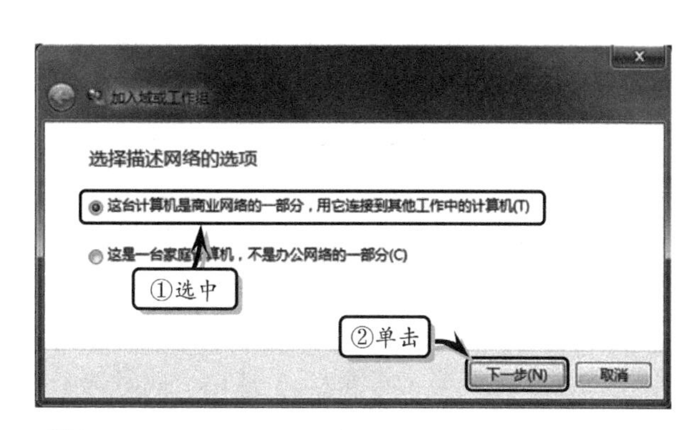

图 8-14　选择计算机网络

然后，在弹出的【公司网络在域中吗？】列表中，选中【公司使用没有域的网络】选项，并单击【下一步】按钮，如图 8-15 所示。

在【键入计算机工作组名】列表中的【工作组（W）】文本框中，输入工作组名称，并单击【下一步】按钮，同时单击【完成】按钮，如图 8-16 所示，完成计算机工作组的设置操作。

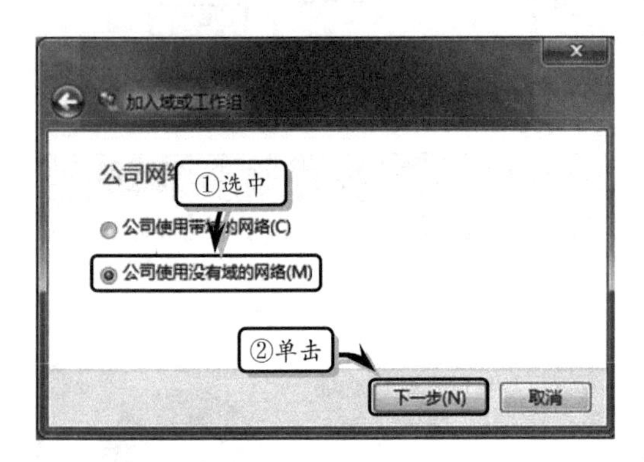

图 8-15 设置域选项

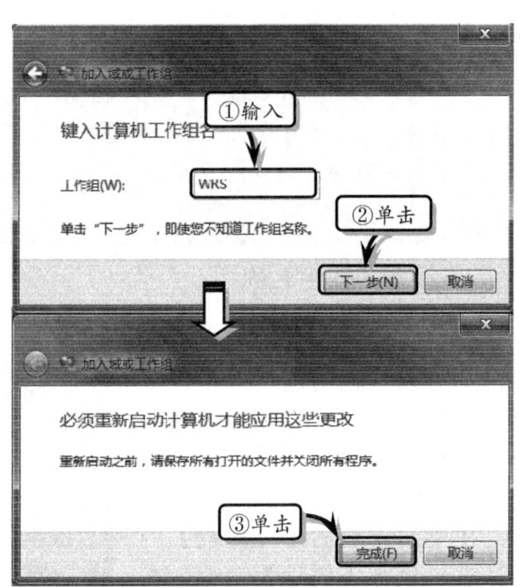

图 8-16 输入工作组名称

提 示

统一工作组名称之后，为了便于识别对等网中的各个计算机，还需要更改计算机的名称。在【系统属性】对话框中，单击【更改】按钮，在弹出的对话框中更改计算机名称即可。

3. 关闭系统防火墙

为了确保对等网运行的稳定性，还需要关闭系统防火墙。右击桌面右下角托盘中的网络图标，打开【网络和共享中心】对话框，选择左下角的【Windows 防火墙】选项，如图 8-17 所示。

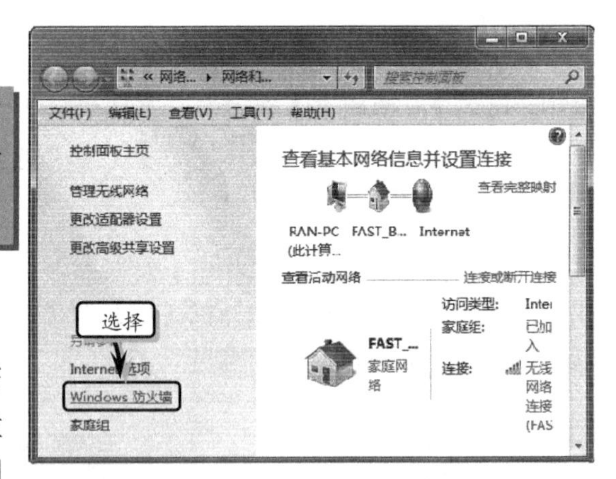

图 8-17 【网络和共享中心】对话框

在弹出的【Windows 防火墙】对话框中，选择左侧的【打开或关闭 Windows 防火墙】选项，如图 8-18 所示。

然后，在弹出的对话框中的【家庭或工作（专用）网络位置设置】列表中，选中【关闭 Windows 防火墙（不推荐）】选项，同时选中【公用网络位置设置】列表中的【关闭 Windows 防火墙（不推荐）】选项，并单击【确定】按钮，如图 8-19 所示。

图 8-18 【Windows 防火墙】对话框

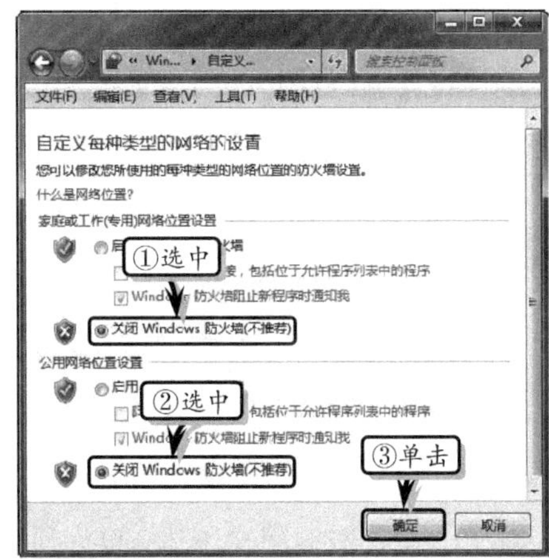

图 8-19 关闭 Windows 防火墙

8.3 共享与打印

组建对等网之后，各个计算机之间便可以彼此共享文件和打印机了。通过网络中的共享与打印，不仅可以节省硬件的购置费用，而且还可以快速交换各类文件资源。

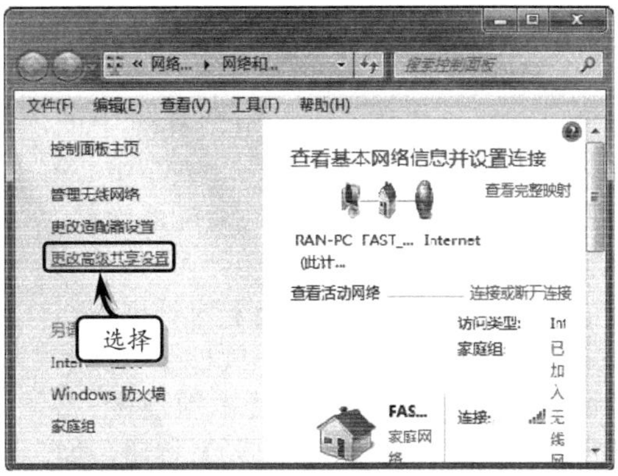

图 8-20 【网络和共享中心】对话框

8.3.1 设置共享设置

在 Windows 7 系统中共享文件之前，还需要先设置系统内的高级共享设置及其他一些附属设置，否则其他计算机将无法查看或访问所共享的文件。

1. 设置高级共享选项

右击桌面右下角托盘中的【网络】图标，执行【打开网络和共享中心】命令。然后，在弹出的【网络和共享中心】对话框中，选择左侧列表中的【更改高级共享设置】选项，如图 8-20 所示。

在弹出的【高级共享设置】对话框中的【家庭或工作（当前配置文件）】选项组中，选中【网络发现】栏中的【启用网络发现】选项，同时选中【文件和打印机共享】栏中的【启用文件和打印机共享】选项，并选中【公用文件夹共享】栏中的【启用共享以便可以访问网络的用户可以读取和写入公用文件夹中的文件】选项，如图 8-21 所示。

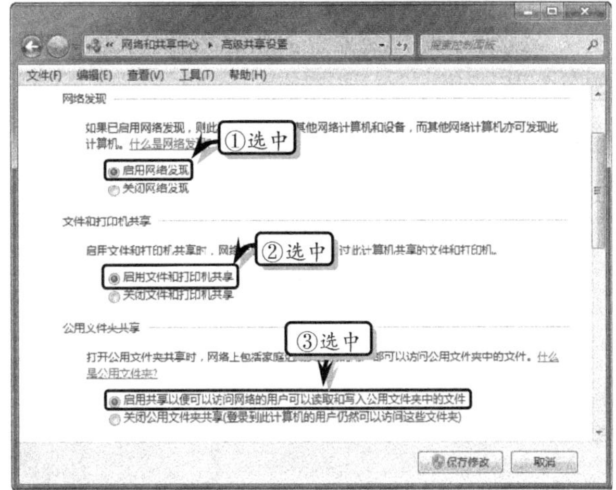

图 8-21 设置高级共享选项

然后，在【高级共享设置】对话框中，继续在【密码保护的共享】栏中，选中【关闭密码保护共享】选项，并单击【保存修改】按钮，如图 8-22 所示。

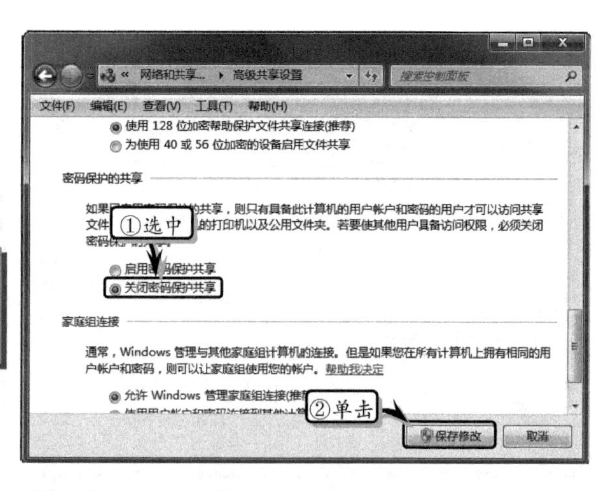

图 8-22 关闭密码保护

提 示

当用户使用的不是家庭或工作网，而是公共网络时，则需要在【高级共享设置】对话框中的【公用】选项组中，设置高级共享选项。

2. 设置网络适配器

对于一些特殊的用户来讲，也许通过设置高级共享设置后仍然会因为种种原因无法共享资源。此时，可以通过设置网络适配器的方式，来纠正无法共享的问题。

首先，右击桌面右下角托盘中的【网络】图标，打开【网络和共享中心】对话框，选择左侧的【更改适配器设置】选项，如图 8-23 所示。

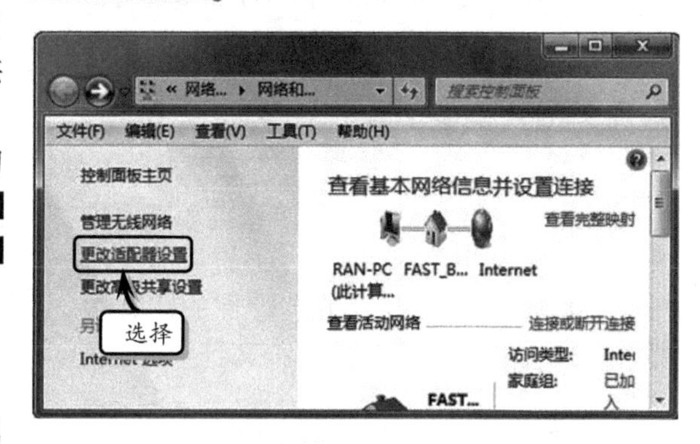

图 8-23 【网络和共享中心】对话框

在弹出的【网络连接】对话框中，右击【本地连接】图标，执行【属性】命令。然后，在弹出的【本地连接 属性】对话框中，单击【配置】按钮，如图 8-24 所示。

在弹出的对话框中，激活【高级】选项卡，在【属性】列表框中选择【速度和双工】选项，同时单击右侧【值】下拉按钮，选择【自动协商】选项，并单击【确定】按钮，如图 8-25 所示。

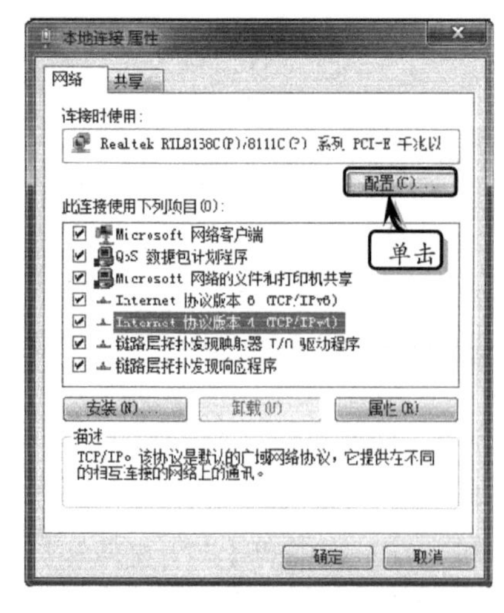

图 8-24 【本地连接 属性】对话框

图 8-25 设置网络适配器

8.3.2 共享磁盘

在 Windows 7 系统中设置高级共享选项之后，便可以共享计算机中的文件资源了。而对于多个文件或文件夹，则可以直接共享文件所在的磁盘。

在桌面中单击【计算机】图标，打开【计算机】对话框。右击【新加卷（E:）】磁盘，执行【属性】命令，如图 8-26 所示。

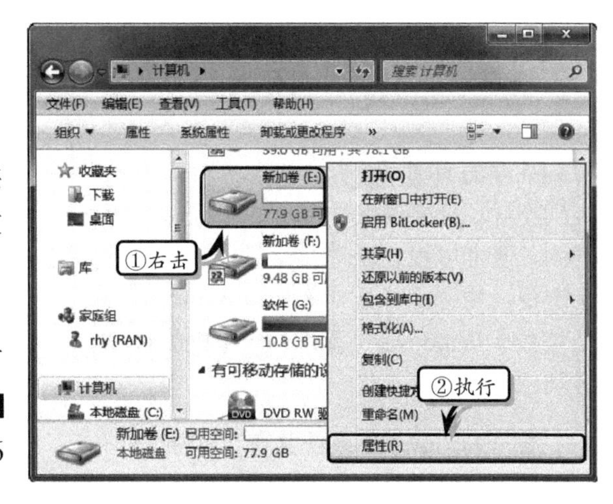

图 8-26 选择共享磁盘

在弹出的【新加卷（E:）属性】对话框中，激活【共享】选项卡，并单击【高级共享】按钮，准备共享该磁盘，如图 8-27 所示。

然后，在弹出的【高级共享】对话框中，启用【共享此文件夹】复选框，设置【将同时共享的用户数量限制为】选项，并单击【确定】按钮，如图 8-28 所示。

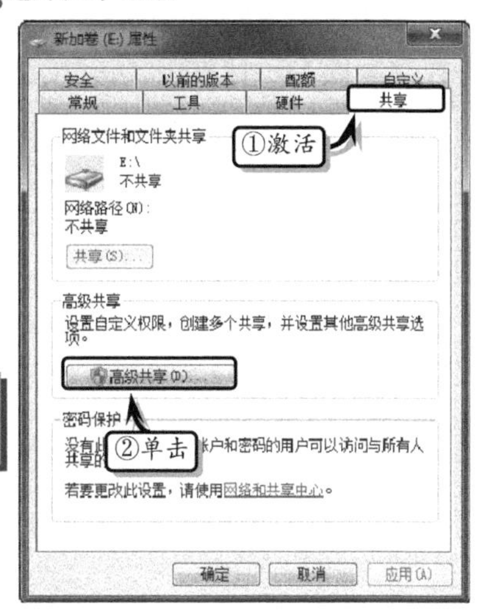

图 8-27 准备共享磁盘

提 示

在【高级共享】对话框中，用户也可以单击【权限】按钮，在弹出的对话框中设置共享权限。

此时，在【计算机】对话框中，将在【新加卷（E:）】磁盘下方出现共享图标，表示该磁盘已被共享，对等网中的其他用户可以查看并访问该磁盘，如图 8-29 所示。

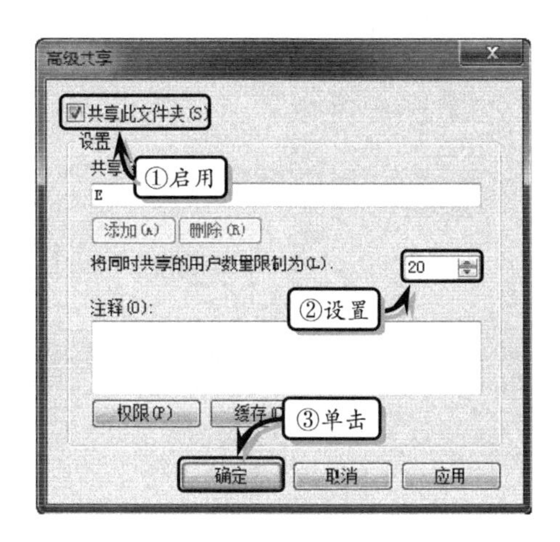

图 8-28 启用共享

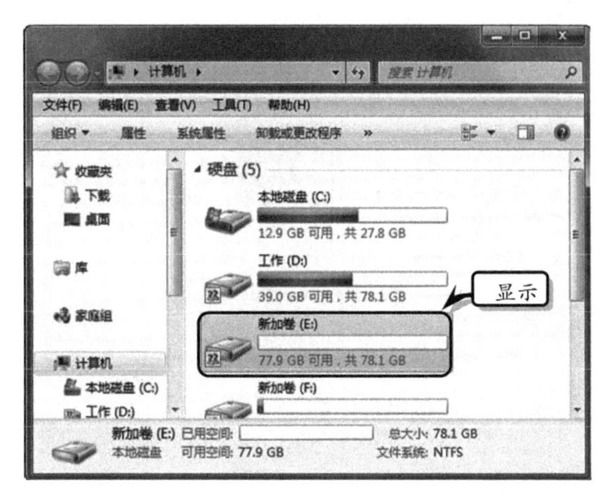

图 8-29 共享成功

8.3.3 共享打印机

共享打印机和共享文件的操作方法大同小异，只要确保计算机处于同一个对等网，便可以很轻松地共享打印机。在本小节中，将详细介绍对等网中 Windows 7 系统共享 Windows 8 系统中打印机的操作方法。

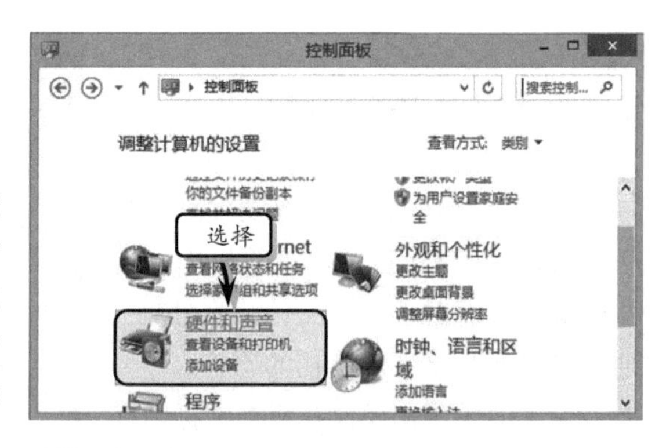

图 8-30 【控制面板】对话框

1．Windows 8 系统共享打印机

在 Windows 8 系统中，右击【开始】图标，执行【控制面板】命令。在弹出的【控制面板】对话框中，选择【硬件和声音】选项，如图 8-30 所示。

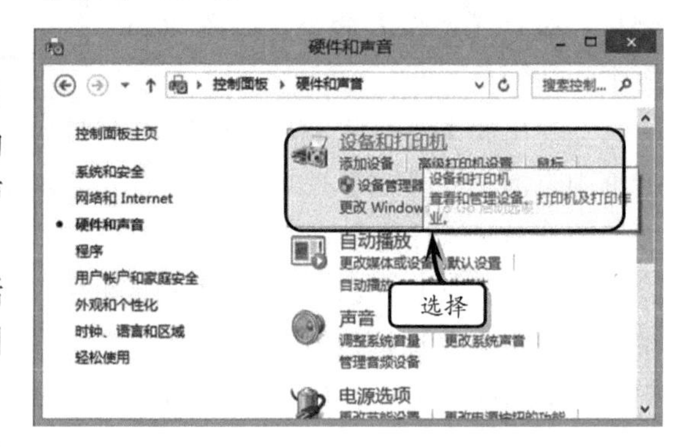

图 8-31 【硬件和声音】对话框

然后，在弹出的【硬件和声音】对话框中，选择【设备和打印机】选项，如图 8-31 所示。

在弹出的【设备和打印机】对话框中，选择需要共享的打印机，右击执行【打印机属性】命令，如图 8-32 所示。

最后，在弹出的打印机属性对话框中，启用【共享这台打印机】复选框，在【共享名】文本框中输入打印机共享名称，并单击【确定】按钮，如图 8-33 所示。

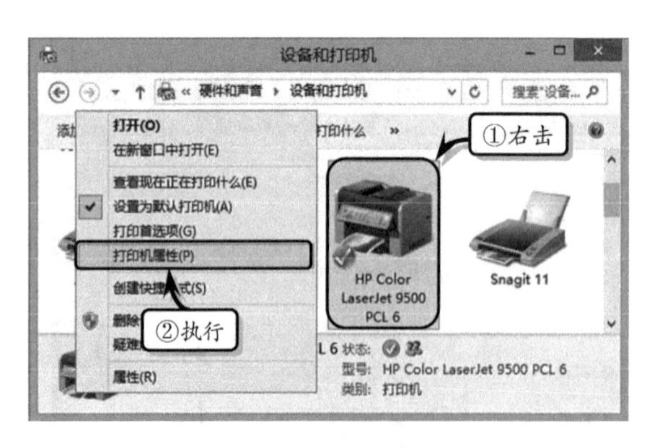

图 8-32 选择打印机

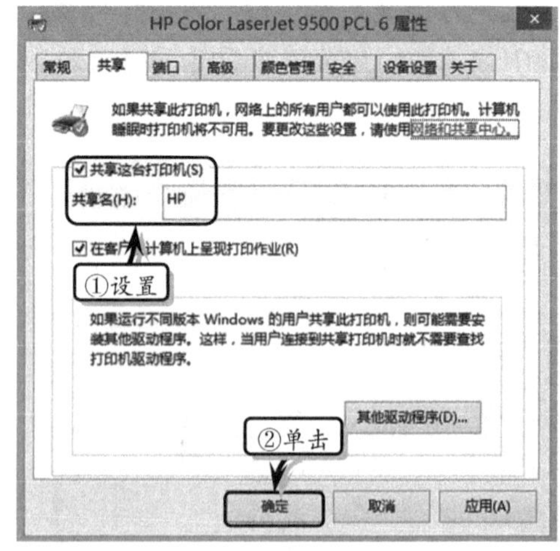

图 8-33 设置共享参数

提 示

在该对话框中，用户也可以单击【其他驱动程序】按钮，在弹出的对话框中启用 32 位系统下的驱动程序，以方便使用 32 位系统的用户同样可以共享打印机。

2. Windows 7 系统中添加网络打印机

在 Windows 7 系统中，由于前面已经设置了高级共享选项，因此在此只需添加网络打印机或直接连接到网络打印机即可。

在 Windows 7 系统中，单击【开始】按钮，执行【设备和打印机】命令。在弹出的【设备和打印机】对话框中，选择【添加打印机】选项，如图 8-34 所示。

图 8-34 【设备和打印机】对话框

此时，系统会自动弹出【添加打印机】向导对话框，在【要安装什么类型的打印机？】列表中，选择【添加网络、无线或 Bluetooth 打印机（W）】选项，如图 8-35 所示。

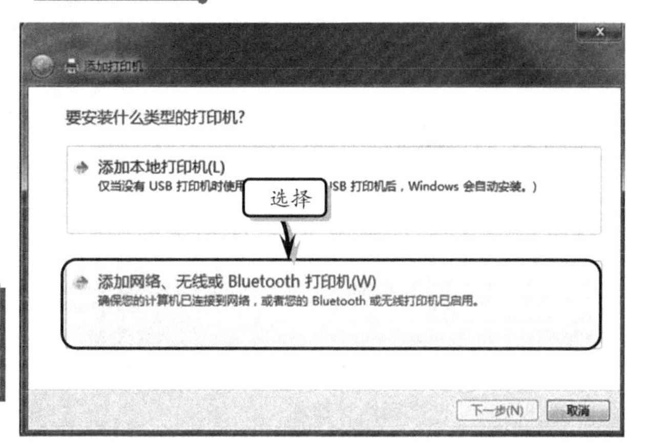

图 8-35 选择打印机类型

提 示

在【要安装什么类型的打印机？】列表中，选择【添加本地打印机】选项，即可添加本地打印机。

此时，系统会自动搜索网络中的打印机，并显示所搜索到的打印机名称。用户只需选择打印机，单击【下一步】按钮即可，如图 8-36 所示。

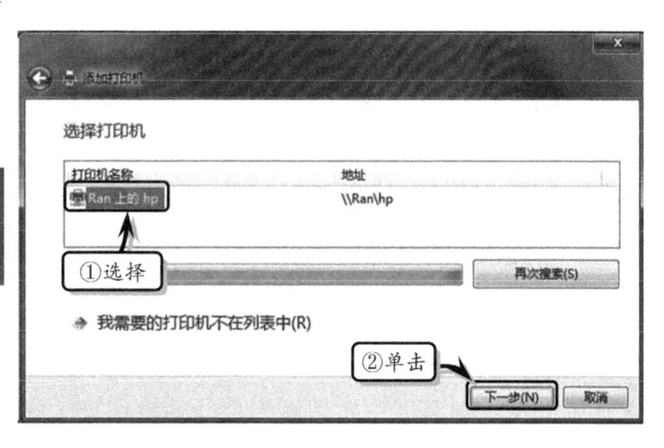

图 8-36 选择打印机

提 示

当无法搜索到网络打印机时，用户也可以选择【我需要的打印机不在列表中】选项，手动添加网络打印机。

此时，系统会自动安装打印机，并显示连接和安装信息。完成之后，将会在【设备和打印机】对话框中显示已共享的打印机，可以直接进行网络打印了，如图 8-37 所示。

3. Windows 7 系统中直连网络打印机

除了通过添加网络打印机来实现网络打印之外，还可以通过直接连接网络打印机的方法，来实现网络打印。

首先，在 Windows 7 系统中的桌面中双击【计算机】图标，打开【计算机】对话框。选择左侧的【网络】选项，在展开的列表中双击网络中 Windows 8 系统下的 RAN 计算机，如图 8-38 所示。

此时，在新对话框中将弹出网络计算机 RAN 中的共享内容，双击共享打印机图标 hp，系统将自动连接网络打印机，并显示连接信息，如图 8-39 所示。

图 8-37 显示共享打印机

图 8-38 选择网络计算机

Windows 打印机安装

正在连接到 Ran 上的 HP Color LaserJet 9500 PCL 6

取消

②连接

桌面

库

家庭组

计算机

hp

Users

①双击

hp (\\Ran)

图 8-39 连接网络打印机

连接上网络打印机之后，系统将自动弹出打印机窗口，显示打印机状态或排队等候的打印信息。由于本打印机没有执行打印任务，因此在窗口中显示为空白信息，如图 8-40 所示。

图 8-40 打印机窗口

8.4 练习：对等网聊天

对等网是网络中最简单的局域网，除了可以共享文件或打印机等网络资源之外，还可以使用专门的软件，实现对等网中的聊天功能。在本练习中，通过聊天软件 WinPopup，来详细介绍在对等网中实现聊天功能的操作方法和实用技巧。

1. 实验目的

- 安装 WinPopup 软件
- 实现网络聊天

2. 实验步骤

1 运行 WinPopup 安装软件，在弹出的【选择安装语言】对话框中，选择“中文（简体）”语言，并单击【确定】按钮，如图 8–41 所示。

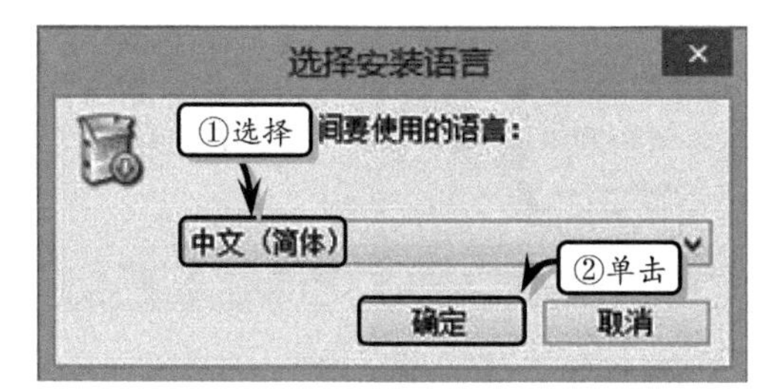

图 8–41 选择安装语言

2 在弹出的【安装向导–WinPopupX】对话框中，查看安装建议，并单击【下一步】按钮，如图 8–42 所示。

图 8–42 查看安装建议

3 在向导中的【许可协议】列表中，选中【我接受协议】选项，并单击【下一步】按钮，如图 8–43 所示。

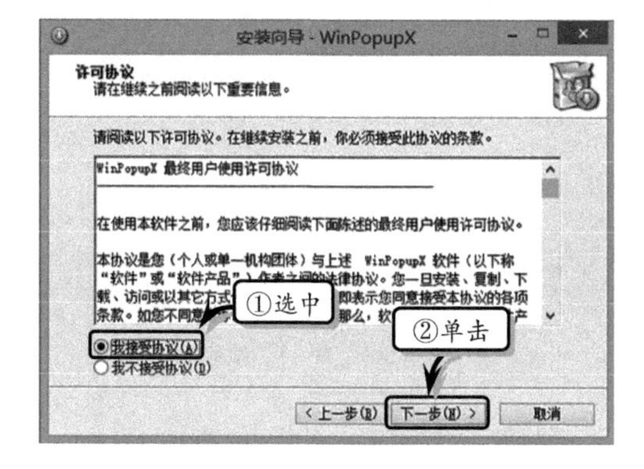

图 8–43 接受许可协议

4 在向导对话框中的【选择目标位置】列表中，更改安装位置，并单击【下一步】按钮，如图 8–44 所示。

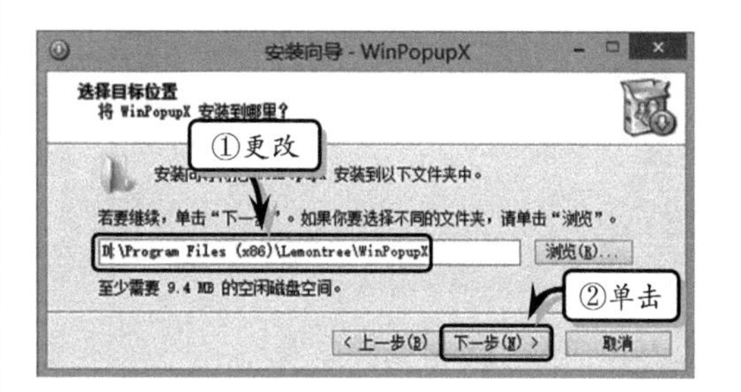

图 8–44 设置安装位置

5 在向导对话框中的【选择开始菜单文件夹】列表中，设置开始菜单文件夹，并单击【下一步】按钮，如图 8–45 所示。

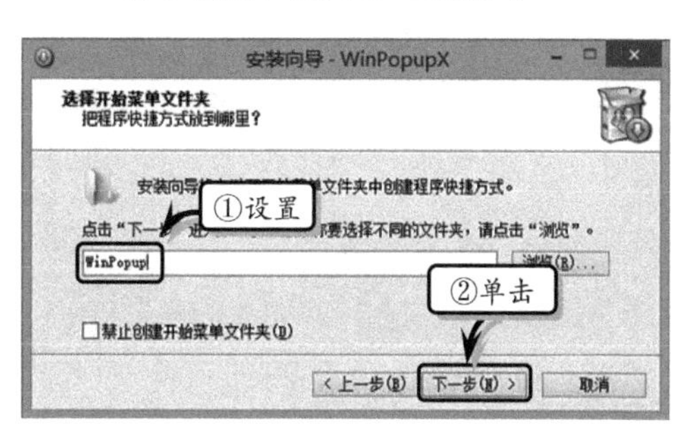

图 8–45 设置菜单文件夹

6 在向导对话框中的【选择附加任务】列表中，启用【创建桌面图标】复选框，并单击【下一步】按钮，如图 8–46 所示。

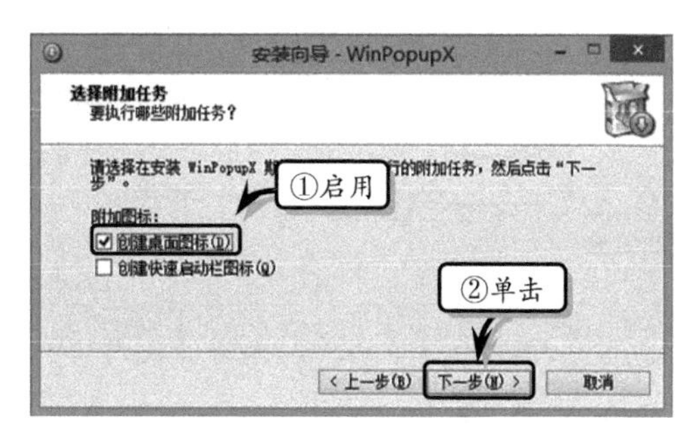

图 8–46 选择附加任务

7 在【准备安装】列表中查看安装信息，单击

【安装】按钮，开始安装软件，如图 8-47 所示。

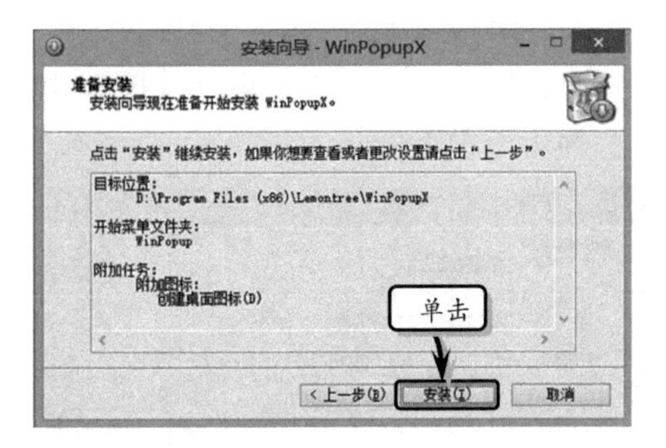

图 8-47 安装软件

8 运行 WinPopup 软件，在主界面中将显示本机信息和在线用户列表，如图 8-48 所示。

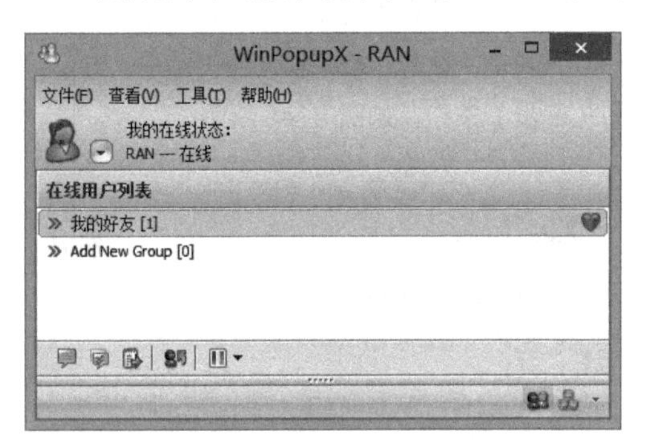

图 8-48 WinPopup 主界面

9 展开【我的好友】列表，双击列表中的计算机名称，在弹出的聊天窗口中输入聊天信息，如图 8-49 所示。

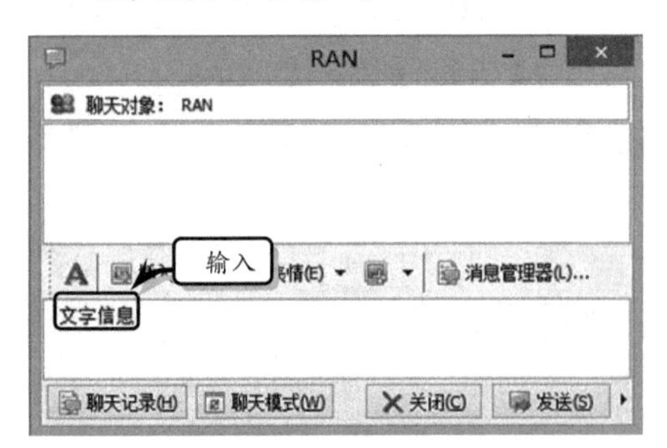

图 8-49 输入文字信息

10 单击聊天窗口中的【表情】下拉按钮，在其下拉列表中选择一种表情符号，添加表情图案，如图 8-50 所示，并单击【发送】按钮，发送信息。

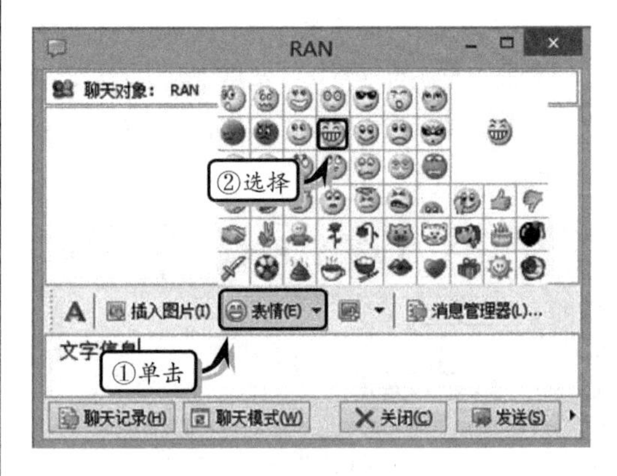

图 8-50 添加表情图案

11 在聊天窗口中，单击【插入图片】按钮，在弹出的【打开】对话框中选择图片文件，单击【打开】按钮，并单击【发送】按钮，如图 8-51 所示。

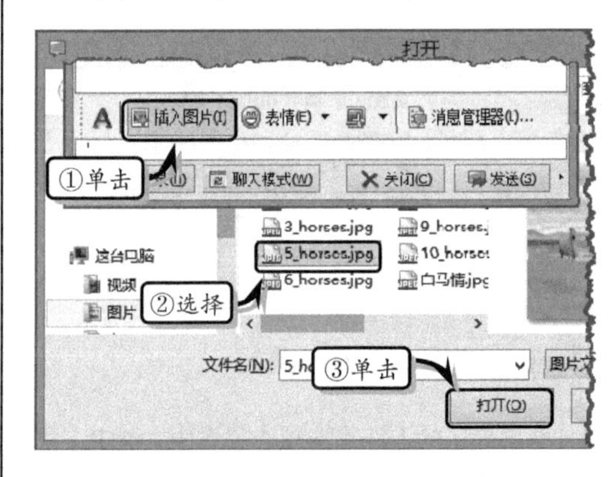

图 8-51 插入图片

12 单击聊天对话框中的【消息管理器】按钮，可在弹出的【消息管理器】对话框中查看、刷新和压缩消息，如图 8-52 所示。

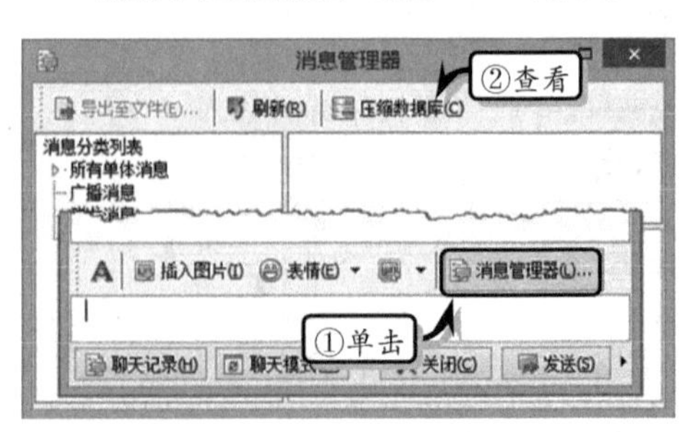

图 8-52 查看消息

8.5 思考与练习

一、填空题

1．对等网主要采用__________管理方法，网络中的计算机既可以作为__________，又可以作为__________，用户只需管理当前计算机中的资源即可。

2．对等网又称为__________，一般是由少量的计算机组成，具有__________、__________、维护简单等优点。

3．对等网分为两种形式，一种是________________________的对等网，另一种是_________________________的对等网。

4．对等网存在__________、__________和计算机资源占用过大等缺点。

5．目前比较适合对等网使用的网络布线的拓扑结构为__________和__________结构。

二、选择题

1．一般情况下，对等网最好不要超过 20 台计算机，当大于____台计算机时，网络性能将会降低。

A．20

B．15

C．10

D．5

2．相对于局域网来讲，对等网中不存在“____”，而是以“工作组”的形式存在的，而且每个计算机之间的关系都是对等关系。

A．域控制

B．域

C．总线

D．交互

3．三台计算机的对等网必须在使用网卡的状态下，采用____或同轴电缆作为传输介质。

A．交叉线

B．双绞线

C．双网卡

D．双网桥

4．三台以上计算机的对等网与三台计算机的对等网的组建方式大体相同，主要包括____和同轴电缆两种组建方式。

A．双绞线

B．无线传输

C．集线器

D．网桥

5．HUB 是一个多端口转发器，大部分是以 RJ-45 借口与计算机相连，按其结构和功能可以分为未管理的集线器、____和底盘集线器。

A．堆叠式集线器

B．串口式集线器

C．并口式集线器

D．上盘集线器

三、问答题

1．简述收集项目数据的具体过程。

2．如何设置项目的开始与结束时间？

3．如何根据现有内容创建项目文档？

四、上机练习

共享文件夹

在本练习中，将运用对等网中的 Windows 7 系统，来详细介绍共享文件夹的操作方法。首先，右击需要共享的文件夹，右击执行【属性】命令，并在弹出的对话框中激活【共享】选项卡。然后，单击【高级共享】按钮，在弹出的【高级共享】对话框中，启用【共享此文件夹】复选框，单击【确定】按钮即可，如图 8-53 所示。

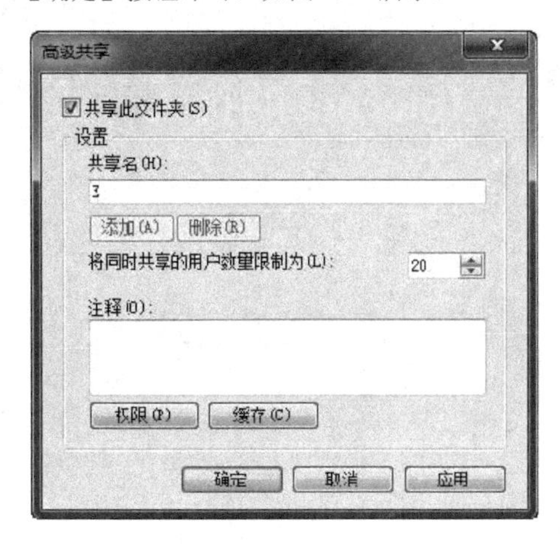

图 8-53 共享文件夹

第 9 章

组建家庭局域网

随着电子产品的不断发展，越来越多的家庭同时拥有台式机、笔记本、平板电脑，以及智能手机。而对于网络急速发展的当今，用户已越来越离不开网络了。通常情况下，用户在家庭中既需要使用台式机、笔记本来处理网络中的一些工作事宜，也需要使用平板电脑和智能手机来浏览网络中的一些内容。此时，用户可通过组建家庭局域网的方法，来共享家庭网络，在节约设备开支的同时解决各个电子设备同时使用网络的疑难。在本章中，将详细介绍组建家庭局域网的基础知识和制作方法。

本章学习目的：

- Internet 的接入方式
- 家庭网组网方案
- 路由器共享上网
- 资源共享与访问

9.1 Internet 的接入方式

一般情况下，家庭用户是通过某种通信线路和特定的信息采集，利用相应的传输技术完成用户与 IP 广域网的高带宽、高速度的物理连接，而这种物理连接通常称为 Internet 的接入方式。在组建家庭网之前，用户还需要先了解一下互联网的接入方式。由于每个家庭所使用的网络不同，所造成的 Internet 的接入方式也不尽相同。

9.1.1 有线介质接入方式

根据 Internet 的接入方式中的传输介质分类，可以将接入方式分为有线介质接入和无线介质接入两种方式。其中，有线介质接入是使用有线传输物质进行接入，例如电话线、有线电视、光纤等。

1．PSTN 接入

PSTN 接入又称为“电话线拨号”接入，是较早前普遍使用的一种窄带接入方式，它是通过电话线和运营商提供的一个号码，以及自带调制解调器（MODEM）的电脑进行拨号连接的方式来接入 Internet。由于是使用电话线接入，因此接入后的费用通常比较高，而且网络速度比较慢，通常不会超过 56Kb/s，适用于一些低速率或临时性接入的网络应用。但是，目前该种接入方式已被淘汰。

2．ISDN 接入

ISDN 接入又称为“一线通”接入，它将电话、传真、数据和图像等多种业务采用数字传输和数字交换技术综合在一个统一的数字网络中进行传输和处理。ISDN 的基本速率接口包括两条 64Kb/s 的信息通路和一条 16Kb/s 的信令通路，简称为 2B+D，可以同时实现上网、拨打电话和收发传真的功能；而当有电话拨入时，ISDN 会自动释放一个 B 信道来进行接听，并不会影响其他功能。

同样的情况，由于 ISDN 也是通过电话线等有线介质接入的，因此也具有低速率和高费用的缺点，通常适用于普通家庭使用。但是，目前该种接入方式并未被广泛采用。

3．ADSL 接入

ADSL 接入方式是目前运用最广泛的接入方式，它属于铜线接入方式，是本地环路提供数字服务的技术中的一种数字用户线技术。ADSL 是利用电话线，通过在线路两端加装 ADSL 设备来进行数字信息传输，其理论速率可达到下行的 8Mb/s 和上行的 1Mb/s，而最新的 VDSL2 技术的理论速率则可达到上下行的 100Mb/s。

由于 ADSL 是使用普通电话线进行传输的，因此接听和拨打电话并不会影响互联网的连接。另外，ADSL 接入互联网时所进行的数据传输并不通过电话交换机，因此上网费用并不会叠加在电话费中。

ADSL 具有传输速率稳定、宽带独享、自由调整传输速率、语音速率互不干扰等优点，可以满足家庭用户的大多数网络应用需求，目前已被广泛使用。

4．HFC 接入

HFC 接入方式是通过有线电视网络铜线介质进行传输的一种接入方式，具有专线上网的连接特点。它与 ADSL 接入方式类似，也需要一定的传输设备将有线信号进行转换。一般情况下，只要拥有有线网络的家庭用户，便可以高速接入互联网，并可实现各类视频、高速下载等网络服务。

由于 HFC 接入是借助于有线网络进行传输的，因此具有传输速率高、接入方便等特点。但是，由于 HFC 接入是通过有线电视网络铜线介质进行传输的，属于一种特殊的网络资源分享，因此当使用数量急速增加时，其网络速率会自动下降且不稳定。目前，该接入方式被光纤宽带无法接入的中小城市用户所使用。

5. 光纤宽带接入

光纤宽带接入是目前最为流行的 Internet 接入方式，它一般是先通过光纤接入到小区结点或楼道，然后再由网线连接到各个分享点上，其分享点距离光纤结点的距离一般不会超过 100 米。

光纤宽带可以提供高速互联接入，具有传输速率高、抗干扰能力强等特点，适用于家庭、企事业团体等任意需求团体或个人。但是，由于光纤的费用比较高，因此光纤宽带接入的一次性布线成本比较高，这也是大多数用户选择其他接入方式的原因之一。

6. 电力网接入

电力网接入又称为“电力线通信（Power Line Communication）技术”，属于电力通信网，它主要利用电力线来传输数据和媒体信号，该类型的传播方式又称为电力线载波（Power Line Carrier）。

电力网接入是通过电力线将载有信息的高频加载在电流中，并将其传输到接收信息的适配器中，再把高频从电流中分离出来并传输到计算机中，从而实现 Internet 的接入。而面向家庭上网的电力网，一般属于低压配电网通信。

9.1.2 无线介质接入方式

无线介质接入方式是目前比较流行和新兴的接入方式之一，目前包括无线网络和无源光网络接入两种方式。

1. 无线网络接入

无线网络接入是一种有线网络接入的延伸技术，它与有线网络十分类似，唯一不同在于其传输介质不同。无线网络是使用无线射频（RF）技术越空来收发网络数据的，由于是越空发送数据，减少了电线连接，而装有无线网卡的计算机则可以通过无线手段连接 Internet，因此在使用无线网络接入方式中用户可以自由移动电子设备。

除了计算机之外，智能手机、平板电脑等电子设备也可以通过无线设备和无线网络连接 Internet。目前，在公共开放的场所或企业、家庭内部，无线网络一般会作为有线网的一种补充方式。而 3G 移动通信目前存在中国移动、中国电信和中国联通 3 种技术标准，它们各自使用自己的标准和上网卡，各类型的网卡之间互不兼容。除了 3G 移动通信之外，用户也可以自己使用无线设备或相应的软件在有线网络的基础上，来扩展有线网络。

2. 无源光网络接入

无源光网络（Passive Optical Network，PON）是指介于 OLT 和 ONU 之间的光分配网络（ODN），该接入方式不存在有源电子设备，是一种纯介质网络。其中的“无源”，则是指光分配的网络中不包含任何电子器件和电源，全部由光分路器（Splitter）等无源器件组成。

无源光网络包括基于 ATM 的无源光网络 APON 和基于 IP 的无源光网络 E/GPON，

主要包括位于局端的 OLT（Optical Line Terminal，光线路终端）、终端 ONU（Optical Network Unit，光网络单元）和 ODN（Optical Distribution Network，光配线网）3 部分。由于该接入方式避免了外部设备的电磁干扰和雷电的影响，并减少了线路和外部设备的故障率，因此具有运维成本低、传输距离长、大容量、升级性能高、可靠性高等优点。目前，商用化的无线光源网络包括 TDM-PON（APON、EPON、GPON）和 WDM-PON 等类型。

9.2 家庭网组建方案

在组建家庭网之前，用户还需要根据自家房间和布线格局来设置组网方案，以达到用户在不同房间使用不同计算机，或使用无线电子产品上网的需求。下面，将根据不同的房间布局来设置相应的组网方案，以方便用户根据实际情况选择应用。

9.2.1 网络布线方案

用户在组建家庭网时，还需要根据自家格局设置相应的组建方案，特别是网络的布线方法，更应该根据实际走位确定网线的具体位置和方向，做到既达到共享资源和上网的目的，又不影响家庭整体布局的美观性。

1. 总体布线

用户在布线之前，还需要查看房间里网络接入点的具体位置，也就是开发商建造房屋时所预留的 Internet 接入点。确定接入点位置之后，以接入点为出发点，根据房间的数量设计布线方向和数量，并根据实际位置测量所需网线的具体长度。一般情况下，大多用户会以 Internet 接入点为出发位置，来设置网线。例如，对于一个三居室来讲，一共拥有 4 个房间，那么最少需要 4 根不同距离的网线。如果当每个房间增加一个网线信息点，那么则需要增加一根网线。

除了设计网线的位置和方向之外，对于房间和网线信息点比较多的房间来讲，还需要设计中央连接设备的具体位置。中央连接设备，也就是路由器或交换机等组网设备，该设备理论上应该位于各网线信息点的中间。但是，在实际布线过程中，由于种种原因，中央连接设备却无法位于网线信息点的中央位置，此时用户可以根据实际位置自行设置该设备的位置。

提 示

对于中央连接设备，用户可以将其安置到墙壁中，既节省了布线空间，又增加了其美观性。

2. 布线方式

目前，部分精装修商品房在交房之前已根据实际设计布线完毕，用户只需假设中央设备并设置相应系统选项即可共享上网。但对于大多数房屋，在初步装修时便需要设计网线的走向、位置和数量，以方便工人按照设计要求进行布线。

在布线时，为了避免其他信号干扰网络信号，网线最好与其他电缆线分开铺设，最好将网线穿入 PVC 管，并且每根网线之间的距离保持在 20cm 左右。对于网线的接口，则可以选用专门的信息插座埋设在墙壁中，既美观又实用。

提 示

对于房间比较多的家庭来讲，为了对各类线缆进行统一管理，建议使用多媒体布线箱，从而实现户内外各种信号的交接配置。

9.2.2 组网设备和工具

网络布线方案设计完之后，便可以着手进行网络布线了。在布线之前，还需要选择一些所必需的组网设备和工具。

1. 压线钳

压线钳是制作网线的必备工具，可以进行剪线、剥线和压线等操作。一般压线钳除了可以压网线之外，还可以压电话线，如图 9-1 所示。

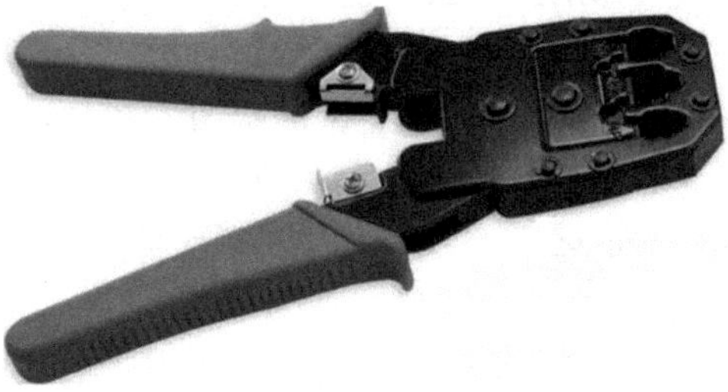

图 9-1 压线钳

在压线钳的顶部提供了 3 种压线槽，从上到下分别为 6P 电话线水晶头压线槽、8P 网络水晶头压线槽和 4P 电话线水晶头压线槽；位于中间的 8P 网络水晶头压线槽，是将插入水晶头里面的 8 个触压点压制在相对应的网线上。

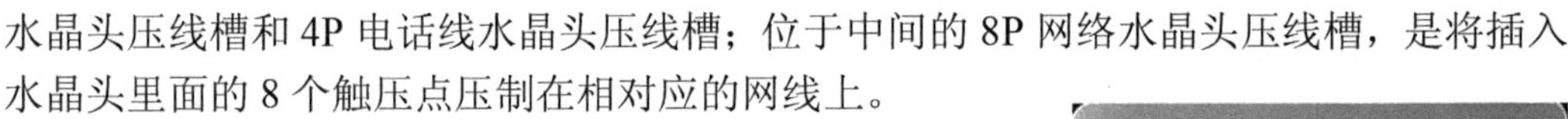

在压线槽的下方则是剥线区和剪线区，分别用于剪断网线和剥掉网线皮。

2. 接入点插座

接入点插座不仅用于提供网线接口，而且还用于固定网线位置。一般情况下，接入点插座包括信息模块和模块插座两部分。其中，信息模块主要用于固定网线位置，以实现接入点与计算机，或交换机与计算机之间的网线连接。而模块插座则是用于提供网线接口，类似于普通的电线插座，如图 9-2 所示。

图 9-2 接入点插座

3. 网线类

网线类设备包括双绞线、水晶头和 PVC 管等设备。在局域网中最常用的网线便是双绞线了，一般分为 3 类、4 类、5 类、超 5 类、6 类等类型。由于 5 类双绞线主要针对 100M 网络，并且可以向下兼容到 10M 网络，因此比较适合家庭网络使用，也是目前最为流行的网线之一。

5 类双绞线主要由 4 对 8 根网线组成，通常和 RJ-45 水晶头搭配使用。而水晶头是所有网络设备中最小的设备，担负着网线和计算机之间的连接责任，属于网线中的“桥梁”。在挑选水晶头时，用户可以通过拨和听来判断其质量。质量好的水晶头用手指拨动弹片会听到铮铮的声音，而且将弹片向前拨动到 90 度也不会折断；除此之外，水晶头中的铜片颜色也比较黄，金属接触片也比较薄，如图 9-3 所示。

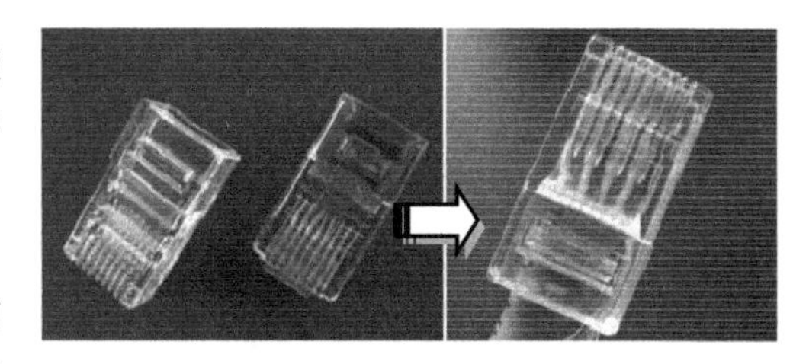

图 9-3 水晶头

除了网线和水晶头之外，还需要一些布线辅助材料——PVC 管。PVC 管的作用除了防止网络信号被干扰之外，还具有规范布线的作用。目前，市场中存在多种类型的 PVC 管，用户可以根据实际情况选择不同类型的 PVC 管。

提 示

双绞线的制作方法参见第 8 章中的“组建无 HUB 式对等网”章节中的内容，其网线的排列参见 EIA/TIA 568A 的标准进行排列。

9.3 无线路由器共享上网

在家庭局域网中，最重要的是网络共享和资源共享。一般情况下会存在多机互联的现象，此时可通过普通路由器共享上网的方法，来实现网络和资源共享。而对于存在多类电子设备的家庭来讲，则需要使用无线路由器来实现多种类型电子设备的共享上网。

9.3.1 物理连接

物理连接是路由器共享上网的重要工作，也是保证家庭局域网组建成功的关键因素。一般情况下，物理连接包括接入点、路由器和计算机的连接等内容。

1. 连接 Internet 接入点

一般情况下，每个家庭都会预留一个 Internet 接入点。如没有预留 Internet 接入点，则需要根据网络类型重新布置一个 Internet 接入点，例如一些老房子则需要通过墙壁打眼的方法设置 Internet 接入点。

在本小节中，将通过 HFC 接入方式来介绍连接 Internet 接入点的方法。一般情况下，Internet 接入点的连接是由网络公司的人员进行安装并测试的。对于 HFC 接入方式来讲，网络公司人员首先将自带的 HFC 转换设备与有线电视线互联，然后再将每个房间的网线与 HFC 转换设备相连，连接之后接通电源即可，如图 9-4 所示。

图 9-4 连接 HFC 设备

在 HFC 转换设备中，一共存在 3 个网线接口，2 个有线电视接口。其中，2 个有线电视接口一个是源有线电视线，也就是进入信号线，该信号线同时支持有线电视信号和网络信号；而另外一根有线电视线则是分出线，用于连接电视，输出有线电视信号，如图 9-5 所示。

对于 3 个网线接口，全部属于分出的有线电视线中的网络信号，分别连接到不同的计算机中。由于该转换设备只支持 3 个网线接口，因此当家庭局域网中的计算机大于 3 台时，必须使用路由器才可以共享上网。

图 9-5 HFC 接口

2. 连接路由器

对于家庭中存在多种类型的电子设备时，例如智能手机、平板电脑等，此时，有线的路由器将无法满足设备所需要的无线网络，用户可使用无线路由器来解决该方法。一般情况下，无线路由器根据接口数量可分为支持 4 个 RJ-45 接口、8 个 RJ-45 接口等类型，既可以作为有线路由器使用，又可以作为无线路由器使用。

选购无线路由器之后，首先将 HFC 转换设备中引出的一根网线插入到无线路由器中的接口中，连接 Internet 接入点。然后，将自制双绞线的一端插入到 1～4 RJ-45 接口中，此时双绞线的数量可根据接入计算机的数量来决定。最后，将双绞线的另一端接入到计算机背板中的网线接口中，接通无线路由器的电源线即可，如图 9-6 所示。

图 9-6 连接路由器

连接并启用无线路由器之后，在无线路由器的正面前端部位，将显示不同类型的指示灯。每个指示灯对应相应的接口，例如该无线路由器的最右侧的指示灯表示连接 Internet 接入点，往左依次表示连接的计算机状态、无线网络连接状态等，如图 9-7 所示。当无线路由器出现故障时，可根据指示灯闪烁情况来判断是接入点的故障还是各个连接线的故障。

图 9-7 路由器指示灯

9.3.2 连接到网络

连接 Internet 接入点、路由器和计算机之后，表示已完成组建家庭局域网的初步工作了。虽然物理连接已完成，家庭局域网已见雏形，但是此时却无法连接到互联网中。此时，用户还需要通过设置无线路由器中的各项选项，使路由器根据用户所提供的上网账号，自动登录并连接到 Internet 中。

在设置无线路由器时，需要选择使用网线连接的计算机作为主机。打开主机中的 IE 浏览器，在地址栏中输入 192.168.1.1，按 Enter 键。然后，在显示的登录对话框中输入登录名称和密码，并单击【确定】按钮，如图 9-8 所示。对于初次使用的路由器，其用户名和密码为最原始的 admin，在后期操作中，为了保护网络密码，用户可以对登录密码进行更改。

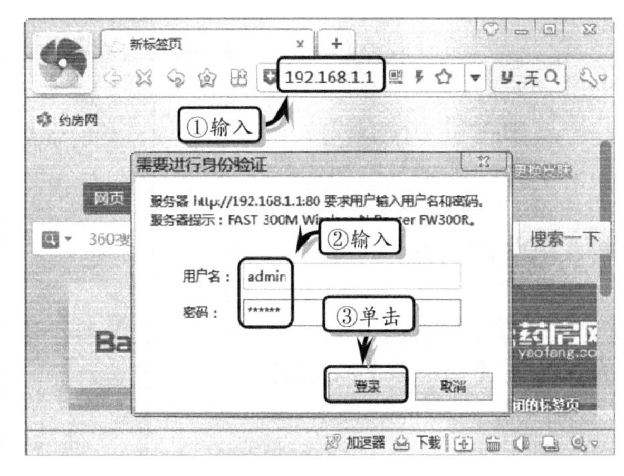

图 9-8　登录路由器

提　示

在地址栏中所输入的 192.168.1.1 地址并不是一成不变的，这个地址需要根据路由器类型而定，一般除了上述地址之外还经常使用 192.168.0.1 地址。

此时，系统将自动弹出路由器设置页面，在该页面中将显示路由器的名称和型号，以及各项设置选项。一般情况下，用户可以使用路由器自带的设置向导，来设置路由器的各项连接参数，即选择左侧导航栏中的【设置向导】选项，准备开始向导设置，如图 9-9 所示。

图 9-9　路由器设置页面

在页面右侧将弹出【设置向导-开始】页面，查看对话框中的提示信息后，单击【下一步】按钮，如图 9-10 所示。

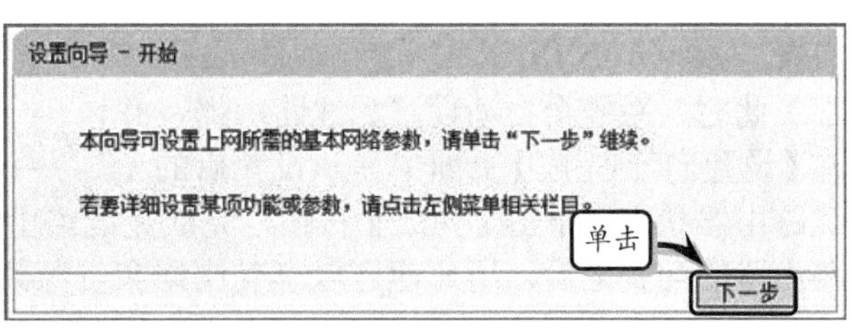

图 9-10　开始设置向导

然后，在弹出的【设置向导-以太网接入方式】页面，根据家庭用户的 Internet 接入点来选择以太网的接入方式。如果用户不太清楚接入点网络的类型，则需要选中【让路由器自动选择上网方式（推荐）】选项，并单击【下一步】按钮，如图 9-11 所示。

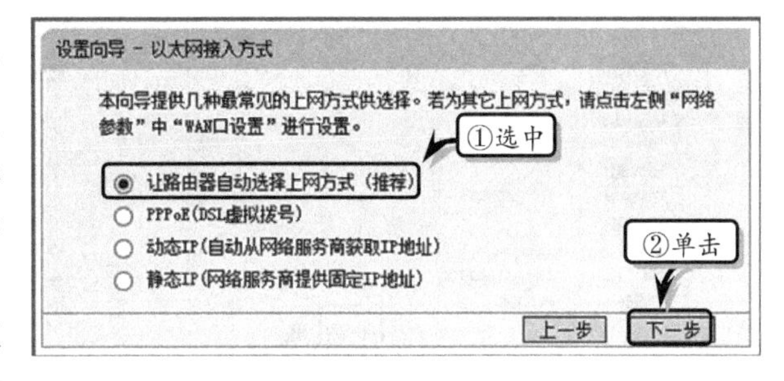

图 9-11　选择上网方式

此时，在弹出的【设置向导-以太网接入方式】页面中，将显示路由器正在检测以太网的接入方式，用户无须操作，只需静静等待即可，如图 9-12 所示。

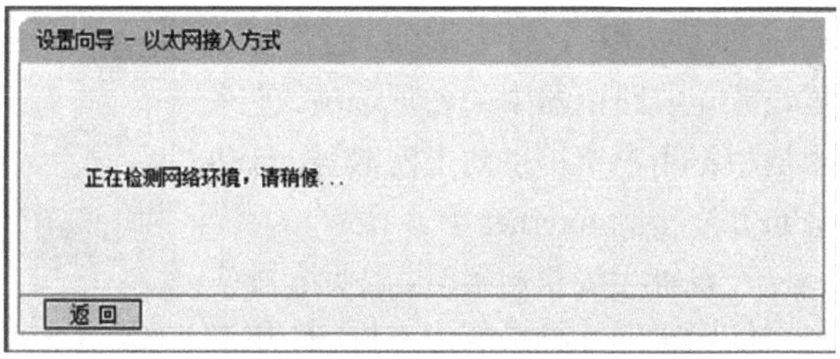

图 9-12　检测网络环境

路由器自动检测完上网环境之后，会自动根据检测结果显示相应的设置向导对话框。在本操作中，将会弹出【设置向导-PPPoE】页面，用户只需在【用户名】、【密码】和【密码确认】文本框中输入相应的内容，单击【下一步】按钮即可，如图 9-13 所示。

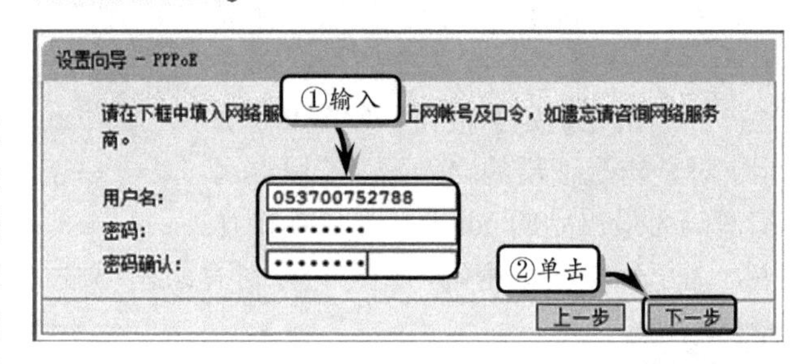

图 9-13　设置用户名和密码

截止到目前，有线路由器的设置步骤已完成，路由器会根据所设置的用户名和密码自动登录到互联网中。此时，系统将自动弹出【设置向导-无线】页面，以方便用户继续设置无线网络的基本选项。用户只需选择加密方式和输入加密密码，并单击【下一步】按钮即可，如图 9-14 所示。

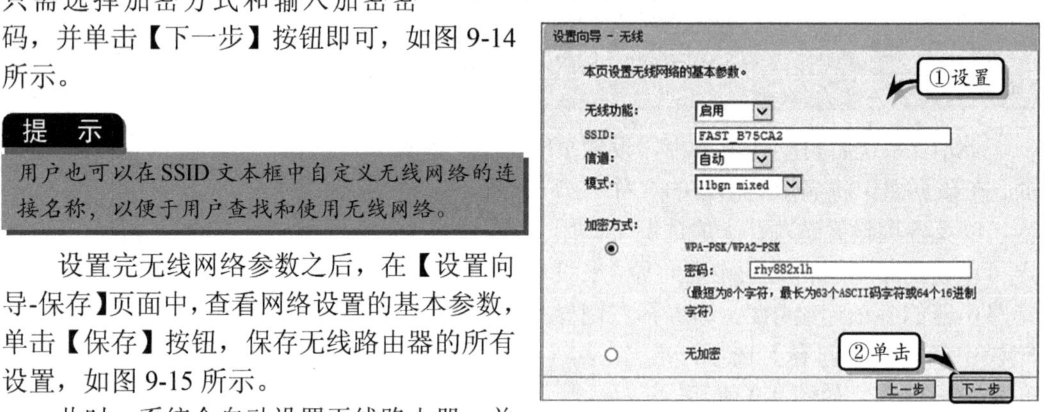

图 9-14　设置无线选项

提　示

用户也可以在 SSID 文本框中自定义无线网络的连接名称，以便于用户查找和使用无线网络。

设置完无线网络参数之后，在【设置向导-保存】页面中，查看网络设置的基本参数，单击【保存】按钮，保存无线路由器的所有设置，如图 9-15 所示。

此时，系统会自动设置无线路由器，并在【设置向导-完成】页面中显示设置后的无线路由器状态，单击【完成】按钮，完成无线路由器的配置，如图 9-16 所示。完成无线路由器的配置之后，用户便可以享受网络和资源共享了。

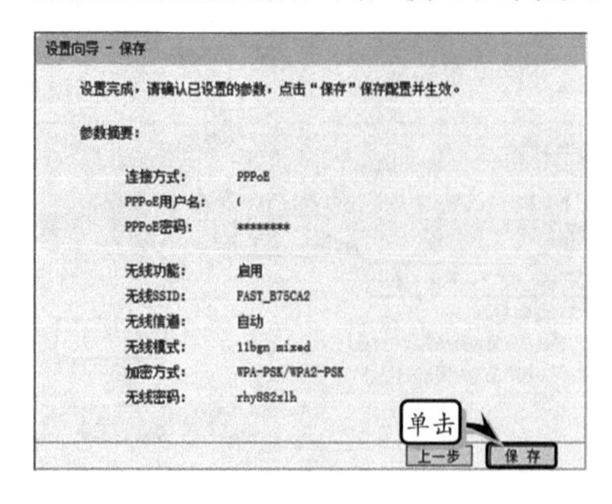

图 9-15　保存设置

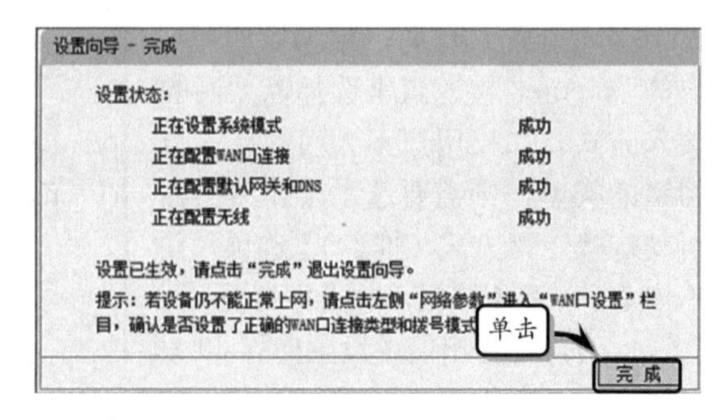

图 9-16　完成配置

9.3.3 设置无线路由器

使用设置向导配置完无线路由器之后，用户便可以通过有线和无线网络享受上网乐趣了。但是，在享受上网乐趣之前，用户还需要根据实际使用情况，对无线路由器的各项功能进行一些简单的设置，例如设置网络参数、无线设置、宽带控制等内容。

1. 设置网络参数

登录到无线路由器设置页面，选择左侧导航栏中的【网络参数】选项，在展开的【以太网接入设置】页面中，查看并设置以太网的接入类型、用户名、密码、连接模式等基本参数，单击【保存】按钮即可，如图 9-17 所示。

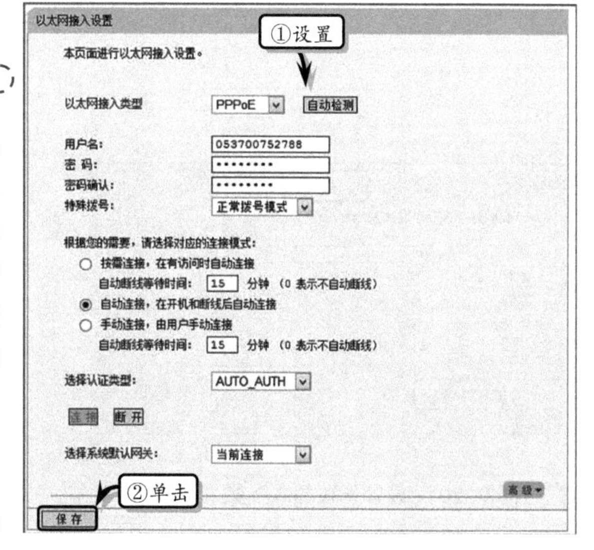

图 9-17 设置以太网接入参数

在左侧的导航栏中选择【网络参数】下的【LAN 口设置】选项，在展开的【LAN 口设置】页面中，查看并设置 IP 地址、子网掩码、DHCP 服务、地址池开始地址、地址池结束地址、网关等参数，单击【保存】按钮即可，如图 9-18 所示。

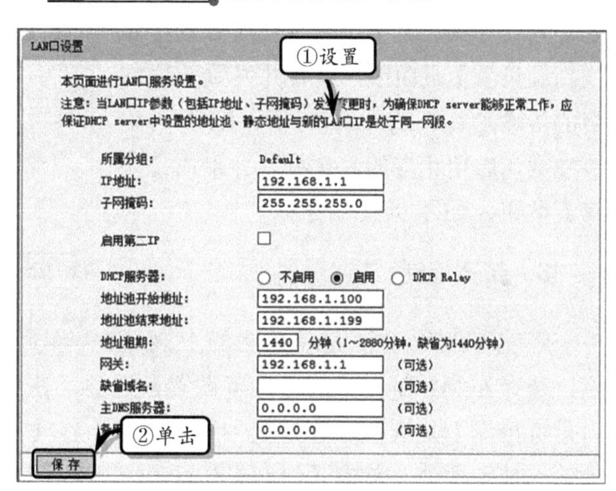

图 9-18 设置 LAN 口参数

在左侧的导航栏中选择【网络参数】下的【WAN 口速率/模式】选项，在展开的【WAN 口速率和双工模式】页面中，单击【模式设置】下拉按钮，在其下拉列表中选择相应的选项，单击【保存】按钮即可，如图 9-19 所示。

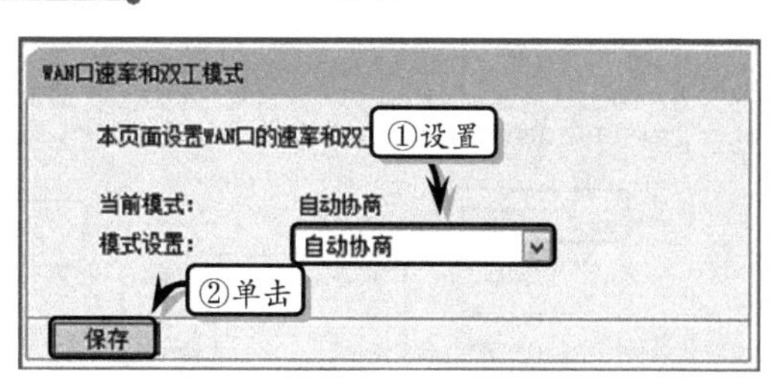

图 9-19 设置 WAN 口速率和双工模式

2. 无线设置

选择左侧导航栏中的【无线设置】选项，在展开的【无线基本设置】页面中，查看并设置无线网络的 SSID、模式、信道、频段宽带，启用相应的复选框，并单击【保存】按钮，如图 9-20 所示。

选择左侧导航栏中的【无线设置】下的【无线安全设置】选项，在展开的【无线安全设置】页面中，查看并设置相应的无线密码模式，并单击【保存】按钮，如图 9-21 所示。

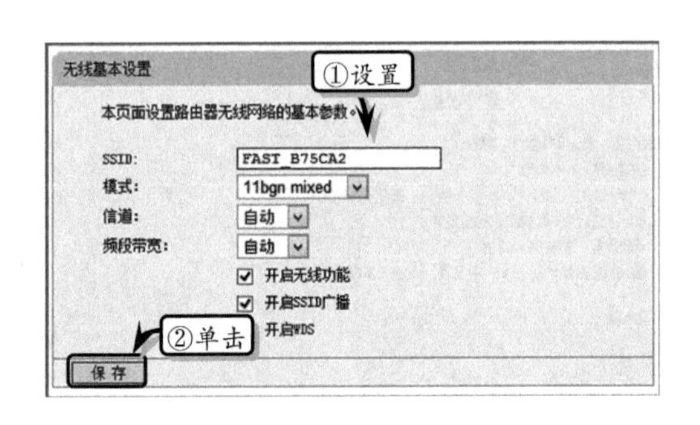

图 9-20 设置无线基本参数

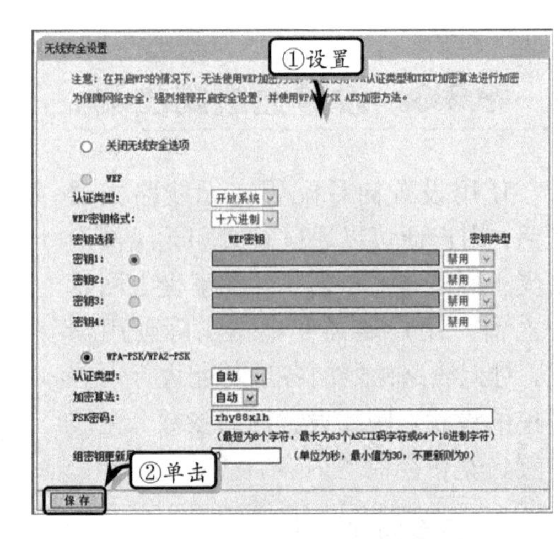

图 9-21 设置无线安全参数

选择左侧导航栏中的【无线设置】下的【无线高级设置】选项，在展开的【无线高级设置】页面中，查看并设置无线网络的传输功率、Beacon 时槽、RTS 时槽等参数，启用相应的复选框，并单击【保存】按钮，如图 9-22 所示。

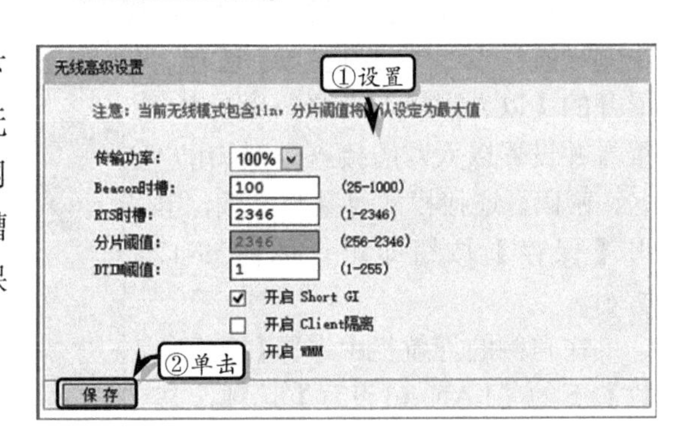

图 9-22 设置无线高级设置

3. 带宽控制

带宽控制用于设置局域网的上网速度，选择左侧导航栏中的【带宽设置】选项，在展开的【带宽设置】页面中，启用【开启带宽控制】复选框，选择宽带线路类型，在【上行总带宽】和【下行总带宽】文本框中输入带宽数值，单击【保存】按钮即可，如图 9-23 所示。

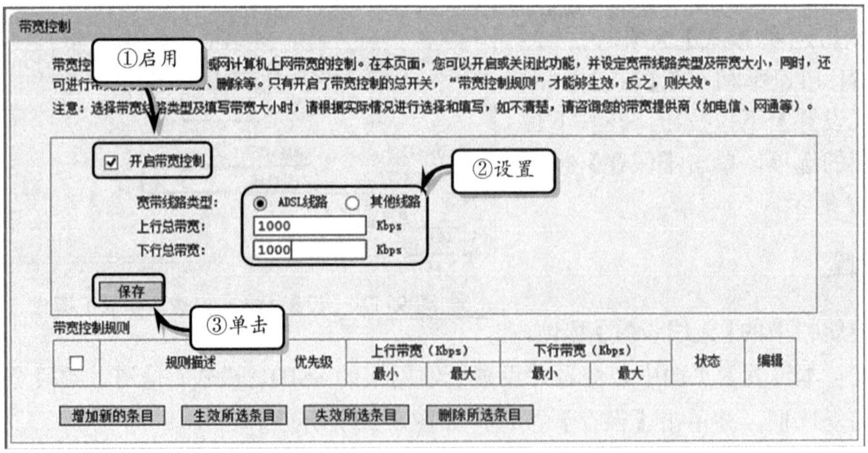

带宽控制
①启用
开启带宽控制
②设置
宽带线路类型: ADSL线路 其他线路
上行总带宽: 1000 Kbps
下行总带宽: 1000 Kbps
保存
③单击
带宽控制规则
规则描述 优先级 上行带宽（Kbps） 最小 最大 下行带宽（Kbps） 最小 最大 状态 编辑
增加新的条目 生效所选条目 失效所选条目 删除所选条目

图 9-23 设置带宽

提 示

用户也可以通过单击下方的【增加新的条目】按钮，来增加多个带宽控制选项。同时也可以通过单击【删除所选条目】按钮，删除已增加的带宽控制。

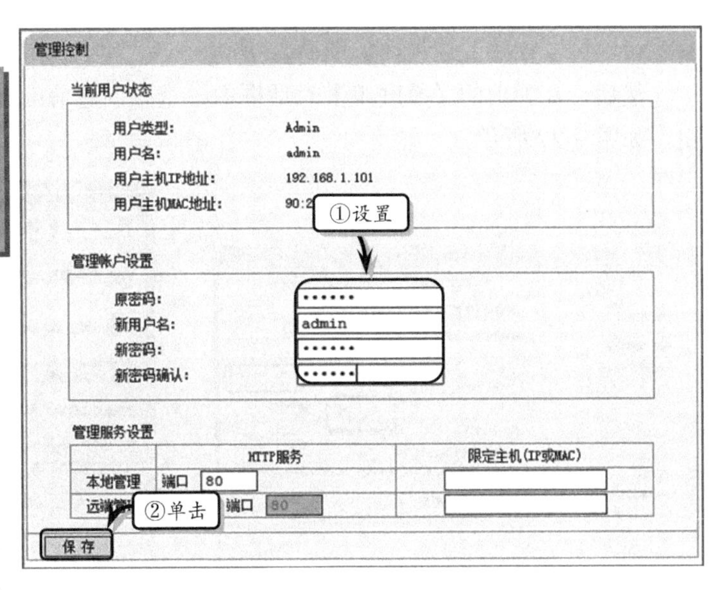

图 9-24 更改登录密码

4. 更改登录密码

由于无线路由器初始登录密码和用户名一样为admin，如此一来无线路由器的一系列设置的保密性就差了一点。此时，用户可以通过更改登录密码的方法，来加强路由器的保密程度。

选择左侧导航栏中的【系统管理】选项，并在其级联列表中选择【管理控制】选项。然后，在弹出的【管理控制】页面中的【管理账户类型】栏中，分别输入原密码、新用户名、新密码和新密码确认，并单击【保存】按钮，如图 9-24 所示。

9.4 资源共享与访问

组建家庭局域网之后，各个计算机之间除了可以共享上网之外，还可以彼此共享和访问本机资源。通过局域网中的共享与打印，不仅可以帮助用户节约硬件的购置费用，而且还可以快速交换各类文件资源和打印资源。

9.4.1 家庭组共享资源

目前，Windows 7 和 Windows 8 系统分别为用户提供了“家庭组”功能，使用该功能可以轻松完成资源共享和访问。

1. 创建家庭组

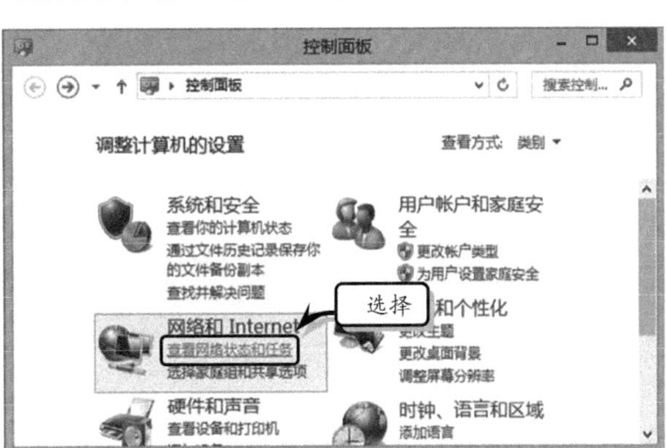

图 9-25 【控制面板】对话框

在 Windows 8 系统中，右击桌面左下角的【开始】图标，执行【控制面板】命令。在弹出的【控制面板】对话框中，选择【查看网络状态和任务】选项，如图 9-25 所示。

在弹出的【网络和共享中心】对话框中，将显示当前网络的基本信息和连接状态。在【查看活动网络】栏中，选择【家庭组】选项对应的【准备就绪，可以创建】选项，如图 9-26 所示。

然后，在弹出的【家庭组】对话框中，查看创建前信息，并单击【创建家庭组】按钮，如图 9-27 所示。

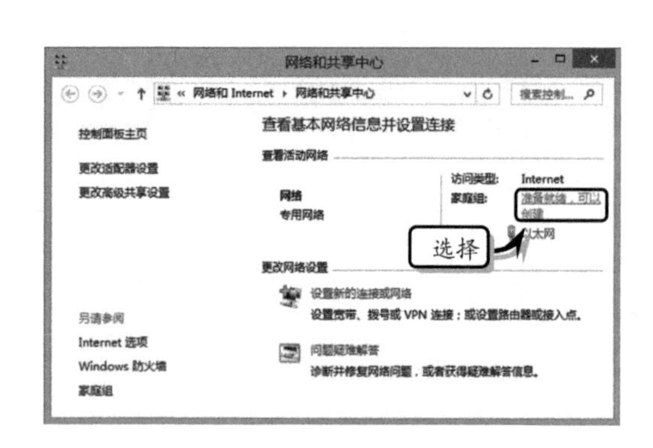

图 9-26 【网络和共享中心】对话框

图 9-27 准备创建家庭组

此时，系统将自动弹出【创建家庭组】对话框，查看相关说明信息，并单击【下一步】按钮，如图 9-28 所示。

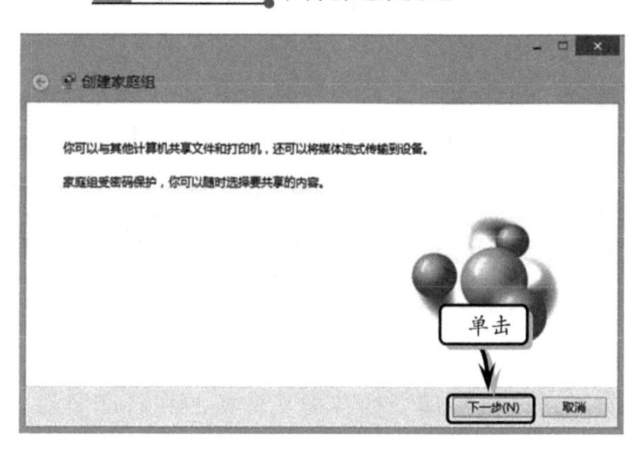

图 9-28 查看说明信息

在【创建家庭组】对话框中的【与其他家庭组成员共享】栏中，设置用户所需要共享的库或文件夹的权限，并单击【下一步】按钮，如图 9-29 所示。

此时，在【创建家庭组】对话框中，系统将会自动显示家庭组密码，用户需要谨记家庭组密码，并将密码告知其他用户，以方便其他用户加入家庭组，单击【完成】按钮，完成家庭组的创建，如图 9-30 所示。

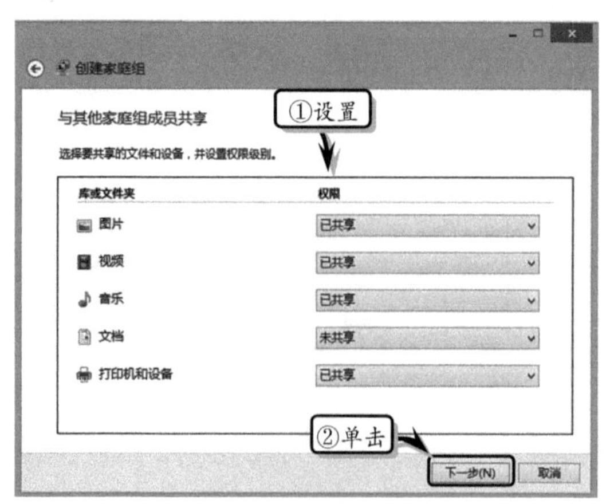

图 9-29 设置共享权限

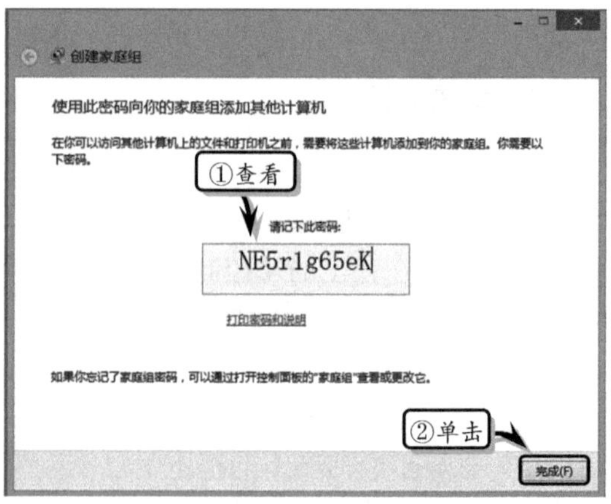

图 9-30 显示家庭组密码

提 示

用户也可以在【家庭组】对话框中，选择【更改密码】选项，在弹出的对话框中根据提示更改家庭组的密码，设置方便记忆的密码。

创建家庭组之后，系统将自动显示【家庭组】对话框，显示已创建的家庭组和共享内容。此时，选择【更改高级共享设置】选项，准备设置高级共享参数，如图 9-31 所示。

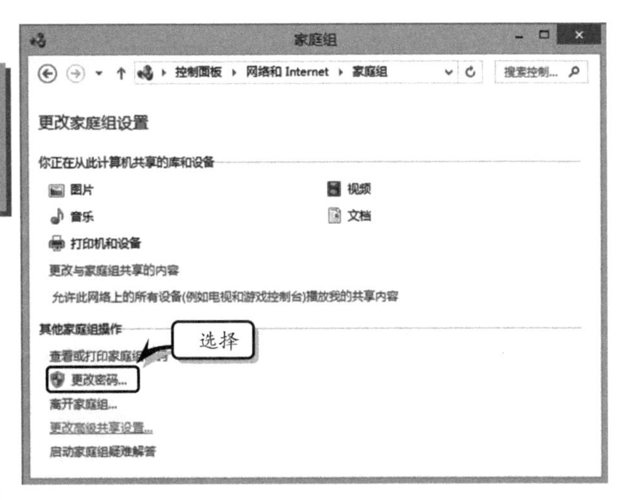

图 9-31 【家庭组】对话框

在弹出的【高级共享设置】对话框中，展开【专用（当前配置文件）】栏，在其列表设置相应的选项即可，如图 9-32 所示。

然后，展开【所有网络】栏，设置【公用文件夹共享】、【媒体流】、【文件共享连接】和【密码保护的共享】选项，并单击【保存更改】按钮，如图 9-33 所示。

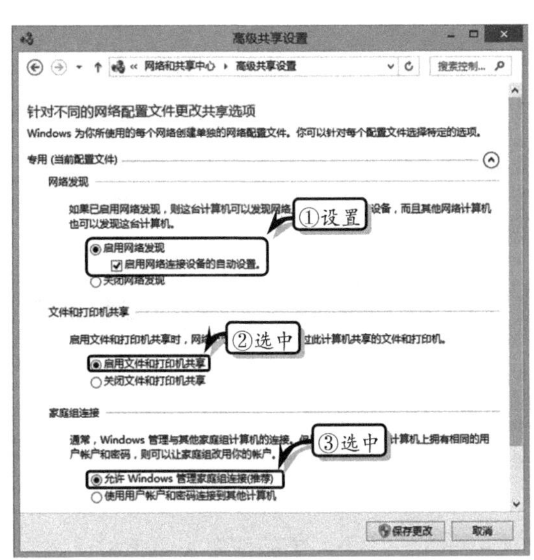

图 9-32 设置专用共享选项

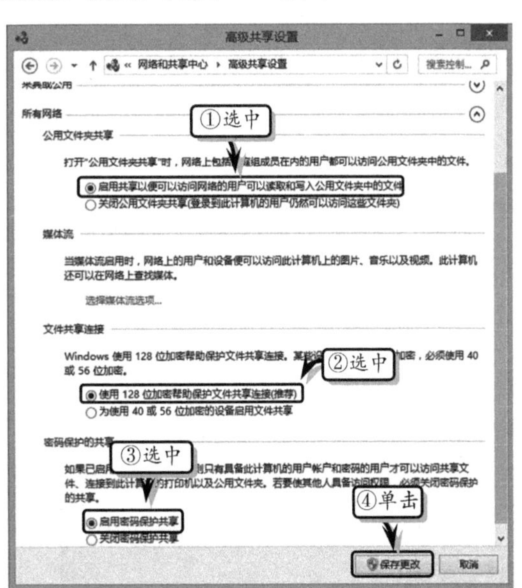

图 9-33 设置所有网络选项

2. 加入家庭组

创建完家庭组之后，用户还需要在另外一台电脑中加入家庭组，否则将无法共享资源。

在另外一台 Windows 7 电脑中，右击桌面右下角托盘中的网络连接标识，选择【网络和共享中心】选项。在弹出的【网络和共享中心】对话框中，查看当前网络连接状况，并选择右侧【家庭组】选项对应的【可加入】选项，如图 9-34 所示。

在对话框中的【与运行 Windows 7 的其他家庭计算机共享】栏中，将显示已创建的家庭组信息，直接单击【立即加入】按钮，如图 9-35 所示。

在弹出的【加入家庭组】对话框中的【选择您要共享的内容】列表中，依次启用【图片】、【音乐】、【视频】、【文档】和【打印机】复选框，并单击【下一步】按钮，如图 9-36 所示。

图 9-34 【网络和共享中心】对话框

图 9-35 准备加入家庭组

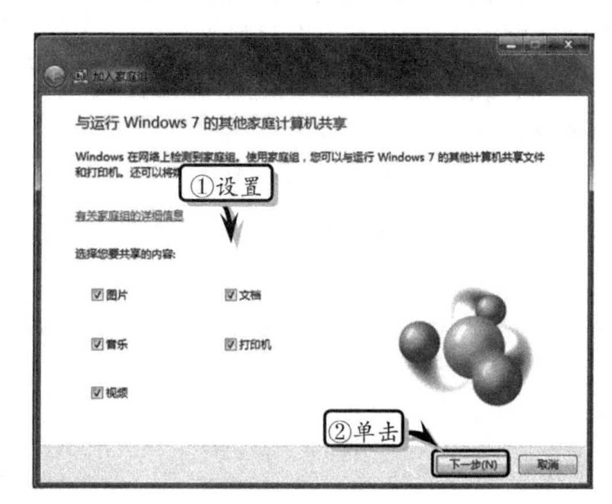

图 9-36 启用共享内容

然后，系统会自动显示【键入家庭组密码】栏，在该栏中的文本框中输入家庭组密码，并单击【下一步】按钮，如图 9-37 所示。最后，单击【完成】按钮即可。

提　示

在【键入家庭组密码】文本框中所输入的密码，是用户自己更改后的家庭组密码，其目的是为了便于记忆和输入。

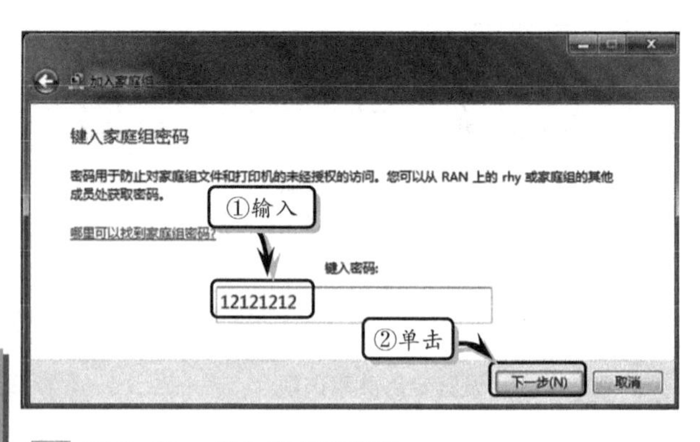

图 9-37 键入家庭组密码

加入家庭组之后，系统将自动显示【家庭组】对话框，选择【更改高级共享设置】选项，准备设置本地计算机内的高级共享设置，如图 9-38 所示。

在弹出的【高级共享设置】对话框中，展开【家庭或工作（当前配置文件）】栏，在其列表中设置【网络发现】、【文件和打印机共享】和【公用文件共享】等选项即可，如图 9-39 所示。

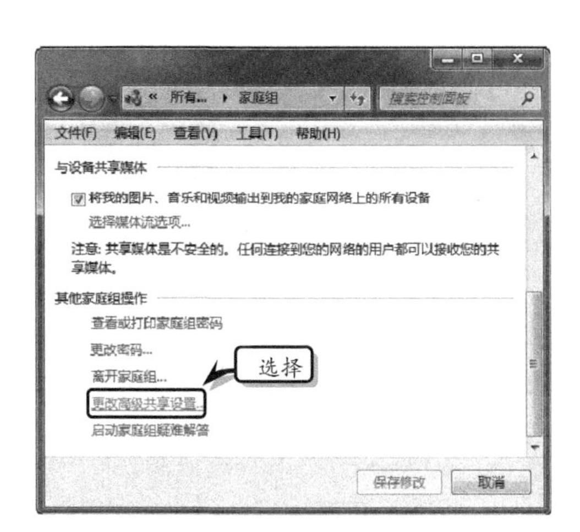

图 9-38 【家庭组】对话框

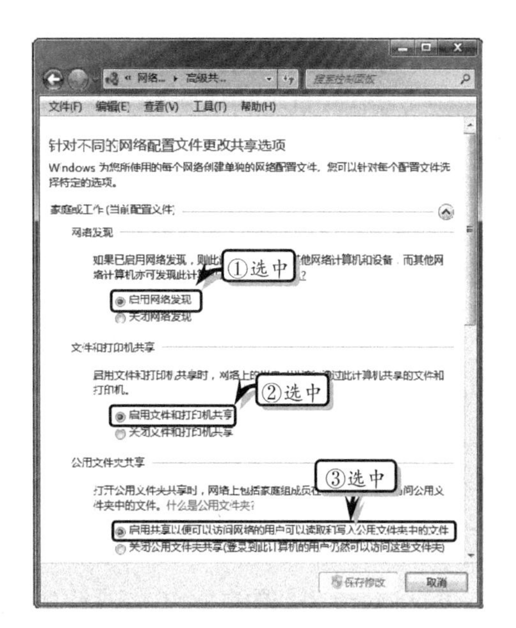

图 9-39 设置高级共享参数

提 示

加入家庭组并设置高级共享参数之后，为保证家庭组的正常运行，用户还需要重新启动计算机。

3. 实现共享

创建并加入家庭组之后，在任何一台计算机中双击桌面中的【计算机】图标，在弹出的对话框中选择【家庭组】选项，在对话框的右侧将显示家庭组成员，如图 9-40 所示。

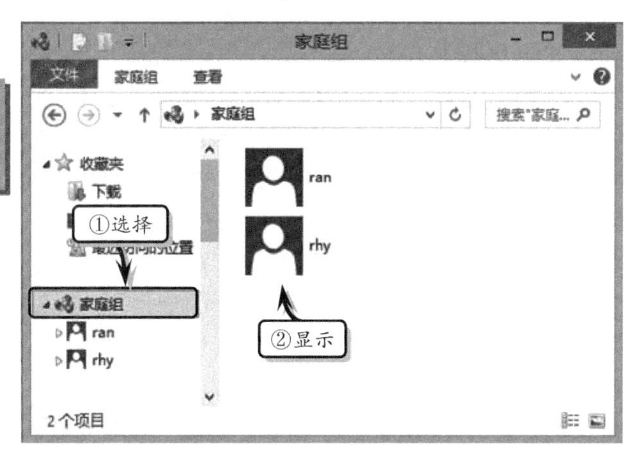

图 9-40 查看家庭组成员

选择一个家庭组成员，例如选择 ran 家庭组成员，系统将自动弹出新的对话框，并显示该家庭组成员所共享的库或文件夹，如图 9-41 所示。此时，用户可以随意进入每个共享的文件夹或库中，对共享文件进行相应的操作。

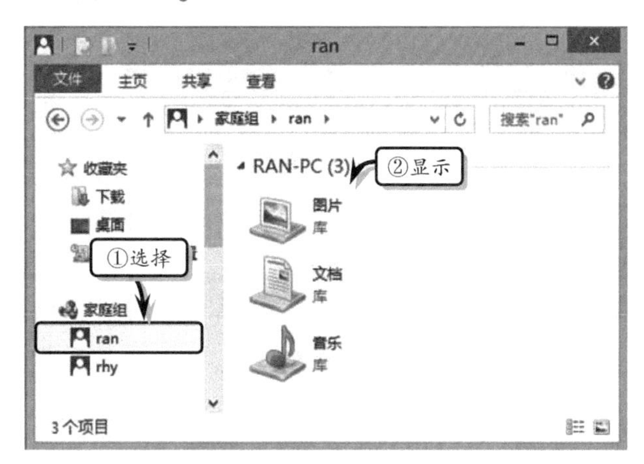

图 9-41 查看共享内容

9.4.2 高级共享

虽然利用 Windows 7 或 Windows 8 系统中的“家庭组”功能，

可以共享彼此计算机中的资源，但却无法达到任意共享计算机中其他硬盘中的文件或文件夹。此时，用户可以使用高级共享功能，通过设置工作组和防火墙等参数，达到任意共享彼此计算机中所有位置文件或文件夹的目的。

图 9-42 【系统】对话框

1. 设置工作组名称

为了确保对等网中的每台计算机都可以互相访问，除了设置每台计算机中的【高级共享设置】参数之外，还需要设置工作组名称，使各个计算机处于同一个工作组中。

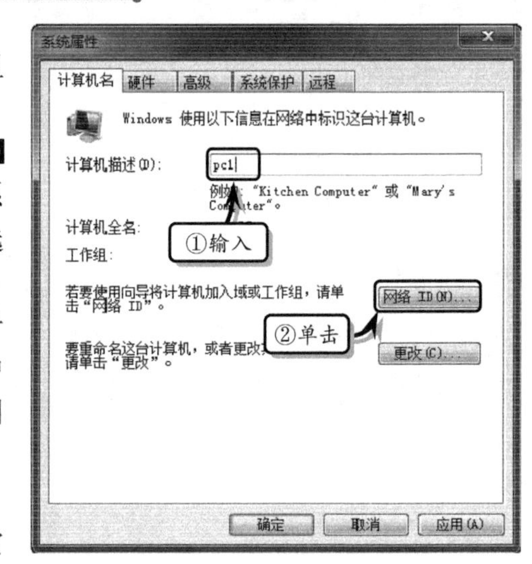

图 9-43 【系统属性】对话框

在 Windows 7 系统的桌面中右击【计算机】图标，右击执行【属性】命令，在弹出的【系统】对话框中选择左侧的【高级系统设置】选项，如图 9-42 所示。

在弹出的【系统属性】对话框中，激活【计算机名】选项卡，在【计算机描述】文本框中输入描述文本，并单击【网络 ID】按钮，如图 9-43 所示。

在弹出的【加入域或工作组】对话框中，选中【这台计算机是商业网络的一部分，用它连接到其他工作中的计算机（T）】选项，并单击【下一步】按钮，如图 9-44 所示。

然后，在弹出的【公司网络在域中吗？】列表中，选中【公司使用没有域的网络】选项，并单击【下一步】按钮，如图 9-45 所示。

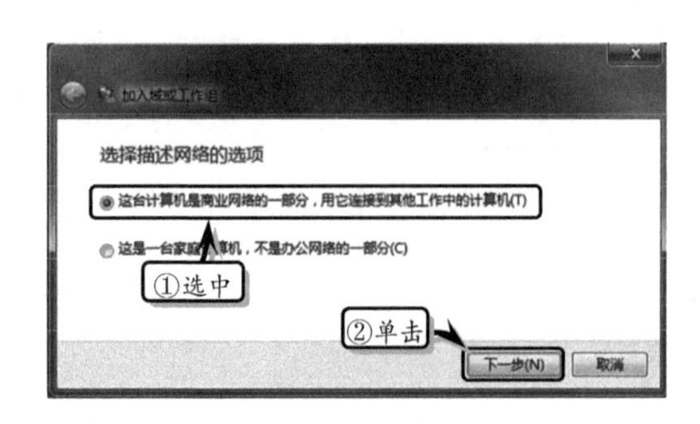

图 9-44 选择计算机网络

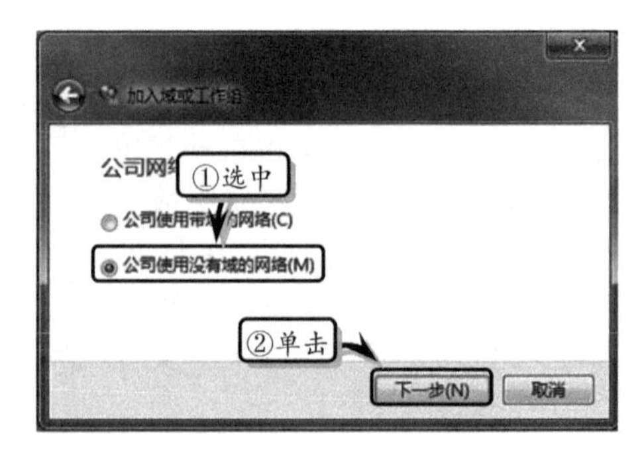

图 9-45 设置域选项

在【键入计算机工作组名】列表中的【工作组（W）】文本框中，输入工作组名称，并单击【下一步】按钮，同时单击【完成】按钮，如图 9-46 所示，完成计算机工作组的设置操作。

提　示

用户可以参考上述操作方法，更改 Windows 8 系统中工作组的名称，从而使家庭网中的所有计算机都处于同一个工作组中。

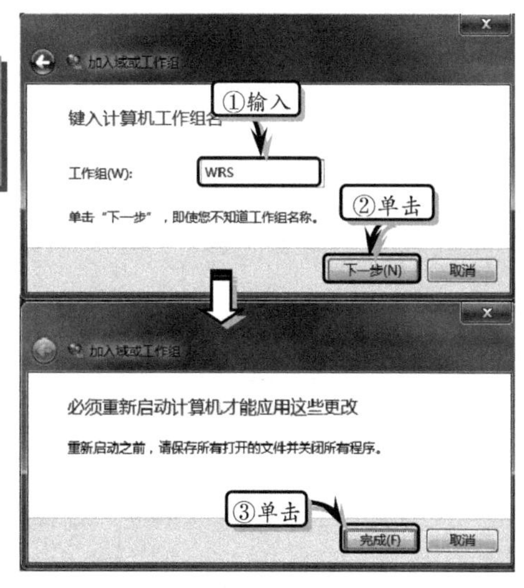

图 9-46　输入工作组名称

2. 关闭系统防火墙

为了确保对等网运行的稳定性，还需要关闭系统防火墙。右击桌面右下角托盘中的网络图标，打开【网络和共享中心】对话框，选择左下角的【Windows 防火墙】选项，如图 9-47 所示。

在弹出的【Windows 防火墙】对话框中，选择左侧的【打开或关闭 Windows 防火墙】选项，如图 9-48 所示。

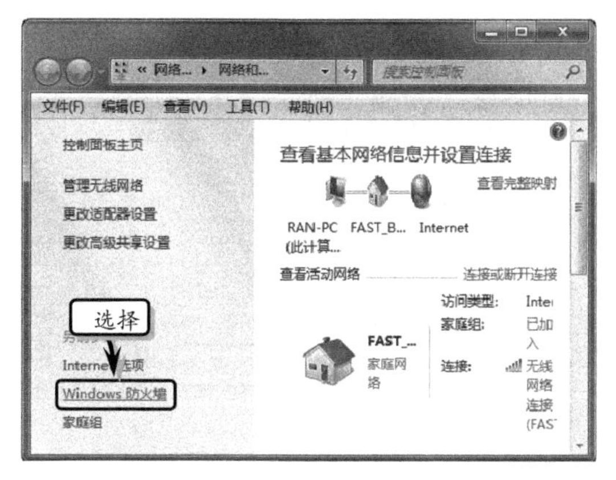

图 9-47　【网络和共享中心】对话框

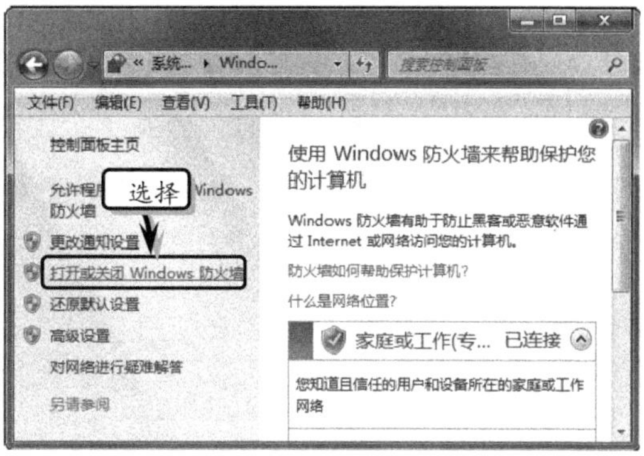

图 9-48　【Windows 防火墙】对话框

然后，在弹出的对话框中的【家庭或工作（专用）网络位置设置】列表中，选中【关闭 Windows 防火墙（不推荐）】选项，同时选中【公用网络位置设置】列表中的【关闭 Windows 防火墙（不推荐）】选项，并单击【确定】按钮，如图 9-49 所示。使用同样的方法，关闭家庭局域网中其他计算机的防火墙。

3. 共享硬盘

在 Windows 7 系统中设置高级共享选项之后，便可以共享计算机中的文件资源了。而对于多个文件或文件夹，则可以直接共享文件所在的磁盘。

在桌面中单击【计算机】图标，打开【计算机】对话框。右击【新加卷（E:）】磁盘，执行【属性】命令，如图 9-50 所示。

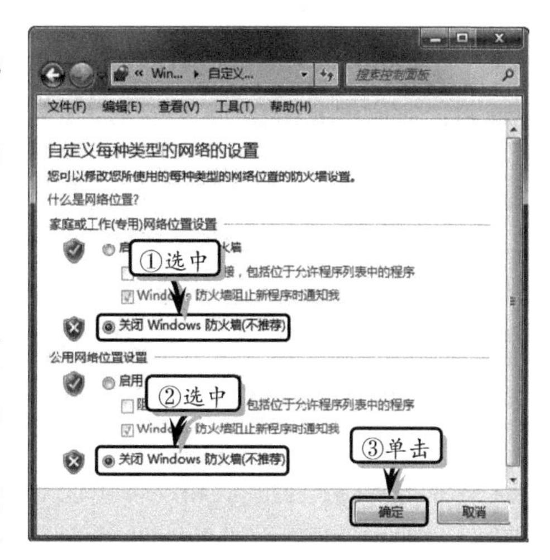

图 9-49　关闭 Windows 防火墙

在弹出的【新加卷（E:）属性】对话框中，激活【共享】选项卡，并单击【高级共享】按钮，准备共享该磁盘，如图 9-51 所示。

图 9-50 选择共享磁盘

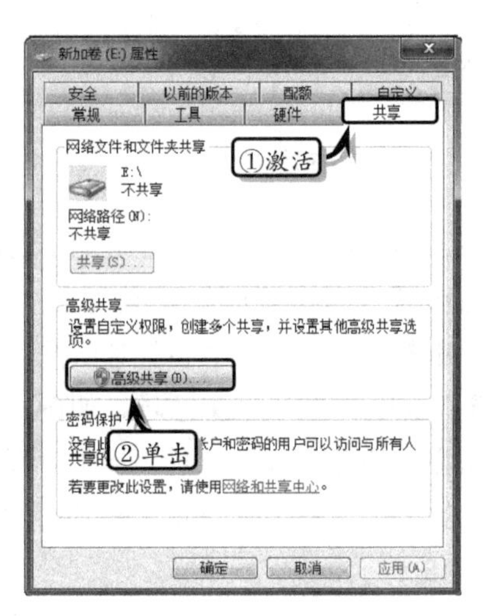

图 9-51 准备共享磁盘

然后，在弹出的【高级共享】对话框中，启用【共享此文件夹】复选框，设置【将同时共享的用户数量限制为】选项，并单击【确定】按钮，如图 9-52 所示。

提　示

在【高级共享】对话框中，用户也可以单击【权限】按钮，在弹出的对话框中设置共享权限。

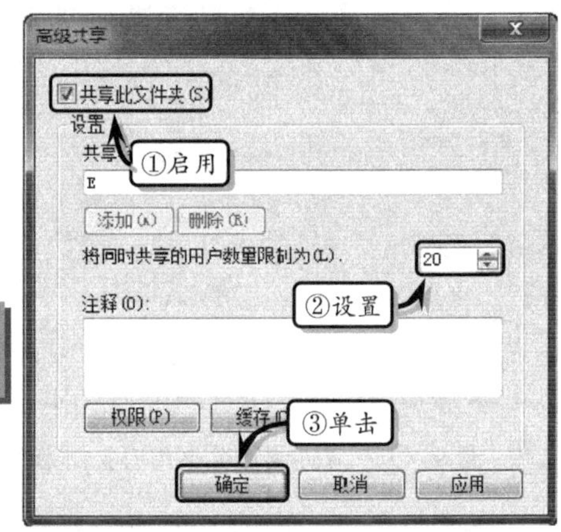

图 9-52 启用共享

此时，在【计算机】对话框中，将在【新加卷（E:）】磁盘下方出现共享图标，表示该磁盘已被共享，对等网中的其他用户可以查看并访问该磁盘，如图 9-53 所示。

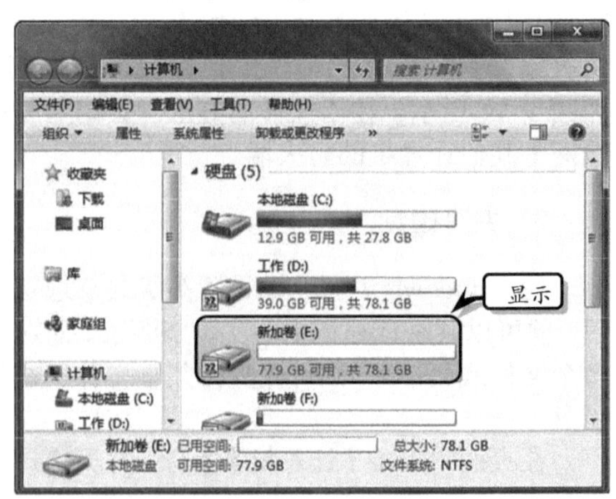

图 9-53 共享成功

4．访问共享硬盘

共享硬盘之后，在家庭网的其他计算机中，双击桌面中的【计算机】图标，在打开的对话框中选择【网络】选项，在对话框的右侧将会显示局域网中的其他计算机，如图 9-54 所示。

双击网络计算机名称，例如双击 RAN-PC 计算机。此时，将在弹出的对话框中显示该计算机中所共享的硬盘或文件夹，如图 9-55 所示。

图 9-54 查看网络计算机

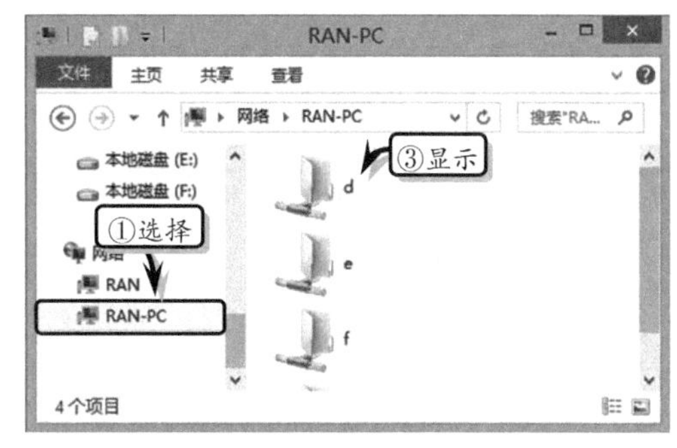

图 9-55 查看共享内容

此时，双击任意个文件夹，即可进入到该共享硬盘中。用户可以根据所设置的权限，任意操作文件夹内的资源。

提 示

在家庭局域网中除了可以共享文件或文件夹之外，还可以共享打印机。其共享打印机的操作方法请参见第 8 章中共享打印机中的内容。

9.5 练习：使用 360 免费 Wi-Fi 创建无线热点

如果家庭中只有一台计算机，并且该计算机具有无线上网功能，那么便可以使用 360 安全卫士中的免费 Wi-Fi 功能，来创建一个无线热点，从而达到为智能手机共享上网的目的。

1. 实验目的

- 安装 360 免费 Wi-Fi
- 设置 360 免费 Wi-Fi

2. 实验步骤

1 启动 360 安全卫士，单击主界面右下角的【更多】按钮。在弹出的对话框中选择【360 免费 Wi-Fi】选项，如图 9-56 所示。

图 9-56 选择安装选项

2 此时系统会自动安装 360 免费 Wi-Fi，并在桌面中显示已安装和启用的 360 免费 Wi-Fi，如图 9-57 所示。

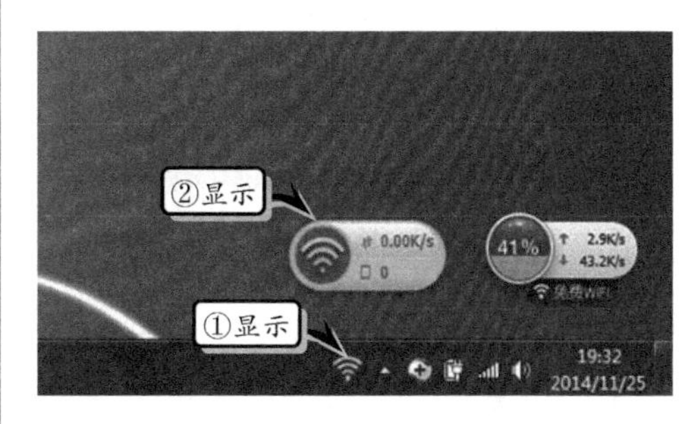

图 9-57 启用 360 免费 Wi-Fi

3 双击 360 免费 Wi-Fi 图标，在弹出对话框中的【Wi-Fi 密码】文本框中输入新的密码，并单击【保存】按钮，如图 9-58 所示。

图 9-58 更改密码

4 此时，用户可以使用手机搜索并连接 360 免费 Wi-Fi 了。连接之后，在【360 免费 Wi-Fi】对话框中，激活【已连接的手机】选项卡，将显示已连接的手机信息，如图 9-59 所示。

图 9-59 查看连接情况

5 右击桌面中的 360 免费 Wi-Fi 图标，执行【设置中心】命令，设置 Wi-Fi 基本设置，并单击【确定】按钮，如图 9-60 所示。

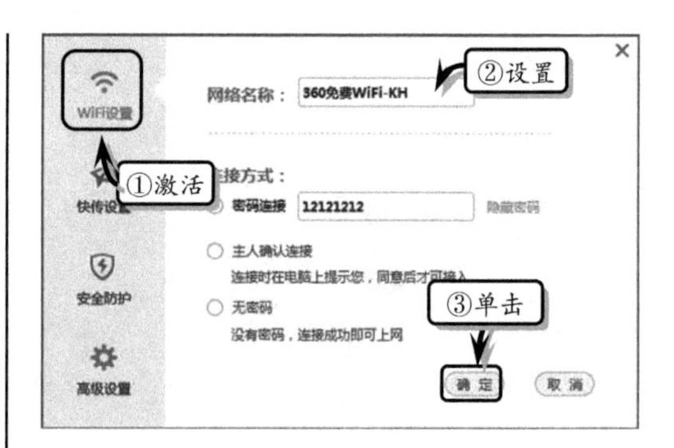

图 9-60 设置 Wi-Fi 基本参数

6 激活【快传设置】选项卡，设置 Wi-Fi 中的传输参数，并单击【确定】按钮，如图 9-61 所示。

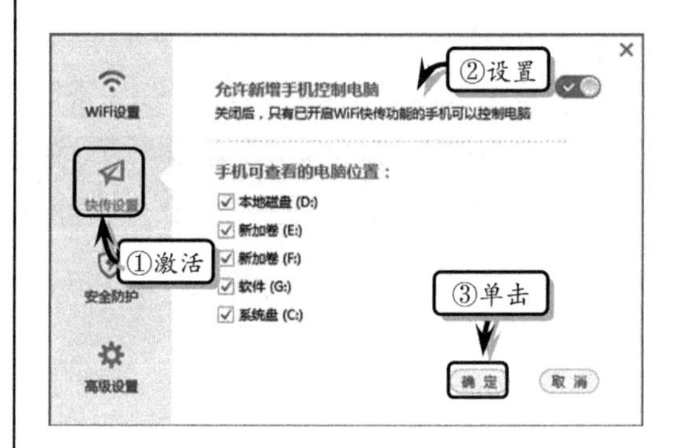

图 9-61 设置快传参数

7 激活【安全防护】选项卡，设置 DNS 防劫持、防蹭网和恶意链接拦截等选项，并单击【确定】按钮，如图 9-62 所示。

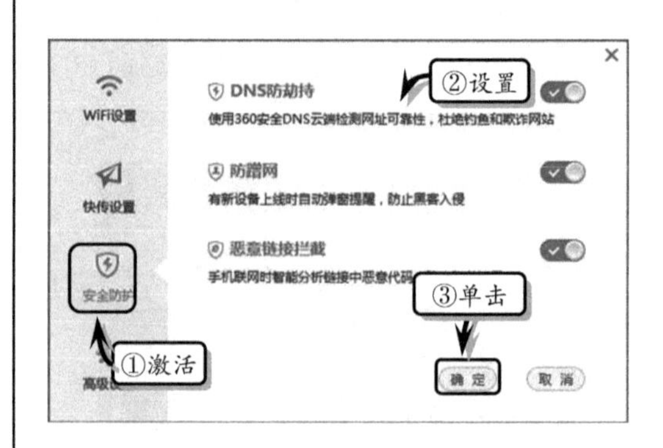

图 9-62 设置安全防护

9.6　练习：使用 BWMeter 检测数据流量

BWMeter 是一款功能强大的带宽测试和监视程序流量控制器，具有测量、显示并控制进出计算机的数据流量的功能，它不仅可以分析数据包，辨别数据包样本来自本地还是网络；而且也可以通过为各种连接设置速度限制来控制流量，或者限制某些应用程序访问某些因特网站点。在本练习中，将详细介绍使用 BWMeter 来检测数据流量的操作方法和具体步骤。

1．实验目的

- ❑ 添加 LAN 地址
- ❑ 查看上传和下载流量

2．实验步骤

1 运行该软件后，将弹出 BWMeter 窗口，如图 9-63 所示。

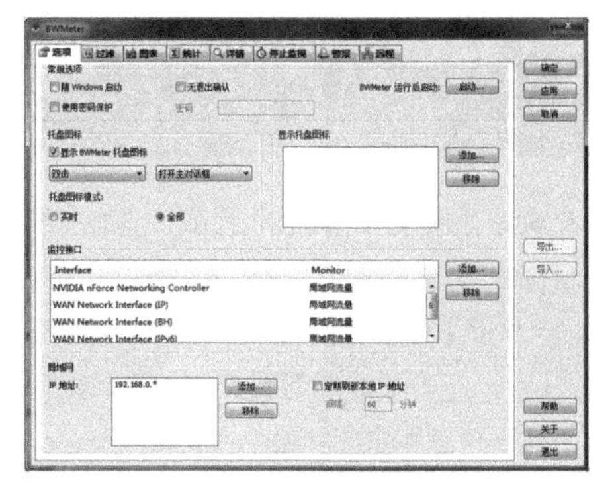

图 9-63　BWMeter 窗口

2 在【选项】选项卡的【局域网】选项中，单击【添加】按钮，在弹出的【LAN 地址】对话框中输入本地 IP，并单击【确定】按钮，如图 9-64 所示。

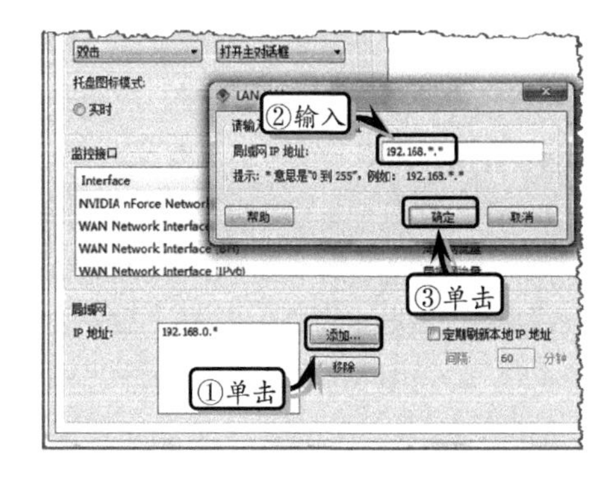

图 9-64　添加 LAN 地址

3 在【统计】选项卡中，选择【因特网】选项，并选择【每时】选项卡，查看上传和下载流量，如图 9-65 所示。

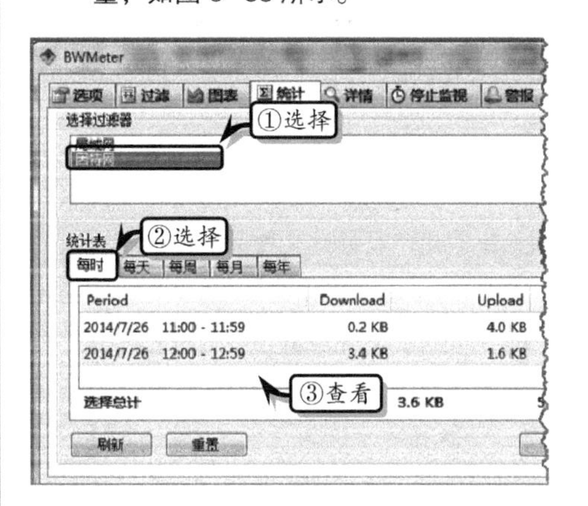

图 9-65　查看并刷新统计表

4 选择【详情】选项卡，并在【选择过滤器】列表中选择过滤网络，然后单击【启动】按钮，查看传送方向、字节和协议信息，如图 9-66 所示。

5 当访问并复制局域网中用户本地文件时，在【局域网】对话框中显示上传和下载的速率，如图 9-67 所示。

6 当访问互联网时，在【因特网】对话框中显示上传和下载的速率，如图 9-68 所示。

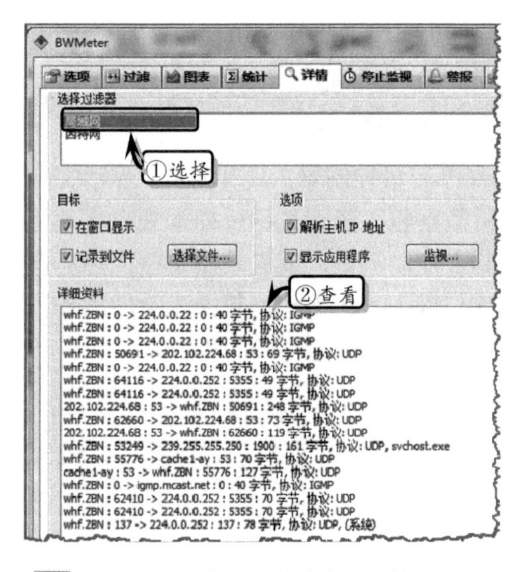

图 9-66　启动控制并查看详情

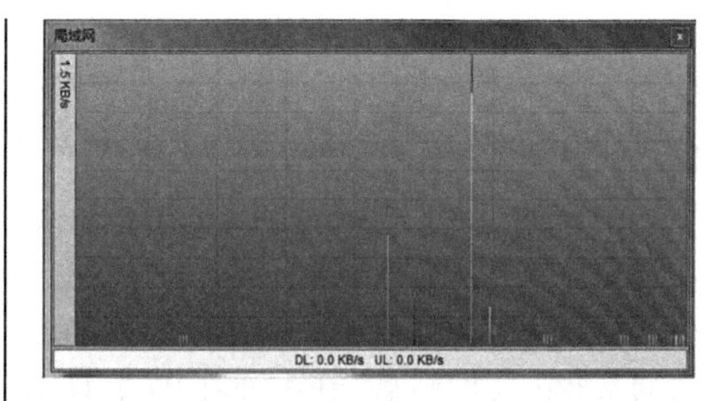

图 9-67　访问局域网中用户

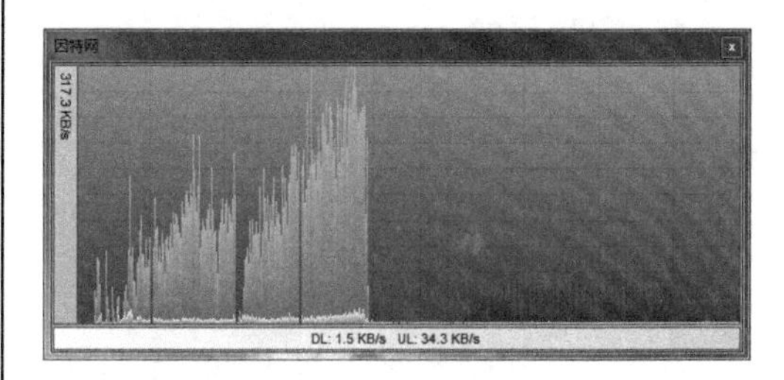

图 9-68　访问因特网

9.7　思考与练习

一、填空题

1．家庭用户是通过某种通信线路和特定的信息采集，利用相应的传输技术完成用户与 IP 广域网的高带宽、高速度的物理连接，而这种物理连接通常称为__________。

2．PSTN 接入又称为“__________”接入，是较早前普遍使用的一种窄带接入方式，它是通过电话线和运营商提供的一个号码，以及自带调制解调器（MODEM）的电脑进行拨号连接的方式来接入 Internet。

3．ISDN 接入又称为“__________”接入，它将电话、传真、数据和图像等多种业务采用数字传输和数字交换技术综合在一个统一的数字网络中进行传输和处理。

4．__________接入方式是目前运用最广泛的接入方式，它属于一种铜线接入方式，是一种本地环路提供数字服务的技术中的一种数字用户线技术。

5．__________接入方式是通过有线电视网络铜线介质进行传输的一种接入方式，具有专线上网的连接特点。

6．光纤宽带可以提供高速互联接入，具有__________、__________等特点，适用于家庭、企事业团体等任意需求团体或个人。

二、选择题

1．无源光网络（Passive Optical Network，PON）是指介于______和 ONU 之间的光分配网络（ODN），该接入方式不存在有源电子设备，是一种纯介质网络。

A．APON

B．OLT

C．ATM

D．GPON

2．在布线时，为了避免其他信号干扰网络信号，网线最好与其他电缆线分开铺设，最好将网线穿入 PVC 管，并且每根网线之间的距离保持在______cm 左右。

A．10

B. 15

C. 20

D. 25

3. 在压线钳的顶部提供了 3 种压线槽，从上到下分别为 6P 电话线水晶头压线槽、_____压线槽和 4P 电话线水晶头压线槽。

A. 4P 网络水晶头

B. 6P 网络水晶头

C. 8P 网络水晶头

D. 12P 网络水晶头

4. 由于 5 类双绞线主要针对 100M 网络，并且可以向下兼容到_____M 网络，因此比较适合家庭网络使用，也是目前最为流行的网线之一。

A. 10

B. 20

C. 30

D. 50

5. 在地址栏中所输入的 192.168.1.1 地址并不是一成不变的，这个地址需要根据路由器类型而定，一般除了上述地址之外还经常使用_____地址。

A. 192.168.1.0

B. 192.168.0.1

C. 192.168.0.0

D. 195.168.0.2

三、问答题

1. 组网设备和工具有哪些？
2. 如何设置高级共享？
3. 如何创建家庭组？

四、上机练习

1. 使用 IPConfig 查看网络配置信息

IPConfig 实用程序可用于显示当前的 TCP/IP 配置信息，以便检验人工配置的 TCP/IP 设置是否正确，其应用方法如下。

在 Windows 8 系统中，右击【开始】按钮，执行【运行】命令，并在弹出的【运行】对话框中输入 cmd 命令，单击【确定】按钮，如图 9-69 所示。

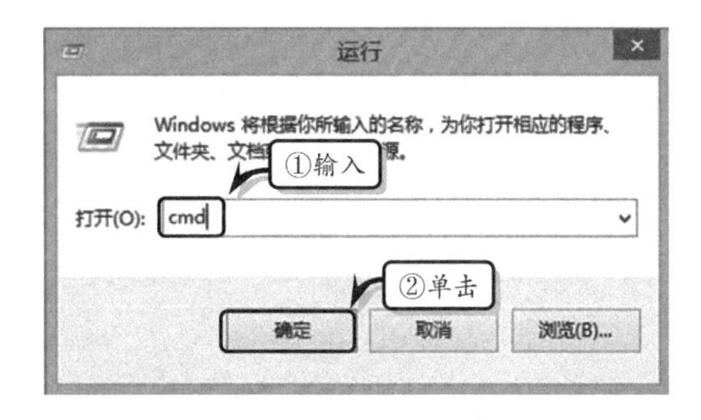

图 9-69 输入运行命令

在弹出的对话框中输入 ipconfig 命令，并按 Enter 键即可显示当前计算机的网络配置信息，如图 9-70 所示。

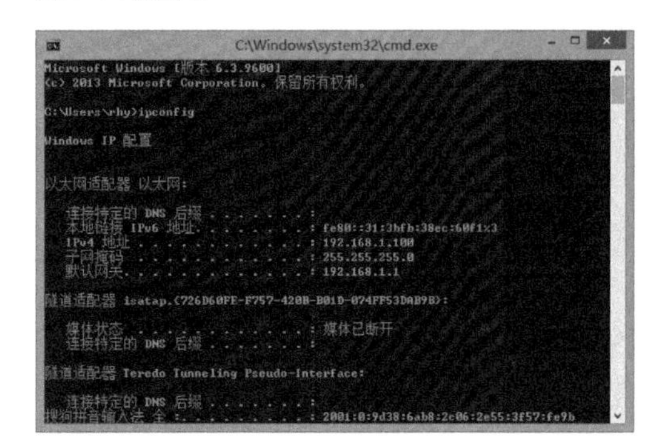

图 9-70 显示配置信息

2. 更改家庭组密码

为了便于其他用户记住家庭组的加入密码，在此还需要选择【更改密码】选项，准备更改家庭组的密码，如图 9-71 所示。

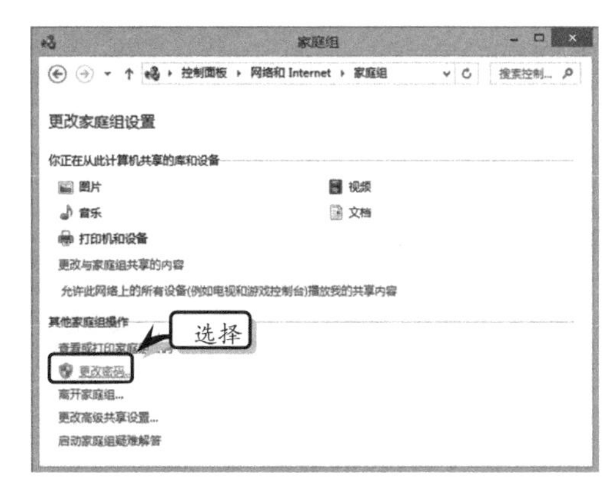

图 9-71 准备更改密码

然后，在弹出的【更改家庭组密码】对话框中，选择【更改密码】选项，并在【键入家庭组的新密码】文本框中输入新的家庭组密码，单击【下一步】按钮即可，如图 9-72 所示。

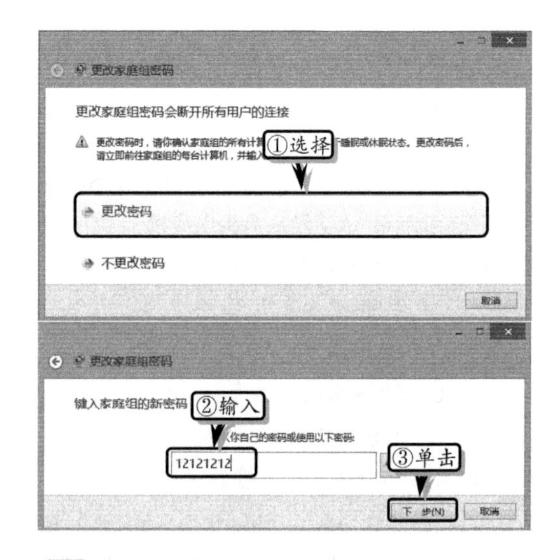

图 9-72 更改家庭组密码

第 10 章 组建无线网络

随着网络技术的快速发展，无线网络逐渐成为用户使用的主流网络。相对于有线网络来讲，无线网络是使用无线传输介质，如微波、红外线、电磁波、卫星等进行网络互联，具有无须布线、快速连接等优点，从而解决了多台计算机互联时所存在的布线难、布线乱等问题。目前，无线网络像普通的电线、有线电视线那样普遍存在于用户的生活中。在本章中，将详细介绍无线网络中的相关技术，以及无线网络的组建和链接方式等内容。

本章学习目的：

- 无线网络概述
- IEEE 802.11 标准
- 无线网络设备
- 无线网络的链接方式
- 无线广域网技术
- 组建无线对等网

10.1 无线网络概述

飞速发展的计算机网络技术及通信技术，已成为人们生活中不可缺少的一部分。它们已经渗透个人、企业及政府等各个领域。

由于在许多场合可能不允许铺设有线传输媒介（光纤、铜缆等）或使用有线连接方式等因素，传统的有线连接方式已经不能很好地满足人们的需要。

10.1.1 无线网络的含义

无线网络是指利用无线电波作为信息传输媒介而构成的无线局域网（WLAN），与有线网络的用途十分类似，它们最大的不同在于传输媒介的不同，无线网络是利用无线电技术取代有线传输介质。

与有线局域网相比，无线局域网具有开发运营成本低、时间短、投资回报快、易扩展、受自然环境、地形及灾害影响小、组建网络灵活快捷等优点。可实现“任何人在任何时间、任何地点以任何方式与任何人通信”。它弥补了传统有线局域网的不足。

无线网络架设方便且能够顾及有线网络所不能顾及的地方。如无线网络可用来解决某些场合（受保护的建筑物、广场、河对岸、无权敷设线路、已装修好的房屋等）无法布线或不方便布线的问题，而且对经常需要变动网络布线结构和用户需要更大范围移动计算机的地方、可以克服线缆限制引起的不便性，如酒店、公共场合等。另外还包括以下几个方面。

- 石油工业中的采油基地、炼油厂、海上钻井平台。
- 展览会和大型会议等临时场合。
- 移动办公系统。
- 饮食、交通旅游、宾馆酒店服务。
- 应急处理时，或野外紧急场合。

无线网络技术涉及的范围很广，它不仅包括允许用户建立远距离无线连接的全球语音和数据网络，也包括为近距离无线连接进行优化的红外线技术及射频技术。手机用户可以使用移动电话查看电子邮件、使用便携式计算机的用户可以通过安装在机场、火车站和其他公共场所的基站连接到 Internet；在家中，用户可以连接桌面设备来同步数据和发送文件等。

10.1.2 无线网络的划分

与有线网络一样，无线网络可根据数据传送距离的不同划分为不同的类型。它分为无线局域网（WLAN）、无线广域网（WWAN）、无线城域网（WMAN）和无线个人网（WPAN）4 种不同类型。

1．无线局域网（WLAN）

WLAN（Wireless Local Area Network）是计算机网络和无线通信技术相结合的产物。它以无线多址信道作为传输媒介，利用电磁波完成数据交互，实现传统有线局域网的所有功能。通常被形象地描述为“最后 100m”的通信需求。

无线局域网让用户几乎可以从任何地方接入网络，如办公桌、会议室、咖啡厅，或者企业园区或校园中的另外一个办公楼。同时无线局域网可以为员工提供最大限度的灵活性、生产率、工作效率，大幅度地增强他们与同事、业务伙伴和客户之间的合作。WLAN 采用 IEEE 802.11 系列标准。

2．无线广域网（WWAN）

WWAN（Wireless Wide Area Network）是指传输范围可跨越国家或不同城市的无线网络，由于其网络覆盖范围大，通常需要特殊的服务提供者来架设及维护整个网络，一般用户只是单纯以终端连线装置来使用无线广域网络。

无线广域网让用户可以通过远程公用网络或专用网络建立无线网络连接。通过使用由无线服务提供商负责维护的若干天线基站或卫星系统，这些连接可以覆盖广大的地理区域，例如若干城市或者国家（地区）。WWAN 标准由 IEEE 802.20 和 3G 蜂窝移动通信系统构成。

3．无线城域网（WMAN）

WMAN（Wireless Metropolitan Area Network）通常用于城市范围内的业务点和信息汇聚点间的信息交流和网际接入。它的有效作用距离要大于 WLAN，其有效覆盖区域为 2～10km，最大可达到 30km，数据传输速率最快可达 70Mb/s。WMAN 采用 IEEE 802.16 标准。

4．无线个人网（WPAN）

WPAN（Wireless Personal Area Network）是指在个人活动范围内所使用的无线网络技术，这类技术的主要用途是让个人使用的资讯装置，如手机、PDA、笔记本计算机等可互相通信，以达到交换数据的目的。其典型的传输距离为几米，它常常被描述为“最后 10m”的通信需求，目前主要技术为蓝牙（Bluetooth），WPAN 采用 IEEE 802.15 标准。

10.2 IEEE 802.11 标准

1997 年美国电气与电子工程师协会（IEEE）推出了 IEEE 802.11 标准，定义了无线局域网的访问方法和物理层规范。该规范是第一个在国际上认可的无线局域网协议。

10.2.1 IEEE 802.11 体系结构

IEEE 802.11 主要针对网络的物理层（PHY）和 MAC（Media Access Control，媒体访问控制）子层进行了规定。由于其在速率和传输距离上都不能满足人们的需要，随后 IEEE 工作小组又相继推出了 IEEE 802.11x 系列标准。这包括以下几个部分。

- **IEEE 802.11a** 在 1999 年推出，是对物理层的补充，它工作在 5GHz 频段，数据传输率为 54Mb/s。
- **IEEE 802.11b** 1999 年推出，是对物理层的补充，它工作在 2.4GHz 频段，数据传输率为 11Mb/s。
- **IEEE 802.11c** 它符合 802.1D 的媒体接入控制层桥接。
- **IEEE 802.11d** 它是根据各国无线电规定而做的调整。
- **IEEE 802.11e** 它提供对服务质量的支持。
- **IEEE 802.11g** 2003 年推出，是对物理层的补充，工作在 2.4GHz 频段，数据传输率为 54Mb/s。
- **IEEE 802.11i** 2004 年推出，是对无线网络安全方面做出的补充。

IEEE 802.11 体系结构是由无线站点（Station，STA）、无线接入点（Access Point，AP）、独立基本服务组（Independent Basic Service Set，IBSS）、基本服务组（Basic Service

Set，BSS）、分布式系统（Distributed System，DS）和扩展服务组（Expand Service Set，ESS）六大部分组成，如图 10-1 所示。

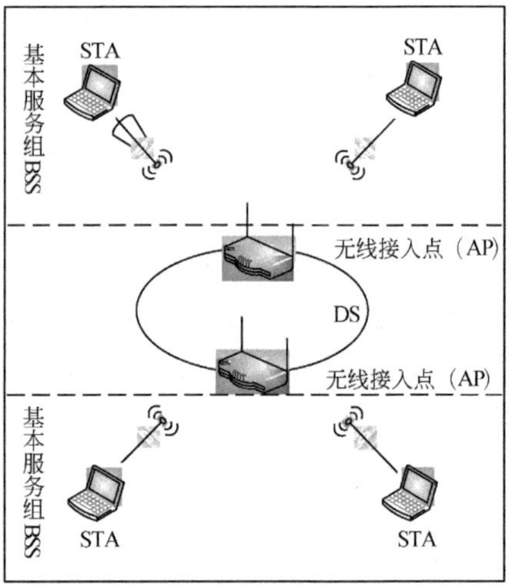

图 10-1　IEEE 802.11 体系结构

1．无线站点

STA 通常是由一台计算机或笔记本加上一块无线网卡（Wireless LAN Card）构成。其中，无线网卡分为台式计算机所使用的 PCI 或 ISA 插槽的网卡和笔记本所使用 PCMCIA 网卡。除此之外，无线的终端还可以是非计算机终端上的能提供无线连接的嵌入式设备，如支持无线上网的手机等。

2．无线接入点

无线接入点可以理解为用于无线网络的无线交换机。它是无线网络的核心。无线 AP 的主要作用是提供 STA 和现有骨干网络（有线网络或无线网络）的桥接，主要用于宽带家庭、大楼内部以及园区内部，其典型覆盖范围为几十米至几百米，大多数无线 AP 还带有接入点客户端模式（AP client），可以和其他 AP 进行无线连接，以延展网络的覆盖范围。AP 通常由一个无线输出口和一个以太网接口（802.3 接口）构成，桥接软件符合 IEEE 802.11d 桥接协议。

3．独立基本服务组

IBSS 是指一个 BSS 就构成了一个独立的网络(像一个特殊网络)，其中并没有通向访问点的通路，如图 10-2 所示。

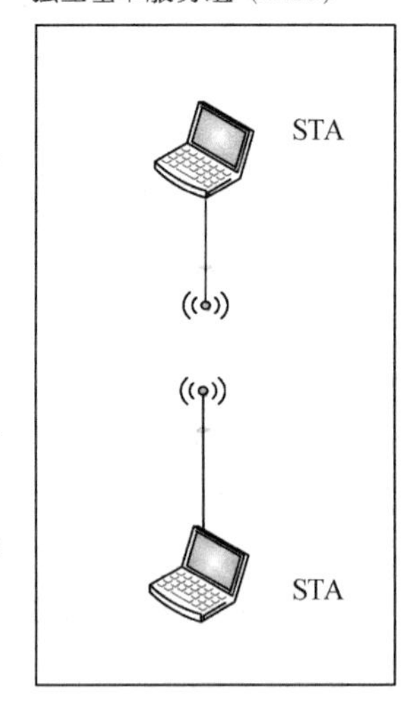

图 10-2　独立基本服务组模型

4．基本服务组

BSS 是指网络内两个或更多的结点（站点）。一个结点可以是一个访问点或一个客户机。即 IEEE 802.11 标准在网络构成上采用单元结构，将整个系统分成许多单元，其中将单元称为 BSS。

5．分布式系统

DS 是用于将 BSS 互联的逻辑组成单元，由它提供 STA 在 BSS 之间漫游的分配服务。

6．扩展服务组

ESS 由多个 BSS 构成，它支持漫游功能（移动性），无线站点 STA 可以在 ESS 内不同的 BSS 间进行漫游。

提 示

浸游（Roaming）是指无线工作站在一组AP之间移动，并提供对于用户透明的无缝链接，它包括基本漫游和扩展漫游两部分。基本漫游是指无线STA的移动仅局限在一个ESS内部；扩展漫游是指无线STA从一个ESS中的一个BSS移动到另一个ESS中的一个BSS。

10.2.2 IEEE 802.11 物理介质规范

在IEEE 802.11中，MAC层被划分为MAC子层和MAC管理子层；物理层分为物理层汇聚协议（Physical Layer Convergence Protocol，PLCP）、物理介质相关（Physical Medium Dependent，PMD）子层和PHY管理子层，如图10-3所示。

数据链路层	LLC		站管理
	MAC	MAC管理	
物理层	PLCP	PHY管理	
	PMD		

图10-3 IEEE 802.11 WLAN 协议模型

在该模型中，PLCP主要进行载波侦听的分析和针对不同的物理层形成相应格式的分组；PMD子层主要用于识别相关介质传输的信号所使用的调制和编码技术，它提供了在两个或多个STA之间用于发送和接收数据的接口；PHY管理子层负责为不同的物理层进行信道选择和调谐；站管理主要任务是协调物理层和MAC层之间的交互作用。

IEEE 802.11定义在2.4GHz和5.8GHz的ISM频段内，在PMD中使用FHSS、DSSS和DFIR（扩散红外线）3种技术，即它定义了3种PLCP帧格式来对应3种不同的PMD子层通信技术。它们在运营机制上完全不同，没有互操作性可言。

1. FHSS

IEEE 802.11定义了对应于FHSS通信的PLCP帧格式，它包括6个不同字段，如图10-4所示。

SYNC	Start Frame Delimiter	PLW	PSF	Header Error Check	MPDU≤4098 bit
80bit	16bit	12bit	4bit	16bit	

图10-4 用于FHSS通信的PLCP帧格式

其中，SYNC是0和1的序列，共占80bit作为同步信号；Start Frame Delimiter（SFD）用作帧的起始符，其比特模式为0000110010111101；PLW表示帧长度，共12位，因此帧的最大长度为4096bit；PSF是分组信令字段，用来标识不同的数据速率；Header Error Check是用于纠错的，在此常用CRC算法，它能够纠正2bit的错误；MPDU表示MAC协议数据单元。

FHSS技术在2.400～2.4835GHz之间的ISM频带上划分为78个1MHz的子信道，它们又分为3组，每组有26个，分别对应的信道编号为（0，3，6，9，…，63，66，72，75）、（1，4，7，10，…，67，70，73，76）和（2，5，8，11，…，68，71，74，77）。具体选择哪一组取决于PHY管理子层。接收方和发送方协商一个调频模式，数据则按照这个序列在各个子频道上进行传送。IEEE 802.11 规定，跳跃速率为 2.5 跳/s，建议发送功率为 100mW。

提 示

FHSS 即调频扩频。它是一种扩散无线发射方法，发射机和接收器根据预先分配的模式，同步接收从一个频率到另外一个频率的跳跃。

2. DSSS

IEEE 802.11 定义了对应于 DSSS 通信的 PLCP 帧格式，它包括 7 个不同字段，如图 10-5 所示。

SYNC	Start Frame Delimiter	Signal	Service	Length	CRC	MPDU
128 bit	16 bit	8bit	8 bit	16 bit	16 bit	

图 10-5 对应于 **DSSS** 通信的 **PLCP** 帧格式

其中，一些字段表示意义与对应于 FHSS 的 PLCP 帧格式是不同的。在这里，Start Frame Delimiter（SFD）字段的比特模式为 1111001110100000；Signal 字段表示数据速率，其单位为 100Kb/s，比 FHSS 的精确度提高了 5 倍；Service 字段为保留字段，并未使用；Length 字段指 MPDU 的长度，其单位为 μs。

DSSS 技术将 2.400～2.4835GHz 之间的 ISM 频带划分成 11 个互相覆盖的信道，其中心频率间隔为 5MHz。在传输过程中，数据比特将被编码为 11 的 Barker 码，采用二进制差分移相键控（DBPSK）和差分正交移相键控（DQPSK）来实现 1Mb/s 和 2Mb/s 数据传输速率，即一个码元分别代表 1bit 或 2bit 数据。

提 示

DSSS 即直接序列扩频。它是一种扩频无线发射技术，可以连续在广泛的频率波段上传播信号。

3. DFIR

IEEE 802.11 定义了对应于 DFIR 通信的 PLCP 帧格式，它包括 7 个不同字段，如图 10-6 所示。

SYNC	Start Frame Delimiter	Data rate	DCLA	Length	CRC	MPDU ≤2500 bit
57 - 73 bit	4 bit	3bit	32 bit	16bit	16 bit	

图 10-6 对应于 **DFIR** 通信的 **PLCP** 帧格式

其中，SYNC 字段比 FHSS 和 DSSS 的长度都要短，占 57～73bit，因为采用光敏二极管检测信号时不需要复杂的同步过程；Start Frame Delimiter（SFD）字段 4bit；Data rate 字段表明对 MPDU、Length 和 CRC 字段的传输或接收将使用的数据速率。当它为 000 时，速率为 1Mb/s；当为 001 时，速率为 2Mb/s，它占 3bit；DCLA 字段用于稳定直流电平，通过发送 32 个时隙的脉冲序列来确定接收信号的电平；MPDU 的长度不超过 2500 字节。

10.2.3　IEEE 802.11 介质访问控制

在无线网络传输中侦听载波及冲突检测都是不可靠的，而且侦听载波也是相当困难的。另外，在通常情况下，无线电波经由天线发送出去时，是无法监视的，因此冲突检测实际上是做不到的。

而在 IEEE 802.11x 系列标准中的 IEEE 802.11b 标准定义的无线局域网中，使用的介质访问控制方式为 CSMA/CA（Carrier Sense Multiple Access/Collision Avoidance，载波监听多路访问/冲突避免）。

在 IEEE 802.11 介质访问控制中，将冲突检测（Collision Detection）变成了冲突避免（Collision Avoidance），其侦听载波技术由两种方式来实现，一种是实际地去侦听是否有电波在传送，然后加上优先权控制；另一种是虚拟的侦听载波，并告知其等待多久时间后可以传送数据，通过这样的方法来防止冲突发生。

具体来讲，载波监听多路访问/冲突避免定义了一个 IFS（Inter Frame Spacing，帧间隔）时间和后退计数器。其中，后者的初始值是由随机数生成器随机设置的，递减计数一直到归零为止。其工作过程如下所示。

- 如果一个工作站需要发送数据并且监听到信道忙，则产生一个随机数设置自己的后退计数器并坚持监听。
- 当监听到信道空闲后等待一个 IFS 时间，并开始计数。最先完成技术的工作站开始发送数据。
- 其他工作站监听到有新的工作站开始发送数据后暂停计数，在新的工作站发送完成后再等待一个 IFS 时间继续计数，直到计数完成后开始发送数据。

由于在两次 IFS 之间的时间间隔是各个工作站竞争发送的时间，它对于参与竞争的工作站是公平的，基本上是按照先来先服务的顺序来获得发送数据的机会的。

在 CSMA/CA 中，通信方式将时间域的划分与帧格式紧密联系起来，以保证某一时刻只有一个站点在发送数据，它实现了网络系统的集中控制。由于传输介质的不同，CSMA/CD 与 CSMA/CA 的检测方式也不同。

CSMA/CD 是通过电缆中电压的变化来检测，当数据发生碰撞时，电缆中的电压就会随之发生变化；而在 CSMA/CA 中是采用能量检测（ED）、载波检测（CS）和能量载波混合检测 3 种检测信道空闲的方式。

10.3　无线网络设备

无线网络是利用无线电波作为信息传输媒介所构成的无线局域网（WLAN），与有线网络的用途十分类似。组建无线网络所使用的设备便称为无线网络设备，与普通有线网络所用设备存在一定的差异。

10.3.1　无线网卡

无线网卡与普通网卡的功能相同，是连接在计算机中，利用无线传输介质与其他无线设备进行连接的装置。

1. 无线网卡

无线网卡并不像有线网卡的主流产品只有 10/100/1000Mb/s 规格，而是分为 11Mb/s、54Mp/s 以及 108Mb/s 等不同的传输速率，而且不同的传输速率分别属于不同的无线网络传输标准，如图 10-7 所示。

图 10-7 无线网卡

2. USB 无线网卡

USB 接口已被计算机外设广泛应用，且具有传输速率较高、设备安装简单、支持热插拔等优点，如图 10-8 所示。USB 无线网卡则采用 USB 接口的特点具有即插即用，散热性能强、传输速度快等优点，还能够方便地利用 USB 延长线将网卡远离计算机避免干扰，以及随时调整网卡的位置和方向。

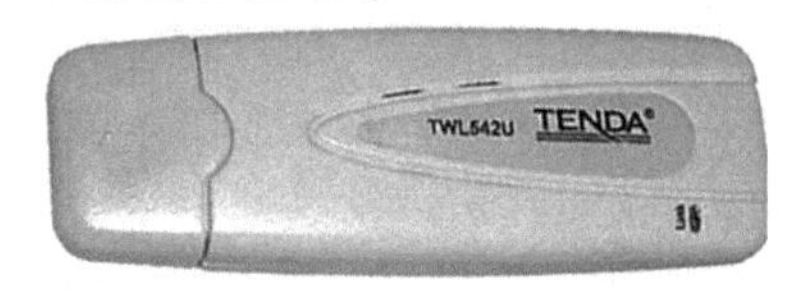

图 10-8 USB 无线网卡

3. PCMCIA 无线网卡

现在几乎所有的笔记本计算机、PDA 都有 PCMCIA 插槽，用户可以将 PCMCIA 无线网卡插入到 PCMCIA 接口上，使用该笔记本计算机或者 PDA 接入无线局域网，如图 10-9 所示。

10.3.2 无线交换机与路由器

AP（Access Point，无线接入点）是用于无线网络的无线交换机，也是无线网络的核心。AP 是移动计算机用户进入有线网络的接入点，主要用于宽带家庭、大楼内部以及园区内部，典型距离覆盖几十米至上百米，目前主要技术为 802.11 系列。大多数 AP 还带有接入点客户端模式（AP client），可以和其他 AP 进行无线连接，延展网络的覆盖范围。

图 10-9 PCMCIA 无线网卡

1. 无线交换机

在无线网络中，无线交换机所扮演的角色与有线交换机类似，如图 10-10 所示。无线交换机采用和普通交换机类似的方式与 AP 实现连接，AP 将 802.11 帧封装进 802.3 帧当中，然后通过专用隧道传输到无线交换机。

由此不难看出，无线交换机的作用类似于无线网桥设备，它可将多个单一存在的无线网络桥接起来，形成范围更广的网络。

2. 无线宽带路由器

无线宽带路由器是一种用来连接有线和无线网络的通讯设备，如图 10-11 所示。它可以通过 Wi-Fi 技术收发无线信号来与个人数码助理和笔记本等设备通信。无线网络路由器可以在不设电缆的情况下，方便地建立一个计算机网络。

图 10-10 无线交换机　　图 10-11 无线宽带路由器

但是，在户外通过无线网络进行数据传输时，它的速度可能会受到天气的影响。其他的无线网络还包括了红外线、蓝牙及卫星微波等。

10.4 无线网络的连接方式

无线网络的连接就是利用无线传输介质（无线电）取代有线传输介质，从而连接网络的技术。其连接方式受到诸如地理环境、位置、传输距离等多种因素的影响，而分为多种连接方式，如 WLAN 连接、WMAN 连接和 WWAN 连接等。

10.4.1 典型连接方式

网络接入技术的迅猛发展，推动了邮电通信、信息交换、接口技术等的快速发展，从而带来全新的数字无线接入理念。数字无线接入包括以下几个方面典型的连接方式。

1. 对等无线局域网连接方式

对等无线局域网连接方式是指在无线网络连接中仅使用无线网卡，不使用基站或网络基础架构设备。与其对等的是一组无线客户端工作站设备。与有线网络中的对等局域网类似。图 10-12 所示是最简单的无线局域网，适用于小型网络。

图 10-12 对等无线局域网

其中一台计算机可以作为文件服务器、打印服务器或代理服务器来使用，并通过 Modem 接入 Internet。这样，只需使用诸如 Windows XP/Vista/7、Windows 2003/2008 等操作系统，就可以在服务器的覆盖范围内，不用使用任何电缆，在计算机之间共享资源和访问 Internet。

2. 无线漫游连接

无线漫游是指在网络中设置多个 AP，以使配置有无线网卡的移动用户能够实现如手机上网那样的漫游功能。它适用于连接网络跨度很大的大型企业中，某些员工可能需要完全的移动能力。使用无线漫游连接方式，移动办公员工可以自由地在公司范围内（可以是建筑群）活动，并完全能够稳定地保持与网络的连接，随时访问他们所需要的网络资源，如图 10-13 所示。

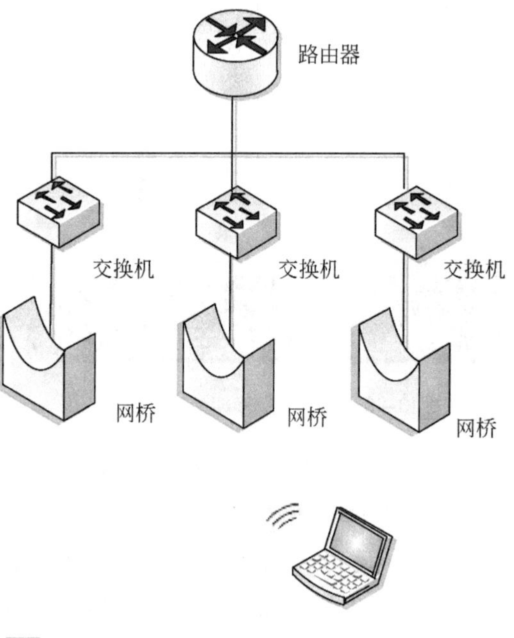

图 10-13 无线漫游连接

无线漫游连接实现了无缝漫游，即移动的同时保持连接状态。也就是说当员工在设施内移动时，虽然在移动设备和网络资源之间传输的数据的路径是变化的，但他们却不会感觉这样的变化。

这是因为 AP 除具有网桥的功能外，还具有传递的功能，它可以将移动的工作站从一个 AP 传递给下一个 AP，以保证在移动工作站和主干网络之间总能保持稳定的连接，从而实现漫游功能。

10.4.2 户外连接方式

随着信息技术的发展，人们对网络通信技术的要求不断提高，越来越多的用户需要在户外接入网络，如户外监控、户外库存控制或者户外行李处理等。用户希望无论何时何地，都能够与任何人进行数据、语音、图像等任何内容的通信，并且希望能够实现主机在网络环境中移动和漫游。

户外连接并不仅仅局限于为客户端设备提供网络接入，同样它也为远程网络提供户外连接。这些网络可能是远程建筑物内部的网络或者是位于户外的移动网络。以实现为到机场、车站、会议中心、酒店等公共区域提供无线宽带访问。

使用户外连接方式具有以下优点。

- **克服布线难题** 避免两点间诸如河流、历史遗留建筑或道路使用权谈判等顾虑。
- **可扩展的连通性** 开设新的办事处，或进入新的市场，能够提供无所不在的网络接入。
- **避免了挖沟** 额外的户外防护箱和每月的租用线路费用。
- **安装快速** 不需要铺设电缆或者等待电信设施，也不需要等待漫长的执照审批。

户外连接方式包括点对点连接方式、多点之间的连接方式和中继连接方式 3 种。

1. 点对点连接

该连接是指将两个有线局域网通过户外无线路由器、定向或全向天线及其他设备连接起来，以实现两个有线局域网间通信和信息资源共享的目的。其拓扑结构如图 10-14 所示。

2. 多点之间的连接

多点之间的连接方式又分为异频多点连接和同频多点连接两种方式，它是指将大于两个以上的有线局域网通过户外无线连接设备连接起来。

异频多点连接和同频多点连接的组网方式不同。在异频多点连接中，中心网络需安装一无线路由器外接定向天线，其他与其相连接网络也选择定向天线。

在同频多点连接中，中心网络需安装一无线路由器外接全向天线，其他与其相连的网络选择定向天线。异频多点连接网络拓扑图如图 10-15 所示。

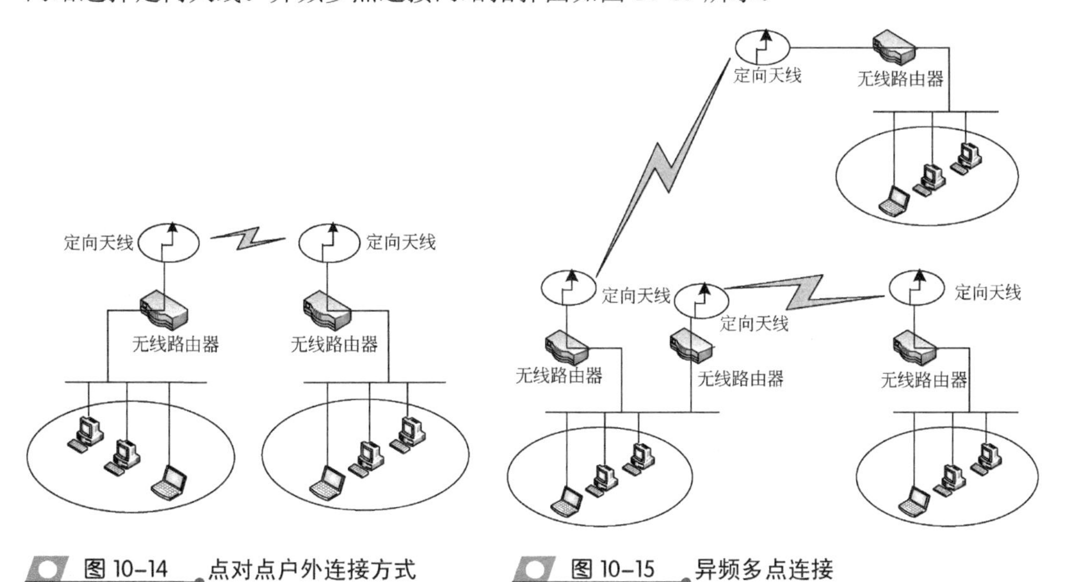

图 10-14 点对点户外连接方式

图 10-15 异频多点连接

3. 中继连接

中继连接又包括跨越障碍物的连接和长距离连接两种方式。其中，跨越障碍物的连接适用于两个网络间要实现无线连接，但它们之间的地理位置存在障碍物，不能满足微波传输所要求的可视路径。

中继连接采用建立中继中心的方式，以寻找一个能同时看到的两个网络的位置设置中继点，最终使两个网络能够通过中继建立无线连接，如图 10-16 所示。

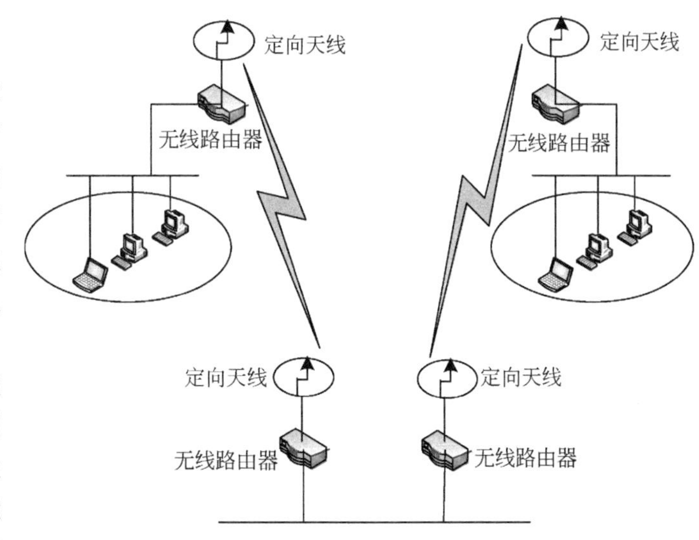

图 10-16 跨越障碍物的连接方式

长距离连接用于两个网络要实现无线组网，但它们之间的距离超过了点对点连接能达到的最大通信距离。采用这种方式连接两个网络只需要在两个网络间建立一个中继点，使它们能够通过中继建立连接即可，如图 10-17 所示。

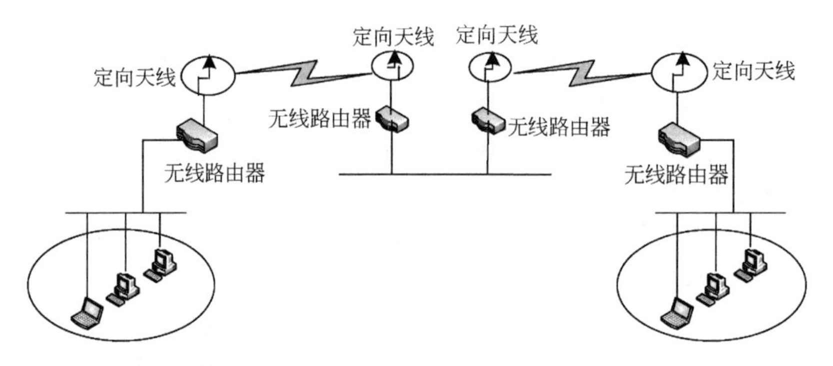

图 10-17 长距离连接方式

10.5 无线广域网技术

无线广域网（Wireless Wide Area Network，WWAN）技术是指将笔记本电脑、个人数字助理（PDA）等移动设备通过蜂窝网络（Cellular Network）连接到 Internet 的技术，其主要用于移动通信。目前比较常见的技术主要有 GSM 技术、WAP 技术、3G 通信技术等。

10.5.1 GSM 技术

GSM（Global System For Mobile Communications）中文意为全球移动通信系统，简称为“全球通”。它是由欧洲标准化委员会（European Committee For Standardization）在 1992 年推出的标准。它采用数字通信技术和统一的网络标准来保证通信质量及开发更多的新业务供给用户使用，最终达到让全球各地共同使用一个移动电话网络标准，实现一部手机行遍全球的目的。

我国于 20 世纪 90 年代初开始采用此项技术标准，在此之前一直是采用蜂窝模拟移动技术，即第一代 GSM 技术（2001 年 12 月 31 日我国关闭了模拟移动网络）。目前，中国移动、中国联通各自拥有一个 GSM 网络，成为世界上最大的移动通信网络。

GSM 采用频分多址（Frequency Division Multiple Access，FDMA）、时分多址（Time Division Multiple Access，TDMA）和跳频技术（Frequency Hopping）。相对于模拟移动通信技术来说，它是第二代移动通信技术，所以也称为 2G 技术。其工作频段包括 GSM900：900MHz；DCS1800：1800GHz；PCS1900：1900MHz 3 个。

目前，我国主要使用的 GSM 频段为 GSM900 和 GSM1800，由于它们采用不同的频率，因此适用的手机也不尽相同。不过目前大多数手机基本是双频手机，即可以在这两个频段间自由切换。而在欧洲的一些国家除使用 GSM900 和 GSM1800 频段外还加入了 GSM1900 频段，其手机也被称为三频手机。真正做到了一部手机可以畅游全世界。

GSM900 是最初的 GSM 系统，手机功率为 1～8W，通道范围为 1～124，具有频谱较低、波长较长、穿透力较差、传送的距离较远、耗电量较大、待机时间较短等缺点。在 DCS1800 频段中，手机功率为 1W，通道范围为 512～885。具有频谱较高、波长较短、穿透力佳、传送的距离短、手机的发射功率较小，待机时间较长等优点。

一般来讲，GSM 系统包括较高的频谱效率、信道容量大、通话质量高、通信范围广、安全性等特点。下面分别对其进行介绍。

- **较高的频谱效率** GSM 技术采用高效调制器、信道编码、交织、均衡和语音编码技术，因此系统具有更高的频谱效率。
- **信道容量大** 在 GSM 系统中，每个信道的传输带宽都被增加，引入了半速率语音编码和自动话务分配，减少了越区切换的次数，因此极大地提高了 GSM 系统的容量。它比 TACS 系统高出 3～5 倍。
- **通话质量高** GSM 技术依据数字传输技术的特点以及 GSM 规范中有关空中接口和语音编码的定义，即使在门限值以上时，语音质量也能够达到相同的水平而与无线传输介质无关。
- **通信范围广** GSM 技术在 SIM 卡的基础上实现漫游。漫游是移动通信的重要特征，它标志着用户可以从一个网络自动进入另一个网络。GSM 系统可以提供全球漫游，其通信范围具有全球性。
- **安全性** 通过鉴权、加密和临时移动用户识别码（Temporary Mobile Subscriber Identity，TMSI）等技术，达到通信安全的目的。其中，鉴权用来验证用户的入网权限；加密用于空中接口，由 SIM 卡和网络 AUC 的密钥决定；TMSI 是由业务网络发给用户的一个临时识别码，以加强系统的保密性。

目前，在全球 219 个国家的网络中，近 800 个网络是 GSM 网络。全球 GSM 用户占全部移动用户量的 83.5%。据有关方面指出，随着 3G 应用的逐渐普及，全球 GSM 用户量可能会逐渐降低。国内电信商已经开始了部分 2G 网络的退网，以保证 FDD 网络的带宽。

10.5.2 WAP 技术

WAP（Wireless Application Protocol，无线应用协议）提供了一种通过手机访问 Internet 的途径。WAP 是移动通信与互联网结合的第一阶段产物，只要用户拥有一个支持 WAP 的手机，就可以随时随地访问 Internet，进行网上冲浪。它实现了人们“世界在掌上”的美好理想。

它是一个全球性的开放性协议，它定义了可通用的平台，将 Internet 上的 HTML 语言转换成 WML 语言描述的信息，从而实现在移动电话或者其他手持设备上显示。它支持所有的网络技术和多种承载业务，这包括短消息业务（SMS）、非结构化补充数据业务（USSD）、通用分组无线业务（GPRS）、电路交换蜂窝移动数据（DSD）和蜂窝数字分组数据（CDPD）等。

WAP 协议包括 WAE（Wireless Application Environment）、WSL（Wireless Session Layer）、WTP（Wireless Transaction Layer）、WTLS（Wireless Transport Layer Security）和 WDP（Wireless Transport Layer）5 个层次。其中，WAE 包含微型浏览器、WML、WMLSCRIPT 的解释器等功能；WTLS 层为无线电子商务及无线加密传输数据提供安全性保证。

WAP 技术采用二进制传输以便能够更大程度地压缩数据，充分利用诸如 XML、UDP、IP 等 Internet 标准，其规程大多建立在 HTTP 和 TLS 等 Internet 标准之上，并加以优化，从而克服了原无线环境下低带宽、高延迟和稳定性能差的缺点。

通过 WAP 技术，可以将 Internet 上的海量信息（如新闻、天气预报、股市行情、商业报道、当前汇率等）和各种各样的业务（如电子商务、网上银行等），引入到移动电话（Mobile Telephone）、掌上电脑（PALM）等无线终端中。它给人们的生活带来了极大的便利，使不方便使用计算机的用户也可以通过 WAP 手机接入 Internet，实现网上冲浪。

目前，WAP 提供的服务涉及多个方面，主要包括信息类、通信类、商务类、娱乐类和特殊服务类。

- **信息类** 基于短信平台的一种信息点播服务，如新闻、天气预报、商品折扣消息等信息。
- **通信类** 指利用电信运营商的短信平台为用户提供的诸如 E-mail 通知、交易结果确认等通信服务。
- **商务类** 指移动电子商务服务，包括在线交易、在线购物和支付等应用。
- **娱乐类** 包括各种游戏、图片及音乐铃声的下载等。
- **特殊服务类** 如广告、位置服务等。可以把商家的广告信息定向地发送到用户的手机中。

目前，随着 3G 和 4G 时代的到来，WAP 市场却渐趋成熟，其中以移动性、特定用户群为特点的 WAP 网站的应用在不断增加，其模式也更加多样化，只要有信号，WAP 服务就能够渗入各个角落。

10.5.3 3G 通信技术

3G（3rd Generation，第三代移动通信系统）最早是在 1985 年由国际电信联盟（International Telecommunications Union, ITU）提出的工作在 2GHz 频段的移动商用系统，在国际上统称为 IMT-2000 系统（International Mobile Telecommunications-2000）。

ITU 规定的 3G 标准的主要特征包括：国际统一标准、统一频段；实现全球的无缝漫游；提供更高的频谱效率；更大的系统容量，是 2G 技术的 2～5 倍；提供移动多媒体业务。其设计目标为：高速移动环境支持 144Kb/s，步行慢速移动环境支持 384Kb/s，室内环境下支持 2Mb/s 的数据传输，从而为用户提供包括语音、数据及多媒体等在内的多种业务。

2000 年 5 月，国际电信联盟（International Telecommunications Union，ITU）确定了 3G 的三大主流无线接口标准。它们分别是 W-CDMA、CDMA2000 和 TD-SCDMA 标准。

1. W-CDMA 标准

W-CDMA（Wideband Code Division Multiple Access）也称为 CDMA Direct Spread，可以简写为 WCDMA，其中文意为宽带码分多址，它是从码分多址（CDMA）演变来的。该标准起源于欧洲和日本提出的宽带 CDMA 技术。它是一种由 3GPP 具体制定的，基于 GSM MAP 核心网，以 UTRAN（UMTS 陆地无线接入网）为无线接口的第三代移动通信系统。

目前 W-CDMA 有 Release 99、Release 4、Release 5、Release 6 等版本。在官方上被认为是 IMT-2000 的直接扩展，与现在市场上常见的技术相比，它能够为移动和手提无线设备提供更高的数据传输速率。其支持者主要是以 GSM 系统为主的欧洲厂商，日本公司也或多或少地参与其中，包括欧美的爱立信、阿尔卡特、诺基亚、朗讯、北电，以及日本的 NTT、富士通、夏普等厂商。

W-CDMA 采用直接序列扩频码分多址（DS-CDMA）、频分双工（FDD）的工作方式，其码片速率为 3.84Mc/s，载波带宽为 5MHz。在中国 WCDMA 频段范围是：1920M～1980MHz/2110M～2170MHz 和 1755M～1785MHz/1850M～1880MHz。基于 Release 99/Release 4 版本的 W-CDMA，可在 5MHz 的带宽内，提供最高 384Kb/s 的用户数据传输速率。W-CDMA 能够支持移动/手提设备之间的语音、图像、数据以及视频通信，速率可达 2Mb/s（对于局域网而言）或者 384Kb/s（对于宽带网而言）。

在 W-CDMA 标准中，输入信号先被数字化，然后在一个较宽的频谱范围内以编码的扩频模式进行传输。窄带 CDMA 使用的是 200kHz 带宽的载频，而 W-CDMA 使用的则是一个 5MHz 带宽的载频。

截至 2008 年第三季度末，全球 WCDMA 用户数量达到 2.9 亿，目前，WCDMA 用户占 3G 用户总数的 78%。

2．CDMA2000 标准

CDMA2000 也称为 CDMA Multi-Carrier，它是由 CDMA 技术发展而来的宽带 CDMA 技术。它主要是以美国高通北美公司为主导提出，摩托罗拉、Lucent 和后来加入的韩国三星都有参与，韩国现在成为该标准的主导者。

CDMA2000 的发展分为 CDMA2000 1xEV-DO（Data Only）和 CDMA2000 1xEV- DV（Data and Voice）两个阶段。其中，前者采用语音分离的信道来传输数据，后者采用数据与语音结合的信道传输数据。该系统是从窄频 CDMA One 数字标准衍生而来的，可以从原有的 CDMA One 结构直接升级到 3G，因此建设成本低廉。但目前只有日本、韩国和北美使用 CDMA 标准，结果导致 CDMA2000 的支持者没有 WCDMA 那样多。不过 CDMA2000 技术的研发进度却是目前各标准中速度最快的，许多 3G 手机已经率先问世。

CDMA2000 标准提出了从 CDMA IS95（2G）到 CDMA2000 1x 到 CDMA2000 3x（3G）的演进策略。其中，CDMA2000 1x 称为 2.5 代移动通信技术。CDMA2000 3x 与 CDMA2000 1x 的主要区别在于前者采用了多路载波技术，通过采用三载波而提高带宽。目前中国联通就是采用这一方案向 3G 过渡。

CDMA2000 采用频分双工（FDD）方式，其码片速率为 1.2288Mc/s，载波带宽为 1.23MHz。在中国 CDMA 频段范围是：1920M～1980MHz/2110M～2170MHz 和 1755M～1785MHz/1850M～1880MHz。

截至 2008 年年底，全球已经有 102 个国家和地区的 276 家电信运营商能够提供 CDMA2000 网络。

3．TD-SCDMA 标准

TD-SCDMA（Time Division-Synchronous Code Division Multiple Access）中文意为时

分同步码分多址，它是由中国提出和制定的 3G 标准。在 1999 年 6 月 29 日，由中国原邮电部电信科学技术研究院（大唐电信）提交给 ITU，并在无线传输技术（RTT）的基础上与国际部门合作，最终完成了 TD-SCDMA 标准，成为 CDMA TDD 标准的一员，这是中国移动通信界的一次创举，也是中国对第三代移动通信发展的贡献。在与欧洲、美国各自提出的 3G 标准的竞争中，中国提出的 TD-SCDMA 已经正式成为全球 3G 标准之一，这标志着中国在移动通信领域已经进入世界领先行列。

TD-SCDMA 将智能无线、同步 CDMA 和软件无线电等当今国际领先技术融于其中。它采用 TDD 双工模式，载波带宽为 1.6MHz。在中国 TD-SCDMA 频段范围是：1880M～1920MHz、2010M～2025MHz 和 2300M～2400MHz。

TDD 是一种优越的双工模式，因为在第三代移动通信中，需要大约 400MHz 的频谱资源，在 3GHz 以下是很难实现的。而 TDD 则能使用各种频谱资源，而不需要成对的频谱，能节省未来紧张的频谱资源，而且设备成本相对比较低，比 FDD 系统要低 20%～50%，特别适用于上下行不对称，不同传输速率的数据业务。也许这也是它能成为三种标准之一的重要原因。另外，TD-SCDMA 独特的智能天线技术，能大大提高系统的容量，对于 CDMA 系统的容量能增加 50%，而且能够降低基站的发射功率，减少干扰。TD-SCDMA 软件无线技术能利用软件修改硬件，在设计、测试方面非常方便，不同系统间的兼容性也较好。

由于中国庞大的市场，该标准受到各大主要电信设备厂商的重视，全球一半以上的设备厂商都宣布可以支持 TD-SCDMA 标准。该标准提出不经过 2.5 代的中间环节，直接向 3G 过渡，非常适用于 GSM 系统向 3G 升级。

2009 年 1 月 7 日我国 3G 牌照由工业和信息化部正式发放，确认国内 3G 牌照发放给中国移动、中国电信和中国联通三家运营商，至此我国正式进入第三代移动通信时代。其中，中国移动获得基于 TD-SCDMA 技术制式的 3G 牌照，中国电信获得基于 CDMA2000 技术制式的 3G 牌照，中国联通获得基于 WCDMA 技术制式的 3G 牌照。

3G 通信技术极大地提升了移动通信网络的数据承载能力，也为移动通信网和互联网的结合提供了更为坚实的技术平台。在 3G 网络下，几乎所有可以在互联网平台上实现的业务都可以在 3G 网络上运行。3G 时代，移动增值业务朝多元化的趋势发展，除了原有的 2.5G 业务（如短信、彩信、游戏、WAP 和 IVR 等）外，各种新的增值业务（视频点播、高速上网、在线游戏和行业 3G 应用等）也将相继推出，它将极大地丰富人们的生活。

目前，由于存在个人手机终端的限制、3G 收费问题、3G 网络不完善等问题，3G 网络正处于发展时期，要完全普及还需要经历漫长的磨合过程。

10.5.4 其他无线广域网技术

在无线局域与无线广域网技术之间还存在着很重要的无线网络技术，如 GPRS 技术和 CDMA 技术等。

1. GPRS 技术

GPRS（General Packet Radio Service，通用分组无线业务）是欧洲电信协会指定的全球移动通信系统（GSM）中的有关分组数据的标准，具有资源利用率高、始终在线、数据传输速率高、自费合理等特点。

GPRS 技术是以全球手机系统为基础的数据传输技术，介于第二代移动通信技术（2G）和第三代移动通信技术（3G）之间，常被称为 2.5G。它利用 GSM 中未被使用的 TDMA 信道来提供数据传递，打破了 GSM 只能提供电路交换技术的思维方式，只通过增加部分功能实体和对现有基站进行部分改造来实现分组交换。

GPRS 可以提供端到端的、广域的无线 IP 连接。它充分利用共享无线信道，并采用 IP Over PPP 实现数据终端的高速、远程接入。最重要的是它是向第三代移动通信演变的过渡技术，其在许多方面都具有明显的优势。

- **传输速率高** GPRS 可以提供 57.6Kb/s 的数据传输速率，其最高可达到 115～170Kb/s，完全可以满足用户应用的需求，且下一代 GPRS 业务的数据传输速度还能够达到 384Kb/s。
- **接入时间短** GPRS 接入 Internet 时等待时间短，可以快速建立连接，其平均时间为 2s。
- **实时在线** 它提供实时在线（Real-time Online）功能，用户始终处于与 Internet 连线和在线的状态。它使用户使用 Internet 服务变得非常简单、快速。
- **按流量计费** 它是指根据用户在使用 Internet 时所传输的数据量（下载信息）来收取费用，而不是根据其上网时间来收费。也就是说，只要不进行数据传输，哪怕是用户一直“在线”也不需要付费。

2．CDMA 技术

CDMA（Code Division Multiple Access）中文意为码分多址数字无线技术，它最早是由美国高通公司推出的。它是由扩频通信技术发展起来的一种新的成熟的无线通信技术，它是能够满足现代移动通信网所要求的大容量、高质量、综合业务、软切换、国际漫游等要求的一种移动通信技术。

CDMA 技术原理基于扩频技术，即将需要传送的具有一定信号带宽信息的数据，通过使用一个带宽远大于信号带宽的高速伪随机码进行调制，将原数据信号的带宽扩展，然后经过载波调制后发送出去。接收端则使用与发送端完全相同的伪随机码，并对接收的带宽信号作相关处理，然后将其转换成原信息数据的窄带信号，最终实现数据通信。另外，需要提醒的是 CDMA 和 GPRS 一样也属于 2.5 带通信技术，即 2.5G。

CDMA 移动通信网采用扩频、多址接入、蜂窝组网和频率复用等多种技术，并包括频域、时域和码域 3 种三维信号协作处理机制，因此具有良好的抗干扰性、抗衰减性、安全性。另外，它具有的通频率可以在多个小区范围内重复使用，容量和质量间能够做权衡取舍等特性使得它具有很大的优势。具体如下所述。

- **系统容量大** 从理论上来讲，在使用相同频率资源的情况下，CDMA 移动网比模拟网的容量大 20 倍，在实际使用中比模拟网大 10 倍，比 GSM 大 4～5 倍。
- **配置灵活** 在 CDMA 系统中，用户数量的增加即背景噪声的增加，会造成语音质量的下降。但它对用户数却没有加以限制，操作者可以在容量和语音质量之间折中考虑。另外，在多个小区之间可根据话务量和干扰情况自动进行选择均衡。

- ❑ **规划简便** 用户可以按照不同的序列码来区分，因此不相同的 CDMA 载波可以在相邻的小区内使用，其网络规划灵活，扩展简单。
- ❑ **组建网络费用低廉** CDMA 技术通过在蜂窝的各个部分分别使用相同的频率，简化了整个系统的规划，在不降低话务量的情况下减少了所需站点的数量，从而达到降低部署和操作成本的目的。又由于 CDMA 网络覆盖范围大，系统容量高，因此所需基站较少，也降低了建设网络的成本。

3. Wi-Fi 网络

Wi-Fi 是一种可以将个人计算机、手持设备（如 PDA、手机）等终端以无线方式互相连接的技术。Wi-Fi 是一个无线网络通信技术的品牌，由 Wi-Fi 联盟（Wi-Fi Alliance）所持有。目的是改善基于 IEEE 802.11 标准的无线网络产品之间的互通性。

随着技术的发展，以及 IEEE 802.11a 和 IEEE 802.11g 等标准的出现，现在 IEEE 802.11 标准已被统称作 Wi-Fi。Wi-Fi 或 802.11g 在 2.4GHz 频段工作，所支持的速度最高达 54Mb/s（802.11N 工作在 2.4GHz 或者 5.0GHz，最高速度为 600Mb/s）。

从应用层面来说，要使用 Wi-Fi 技术，用户首先要有兼容的终端装置。而使用 Wi-Fi 技术已经是在家里、办公室或在旅途中上网的快速、便捷的途径。

能够访问 Wi-Fi 网络的地方被称为热点。Wi-Fi 热点是通过在互联网连接上安装访问点来创建的。这个访问点将无线信号通过短程进行传输，一般覆盖 300 英尺。

当一台支持 Wi-Fi 的设备（如手机）遇到一个热点时，这个设备可以用无线方式连接到那个网络。大部分网点都位于供大众访问的地方，如机场、咖啡店、旅馆、书店以及校园等。许多家庭和办公室也拥有 Wi-Fi 网络。虽然有些热点是免费的，但是大部分稳定的公共 Wi-Fi 网络是由私人互联网服务提供商（ISP）提供的，因此会在用户连接到互联网时收取一定费用。

对于宽带的使用，Wi-Fi 更显优势，有线宽带网络（ADSL、小区 LAN 等）到户后，连接到一个 AP，然后在计算机中安装一块无线网卡即可。普通的家庭有一个 AP 已经足够，甚至用户的邻里得到授权后，则无需增加端口，也能以共享的方式上网，如图 10-18 所示。

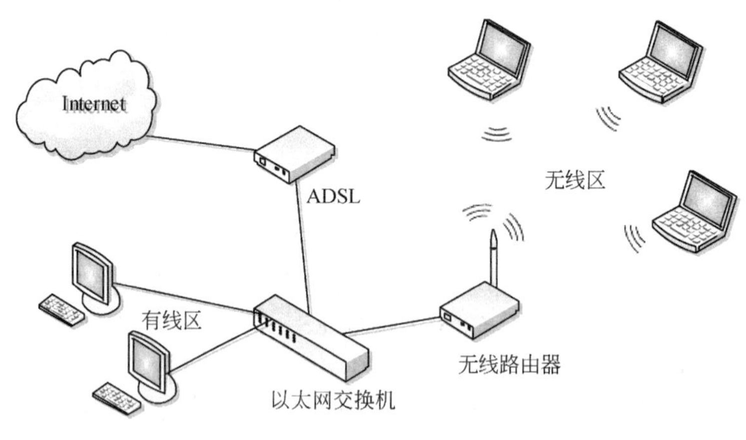

图 10-18 典型家庭无线网

10.6 组建无线对等网

随着网络技术的发展，目前无线网络几乎覆盖了所有的大中小城市。用户可以使用手机、笔记本电脑、掌上电脑或安装无线网卡的台式机，随意连接无线网络，而无须烦琐的网络布线和配置路由器、交换机。但是，当用户所在区域无无线网络覆盖时，可通过组建简单的对等网，通过有线网络来创建相应的无线网络，以供更多用户上网使用。

10.6.1 创建无线 AP

无线 AP 又称为计算机到计算机之间的网络，主要用于共享文件、演示文稿，或者多台设备之间的 Internet 连接的暂时性网络。组建无线临时网络，需要选择可以连接 Internet 网络的电脑，并保证每台电脑已成功安装了无线网卡和无线网卡驱动。

首先，右击桌面右下角的无线连接图标，执行【打开网络和共享中心】命令。在弹出的对话框中，选择【设置新的连接或网络】选项，如图 10-19 所示。

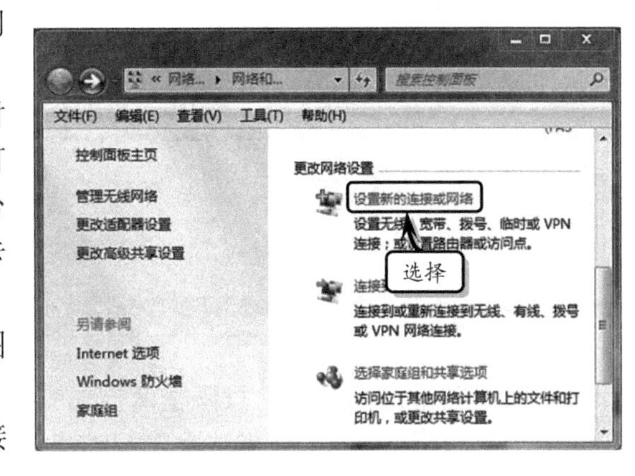

图 10-19 选择控制选项

然后，在弹出的【设置连接或网络】对话框中，选择列表框中的【设置无线临时（计算机到计算机）网络】选项，并单击【下一步】按钮，如图 10-20 所示。

在弹出的【设置临时网络】对话框中，查看设置说明性文本，并单击【下一步】按钮，如图 10-21 所示。

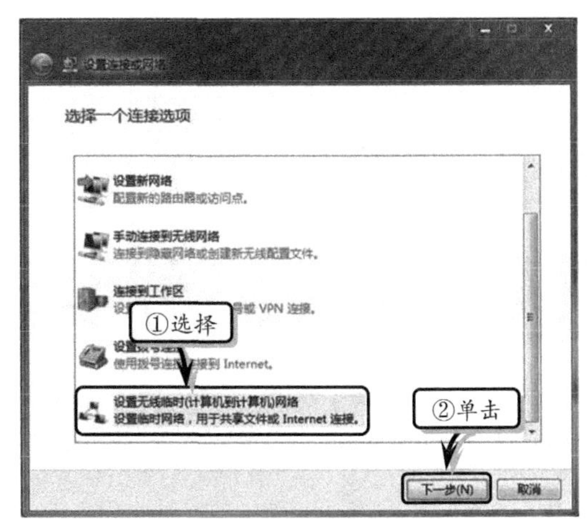

图 10-20 选择连接选项

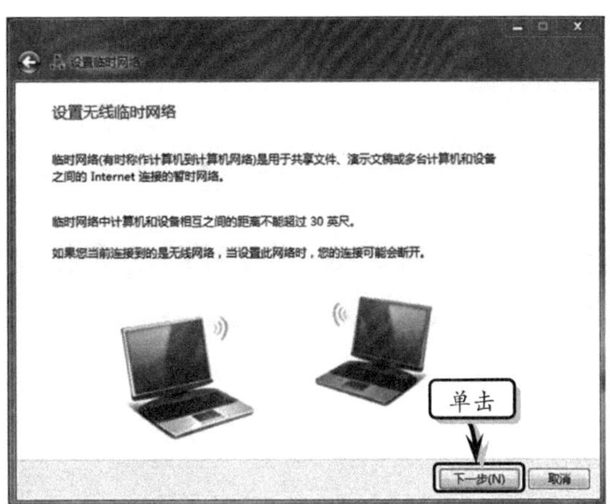

图 10-21 查看说明文本

最后，在弹出的对话框中，设置【网络名】、【安全类型】和【安全秘钥】选项，启用【保存这个网络】复选框，并单击【下一步】按钮，如图 10-22 所示。

此时，系统会自动创建无线临时网络，并在弹出的对话框中显示无线临时网络的创建结果，如图 10-23 所示。创建完之后，在无线网络列表中，将会显示新创建的无线网络，并等待其他电脑用无线接入本电脑，创建无线对等网络。

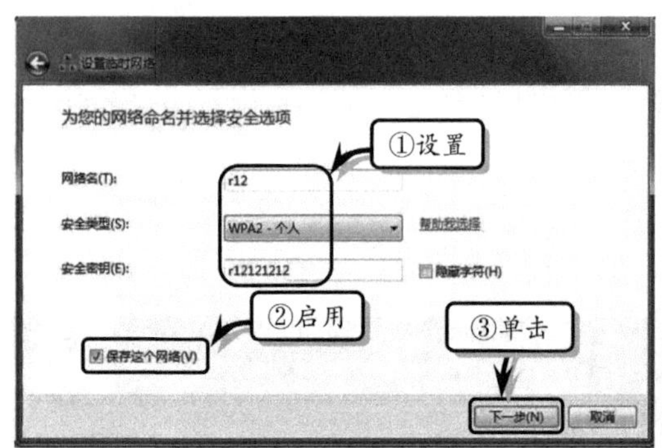

图 10-22　设置网络参数

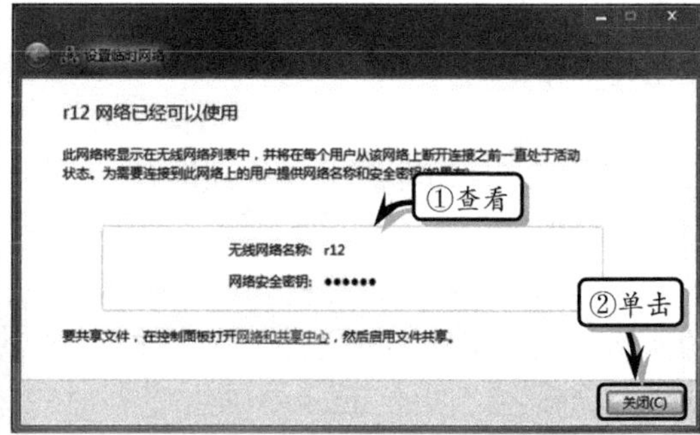

图 10-23　完成创建

10.6.2　共享 Internet 网络

创建无线对等网之后，只限于两台具有无线网卡的计算机进行互联，而无法实现 Internet 网络共享。此时，在创建无线 AP 电脑中，右击当前连接 Internet 的网络图标，例如“本地连接”或“宽带连接”图标，执行【属性】命令。在弹出的对话框中，激活【共享】选项卡，启用【允许其他网络用户通过此计算机的 Internet 连接来连接】复选框，设置共享网络名称，单击【确定】按钮即可，如图 10-24 所示。

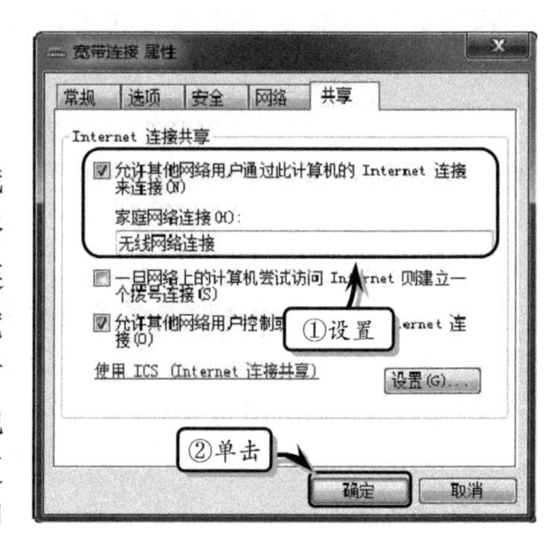

图 10-24　共享 Internet 网络

提　示

除了通过组建无线对等网来共享 Internet 之外，还可以通过设置虚拟 Wi-Fi 热点的方法，来共享一台计算机中的 Internet，从而达到手机、平板电脑等设备共享无线网络的目的。

10.7　练习：安装无线网卡驱动

网卡驱动程序就是 CPU 控制和使用网卡的程序。一般当操作系统安装完毕后，首要的便是安装硬件设备的驱动程序。所以用户要进行无线网络连接，首先应该安装无线网卡驱动。

1. 实验目的

- 学习网卡驱动知识
- 安装无线网卡驱动

2. 实验步骤

1 从网上下载一个无线网卡驱动程序，打开该驱动程序所在的文件夹，并双击该驱动程序，如图 10-25 所示。

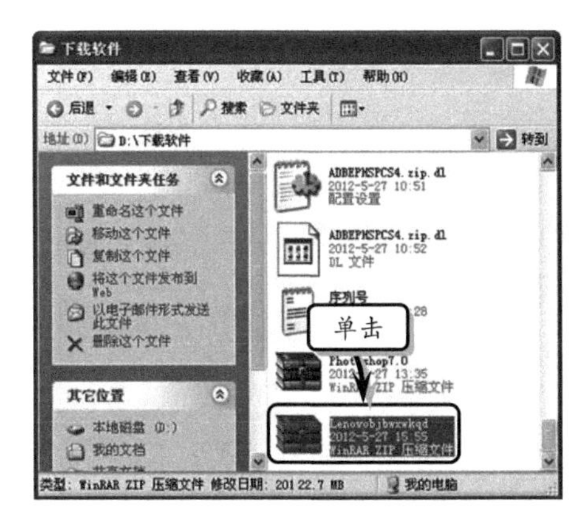

图 10-25　准备安装驱动程序

2　在弹出的 Lenovobjbwxwkqd.zip–WinRAR 窗口中，双击 Lenovobjbwxwkqd.exe 应用程序，如图 10-26 所示。

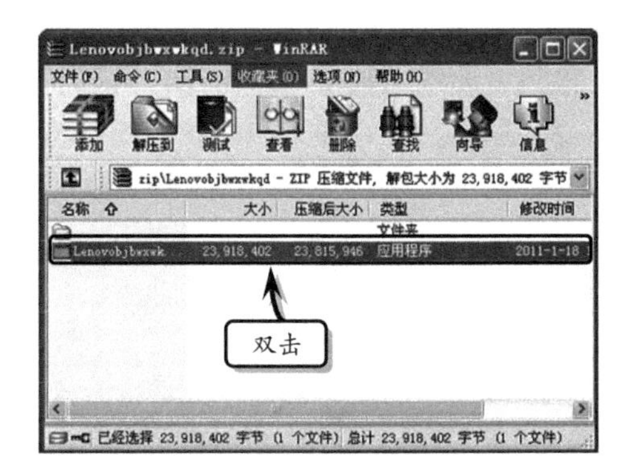

图 10-26　双击应用程序

3　在弹出的【Lenovo 联想笔记本万能无线网卡驱动 安装程序】对话框中，单击【下一步】按钮，如图 10-27 所示。

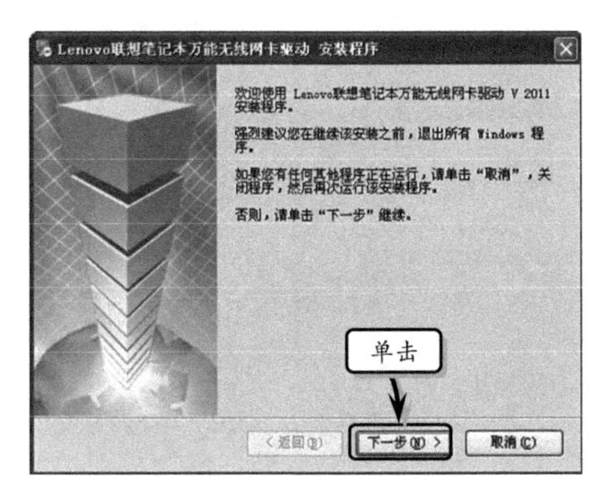

图 10-27　打开安装向导

4　在【将 Lenovo 联想笔记本万能无线网卡驱动安装到：】中的文本框中，输入驱动安装的地址，并单击【下一步】按钮，如图 10-28 所示。

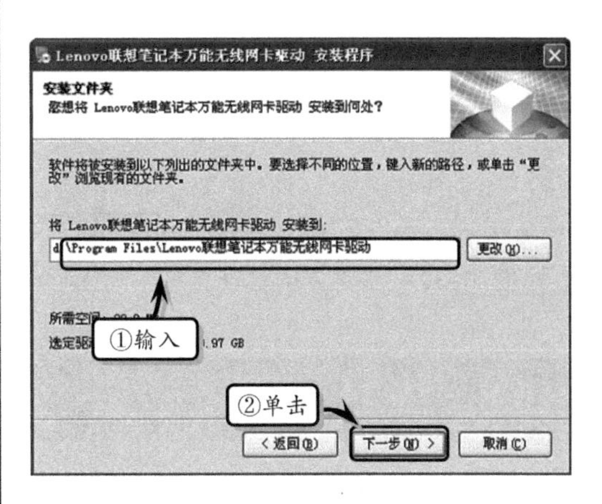

图 10-28　输入安装地址

5　在【Lenovo 联想笔记本万能无线网卡驱动安装程序】对话框中，查看安装设置，并单击【下一步】按钮，如图 10-29 所示。

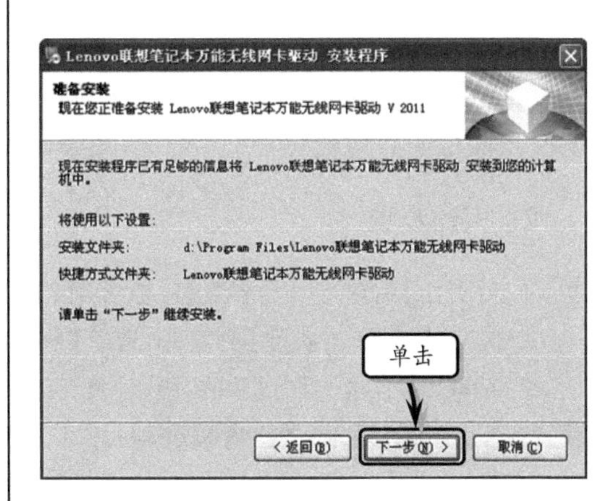

图 10-29　查看安装设置

6　在【Lenovo 联想笔记本万能无线网卡驱动安装程序】对话框中，显示“正在安装 Lenvov 联想笔记本万能无线网卡驱动”文字，如图 10-30 所示。

7　在【Lenovo 联想笔记本万能无线网卡驱动安装程序】对话框中，单击【完成】按钮，完成网卡驱动的安装，如图 10-31 所示。

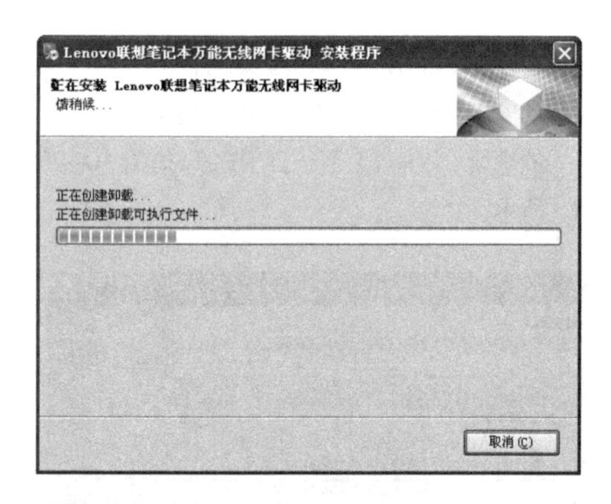

图 10-30 安装网卡驱动

图 10-31 完成安装

10.8 练习：配置无线网络

无线网络既包括允许用户建立远距离无线连接的全球语音和数据网络，也包括为近距离无线连接进行优化的红外线技术及射频技术，它利用无线电技术取代网线，可以和有线网络互为备份。在本练习中，将通过 Windows XP 系统，来详细介绍配置无线网络的操作方法和实用技巧。

1．实验目的

- ❑ 设置 IP 协议
- ❑ 配置无线网络
- ❑ 连接无线网络

2．实验步骤

1 单击【开始】按钮，执行【设置】|【控制面板】命令，在【选择一个类型】列表中，选择【网络和 Internet 连接】图标，如图 10-32 所示。

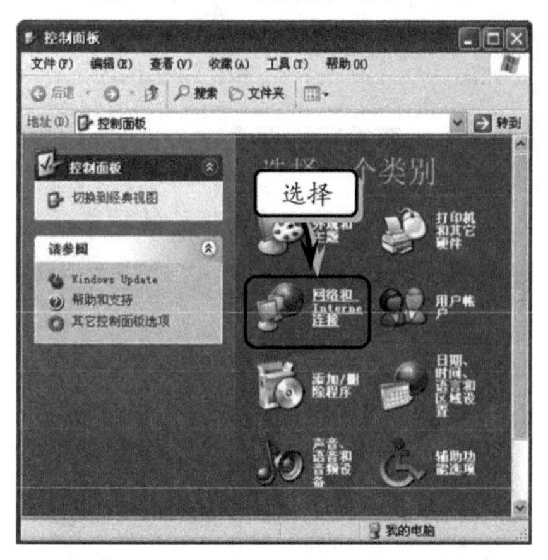

图 10-32 【控制面板】对话框

2 在【网络和 Internet 连接】窗口中，选择【网络连接】图标，如图 10-33 所示。

图 10-33 选择选项

3 在【网络连接】窗口中，右击【无线网络连接】图标，执行【属性】命令，如图 10-34 所示。

图 10-34 选择连接方式

技 巧

右击桌面上的【网上邻居】图标，执行【属性】命令，也可打开【网络连接】窗口。

4 在【无线网络连接 属性】对话框中，双击【Internet 协议(TCP/IP)】选项，如图 10-35 所示。

图 10-35 选择 Internet 协议

5 在弹出的【Internet 协议（TCP/IP）属性】对话框中，选中【自动获得 IP 地址（O)】选项，并单击【确定】按钮，如图 10-36 所示。

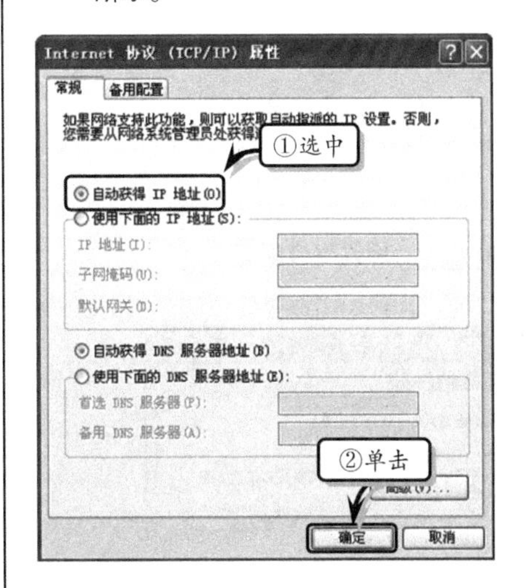

图 10-36 设置 Internet 协议

注 意

设置 IP 地址有自动获取和使用固定 IP 两种，在本例中，用户选择自动获取 IP 地址。

6 在【无线网络连接 属性】对话框中，激活【无线网络配置】选项卡，启用【用 Windows 配置我的无线网络设置】复选框，并单击【高级】按钮，如图 10-37 所示。

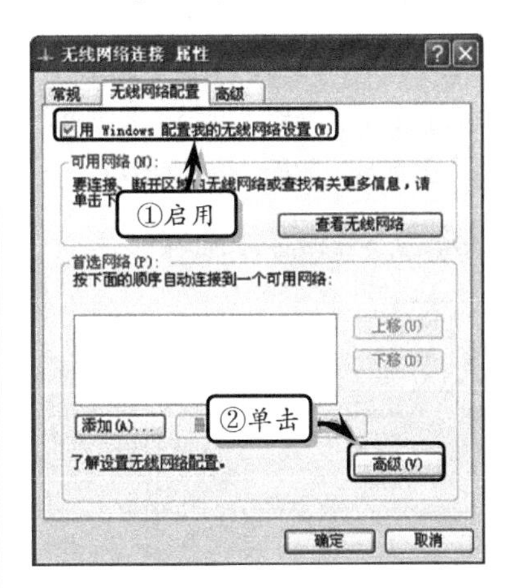

图 10-37 设置无线网络配置

7 在【高级】对话框中，选中【任何可用的网络（首选访问点）】选项，如图 10-38 所示。

8 然后，在【无线网络配置】选项卡中，单击【添加】按钮，如图 10-39 所示。

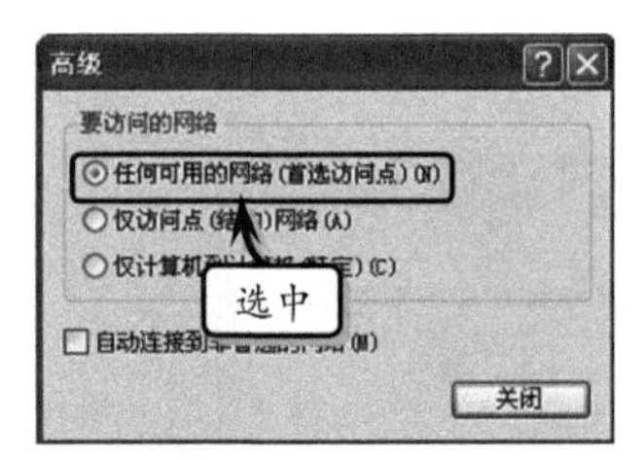

图 10-38 设置高级配置

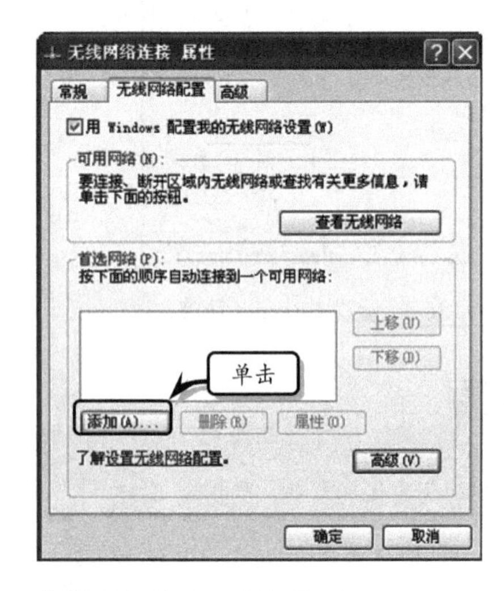

图 10-39 添加配置

9 在弹出的【无线网络属性】对话框中的【关联】选项卡中，设置【网络名】选项，分别启用【自动为我提供此密钥】和【这是一个计算机到计算机的（临时）网络，未使用无线访问点】复选框，如图 10-40 所示。

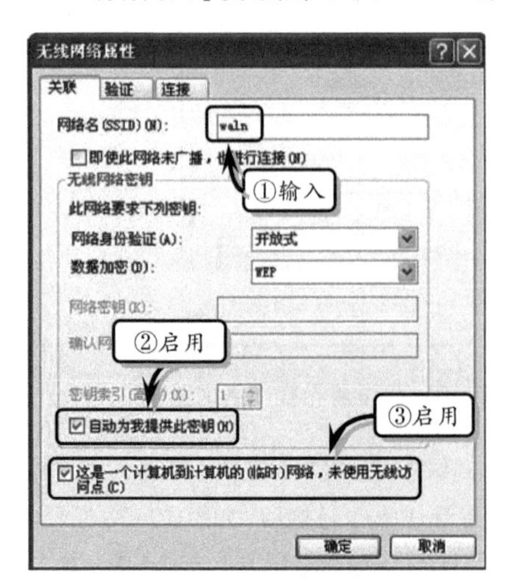

图 10-40 设置关联选项

10 返回【无线网络连接 属性】对话框，单击【查看无线网络】按钮，如图 10-41 所示。

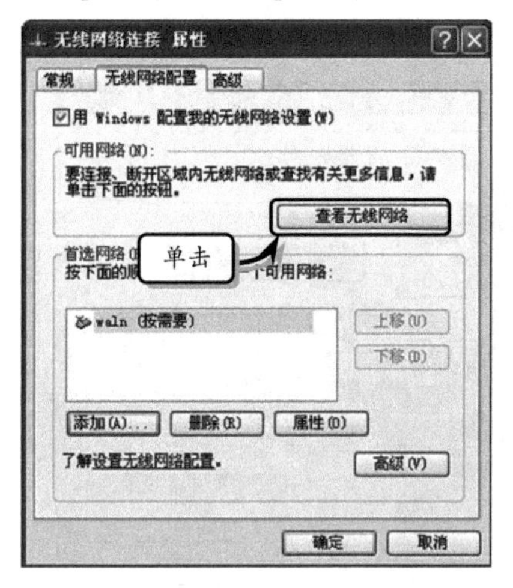

图 10-41 【无线网络配置】对话框

11 在【无线网络连接】对话框中，双击 waln 无线网络，如图 10-42 所示。

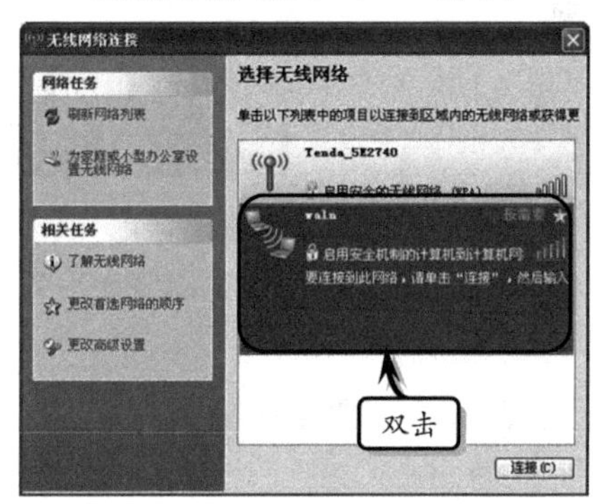

图 10-42 选择无线网络

12 在弹出的【无线网络连接】对话框中，单击【连接】按钮，如图 10-43 所示。

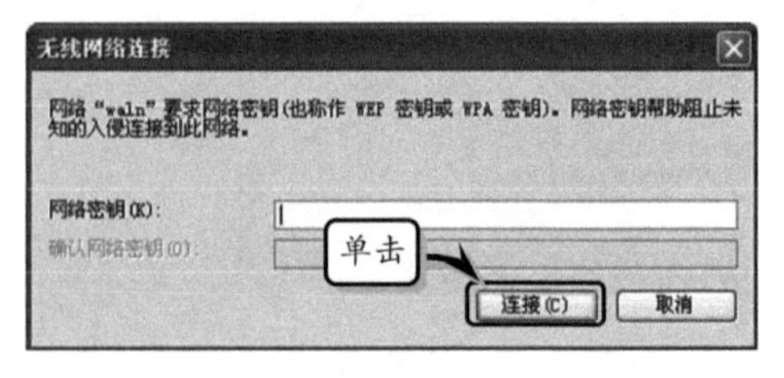

图 10-43 连接无线网络

提 示

因为用户当时设置密钥为“自动为我提供此密钥”，所以用户无须输入密码，直接连接即可。

13 此时，在【无线网络连接】对话框中，显示“正在等待网络”文字，如图 10-44 所示。

图 10-44 显示连接信息

14 在【无线网络连接】对话框中，显示“已连接!”文字，如图 10-45 所示。

图 10-45 连接无线网络

10.9 思考与练习

一、填空题

1．无线网络就是利用________作为信息传输的媒介构成的无线局域网（WLAN），与有线网络的用途十分类似，最大的不同在于________的不同，利用无线电技术取代网络，可以和有线网络互为备份。

2．无线网卡相当于是________，无线路由（无线猫）相当于________。

3．广义上的网络是指由________和________构成的。

4．现在信息网络主要包括________、________、________和________4 个部分。

5．传统的 BWA 技术主要包括________和________两个部分。

6．调制就是对信号源的信息进行处理加到________上，使其变为适合于信息传输的信号的过程。

7．按调制的方式分，数字调制大致可以分为________、________、________和________等。

8．实现无线宽带传输最基本的两种方式包括________和________。

9．无线局域网是计算机网络与无线通信技术相结合的产物，它以________作为传输媒介，利用________完成数据交互，实现传统有线局域网的功能。

10．多址技术实质为信道共享的技术，主要包括________、________和________三类最基本的多址方式。

二、选择题

1．以下不属于无线网络面临的问题的是________。

A．无线网络拥塞

B．无线标准不统一

C．无线网络的市场占有率低

D．无线信号的安全性问题

2．无线局域网的优点不包括________。

A．移动性　　B．灵活性

C．可伸缩性　　D．实用性

3．无线局域网中的 WEP 加密服务不支持的方式是________。

A．128 位　　B．64 位

C．40 位　　D．32 位

4．广域网的通信协议主要在________层。

A．网络　　B．物理

C．数据链路　　D．传输

5．连接一个广域网上的主机，在该网络内部进行通信时，只需要使用其网络的________地址即可。

A．物理　　B．逻辑

C．IP　　D．域名

6．以下关于计算机连入 Internet 的叙述中，错误的是________。

A．要实现计算机与 Internet 的连接，必须使用调制解调器

B．通过 DDN 专线直接与 Internet 相连，成本及费用较高

C．可以将计算机直接连入已与 Internet 相连的局域网上

D．有的手机可以直接与 Internet 相连

7．利用局域网接入 Internet，用户计算机必须具有__________。

A．网卡　　　　B．调制解调器

C．声卡　　　　D．鼠标

8．通过拨号上网，从室外进来的电话线应当和__________连接。

A．计算机串口

B．计算机并口

C．调制解调器上标有 Phone 的口

D．调制解调器上标有 Line 的口

9．广域网覆盖的地理范围从几十千米到几千千米。它的通信子网主要使用__________。

A．报文交换技术

B．分组交换技术

C．文件交换技术

D．电路交换技术

三、简答题

1．什么是无线网络？

2．无线网络是如何划分的？

3．无线网络的连接方式有几种？分别是哪几种？

4．什么是红外无线局域网？

四、上机练习

1．使用命令打开控制面板

控制面板是 Windows 图形用户界面的一部分，它允许用户查看并操作基本的系统设置和控制，如添加硬件、添加/删除软件和控制用户账号等。

如果用户想要通过命令打开【控制面板】窗口，只需单击【开始】按钮，执行【运行】命令，在弹出的【运行】对话框中，输入 control 命令，单击【确定】按钮即可，如图 10-46 所示。

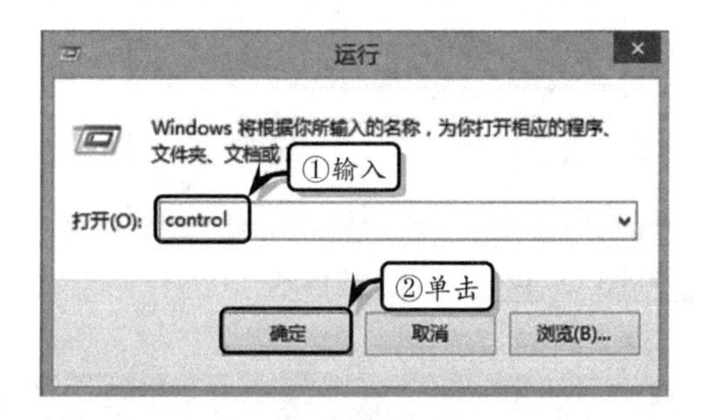

图 10-46　输入运行命令

2．使用命令打开【网络连接】窗口

用户可以在【网络连接】窗口中，设置 TCP/IP 协议或者设置无线网络连接。在 Windows XP 系统中，如果需要通过输入命令，打开【网络连接】窗口，只需单击【开始】按钮，执行【运行】命令，在弹出的【运行】对话框中，输入 control.ncpa.cpl 命令，单击【确定】按钮，即可打开【网络连接】窗口，如图 10-47 所示。

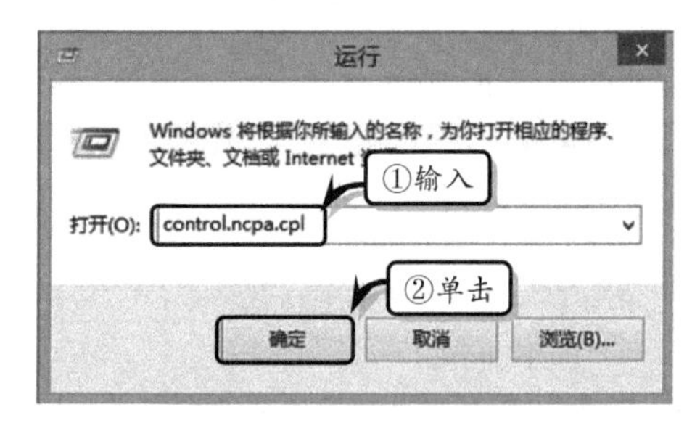

图 10-47　输入运行命令

第 11 章

计算机网络安全

随着因特网（Internet）的出现及其快速发展，人们的生活方式及工作效率都发生了巨大的改变。从商业组织到个人越来越多地通过 Internet 来处理各种事物，如网上银行、发送电子邮件、网上购物、炒股、办公等。毫无疑问，这些变化给社会、企业甚至个人都带来了前所未有的方便，这得益于互联网络的开放性和匿名性等特征。

所谓任何事物都具有两面性，Internet 也不例外，它在给人们生活及工作带来便利的同时，也不可避免地存在着信息安全隐患。在本章中，将从计算机网络安全概述、网络安全技术及常见的网络攻击技术三大方面进行学习。

本章学习目的：

- 计算机网络安全概述
- 网络安全技术
- 防火墙
- 常见的网络攻击技术

11.1 计算机网络安全概述

网络安全是信息安全的重要分支，是一门涉及计算机科学、网络技术、通信技术、密码技术、信息安全技术、应用数学、数论等多种学科的综合性科学。随着网络技术的发展，它也越来越成为信息安全研究中的重要课题。

11.1.1 网络威胁的分类

计算机网络安全从其本质上来讲就是指计算机网络中信息的安全。从狭义的保护角度来讲，计算机网络安全是指计算机及其网络系统资源和信息资源不受自然和人为有害因素的威胁和危害。从广义的角度来说，凡是涉及计算机网络上信息的保密性、完整性、可用性、真实性和可控性的相关技术和理论都是计算机网络安全的研究领域。

总之，计算机网络安全是指通过采用各种技术和管理措施，使网络系统正常运行，从而确保网络数据的可用性、完整性和保密性。所以，建立网络安全保护措施的目的是确保经过网络传输和交换的数据，不会发生增加、修改、丢失和泄露等。

网络威胁是对网络安全存在缺陷的潜在利用，利用这些缺陷从而可能导致非授权访问、信息泄露、资源被盗或者被破坏等。其威胁是来自多方面的，而且它随着时间的变化而变化。一般来讲，网络安全威胁的种类有以下 8 种。

1．破坏数据的完整性

破坏数据的完整性表示以非法手段获取对资源的使用权限，删除、修改、插入或重发某些重要信息，以取得有益于攻击者的响应；恶意添加，修改数据，以干扰用户的正常使用。

2．信息泄露或丢失

它是指人们有意或无意地将敏感数据对外泄露或丢失，它通常包括信息在传输中泄露或丢失、信息在存储介质中泄露或丢失以及通过建立隐蔽隧道等方法窃取敏感信息等。

例如，黑客可以利用电磁漏洞或搭线窃听等方式窃取机密信息，或通过对信息流向、流量、通信频度和长度等参数的分析，推测出对自己有用的信息（用户账户、密码等）。

3．拒绝服务攻击

拒绝服务攻击是指不断地向网络服务系统或计算机系统进行干扰，以改变其正常的工作流程，执行无关程序使系统响应减慢甚至瘫痪，而影响正常用户使用，甚至导致合法用户被排斥不能进入计算机网络系统或不能得到相应的服务。

4．非授权访问

它是指在没有预先经过同意，就使用网络或计算机资源的情况被视为非授权访问，如有意避开系统访问控制机制，对网络设备及资源进行非正常使用，或擅自扩大权限，越权访问信息。

非授权访问有假冒、身份攻击、非法用户进入网络系统进行违规操作、合法用户以未授权方式操作等形式。

5．陷门和特洛伊木马

它通常表示通过替换系统的合法程序，或者在合法程序里写入恶意代码以实现非授权进程，从而达到某种特定的目的。

6．利用网络散布病毒

它是指编制或者在计算机程序中插入的破坏计算机功能或者破坏数据，影响计算机使用并能够自我复制的一组计算机指令或者程序代码。目前，计算机病毒已对计算机系统和计算机网络构成了严重的威胁。

7．混合威胁攻击

混合威胁是新型的安全攻击，它主要表现为一种病毒与黑客编制的程序相结合的新型蠕虫病毒，该病毒可以借助多种途径及技术潜入企业、政府、银行等网络系统。这些蠕虫病毒利用“缓存溢出”技术对其他网络服务器进行侵害传播，具有持续发作的特点。

8．间谍软件、广告程序和垃圾邮件攻击

近年来在全球范围内最流行的攻击方式是钓鱼式攻击，它利用间谍软件、广告程序和垃圾邮件将用户引入恶意网站，这类网站看起来与正常网站没有区别，但犯罪分子通常会以升级账户信息为理由要求用户提供机密资料，从而盗取可用信息。

11.1.2 网络威胁产生的原因

引起网络安全威胁的原因主要来自认证环节简单、通信易被监视、TCP/IP 协议未考虑安全因素、存在缺陷的局域网服务和相互信任的主机、复杂的设置和控制、无法估测主机的安全性等几个方面。

1．认证环节简单

计算机网络中采用的认证方式通常是采用口令来实现的。但口令比较薄弱，有多种方法可以破译，其中最常见的两种方法就是把加密的口令破解和通过信道窃取口令。例如，在 UNIX 操作系统中，通常是把加密的口令保存在某一个文件中，而该文件对于普通用户也是可以读取的。所以一旦该口令文件被入侵者通过简单复制的方式得到，他们就可以对口令进行解密，然后用它来取得对系统的访问权。

2．通信易被监视

用户使用 Telnet 或 FTP 方式远程登录远程计算机时，需要输入用户名及密码，而在网络中传输的口令是未被加密的。因此，入侵者就可以通过监视携带用户名和密码的 IP 数据包从而获取它们，并使用这些用户名和密码登录到系统。假如被截获的是管理员的用户名和密码，那么，获取该系统的超级用户访问就轻而易举了。

3．TCP/IP 协议未考虑安全因素

如果攻击者使用 IP Source Routing 命令，就可以冒充成为一个被信任的主机或者客户。从而危害网络，其实现过程有以下几个步骤。

- 使用被信任用户 IP 的地址取代自己的 IP 地址。
- 构造一条要攻击的服务器和其主机间的直接路径，把被信任用户作为通向服务器路径的最后结点。
- 利用此路径向服务器发送客户申请。
- 服务器接受用户申请，就好像是从可信任用户直接发出的一样，然后对可信任用户返回响应。
- 可信任用户使用这条路径将包向前传送给攻击者的主机。

4．存在缺陷的局域网服务和相互信任的主机

计算机的安全管理不仅困难且费时。为了降低管理要求并增强局域网性能，一些站点使用了诸如网络信息服务（Network Information Services）和网络文件系统（Network Files System）之类的服务。这些服务通过允许一些数据库（如口令文件）以分布式方式管理，以及允许系统共享文件和数据，在很大程度上减轻了管理者的工作量。但这些服务也带来了不安全因素，可以被有经验的闯入者利用以获得访问权。

另外，一些系统出于方便用户及加强系统和设备共享的目的，允许主机之间相互“信任”。这就会造成，如果一个系统被侵入或欺骗，那么对于入侵者来说，获取那些信任该系统的其他系统的访问权就很简单了。

5．复杂的设置和控制

主机系统的访问控制配置复杂且难于验证。因此偶然的配置错误会使闯入者获取访问权。一些主要的 UNIX 经销商仍然把 UNIX 配置成具有最大访问权限的系统，这将导致未经许可的访问。许多网上的安全事故正是由于入侵者发现了其设置中的弱点而造成。

6．无法估测主机的安全性

主机系统的安全性无法很好地估计。随着一个站点的主机数量增加，每台主机的安全性都处在高水平的能力却在下降。只用管理一台系统的能力来管理如此多的系统就容易犯错误。

另一方面的因素是某些系统管理的作用经常变换并行动迟缓。这导致这些系统的安全性比另一些要低。导致这些系统成为网络中的薄弱环节，最终破坏了安全链。

11.1.3　网络安全的主要内容

计算机网络安全的主要内容不仅包括硬件设备、管理控制网络的软件，也包括共享的资源，快捷的网络服务。下面对其分别进行讲解。

- **网络实体安全**　如计算机机房的物理条件、物理环境及设施的安全，计算机硬件、附属设备及网络传输线路的安装及配置等。
- **软件安全**　如保护网络系统不被非法侵入，系统软件与应用软件不被非法复制、篡改、不受病毒的侵害等。
- **数据安全**　保护数据不被非法存取，确保其完整性、一致性、机密性等。
- **安全管理**　在运行期间对突发事件的安全处理，包括采取计算机安全技术，建立安全管理制度，开展安全审计，进行风险分析等内容。
- **保密性**　指信息不泄露给非授权的用户、实体或过程，或供其利用的特性。
- **完整性**　它是指数据在未经授权时不能改变其特性，即信息在存储或传输过程中保持不被修改、不被破坏和丢失的特性，完整性要求信息的原样，即信息的正确生成、正确存储和正确传输。
- **可用性**　网络信息系统最基本的功能是向用户提供服务，而用户所要求的服务是多层次的、随机的，可用性是指可被授权实体访问，并按需求使用的特性，即当

需要时应能存取所需的信息。网络环境下拒绝服务、破坏网络和有关系统的正常运行等都属于对可用性的攻击。

- **可控性** 对信息的传播及内容具有控制能力，保障系统依据授权提供服务，使系统任何时候不被非授权用户使用，对黑客入侵、口令攻击、用户权限非法提升、资源非法使用等采取防范措施。
- **可审查性** 提供历史事件的记录，对出现的网络安全问题提供调查的依据和手段。

提 示

完整性与保密性不同，保密性要求信息不被泄露给未授权用户，而完整性则是要求信息不受各种原因的破坏。影响网络信息完整性的主要因素包括设备故障、传输、处理或存储过程中产生的误码、网络攻击、计算机病毒等，其主要防范措施是校验与认证技术。

11.1.4 网络安全策略

网络安全涉及的问题非常多，如防病毒、防入侵破坏、防信息盗窃、用户身份验证等，这些都不是也不可能由单一产品来完成，它需要制定一个整体策略来解决，即网络安全策略。

网络安全策略是保障组织网络安全的基础，它包括安全检测评估、安全体系结构、安全管理措施和网络安全标准 4 个部分，它们可以组成一个循环系统。安全检测评估随着安全标准的改变而进行，其评估结果又会促进网络体系结构的完善，安全管理措施也会随着其他方面的变化而增强。由于技术的进步及对网络安全要求的提高，又会促使网络标准的改变。它们之间的关系如图 11-1 所示。

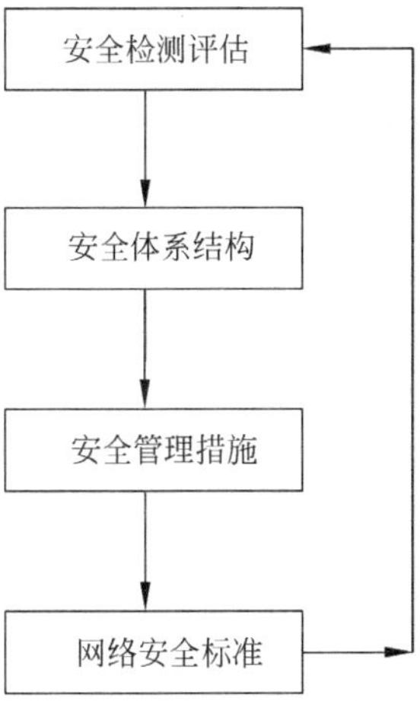

安全检测评估
安全体系结构
安全管理措施
网络安全标准

图 11-1 网络安全循环系统

1. 安全检测评估

从安全角度看，计算机网络在接入 Internet 前的检测与评估是保障网络安全的重要措施。

- **网络设备** 网络设备是重点检测与评估连接不同网段的设备和连接广域网（WAN）的设备，如 Switch、网桥和路由器等。这些网络设备都有一些基本的安全功能，如密码设置、存取控制列表、VLAN 等，首先应充分利用这些设备的功能。
- **网络操作系统** 网络操作系统是网络信息系统的核心，其安全性占据十分重要的地位。根据美国的“可信计算机系统评估准则”，把计算机系统的安全性从高到低划分为 4 个等级，即 A、B、C、D。DOS、Windows 3.x/95、MacOS 7.1 等系统属于 D 级，即是最不安全的。Windows NT/2000/XP、UNIX、Netware 等则属于 C2 级，一些专用的操作系统可能会达到 B 级。C2 级操作系统已经有了许多安全特性，但必须对其进行合理的设置和管理，才能使其发挥作用。如在 Windows NT 下设置共享权限时，默认设置是所有用户都是 Full Control 权限，必须对其进行更改。

- **数据库及应用软件** 数据库在信息系统中的应用越来越广泛，其重要性也越来越强，如银行用户账号信息、网站的登记用户信息、企业财务信息、企业库存及销售信息等都存在各种数据库中。数据库也具有许多安全特性，如用户的权限设置、数据表的安全性、备份特性等，利用好这些特性也是同网络安全系统很好配合的关键。
- **E-mail 系统** E-mail 的应用范围比数据库的应用还要广泛，而网络中的绝大部分病毒是由 E-mail 传播的，其检测与评估也变得十分重要。
- **Web 站点** 许多 Web Server 软件（如 IIS 等）有安全漏洞，相应的产品供应商也在不断解决这些问题。通过检测与评估，进行合理的设置与安全补丁程序，可以把危险尽量降低。

2. 安全体系结构

了解网络安全评估内容后，再来了解一下安全体系结构。通过安全体系结构，更深入地认识网络安全的实质内容。

- **物理安全** 物理安全是指在物理介质层次上对存储和传输中的网络信息进行安全保护，是网络信息安全的基本保障。它应从自然灾害（地震、火灾、洪水）、物理损坏（硬盘损坏、设备使用到期、外力损坏）和设备故障（停电断电、电磁干扰）；电磁辐射、乘机而入、痕迹泄漏等；操作失误（格式硬盘、线路拆除）、意外疏漏等 3 个方面考虑。
- **访问控制** 它是将用户和数据进行分类，进而设置用户对数据的访问权限，只有被授权的用户才能访问相应的数据。
- **数据保密** 数据保密是保护网络中各系统之间的交换数据，防止数据被截获而造成泄密，如连接保密（对某个连接上的所有用户数据进行保密）、选择字段保密（对协议数据单元的一部分选择字段进行保密）和信息流保密（对可能从观察信息流就能够获取的信息进行保密）。
- **数据完整性** 它保证接收方收到的信息与发送方发送的信息的一致性，它包括可恢复的完整性、无恢复的完整性、选择字段的完整性。目前主要通过数字签名技术来实现。
- **路由控制** 在大型网络中，从源结点到目的结点可能会有多条线路，有些线路可能是安全的，有些则是不安全的。通过路由控制机制，可使信息发送者选择特殊路由，以保证数据的安全性。

3. 安全管理措施

网络安全管理既要保证网络用户和网络资源不被非法使用，又要保证网络管理系统本身不被未经授权的访问。制定合理的安全管理措施，是保证网络安全的重要策略之一。它常包括以下几个方面。

- **网络设备的安全管理** 包括网络设备的互联、配置更改等原则。
- **软件的安全管理** 包括软件的使用原则、配置更改原则和权限设置原则等方面。

- **密钥的安全管理** 包括密钥的生成、检验、分配、保存、更换、注入、销毁等。
- **管理网络的安全管理** 网络管理是集网络维护、运营和信息管理为一体的综合管理系统。主要功能包括性能管理、配置管理、故障管理和计费管理等。
- **安全的行政管理** 安全的行政管理的重点是安全组织的建立、安全人事管理、安全责任与监督等。如在安全组织结构中，应该有一个全面负责的人，负责整个网络信息系统的安全与保密。

4. 网络安全标准

网络安全标准是一个具有多学科、综合性、规范性等多特点的标准，其目的在于保证网络信息系统的安全运行，保证用户和设备操作人员的人身安全。一个完整、统一、先进的安全标准体系是十分重要的。通过遵循合适的标准，可以使企业或组织的网络安全有一个较高的起点和较好的规范性，对于网络间的安全互操作也起到关键作用。国内外已制定了许多安全方面的标准，具体分为以下四类。

- **基础类标准** 主要包括安全词汇、安全体系结构、安全框架、信息安全技术评价准则等方面内容。
- **物理类标准** 包括设备电磁泄漏规范、保密设备的安全保密规范等。
- **网络类标准** 包括网络安全协议、网络安全机制、防火墙规范等方面的内容。
- **应用类标准** 包括硬件平台的安全规范、软件应用平台规范、应用业务安全规范、安全工具开发规范、签证机构安全规范等多方面内容。

11.1.5 计算机网络安全管理

随着网络技术的快速发展，与其相关的领域也发生了巨大变化，一方面，硬件平台、操作系统、应用软件变得越来越复杂和难以实行统一管理；另一方面，现代社会生活对网络的依赖程度逐渐加大。因此，如何合理地管理网络变得至关重要。

网络管理包括监督、组织和控制网络通信服务及信息处理所必须的各种技术手段和措施，是为了确保计算机网络系统的正常运行，并在其出现故障时能及时响应和处理。

一般来讲，网络管理的功能包括配置管理、性能管理、安全管理和故障管理 4 个方面内容。由于网络安全对网络信息系统的性能、管理的管理及影响，它已经逐渐成为网络管理技术中的一个重要组成部分。因此，目前计算机网络安全管理受到人们越来越多的关注。

计算机网络安全管理是指对计算机网络体系中各个方面的安全产品和安全技术实行统一的管理和协调。它涉及相关策略与规程、防火墙、数据加密、认证体系等方面内容。网络安全管理主要解决集中安全策略管理、实施安全监视、安全联机机制、配置与补丁管理、权限统一管理和设备管理六大方面的问题。

计算机网络安全管理与网络管理的侧重点不同：网络管理侧重于对网络设备的运行状况、网络拓扑、信元等的管理；而网络安全管理主要侧重于网络安全要素的管理。随着人们对网络安全问题认识的逐渐深入，安全配置、安全策略、安全事件和安全事故 4 个要素已成为网络安全管理的主要部分。

1．安全配置

安全配置是指对网络系统各种安全设备、系统的各种安全规则、选项和策略的配置。它不仅包括防火墙系统、入侵检测系统、VPN 等安全设备方面的安全规则、选项和配置，而且也包括各种操作系统、数据库系统等系统配置的安全设置和优化措施。

安全配置能否很好地实现将直接关系到安全系统发挥作用的能力。若配置得好，就能够充分发挥安全系统和设备的安全作用，实现安全策略的具体要求；相反，若配置得不好，不仅不能发挥安全系统和设备的安全作用，还可能起到副作用，如出现网络阻塞、网络运行速度下降等情况。

安全配置必须得到严格的管理和控制，不能被他人随意更改。同时，安全配置必须备案存档，必须做到定期更新和复查，以确保其能够反映安全策略的需要。

2．安全策略

它是由管理员制定的活动策略，它基于代码所请求的权限为所有托管代码以编程方式生成授予的权限。对于要求的权限比策略允许的权限还要多的代码，将不允许其运行。前面提到的安全配置正是对安全策略的微观实现，合理的安全策略又能降低安全事件的出现。

安全策略的实施包括最小特权原则、最小泄露原则和多级安全策略 3 个原则。

- **最小特权原则**　指主体在执行操作时，将按照其所需权利的最小化原则分配权利的方法。
- **最小泄露原则**　指主体执行任务时，按照主体所需要知道的信息最小化的原则分配给主体权利。
- **多级安全策略**　指主体与客体之间的数据流向和权限控制按照安全级别绝密（TS）、秘密（S）、机密（C）、限制（RS）和无级别（U）这 5 个等级来划分。

3．安全事件

事件是指那些影响计算机系统和网络安全的不正当行为。它包括在计算机和网络上发生的任何可以观察到的现象，包括用户通过网络进入到另一个系统、以获取文件、关闭系统等。恶意事件是指攻击者对网络系统的破坏，如在未经授权的情况下使用合法用户的账户登录系统或提高使用权限、恶意篡改文件内容、传播恶意代码、破坏他人数据等。

安全事件是指那些违背安全策略要求的行为。它包括各种安全系统和设备的日志及事件、网络设备的日志和事件、操作系统的日志和事件、数据库系统的日志和事件、应用系统的日志和事件等方面内容。另外，它能够直接反应网络、操作系统、应用系统的安全现状和发展趋势，是对网络系统安全状况的直接体现。

计算机系统和网络的安全从小的方面说是计算机系统和网络上数据与信息的保密性，完整性以及信息、应用、服务和网络等资源的可用性。从大的方面来说，越来越多的安全事件随着网络的发展而出现，比如电子商务中抵赖，网络扫描，骚扰性行为、敲诈，传播色情内容，有组织的犯罪活动、欺诈、愚弄，所有不在预料之内的对系统和网络的使用和访问均有可能导致违反既定安全策略的安全事件。

由于安全事件数量多、分布不均及技术分析较复杂，导致其难以管理。在实际工作中，不同的系统又由不同的管理员进行管理。面对大量的日志和安全事件，系统管理员根本就没有时间和精力对其进行逐查看和分析，致使安全系统和设备的安装形同虚设，没有发挥其应有的作用。所以安全事件是网络安全管理的重点和关键。

4．安全事故

安全事故是指能够造成一定影响和损失的安全事件，它是真正的安全事件。一旦出现安全事故，网络安全管理员就必须采取相应的处理措施和行动，来阻止和减小事故所带来的影响和损失。

在出现安全事故时，管理员必须能够及时找出发生事故的源头、始作俑者及其动机并准确、迅速地对其进行处理。另外，必须要有信息资产库和强大的知识库来支持，以保证能够准确地了解事故现场系统或设备的状况和处理事故所需的技术、方法和手段。

11.2 网络安全技术

由于计算机网络本身所具有的开放性和网络规模及应用领域的逐步扩大，在安全方面必然存在漏洞。因此，在网络化、信息化不断普及的今天，如何最大限度地减少、避免和防止各种不安全因素对网络造成破坏，确保网络的安全、正常运行是非常有必要的和极其重要的。

11.2.1 物理安全

在网络安全中，物理设备的安全是保证整个计算机网络系统安全的前提，物理安全技术是指能够保护计算机、网络互联设备等硬件设施免遭自然灾害（地震、水灾、火灾、爆炸等事故）和人为操作错误或失误而造成的破坏。

物理安全技术包括机房环境要求、设备安全和传输介质安全 3 个方面的内容。在这些方面做好充足的准备可以有效地防止基础设施设备等资产的损坏、丢失、敏感信息泄露及业务活动的中断。下面将对其分别进行介绍。

1．机房环境要求

目前，随着计算机硬件制造技术的迅猛发展，计算机软、硬件在性能上已经变得越来越稳定和可靠了，计算机及一些网络设备等硬件设施对其周边环境的要求也有所降低，现在放置普通计算机的微型房间一般不需要进行专门装修布置，但保证其房间的整洁、具有适宜的温度和湿度、通风等要求还是必需的。

因此，国家为规范主机房的设计，颁布了许多相关的规定，如 GB 50174—2008《电子计算机机房设计规范》、GB 2887—89《计算站场地技术条件》和 GB 9361—88《计算站场地安全要求》文件的规定。只有在遵循国家标准规定设计的机房，才能够确保电子计算机系统稳定可靠地运行及保障机房工作人员有良好的工作环境。从另一个角度来讲，也做到了技术先进、经济合理、安全适用、确保质量。

2．设备安全

设备安全主要包括设备的防盗、防毁坏、防设备故障、防电磁信息辐射泄漏、防止线路截获、抵抗电磁干扰及电源保护等方面的内容。其目标是防止组织遇到资产损坏、资产流失、敏感信息泄露或商业活动中断的风险。它应从设备安放位置、稳定供电、传输介质安全、防火安全和防电磁泄密等方面来考虑。

❑ **设备的安放位置及保护设备**

设备的安放位置应有利于减少对工作区的不必要访问，敏感数据的信息处理与存储设施应当妥善放置，降低在使用期间内对其缺乏监督的风险；要求特别保护的项目应与其他设备进行隔离，以降低所需保护的等级；采取措施，尽量降低盗窃、火灾等环境威胁所产生的潜在的风险；考虑实施“禁止在信息处理设施附近饮食、饮水和吸烟”等。

❑ **稳定供电**

稳定供电是计算机、通信等信息设备能够正常应用的必要条件。如在交通运输部门的计算机网络售票系统、证券交易系统中，如果没有备用电源，一旦发生电力供应中断就会引起业务活动的中断。因此，保证重要信息设备的供电可靠性对保持业务活动的正常运作十分重要。

通常采用的措施有多路供电途径以避免单点电力供应发生故障的危险、不间断电源（UPS）、备用发电机等。其中需要注意的是：电源系统要安装牢固，连接可靠，具有过载保护功能，有独立电源开关，带有良好的接地的三相插板，是通过国家技术监督局检测的合格产品。

3．传输介质安全

传输介质是网络中传输信息的载体，其安全性将直接决定信息的安全性，因此不容忽视。对传输信息资料的通信电缆或支持信息服务的电力电缆应加以保护，使其避免被不法分子窃听或被破坏。

用于传送数据的通信电缆或支持信息服务的电力电缆被截断会造成信息的不可用，甚至造成整个网络系统的中断；用于传送敏感信息的通信电缆被截获，会造成机密信息泄露。鉴于以上种种情况，组织应采取适当的措施来对电缆进行保护，防止截断或损坏。如电缆应尽可能埋在地下，或得到其他适当的保护；使用专门管线，避免线路通过公共区域；电源电缆应与通信电缆分离，以防止被干扰；定期对线路进行维护，及时发现线路存在的故障及安全隐患等。

4．防火安全

为防止因火灾而造成组织数据的丢失，要配置专用的计算机灭火设备。有计算机的场所发生的火灾不能够使用干粉或泡沫灭火器，应该采用 1211 系列灭火器。这是因为1211 系列灭火器具有电绝缘性能好，灭火后不留痕迹等特点。在使用过程中，还应注意定期检查灭火器压力表，通常 1211 系列灭火器在室温 20℃时压力不低于 1.0MPa。

5．防电磁泄密

计算机主机及其附属电子设备如视频显示终端、打印机等设备在工作时不可避免地会产生电磁波辐射，这些辐射中携带有计算机正在进行处理的数据信息。这些信息没有任何的保密措施，若使用专门的设备对其进行还原处理，很容易得到原始信息，这对重要的部门，如政府、军队、金融机构来说是很不利的，合适地增加一些设备对此进行防护是很有必要的。

❑ **配置视频信息保护机**

它是指干扰器，分为白噪声干扰技术和相关干扰技术两种。白噪声干扰技术原理是使用白噪声干扰器发送强于计算机电磁辐射信号的白噪声，以将电磁辐射信号掩盖，从而起到阻碍和干扰接收的作用。由于它必须有足够强的功率及易被接收方使用较简单的方法来进行滤除或抑制解调接收的弱点，因此使用上有一定的局限性。

相关干扰技术没有白噪声干扰技术的那种弱点和局限性，是一种更为有效可行的干扰技术。它使用相关干扰器发送能自动跟踪计算机电磁辐射信号的相关干扰信号，以扰乱电磁辐射信号，从而起到防泄密的目的。即使接收方能够接收到电磁辐射信号也无法解调出信号所带的真实信息。

❑ **建造电磁屏蔽室**

屏蔽技术的原理是使用导电性能良好的金属网或金属板制造成具有6个面的屏蔽室或屏蔽笼，将产生电磁辐射的计算机设备包围起来并且良好地接地，抑制或阻挡电磁波在空中传播。由于其造价昂贵，施工要求高，较适用于一些保密级别要求高的大型计算机设备或多台小型计算机集中放置的场合，如国防军事计算中心、大型军事指挥所等。

❑ **配置低辐射设备**

在低辐射设备中采用低辐射技术（或称为Tempest技术），它能够对可能产生电磁辐射的元器件、集成电路、连接线和显示器等设备提供防辐射措施，即把电磁辐射控制到最低限度。从另一个角度来讲，生产和使用低辐射设备是防止地磁泄密的较为根本的措施。

11.2.2 数据加密

数据加密的基本过程就是对原来为明文的文件或数据按某种算法进行处理，使其成为一段不可读的代码，通常称为“密文”，使其只有在输入相应的密钥之后才能显示出本来内容，通过这样的途径达到保护数据不被人非法窃取、阅读的目的。该过程的逆过程为解密，即将该编码信息转化为其原来数据的过程。

数据加密是防止未经授权用户访问网络敏感信息的有效手段，这就是人们通常理解的安全措施，也是其他安全方法实现的基础。研究数据加密的科学被称为密码学（Cryptography），它分为设计密码体制的密码编码学和破译密码的密码分析学。密码学有着悠久而光辉的历史，古代的军事家就能够使用密码传递军事情报了，现代计算机的应用和计算机科学的发展又为这一古老的科学注入了新的活力。现代密码学是经典密码学的进一步完善和发展。

一般的数据加密通信过程为，在发送端，把明文用加密算法和密钥加密，从而变换成一个密文。接收端在接收后利用解密算法和密钥将其解密从而得到加密前的明文。注意加密和解密时用的算法是不相同的。为了便于读者明白，下面给出一个数据加密通信模型，如图11-2所示。在模型中，加密和解密函数E和D是公开的，而密钥K（加解密函数的参数）是秘密的。在数据的传送过程中，窃听者只能得到无法理解的密文，在他得不到密钥的基础上，从而保证数据对第三者保密的目的。

窃听者虽然能够获取很多密文，但是密文中没有足够的信息使得可以确定出对应的明文，则将这种密码体制称作是无条件安全的，或者在理论上说是不可破解的、安全的。

在无任何限制的条件下，几乎目前所有的密码体制在理论上都是不可破解的，能否破解密码，取决于窃听者使用的计算资源，所以研究密码的专家们研究的核心问题是要设计出在给定计费条件下，计算上安全的密码体制。传统的加密技术有替换加密（Substitution）、换位加密（Transposition）两种。

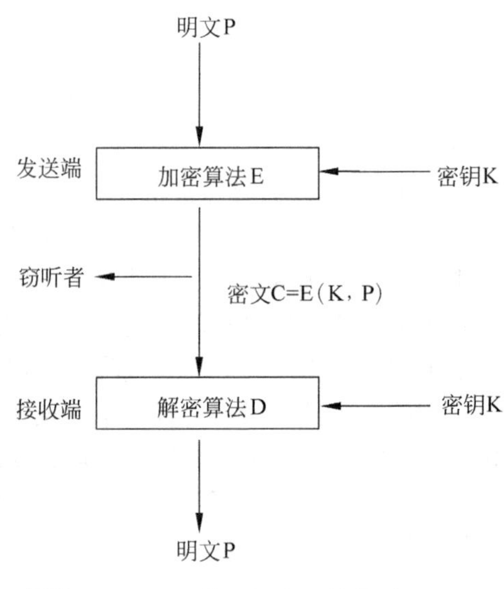

图 11-2 数据加密通信模型

- **替换加密** 使用密钥将明文中的一个或多个字符转换为密文中的一个或多个字符，它保留了明文的顺序，可根据自然语言的统计特性来进行破译。
- **换位加密** 按照一定的规律重排明文中字符的顺序。但如果窃听者在得到密文后检查字符出现的频率即可确定加密的方法为换位加密，从而进行破译。

单独使用这两种方法中的任意一种都是不够安全的，但是将这两种方法结合起来就能够具有相当高的安全程度。

现在使用的加密手段的基本方法仍然是替换和换位，但是在它们的基础上采用了更加复杂的加密算法和简单的密钥，并且增加了对付主动攻击的技术，如加入随机的冗余信息，以防止制造假消息；加入时间控制信息，以防止旧消息重放等。

数据加密可以在 OSI 参考模型上加以实现，从加密技术应用的逻辑位置来说它具有下面 3 种方式。

- **链路加密** 指网络层以下的各层，它用于保护通信结点间传输的数据，加密与解密由安装于网络中的密码设备实现。
- **结点加密** 它是对链路加密改进后提出的，它在传输层上对数据进行加密，主要是对源地址和目的地址间传输的数据进行加密保护。
- **端对端加密** 指网络层以上的各层，它面向网络层主体，对应用层的数据信息进行加密。

加密技术是网络信息安全的保障，对于敏感数据应采用加密处理，并且在数据传输时采用加密传输，目前加密技术主要有基于私钥算法，也称对称密钥的加密算法和基于公钥算法，也称非对称密钥的加密算法。

- **基于私钥的加密技术** 它利用一个密钥对数据进行加密，接收方接收到数据后，需要用同一密钥进行解密。这种加密技术的特点是数学运算量小，加密速度快，其主要弱点在于密钥管理困难，而且一旦密钥泄露则直接影响信息的安全性。具有代表性的算法为 DES、IDEA 等。
- **基于公钥的加密技术** 1976 年，Diffie 和 Hellman 首次提出了公开密钥加密体制，即每个人都有一对密钥，其中一个为公开的，一个为私有的。发送信息时用对方的公开密钥加密，接收方用自己的私用密钥进行解密。公开密钥加密算法的核心是运用一种特殊的数学函数——单向陷门函数，即从一个方向求值是容易的。但其逆向计算却很困难，从而在实际上成为不可行的。公开密钥加密技术它既保证了安全性又易于管理。其不足是加密和解密的时间较长。

11.2.3 认证技术

认证技术分为实体认证和消息认证两种。其中，实体认证能够识别通信双方的身份，防止假冒，可以使用数字签名的方法实现；消息认证是指验证消息在传送或存储过程中没有被篡改，通常使用消息摘要的方法实现。

1. 基于共享密钥的认证

它是指在通信过程中，通信双方具有一个共享的密钥，以便于确认通信双方的真实身份。这种算法依赖于一个双方彼此信赖的 KDC（Key Distribution Center，密钥发布中心）。其中，A 和 B 分别代表发送者和接收者，K_A 和 K_B 分别表示 A、B 与 KDC 之间的共享密钥，如图 11-3 所示。

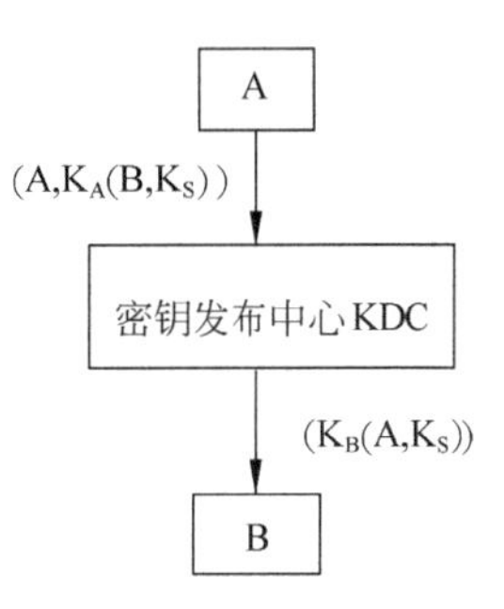

图 11-3 基于共享密钥的认证体系

A 向 KDC 发出一个消息$(A, K_A(B, K_S))$说明自己要和 B 进行通信，并指定了回话的密钥 K_S。由于这个消息中的一部分(B, K_S)是用 K_A 进行加密的，所以第三者不能了解该消息的内容。

当 KDC 得知 A 的意图后将构造一个消息$(K_B(A, K_S))$返回给 B。B 在接收到 KDC 返回的消息后，将利用 K_B 解密消息从而得到 A 和 K_S，并最终通过 K_S 与 A 进行会话。

值得注意的是对于这种认证方式，主动攻击者可能利用重放攻击技术进行破解。如 A 代表雇主，B 代表银行。第三方 C 为 A 工作，通过银行转账获取报酬。如果 C 为 A 工作在一次工作后，得到一次报酬，并偷听和复制了 A 和 B 之间就转账问题交换的报文。

那么贪婪的 C 就可以按照原来的次序向 B 重发报文 2，冒充 A 与 B 之间的对话，以便得到第二次、第三次或更多的报酬。在重放攻击中攻击者是不需要知道会话密钥 K_S，只要能够猜测密文的内容对自己是否有利就可以达到攻击的目的。

2. Needham-Schroeder 认证

由于基于共享密钥不能防止重放攻击的危害，随后提出了 Needham-Schroeder 认证协议，它是一种多次提问—响应协议，可以避免重放攻击，它对每一个会话回合都有一个新的随机数在起作用，其应答过程如图 11-4 所示。

首先，A 向 KDC 发送了一个报文 1，表明它要与 B 进行通信。该报文中加入了一个由 A 指定的随机数 R_A；KDC 在接收到 A 的请求后，会发送一个报文 2 回应 A。同样该报文中也有随机数 R_A，以保证报文 2 是新鲜的，不是重放的。另外，报文 2 中还包括了一个消息$(K_B(A, K_S))$，这个消息是 KDC 发送给 A 的入场券，其中有 KDC 指定的会话关键 K_S，并且利用 B 和 KDC 之间的密钥加密，从而 A 无法将其打开。

A在收到报文2后，在其中加入另一个新的随机数 R_{A2} 以形成报文3，随后将其发送给B；B在接收到A给发送的报文3后，将返回A一个报文4，即 $K_S(R_{A2}-1)$，并加入了一个它自己指定的随机数 R_B，进而确定对方还是否是A。

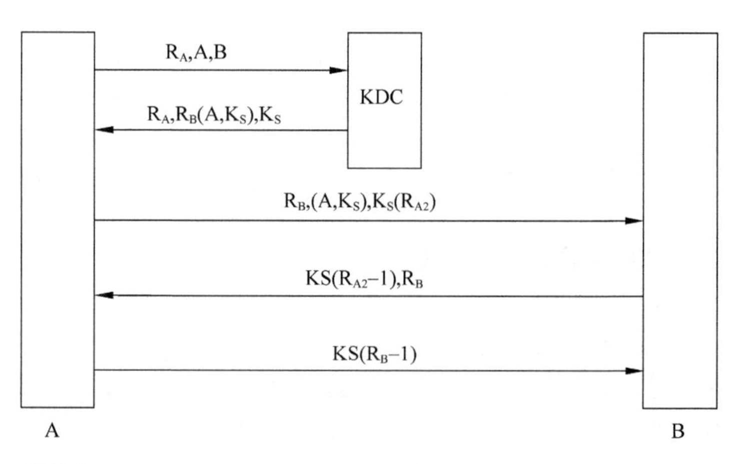

图 11-4　**Needham-Schroeder 认证过程**

A在接收到报文4后就可以确定通信对方确实是B，并返回一个 R_B-1 报文；B在接收到A发送的 R_B-1 报文后，可以证明这是A对前面 R_B 报文的应答，确信是A。

通信双方都确认了对方的身份，A和B通过 K_S 进行会话。基于Needham-Schroeder协议的认证似乎已经天衣无缝，但也不是不可以攻击的。

3．基于公钥的认证

基于公钥的认证应答比较简单，在发送时对消息都用对方的公钥加密，在接收到消息后再用各自的私钥解密。其通信过程如图11-5所示。

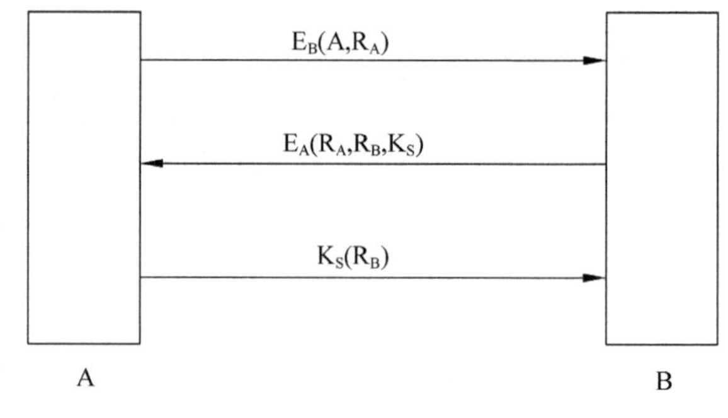

图 11-5　基于公钥的认证过程

在基于公钥的认证过程中，A首先利用B的公钥对消息加密后，发送一个报文 $E_B(A, R_A)$ 给B，B在接收到A发送的报文后，再使用A的公钥加密，并发送一个 $E_A(R_A, R_B, K_S)$ 报文返回给A，A在接收到B的返回报文后，将发送一个 $K_S(R_B)$ 报文给B，然后双方开始通信。由于在发送的两个报文中分别有A和B指定的随机参数 R_A 和 R_B，因此也能够排除重放攻击的可能性。

11.3　防火墙

防火墙（Fire Wall）是设置在被保护网络和外部网络之间的一道屏障。通过制定安全策略，防火墙可以监测、限制或更改跨越防火墙的数据流，尽可能屏蔽内部网络的信息、结构和运行状况，以保护内部网络的安全。

11.3.1　防火墙的主要功能

作为网络中重要的安全保护设备，防火墙能够向用户网络提供访问控制、防御各种攻击、安全控制、管理功能以及日志与报表功能。

1．访问控制

防火墙能够通过包过滤机制对网络间的访问进行控制，它按照网络管理员制定的访问规则，通过对比数据包包头中的标识信息，拦截不符合规则的数据包并将其丢弃。

防火墙进行包过滤的依据主要是 IP 包头部信息（如源地址和目的地址），如果 IP 包头中的协议字段表明封装协议为 ICMP、TCP 或 UDP，那么再根据 ICMP 头信息（类型和代码值）、TCP 头信息（源端口和目的端口）或 UDP 头信息（源端口和目的端口）执行过滤，部分防火墙还会根据 MAC 地址进行过滤。应用层协议过滤主要包括 FTP 过滤、基于 RPC 的应用服务过滤、基于 UDP 的应用服务过滤以及动态包过滤技术等。

提　示

防火墙的包过滤规则应该涵盖对所有经过防火墙的数据包的处理方法，对于没有明确定义的数据包，应该有一个默认处理方法。此外，过滤规则应易于理解，便于编辑修改，同时应具备一致性检测机制，防止规则冲突。

2．防御功能

防火墙还具备有防御常见攻击的能力，这些攻击包括病毒、DDoS 攻击以及恶意代码入侵等。

- **支持文件扫描**　防火墙能够扫描通过 FTP 上传与下载的文件或者电子邮件的附件，以发现其中包含的危险信息。
- **防御 DDoS 类型攻击**　防火墙通过控制、检测与报警等机制，能够在一定程度上防止或减轻 DDoS 类攻击
- **阻止恶意代码入侵**　防火墙能够从 HTTP 页面中剥离 Java、Applet、ActiveX 等小程序并从 Script、PHP 和 ASP 等代码中检测出危险代码或病毒，并向浏览器用户报警。同时，防火墙还能够阻止用户上载带有危险代码的 CGI、ASP 等程序。

提　示

DDoS 即拒绝服务攻击，是攻击者通过非法手段过多地占用网络共享资源，导致服务器超载或系统资源耗尽，从而使其他用户无法享有服务或资源的一种攻击方法。

3．报警机制

防火墙的报警机制主要由入侵实时警告与防范和识别、记录以及防止 IP 地址欺骗等功能组成。报警机制保证了网络在受到攻击时，防火墙能够及时通知网络管理员，并尽可能地调整安全策略以应对攻击。

提　示

IP 地址欺骗指使用伪装的 IP 地址作为 IP 包的源地址对受保护网络进行攻击，防火墙需要禁止来自外部网络而源地址是内部 IP 地址的数据包通过。

4．管理功能

防火墙的管理方式分为本地管理、远程管理和集中管理 3 种，不同防火墙产品的管

理功能也有所差异。一般来讲，防火墙的管理功能主要包括防火墙管理身份验证、编写安全规则、配置防火墙安全参数、查看防火墙日志、SNMP 监视和配置等。除此之外，部分防火墙产品还支持集中管理策略、带宽管理和负载均衡特性等管理功能。

5．日志与报表功能

防火墙日志是网络管理员调整和完善防火墙安全策略的重要资料。目前，常见的防火墙一般都能提供以下几种与日志相关的服务功能。

- ❑ **日志自动扫描** 防火墙具有日志的扫描和自动分析功能，这样可以在防火墙日志的基础上得到更详细的统计结果，为网络管理员修改安全策略提供参考依据。
- ❑ **日志报告、报表书写器** 这是防火墙提供的一种日志报告和自动报表输出功能。
- ❑ **提供简要报表** 这是一种按照用户 ID 或 IP 地址向管理员提供的自定义报表输出功能。
- ❑ **实时统计** 防火墙的一种输出方式，能够以图表的方式显示出分析防火墙日志后得出的智能统计结果。

11.3.2 防火墙的类型

目前，市场上的防火墙产品种类繁多，根据不同的划分原则，能够将防火墙分成不同的类型。下面将根据不同的划分标准对常见的防火墙产品进行介绍。

1．从软、硬件形式分

从防火墙的软、硬件形式进行划分的话，可以将防火墙分为软件防火墙、硬件防火墙和芯片级防火墙 3 种类型。

❑ **软件防火墙**

软件防火墙就像其他的软件产品一样，需要安装在计算机上并配置完成后才可以使用。一般来说，软件防火墙都安装在整个网络的网关计算机上。在软件防火墙中，适合普通用户安装的软件防火墙又称为“个人防火墙”，如图 11-6 所示。

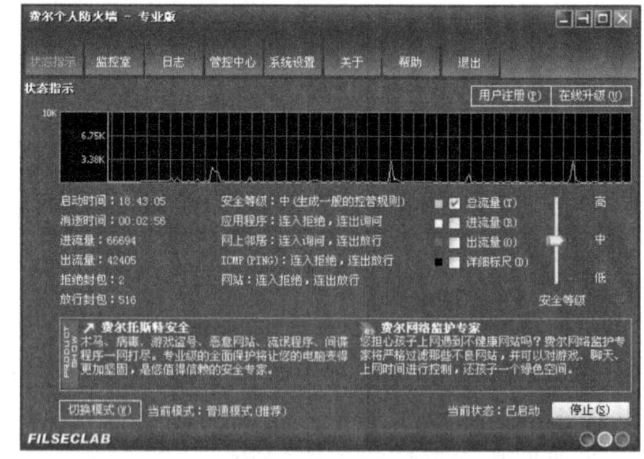

图 11-6 个人防火墙

❑ **硬件防火墙**

这种硬件防火墙构建在普通计算机上，通过在裁剪和简化的操作系统（常用的有 UNIX、Linux 和 FreeBSD 等）中运行防火墙软件实现安全保卫功能的防火墙产品。由于这类防火墙的核心依然是通用操作系统，因此会受到操作系统本身的安全性影响。

❑ **芯片级防火墙**

芯片级防火墙基于专门的硬件平台，采用专用的 ASIC 芯片，特点是处理能力强、性能优越。由于这类防火墙使用专用的操作系统，因此防火墙本身的漏洞比较少，但价格相对较为昂贵。图 11-7 所示即为一款芯片级防火墙。

2．从实用技术分

图 11-7 芯片级防火墙

根据不同防火墙采用的安全保护技术，总体来讲防火墙分为包过滤型防火墙和应用代理型防火墙两大类。

❑ **包过滤型**

包过滤型防火墙工作在 OSI 参考模型的网络层和传输层，根据数据包包头信息中的源/目的地址、端口号和协议类型等内容决定是否允许数据包通过。只有满足过滤条件的数据包才会被转发到相应的目的地址，其余数据包则会被防火墙丢弃。

包过滤型防火墙的典型产品形式为带有包过滤功能的路由器，此外，几乎所有的软件防火墙都是基于包过滤技术的防火墙产品。

❑ **应用代理型**

与包过滤型防火墙不同，应用代理型防火墙工作于 OSI 参考模型的应用层。应用代理型防火墙通过为每种应用服务编制专门的代理程序及安全策略，实现监视并控制应用层通信流的作用。

应用代理防火墙的突出特点是其安全性，由于它工作于 OSI 参考模型的最高层，所以它可以根据不同的安全需求，对网络中任何一层的数据通信进行筛选保护。而它的最大缺点是速度相对较慢，当在短时间内有大量数据需要通过防火墙时，应用代理防火墙很容易就会成为网络间的瓶颈。

3．从应用部署位置分

按照防火墙应用部署位置的不同，防火墙分为边界防火墙、个人防火墙和混合防火墙三大类。

❑ **边界防火墙**

这种防火墙位于内部网络与外部网络之间，是最常见的一种防火墙，其主要作用是隔离内、外部网络之间的直接访问，以保护内部网络。这类防火墙大多属于硬件防火墙，其性能较好，价格也较贵。

❑ **个人防火墙**

这是一种软件防火墙产品，通过在用户计算机上安装防火墙软件来实现对单一计算机的保护。个人防火墙主要用于普通用户，它的特点是价格便宜，但性能较差。

❑ **混合防火墙**

混合防火墙即分布式防火墙，它是一套完整的防火墙系统，由若干软、硬件组成。混合防火墙分布于内、外网络边界和内部各个主机之间，既对内、外部网络之间的通信进行过滤，又对网络内部各主机间的通信进行过滤。这是一种最新型的防火墙产品，性能最好，价格比较昂贵。

11.3.3 防火墙技术

防火墙从诞生一直发展到现在，期间出现过许多不同的防火墙产品，而每种产品都对应着一种不同的防火墙技术。下面将对一些主要的防火墙技术以及最新的分布式防火墙技术进行简单介绍。

1．主要防火墙技术

目前，许多高性能的防火墙产品已经将网关与安全系统融为一体。在这种产品中，它们主要采用的防火墙技术有以下几种。

❑ **灵活的代理系统**

代理系统是一种将信息从防火墙的一侧传送到另一侧的软件模块。现在的防火墙大都采用了两种代理机制，一种用于代理从内部网络到外部网络的连接；另一种用于代理从外部网络到内部网络的连接。前者采用网络地址转换（NAT）技术来解决，后者采用非保密的用户定制代理或保密的代理系统技术来解决。

❑ **多级过滤技术**

为保证系统的安全性和防护水平，新型的防火墙采用了三级过滤措施，并辅以鉴别手段。在分组过滤一级，能够过滤掉所有的源路由分组和假冒 IP 源地址的数据包；在应用网关一级，能够利用 FTP、SMTP 等各种网关，控制和监测 Internet 提供的所用应用服务；在电路网关一级，实现内部主机与外部站点间的透明连接，并能够实现对服务的严格安全控制。

❑ **网络地址转换技术（NAT）**

现在的防火墙产品都能够通过 NAT 技术，透明地对所有内部地址进行转换，使外部网络无法了解受保护网络的内部结构，并允许内部网络用户使用自己定制的 IP 地址和专用网络。

提　示

网络地址转换技术通过将内部网络 IP 地址翻译为外部网络 IP 地址，在一定程度上缓解了 IP 地址匮乏的问题。

❑ **日志和报警**

现在，防火墙产品的日志和报警功能十分健全，日志文件一般包括：普通信息、内核信息、核心信息、接收邮件、邮件路径、发送邮件、已收消息、已发消息、连接需求、已鉴别访问、报警条件、管理日志、进站代理、FTP 代理、出站代理等内容。此外，当发现异常情况时，报警功能会通过邮件、声响等多种方式通知网络管理员。

2．分布式防火墙技术

分布式防火墙（Distributed Firewalls）是在传统边界式防火墙的基础上开发出来的新型防火墙技术。随着分布式防火墙技术的不断发展，未来分布式防火墙技术将分为主动型和智能型两种。

❑ **主动型分布式防火墙技术**

随着分布式防火墙技术的不断发展，分布式防火墙将由被动的防止攻击转向主动拒绝内部的攻击操作。主动型分布式防火墙技术能够有效地防止来自内部的拒绝服务类型的攻击，使服务器能够正常提供服务。

❑ **智能型分布式防火墙技术**

智能型分布式防火墙是分布式防火墙发展的另一个方向，主要具有透明流量分担技术、内核集成IPS模块、预置防IP欺骗策略3个特性。

透明流量分担技术充分利用了防火墙带宽，通过多台分布式防火墙设备间的负载均衡，能够显著提高防火墙的可用性。保证了用户在网络内传输大量数据的同时，不会影响网络的速度和性能。

智能型分布式防火墙将IPS作为功能模块集成到硬件设备中，它能够在网络前端直接监测并且阻断攻击。而且，集成于防火墙内核中的IPS模块，其工作效率和稳定性都比独立的IPS要高。

提 示

IPS即入侵防御系统(Intrusion Prevention System)，它位于防火墙和网络设备之间。当检测到攻击时，IPS能够在这种攻击扩散到网络的其他部分之前对其进行阻止。

智能型分布式防火墙内部的防IP欺骗策略，能够有效地抵抗和防御IP欺骗、碎片攻击、源路由攻击以及DDoS攻击等多种黑客常用攻击手段。

11.4 常见的网络攻击技术

目前，若希望更好地达到保护计算机网络安全的目的，那么研究和了解常见的网络攻击技术是很有必要的。因为只有“知己知彼，方能百战不殆”。

11.4.1 社会工程学攻击

社会工程是指攻击者通过使用计谋和假情报的方法，以获取系统管理员密码或其他所需信息的一门科学。还有一种社会工程的形式是攻击者试图通过混淆一个计算机系统来模拟一个合法用户。例如，一个攻击者冒充某公司经理给该公司人员打电话，在解释他的账号被意外锁定之后，他说服该职员根据他的指示更改管理员权限，随后攻击者所做的仅仅是登录那台计算机并获取相关信息。

社会工程学是一种通过自然的、社会的和制度上的途径并强调根据现实的双向计划和设计经验来一步一步地解决各种社会问题。它实际上是攻击者通过利用人际关系的互动性而发出的攻击。目前，社会工程学攻击主要包括打电话请求密码和伪造电子邮件两种方式。

1. 打电话请求密码

打电话请求密码虽然容易使攻击者暴露，显得不安全，但使用这种方法也常常能够成功。在社会工程中，攻击者冒充失去密码的合法雇员，就是通过这种简单的方法重新获得密码。

2. 伪造电子邮件

攻击者可以使用Telnet方式窃取任何一个用户发送电子邮件的全部信息。由于这些电子邮件的信息是真实的，因此攻击者可以通过伪造这些信息，进而实现资料骗取或进一步获取权限的目的。

11.4.2 密码攻击

密码攻击即通过各种方法来破译用户的密码，以达到登录其主机系统、实施攻击活动的目的。对技术较高攻击者来说，它可能与找到一张写有密码的贴纸一样简单。另外，还有一种被称为被垃圾搜寻（Dumpster Diving）的技术，是指密码攻击者通过对废弃文档的搜寻，从而找到可能含有密码信息的技术方法。

密码攻击除了可以使用复杂的技术外，还可以使用一些相对简单的技术实现。下面将介绍几种在密码攻击中常见的技术。

1．字典攻击（Dictionary Attack）

字典攻击是指攻击者试图通过将加密值与预先为可能性较大的密钥计算的加密值进行比较来对加密消息进行解密的一种攻击。其中，字典文件（一个充满字典文字的文本文件）被装入破解应用程序，如L0phtCrack是根据由应用程序定位的用户账户运行的。

在通常情况下，大多数密码都是比较简单的，运行字典攻击通常可以使攻击者快速闯入计算机。

2．混合攻击（Hybrid Attack）

混合攻击是指通过将数字和符号添加到文件名以成功破解密码的方法。因为很多人更改密码是通过在当前密码后加一个数字来进行。如第一个月密码为pass；第二个月密码为pass2；第三个月密码为pass3，以此类推。

3．蛮力攻击（Brute force attack）

它是指通过尝试所有可能的键值组合和口令来攻入计算机系统或网络的攻击类型。它是最全面的攻击形式，取决于密码的复杂程度的不同，其破译时间也不相同，甚至有时需要工作很长一段时间才能够取得所需信息。值得一提的是在蛮力攻击中还可以使用L0phtCrack。

11.4.3 网络监听

监听是指自己不主动去攻击别人，而是在计算机上设置一个程序去监听目标计算机与其他计算机间通信的数据。

通过监听技术，一方面可以帮助网络管理员检测网络传输的数据、排除网络故障等安全问题；另一方面攻击者也可以通过监听获取必要的信息进行攻击，给网络安全带来危害。

网络监听的检测较为困难，运行网络监听的主机只是被动地接收数据，并不会主动行动，它既不会与其他主机交换信息，也不会修改网络中传输的数据包。网络监听一般是利用工具软件截获通信的内容，并对其协议进行分析。

目前，流行的Sniffer Pro是一个完善的网络监听工具，可以监听网络中传输的所有信息。Sniffer可以是硬件也可以是软件，可以在任何一种平台上运行。在使用Sniffer时，既不容易被发现，也可以截获口令，还可以截获到本来是秘密的或者在专用信道内传输的信息，如信用卡号、财务数据、E-mail 等，甚至可以用来攻击与自己相邻的网络。

在局域网中，计算机进行数据交换时，数据包发往所有与其连在一起的计算机，即发送广播，在包头中包含目标计算机的正确地址。因此只有与数据包中目的地址一致的那台计算机才会接收到数据包，其他的主机会将该数据包丢弃。但是，当主机工作在监听模式下时，无论接收到的数据包中的目的地址是什么，主机都将其接收下来。然后对数据包进行分析，从而得到局域网中通信的数据。一台计算机可以监听同一网段内所有的数据包，但不能监听不同网段的计算机所传输的信息。

11.4.4 拒绝服务攻击

拒绝服务攻击（Denial of Service，DoS）是指攻击者想方设法要让目标计算机或网络无法提供正常的服务或资源访问，这些资源包括磁盘空间、内存、进程或网络带宽等，它是黑客常用的攻击方法之一。

最常见的拒绝服务攻击是计算机网络带宽攻击和连通性攻击。带宽攻击是指以极大的通信量冲击网络，使网络中所有可用的带宽都被消耗掉，最终导致合法用户的请求无法通过；连通性攻击是指用大量的连接请求冲击计算机，最终导致计算机无法再处理合法用户的请求。

拒绝服务攻击具有不易辨别和判断的特点，比较著名的拒绝服务攻击有 SYN 风暴、Smurf 攻击和利用处理程序错误进行攻击 3 种。

1. SYN 风暴（SYN Flooding）

SYN 风暴是通过创建大量的“半连接”来进行攻击，任何连接到 Internet 上并提供基于 TCP 的网络服务，如 Web 服务、Ftp 服务、E-mail 服务等的主机都可能遭受到这种攻击。它通过发送大量的伪造的 TCP 连接请求，以使被攻击方可用资源耗尽（CPU、内存等）。

第 4 章讲到过发送方与接收方之间一次 TCP 方式建立，是一个三次握手的过程，SYN 风暴的攻击过程也可以被视为三次握手的过程。

在 TCP 连接的三次握手中，假设一个用户向服务器发送 SYN 请求报文后突然出现死机或者掉线的情况，那么在服务器发出 SYN+ACK 应答报文后是无法接收到客户端回应的 ACK 报文的。

在这种情况下，服务器一般会重试（再次发送 SYN+ACK 回应客户端）并等待一段时间后丢弃这个未完成的连接。这段时间的长度我们称为 SYN Timeout，此时间为 30s～2min。

一个用户出现异常导致服务器的一个线程等待 1 min 是没有问题的，但如果有一个恶意的攻击者大量模拟这种情况（伪造 IP 地址），服务器将为了维护一个非常大的半连接列表而消耗了非常多的资源。

最终导致 TCP/IP 堆栈溢出而崩溃。即使服务器端的系统足够强大，它也会因忙于处理攻击者伪造的 TCP 连接请求而无暇理睬客户的正常请求（此时客户端的正常请求几率非常之小），此时从正常客户的角度来讲，服务器已失去响应，没有响应。

2. Smurf 攻击

在计算机网络中，一台计算机在接收到 ICMP ECHO 数据包后，会给该包的源地址回应一个 ICMP ECHO REPLY 报文。一般情况下，计算机是不检查该 ECHO 请求包的源地址的。

如果有一个恶意攻击者把 ECHO 报文的源地址设置成为一个广播地址，这样就将导致计算机在回应 ICMP ECHO REPLY 报文的时候，以广播地址为目的地址，最终使本地网络上所有的计算机都必须接收并处理这些广播报文。如果攻击者发送的 ICMP ECHO 请求报文足够多，产生的 ICMP ECHO REPLY 广播报文就可能把整个网络淹没。

3. 利用处理程序错误进行攻击

它也是利用 TCP/IP 协议的漏洞来实现的，即故意错误地设定数据包包头中的一些重要字段，如 IP 包头中的 Total Length、Fragmented Offset、IHL 和 Source Address 等字段。使用 Raw Socket 将这些错误的 IP 数据包发送出去。

在接收端，服务程序通常都存在一些问题，因而在将接收到的数据包组装成一个完整的数据包的过程中，就会使系统关机、挂起或崩溃，从而无法继续提供服务。

11.4.5 网络端口扫描攻击

在计算机通信中，一台计算机要与另一台计算机建立 TCP 或 UDP 连接，首先必须发送一个请求报文（SYN），根据接收端端口是否开放将回应不同的应答。如果 TCP 端口开放，则回应发送方一个 ACK 报文，并建立 TCP 连接控制结构；若 TCP 未开放，则回应发送方一个 TCP RST 报文，告知发送方 TCP 端口未开放。UDP 连接的也是同样的道理。

端口扫描就是基于这一原理，攻击者利用 Socket 编程或其他技术发送合适的报文与目标主机的某些端口建立 TCP 连接、进行传输协议的验证等工作，从而获取目标主机的端口状态、提供的服务及提供的服务中是否含有漏洞缺陷等情况。

端口扫描攻击常用的扫描方式有 TCP connect 扫描、SYN 扫描、FIN 扫描、IP 地址段扫描等。

1. TCP connect 扫描

它是最基本的 TCP 扫描。操作系统提供的 connect 系统调用，用来与每一个感兴趣的目标计算机端口进行连接。只要端口处于侦听状态，就能连接成功。否则，就不能成功。系统中的任何用户都可以使用这个调用，速度也很快。但它易被发现并被过滤掉。

2. SYN 扫描

扫描主机自动向目标计算机的指定端口发送 SYN 数据段，表示请求建立连接。如果目标计算机回应一个 SYN ACK 报文，则说明该端口是活动的。随后，扫描主机传送一个 RST 给目标主机拒绝建立 TCP 连接，从而导致三次握手的失败；如果目标计算机回应的是 RST 报文，则表明该端口未开启。

3．FIN 扫描

FIN 扫描是指通过发送 FIN 来判断目标计算机的指定端口是否活动。如发送一个 FIN 报文到一个关闭的端口时，该报文会被丢弃掉，并返回一个 RST 报文。但是，如果当 FIN 报文到达一个活动的端口时，该报文只是简单的丢掉，不会返回任何回应。这种扫描方式没有涉及任何 TCP 连接部分，因此，可以称之为秘密扫描。

4．TP 地址段扫描

它是利用路由表来进行扫描，一般可以通过使用第三方软件来实现，在其中设定 IP 地址范围，扫描存活的主机。目前，常见的端口号及对应的服务如表 11-1 所示。

表 11-1 常见 IP 地址端口号

端口号	服务名称	说明
21	FTP 服务	文件传输服务，用于文件的上传与下载。最常见的攻击是攻击者通过寻找打开 FTP 服务器上 anonymous 账户的方法进行攻击
23	Telnet 服务	远程登录，攻击者扫描这一端口通常是为了找到计算机所运行的操作系统
25	SMTP 服务	简单邮件传输服务。攻击者搜寻 SMTP 服务器是为了传递它们的 SPAM
53	DNS 服务	域名解析服务器。攻击者可以通过它进行区域传递，欺骗 DNS 或隐藏其他通信
80	Web 服务	用于网页浏览
110	POP3 服务	邮件服务
111	RPC 服务	远程调用
161	SNMP 服务	简单网络管理。它允许远程管理设备
443	基于 SSL 的 HTTP 服务	网页浏览端口，能够提供加密和通过安全端口传输的另一种 HTTP
3389	Windows 终端服务	Microsoft RDP 微软远程桌面使用的端口

11.4.6 缓冲区溢出攻击

缓冲区是数据在计算机内存中存储时的一段临时区域，如饮用水需要存储在容器内一样。缓冲区溢出是指计算机程序向缓冲区内存储的数据位数超过了缓冲区本身的容量，溢出的数据将覆盖合法数据。如同将 1L 水注入容量大小为 1mL 的容器中，水就会溢出一样。

在理想状态下，数据在存储时，程序将检查其长度并且不允许填充超过缓冲区长度的字符串。但是绝大多数程序都会假设数据长度总是与所分配的存储空间相匹配的，缓冲区溢出攻击正是利用这一点漏洞来实现的。

另外，操作系统所使用的缓冲区称为堆栈，在各个操作进程之间，指令被临时存储在堆栈当中，堆栈也会出现缓冲区溢出，也可以实现缓冲区溢出攻击。

当一个超长的数据位填充到缓冲区时，超出的部分就会被写入其他缓冲区，而其他缓冲区存放的可能是数据、下一条指令的指针，或者是其他程序的输出内容，这些内容若都被覆盖或者破坏掉，就可能导致一个程序或者操作系统崩溃。

一般情况下，覆盖其他数据区的数据是没有意义的，最多造成应用程序错误。但是，如果输入的数据是经过黑客或者病毒精心设计的，覆盖缓冲区的数据恰恰是黑客或者病毒入侵程序的代码，一旦多余字节被编译执行，黑客或者病毒就有可能为所欲为，获取系统的管理控制权。

11.4.7 IP 地址欺骗

IP 地址欺骗是指黑客通过伪造其他的 IP 地址从而伪装成另一台计算机来执行操作的技术。它主要利用了 TCP/IP 协议存在的漏洞来进行攻击，达到入侵目标主机的目的。借助 IP 欺骗技术来成功进行攻击有多种方式。

1. 非盲目攻击

非盲目攻击是有计划的攻击，一般发生在攻击者与被攻击者位于同一个子网内。攻击者通过监听获取 TCP 协议的序列号和确认号，从而消除精确计算这些序号的难度。其中，会话劫持是这种类型的攻击中最具有威胁的。攻击者通过侵入一个已经建立好连接的数据流，并根据其正确的序列号和确认号来重新建立一个连接。通过这种技术，攻击者可以有效地绕过设置在连接过程中的验证措施，从而建立有效的连接。

2. 盲目攻击

由于在盲目攻击中，TCP 协议的序列号和确认号都还不知道，为了获取这些序号，需要发送一些数据包到目标主机以获取序列号，它是更加复杂的攻击方式。早期的计算机是使用基本技术来产生序列号，攻击者通过研究 TCP 会话和数据包就能获得精确的生成公式。但目前来说要实现这一点就比较困难了，因为现在操作系统随机生成序列号。

3. 拒绝服务攻击

IP 欺骗技术目前被黑客们使用在最难防范的一个攻击技术中，即拒绝服务攻击。由于攻击目的只是消耗系统的可用带宽和资源，攻击者并不关心是否能够完成完整的三次握手和交易。它们更希望在较短时间内到达目标主机尽可能多的数据包。由于他们采用 IP 地址欺骗技术，因此在追踪和制止上就显得十分困难。

11.4.8 电子邮件攻击

电子邮件（E-mail）是一种利用电子手段提供信息交换的通信方式，它是 Internet 上应用最广的通信服务。正是由于其具有广泛的使用性，才使网络上出现了针对它的多种攻击手段，以达到攻击者窃取有利信息或某种利益的目的。其攻击手段有多种形式，但主要表现在以下 4 个方面。

1. 伪造邮件

攻击者可以通过伪造电子邮件地址的方法进行欺骗或攻击。如攻击者佯称自己是系统管理员（邮件地址与系统管理员完全相同），给用户发送邮件要求其修改口令或在貌似正常的附件中加载病毒或某些特洛伊木马程序。

2. 窃取、篡改数据

攻击者可以通过监听数据包或者截取正在传输的信息的方法，实现读取或者修改数据的目的。通过网络监听程序，在 Windows 操作系统中可以通过使用 NetXray 来实现；UNIX、Linux 操作系统可以通过使用 Tcpdump、Nfswatch（SGI Irix、HP/US、SunOS）来实现。

3. 拒绝服务

这里是指让系统或者网络充满大量的垃圾邮件，从而使邮件服务器没有余力去处理其他的事情，造成系统邮件服务器或者网络的瘫痪。

4. 发送电子邮件炸弹

这里所谓的邮件炸弹是指发送地址不详且容量庞大的垃圾邮件。由于信箱容量是有限的，当庞大的垃圾邮件到达信箱的时候，就会将信箱挤爆。同时，由于它占用了大量的网络资源，常常导致网络阻塞，它常发生在当某人或某公司的所作所为引起黑客的不满时，黑客就会通过这种手段来发动攻击，以达到某种目的。与其他攻击手段相比，它具有方法简单，见效快等特点。

11.5 练习：使用 360 安全卫士

360 安全卫士是当前功能最强、效果最好、最受用户欢迎的上网必备安全软件之一，具备木马查杀、恶意软件清理、漏洞补丁修复、电脑全面体检等多种功能。在本练习中，将详细介绍使用 360 安全卫士维护电脑安全的操作方法和步骤。

1. 实验目的

- ❑ 安装 360 安全卫士软件
- ❑ 应用 360 安全卫士软件

2. 实验步骤

1 电脑体检。运行“360 安全卫士”软件，在【电脑体检】选项卡中，单击【立即体检】按钮，如图 11-8 所示。

2 此时，软件将自动对计算机进行常规体检，体检完成后，单击【一键修复】按钮，如图 11-9 所示。

3 查杀流行木马。激活【木马查杀】选项卡，选择【快速扫描】选项，快速扫描木马，如图 11-10 所示。

图 11-8 运行 360 安全卫士

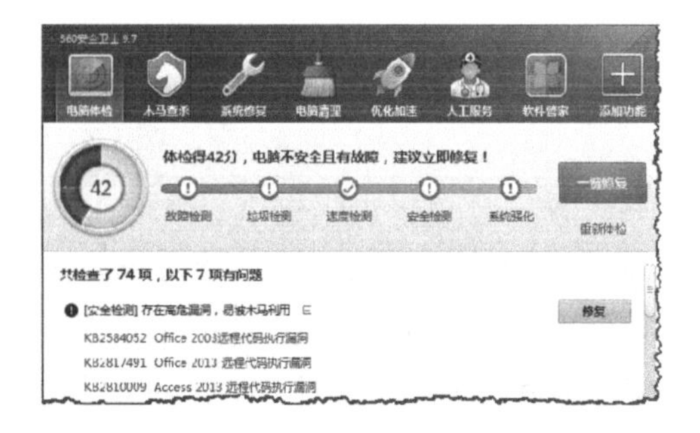

图 11-9　一键修复项目

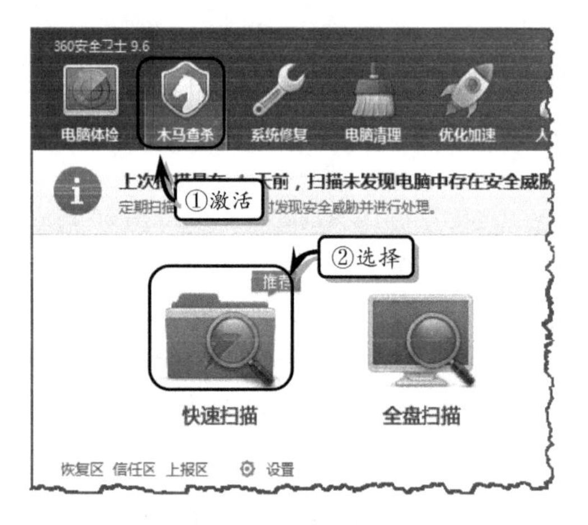

图 11-10　快速扫描木马

4　快速扫描后，在弹出的窗口中将会显示发现的木马扫描等结果。单击【立即处理】按钮，清除所发现的木马，如图 11-11 所示。

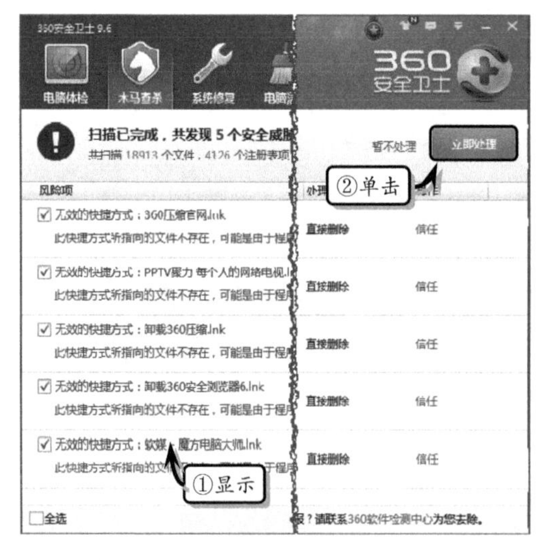

图 11-11　清除木马

5　软件管理。激活【软件管家】选项卡，弹出【360 软件管家】窗口，如图 11-12 所示。

图 11-12　软件管家窗口

6　在【软件大全】选项卡中，选择【安全杀毒】选项，单击【天网防火墙】后面的【下载】按钮，如图 11-13 所示。

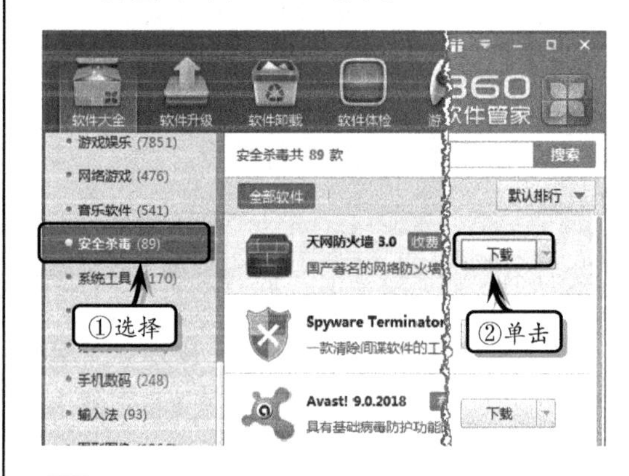

图 11-13　选择下载软件

7　激活【软件卸载】选项卡，单击软件后面的【卸载】按钮，卸载该软件，如图 11-14 所示。

图 11-14　卸载软件

8 在360安全卫士窗口中，激活【电脑清理】选项卡，单击【一键清理】按钮，如图11-15所示。

图 11-15 电脑清理

9 清理结束后，将显示扫描出来的垃圾文件、插件、上网痕迹和多余注册表项，如图11-16所示。

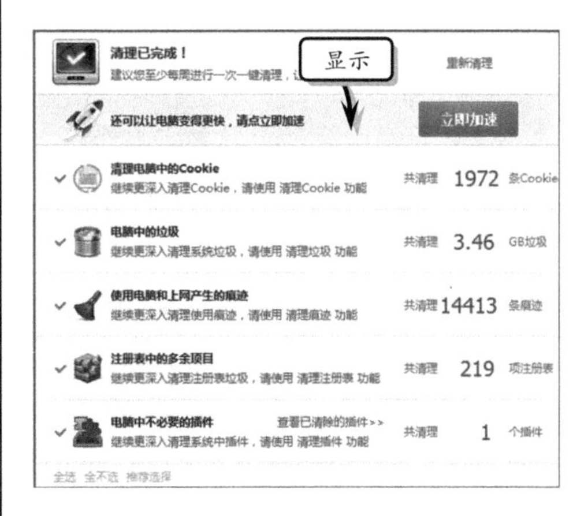

图 11-16 显示清理结果

11.6 练习：使用瑞星防火墙

在互联网上，防火墙可以用来拦截并过滤信息，只让符合严格安全标准的信息通过。瑞星防火墙软件是一款永久免费的防火墙软件，具有保护网络安全、免受黑客攻击、有效拦截恶意钓鱼网站、保护个人隐私信息、网上银行账号密码和网络支付账号密码安全等功能。在本练习中，将详细介绍使用瑞星防火墙保护计算机的操作方法和技巧。

1. 实验目的

- ❑ 了解防火墙作用
- ❑ 安装防火墙

2. 实验步骤

1 运行瑞星防火墙软件，在【首页】选项卡中，将自动显示检测后本地电脑的安全级别，单击【立即修复】按钮，如图11-17所示。

图 11-17 修复检测漏洞

2 在弹出的【安全检查-修复】对话框中，单击【立即修复】按钮，即可快速修复软件所检测到的危险项目，如图11-18所示。

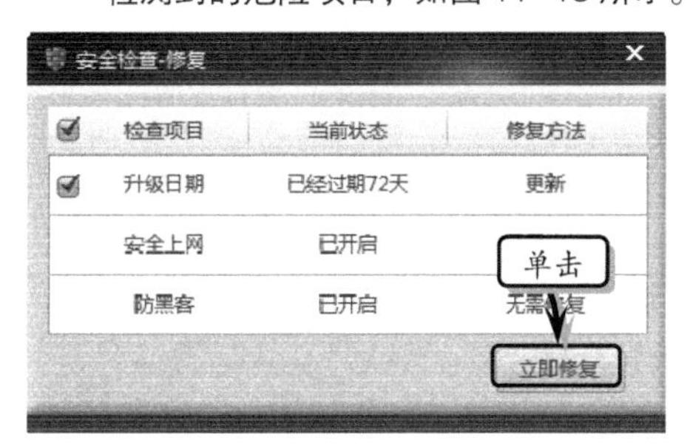

图 11-18 【安全检查-修复】对话框

3 激活【网络安全】选项卡，单击各措施后面的【已关闭】按钮，启用相应的措施，如图 11-19 所示。

图 11-19 设置网络安全措施

4 激活【家长控制】选项卡，单击【已关闭】按钮，开启家长控制措施，如图 11-20 所示。

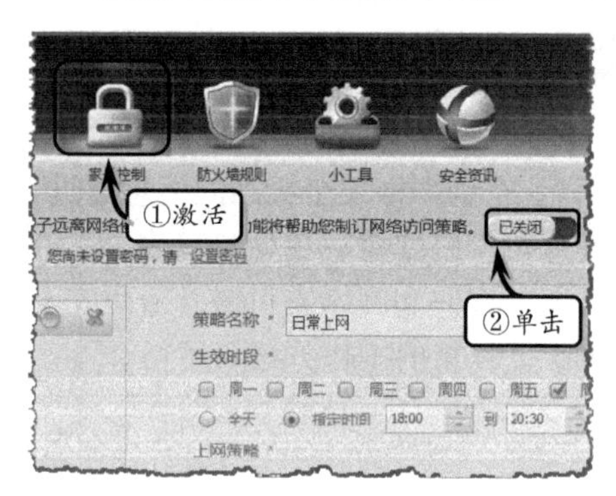

图 11-20 开启家长控制

5 然后，分别设置策略名称、生效时段和上网策略等选项，并单击【保存】按钮，如图 11-21 所示。

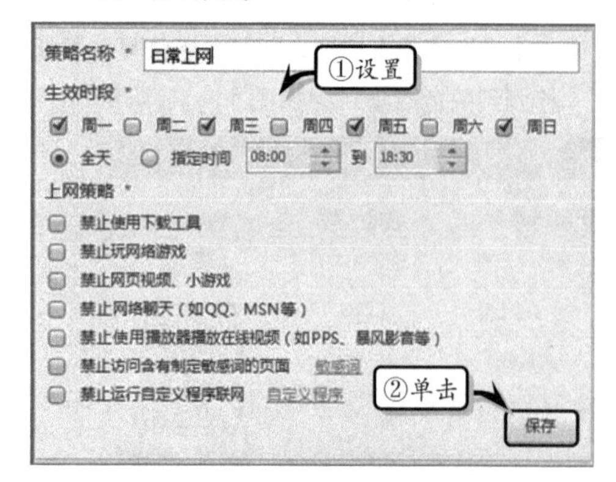

图 11-21 设置控制权限

6 激活【防火墙规则】选项卡，在【联网程序规则】选项组中，单击【清理无效规则】按钮，如图 11-22 所示。

图 11-22 清理连网程序无效规则

7 激活【小工具】选项卡，选择左侧的【网络监控】选项，同时选择【网速保护】选项，如图 11-23 所示。

图 11-23 选择网络工具

8 在弹出的【网速保护】对话框中，单击【已关闭】按钮，启用网速保护功能，如图 11-24 所示。

图 11-24 启用网络保护

11.7 思考与练习

一、填空题

1．防火墙的组成可以表示成__________和__________。

2．在运行 TCP/IP 协议的网络系统中，存在着__________、__________、__________、__________和________5 种类型的威胁和攻击。

3．防止网络窃听最好的方法就是给网上的信息__________，使得侦听程序无法识别这些信息模式。

4．加密也可以提高终端和网络通信的安全，有__________、__________和__________3 种方法加密传输数据。

5．在网络环境中，计算机病毒具有如下四大特点：__________、__________、__________和__________。

6．防火墙的安全性包括__________、__________、__________和__________5 个方面。

7．防火墙有三类：__________、__________和__________。

8．防火墙是具有某些特征的计算机______或__________。

9．黑客进行攻击的目的是__________、__________、__________和__________。

10．进行网络监听的工具有多种，既可以是__________，也可以是__________。

二、选择题

1．在以下网络威胁中，哪个不属于信息泄露？__________

A．数据窃听

B．流量分析

C．拒绝服务攻击

D．偷窃用户账号

2．为了防御网络监听，最常用的方法是_________。

A．采用物理传输（非网络）

B．信息加密

C．无线网

D．使用专线传输

3．__________不是网络信息系统脆弱性的不安全因素。

A．网络的开放性

B．软件系统自身缺陷

C．黑客攻击

D．管理漏洞

4．针对数据包过滤和应用网关技术存在的缺点而引入的防火墙技术，这是__________防火墙的特点。

A．包过滤型

B．应用级网关型

C．复合型防火墙

D．代理服务型

5．数字签名技术可以防止双方的抵赖和仿造，它可以用消息摘要方法来实现，也可以采用公钥体制的加解密方法。在采用公钥体制的加解密方法中，接受方若伪造，则可以_______检查。

A．发送方通过将伪造的数据用私钥加密和信道上加密的数据对比

B．发送方通过将伪造的数据和信道上的加密数据被发送方的公钥解密后对比

C．第三方通过将伪造的数据和信道上的加密数据被发送方的公钥解密后对比

D．第三方通过将伪造的数据和信道上的加密数据被第三方的公钥解密后对比

6．网络监听是__________。

A．远程观察一个用户的计算机

B．监听网络的状态和传输的数据流

C．监视 PC 系统运行情况

D．监视一个网站的发展方向

7．防火墙采用的最简单的技术是________。

A．安装保护卡

B．隔离

C．包过滤

D．设置进入密码

8．下列叙述中正确的是________。

A．计算机病毒只感染可执行文件

B．只感染文本文件

C．只能通过软件复制的方式进行传播

D．可以通过读写磁盘或者网络等方式进行传播

9．下列不属于入侵检测的内容是_______。

A．独占资源、恶意使用

B．试图闯入或成功闯入、冒充其他用户

C．安全审计

D．违反安全策略、合法用户的泄露

10．下列不属性网络攻击的 3 个阶段内容是

________。

A．获取信息，广泛传播

B．获得初始的访问权，进而设法获得目标的特权

C．留下后门，攻击其他系统目标，甚至攻击整个网络

D．收集信息，寻找目标

三、问答题

1．什么是计算机网络安全？

2．防火墙有几类？分别是什么？

3．防火墙的安全性包括哪些方面？

四、上机练习

1．清除 ARP 木马

ARP“欺骗”木马在互联网上迅速扩散，很多计算机感染了此病毒。它主要是通过建立假的网关，让被它欺骗的计算机向假网关发送数据，而不是通过正常的路由器或交换机途径寻找网关，造成同一网关内的所有计算机无法访问网络。

如果用户的计算机染上了此病毒，用户可以同时按 Ctrl+Alt+Del 键，弹出【Windows 任务管理器】对话框，选择【进程】选项卡，查看进程中是否有一个名为 MIR0.dat 的进程。如果有，则说明已经中毒。用户只需右击此该进程，如图 11-25 所示，执行【结束进程】命令即可。

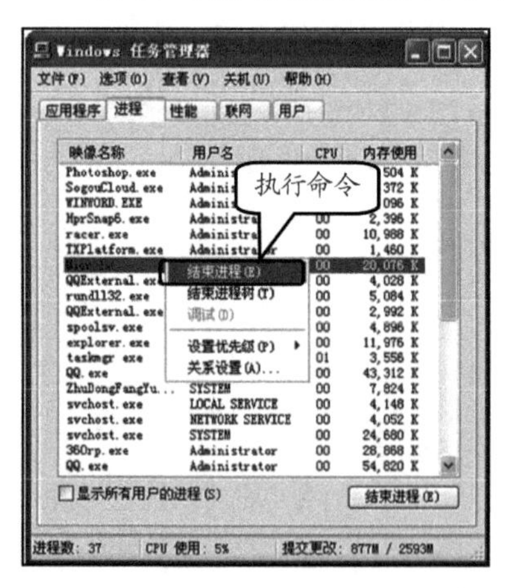

图 11-25 清除 ARP 木马

2．设置 Internet 安全级别

Internet Explorer【安全】选项卡用于设置和更改一些 Internet 选项，这些选项有助于保护计算机抵御潜在的有害或恶意的联机内容。

如果需要更改 Internet 安全级别，可以通过双击 Internet Explorer 图标，打开 Internet Explorer 浏览器，单击【工具】按钮，执行【Internet 选项】命令，弹出【Internet 选项】对话框。激活【安全】选项卡，单击【默认级别】按钮，如图 11-26 所示。然后，在【该区域的安全级别】下拉列表中，拖动安全级别滑块至高，并单击【确定】按钮，如图 11-27 所示。

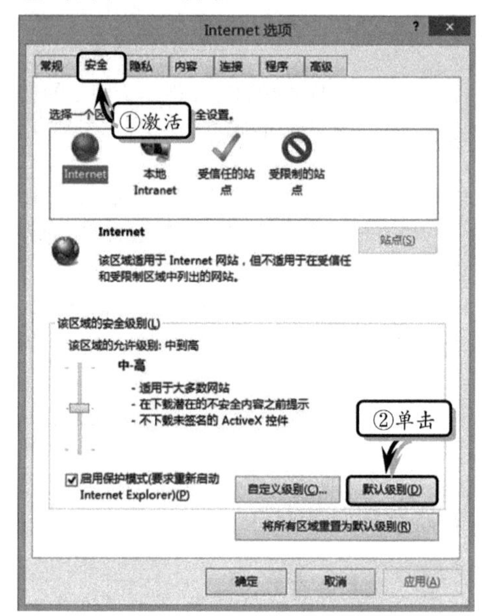

图 11-26 设置默认级别

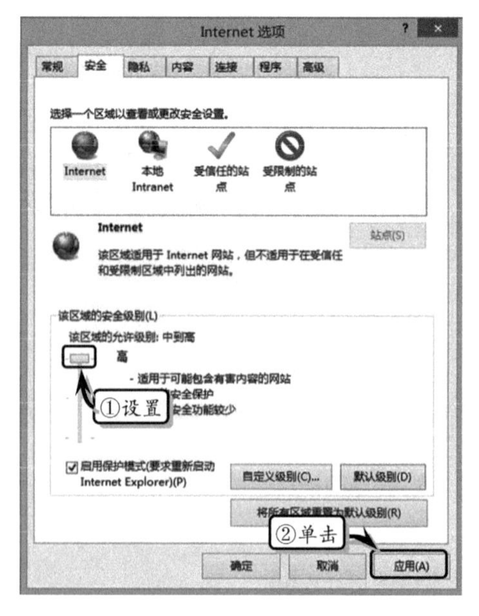

图 11-27 自定义安全级别

第 12 章 计算机网络管理

随着计算机网络技术的发展、网络规模和复杂性的增加，用户对网络的性能提出了更高的要求，网络管理也被更多的人重视。由于计算机网络管理对网络的运行状态进行检测和控制，使其能够有效、安全、可靠地为用户提供服务；因为网络管理的质量与网络的性能息息相关。

本章将从网络管理基础、网络管理协议、网络管理软件等几个方面来介绍，以帮助大家了解和学习计算机网络管理。

本章学习目的：

- 网络管理概述
- 网络管理的功能
- 网络管理的系统和标准
- 网络管理协议
- 网络管理软件
- 网络故障分析
- 网络硬件故障
- 网络软件故障

12.1 网络管理基础

网络管理技术是伴随着计算机网络和通信技术的发展而发展的，二者相辅相成，缺一不可。它是基于网络操作系统的一种应用平台，其目的是保证网络高效、正常的运行。

12.1.1 网络管理概述

随着计算机网络的不断发展，人们对其要求也在不断提高，已经不能满足于仅对网络设备，如交换机、路由器、服务器等的管理，也开始对上网行为及资产进行管理；及对网络运行状态进行监测和控制管理，以保证网络能够可靠的运行。

在 20 世纪 80 年代因特网发展初期，人们就意识到，由于网络管理系统来自各个厂商独自开发使用的专用系统，很难对其他厂商的网络系统、通信设备和软件等进行管理，这种状况不能适用网络互联发展的趋势。因此，提出了对网络管理技术的研究。

在 1987 年年底，管理因特网策略和方向的核心管理机构因特网体系机构委员会（IAB）开始研究致力于适合 TCP/IP 网络的网络管理方案。并在随后的时间里先后推出了 SNMP（Simple Network Management Protocol，简单网络管理协议）和 CMOT（CMIP/CMIS Over TCP/IP）。由于 CMOT 比起 SNMP 其复杂和实现代价太高而遇到困难，相反简单的 SNMP 得到了广泛的应用和支持，目前 SNMP 已经成为网络管理领域中的工业标准。大多数网络管理系统和平台都是基于 SNMP 的。

提 示

CMOT（CMIP Over TCP/IP）通用管理信息协议（Common Management Information Protocol，CMIP）是与通用管理信息服务（Common Management Information Service，CMIS）同时使用的一种用于监控不同网络的 ISO 协议。CMIS 定义了一个网络管理信息服务系统。CMIP 的提出目标是代替简单网络管理协议（Simple Network Management Protocol，SNMP），但还没有被广泛采纳。CMIP 支持改进的网络安全性以及异常网络条件下的更佳的报告。

根据实际应用，网络管理应能够保证网络的正常运行、在网络出现故障时能及时做出处理和报告，始终保持网络系统的高效运行。

12.1.2 网络管理的功能

随着网络业务和应用的丰富，计算机网络管理变得至关重要。在计算机网络的质量体系中，网络管理是一个关键环节，网络管理的质量将直接影响网络运行的效率。一般来说，网络管理就是通过某种方式对网络进行管理，以使网络能正常高效地运行。

网络管理如此重要，其功能也有详细的划分。国际标准化组织（ISO）在 ISO/IEC 7498-4 文档型中，将网络管理详细划分为配置管理（Configuration Management）、性能管理（Performance Management）、故障管理（Fault Management）、安全管理（Safety Management）、记账管理（Accounting Management）五大功能。下面对其功能分别进行讲解。

1. 配置管理（Configuration Management）

它是指从网络中获取信息并根据这些信息来对设备进行配置管理，它是网络管理最基本的功能。

在一个计算机网络中所用到的网络互联设备通常来自不同的厂商，而各个厂商设备之间需要进行设备的参数、状态信息等内容的相互交换工作；同时网络是不断发展变化的，如网络系统要随着用户数量、设备更新来调整网络的配置。因此，需要有网络配置管理功能来支持这种调整和改变，保证网络系统的正常运行。它具有以下功能。

❑ 更改系统设置。

- 获取系统重要变化信息。
- 获取系统状态信息。
- 初始化或关闭管理对象。

2．性能管理（Performance Management）

它是指通过分析和控制整个网络的数据交换，保证网络能够提供持续可靠的服务，使网络达到最好的运营效率。

性能管理评测系统资源的运行状况和通信效率等系统性能，并收集分析当前状况的网络信息，维护和分析系统性能日志。它还具有以下功能。

- 收集和统计网络信息。
- 网络流量统计。
- 监测设备运行状态。
- 设备及其 CPU 利用率。

3．故障管理（Fault Management）

它是指通过检测、隔离、修复网络故障等方法，使网络恢复正常运行状态。

与单个计算机不同，在计算机网络中，当某个组成部分发生故障时，往往不能及时准确地确定故障发生的位置。因此，需要一个具备故障管理功能的工具，来科学地管理网络出现的所有故障，并记录故障产生位置及其相关信息，以达到快速准确地解决网络故障以保证网络提供连续可靠服务的目的。故障管理一般具有以下功能。

- 维护并检查错误日志。
- 接收错误检测报告并做出响应。
- 跟踪、辨认故障。
- 诊断测试。
- 纠正错误。

4．安全管理（Safety Management）

它是指通过采用信息安全措施以保证计算机网络系统资源不被非法使用、防止未经授权的访问和保护网络资源的完整性。一般来讲，安全管理具有以下功能风险分析、访问权限控制、安全服务、警告、日志和报告等。

5．记账管理（Accounting Management）

它是指在计算机网络系统资源为有偿使用的情况下，对用户使用网络信息资源的情况进行记录和统计，以控制和监测网络操作的费用和代价。

值得注意的是，即使是在非商业化用途的计算机网络中，仍需要记账管理来对网络资源的利用率及与其相关信息进行统计，以便于管理员实时掌握网络的运行状态。通常，记账管理一般具有以下五项功能。

- 记录和统计网络资源利用率。
- 设置计费标准。
- 联机收集计费数据。

- ❑ 计算用户应支付的费用。
- ❑ 账单管理。

12.1.3 网络管理系统

通过前面对网络管理功能的学习，读者会提出网络管理最终目标是如何实现的疑问。其实，它们就是通过本节要讲的网络管理系统来实现的。

网络管理系统（Network Management System）是一种通过结合软件和硬件用来对网络状态进行调整的系统，以保障网络系统能够正常、高效运行，使网络系统中的资源得到更好的利用，是在网络管理平台的基础上实现各种网络管理功能的集合。通常网络管理系统由以下几部分组成。

1．网络管理器

网络管理器（Network Manager）是指能够实现网络管理方法的设备或管理进程，如工作站、计算机等。它一般位于网络管理系统的主干或接近主干的位置，负责发出管理操作的命令，并接收来自被管代理所传递的信息。它可以用来显示所有被管理设备的运行状态完成对网络的维护、优化和故障监测等任务。

2．被管代理

被管代理（Managed Agents）是指含有代理进程的网路管理对象，主要是指网络上的结点设备，如网关、路由器、传输设备、服务器、打印机等。代理进程把来自网络管理器的命令或信息请求转化为自身所能接收的特有指令，并完成相应的操作，或返回设备的相关信息。另外，被管代理也可以主动地将自身系统中发生的事件信息主动地报告给网络管理器。

3．网络管理协议

网络管理协议（Network Management Protocol）定义了网络管理器与被管代理间的通信方法，规定了管理信息库德存储结构、信息库中关键字的含义以及各种事件的处理方法，是网络管理系统中最重要的部分。

目前，简单网络管理协议（SNMP）和通用管理信息协议（CMIP）是最有影响的网络管理协议。其中，SNMP 流传最广，应用最多，获得支持也最多，是事实上的工业标准。

4．管理信息库

管理信息库（Management Information Base，MIB）由通过网络管理协议进行访问的许多被管理对象及其属性所组成，相当于一个虚拟数据库，它可以提供被管理网络的部分信息，是网络管理系统中的重要组件。

网络管理系统可以由网络管理基本模型来形象的表示，如图 12-1 所示。

通过网络管理系统提供的管理功能和管理工具，网络管理员能够比较轻松地完成日常的各种网络管理任务。

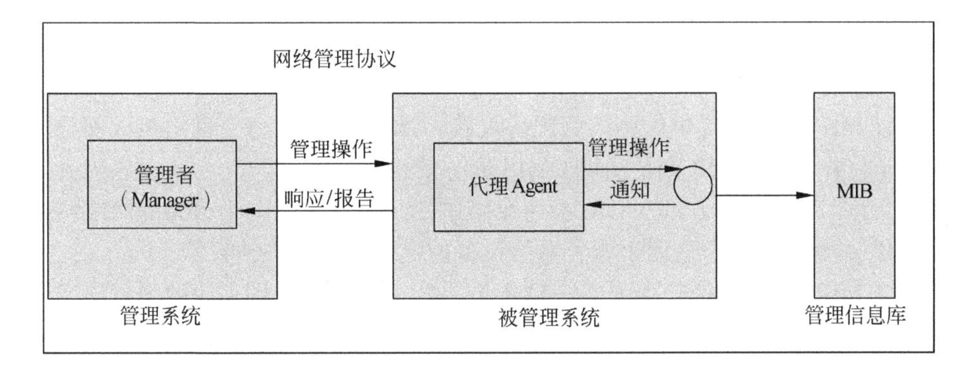

图 12-1 网络管理基本模型

虽然网络管理系统是用来管理网络、保障网络正常运行的手段，但在实际应用中，并不能完全依赖于现成的网管产品，因为网络系统复杂多变，现成的产品往往难以解决所有问题。要想使网管产品更加适合于管理，应该在现有的网络管理平台上进行二次开发，使其更加完善。

12.1.4 网络管理标准

为了能够支持各种网络互联便于管理，网络管理应遵从国际性组织，如国际标准化组织（ISO）、国际电话与电报顾问委员会（CCITT）等制定的系列标准。

在 20 世纪 80 年代末期，ISO 开始制定关于网络管理的国际标准。ISO 首先在 1989 年颁布 ISO DIS 7498-4（X.700）文件，定义了网络管理的基本概念和总体框架。

随后，在 1991 年发布了 ISO 9595（X.710）和 ISO 9596（X.720）两个文件，规定了网络管理提供的服务和网络管理协议。其中，ISO 9595 文件定义了公共管理信息服务 CMIS（Common Management Information Service），ISO 9596 定义了公共管理信息协议规范 CMIP（Common Management Information Protocol）。

接着，在 1992 年公布的 ISO 10164 文件中规定了系统管理功能 SMF（System Management Functions），在 ISO 10165 文件中定义了管理信息结构 SMI（Structure of Management Information）。正是这些文件共同组成了 ISO 的网络管理标准。

CMIP/CMIS 是 ISO 和 ITU-T 的两个重要标准，在 ITU-T 标准中的 CMIS 是 ITU-T X.710，而 CMIP 是 ITU-T X.711。CMIP 为两个对等开放系统之间提供了按请求/应答的方式交换管理信息。

12.2 网络管理协议

在计算机网络中，协议是通信双方彼此需遵循的规则及约定。同样网络管理协议对网络管理系统中各个组成部分的通信方法有着重要的作用。

12.2.1 网络管理协议概述

在第 4 章中已经提到网络管理协议是网络管理系统中最重要的部分。国际标准化组织（ISO）及其他一些组织为了解决 Internet 管理解决方案，制定了一系列基于网络协议的网络管理标准。

CMIS/CMIP 是 OSI 提供的网络管理协议簇。CMIS 定义了每个网络组成部分所提供的网络管理服务，而 CMIP 则是实现 CMIS 服务的协议。

ISO 的宗旨是为所有设备在 OSI 参考模型中的每一层提供一个公共的网络结构，而 CMIS/CMIP 正是这样一个适用于所有网络设备的完整网络管理协议簇。

CMIS/CMIP 的整体结构是建立在 OSI 网络参考模型的基础上，网络管理应用进程使用 OSI 参考模型中的第七层，即应用层。在此，公共管理信息服务单元（CMISE）提供了应用程序使用 CMIP 协议的接口。同时该层还包括了两个应用协议，联系控制服务元素（ACSE）和远程操作服务元素（ROSE）。其中，ACSE 的作用是在应用程序之间建立和关闭连接，而 ROSE 则处理应用程序间的请求/响应交互。

SNMP（Simple Network Management Protocol，简单网络管理协议）的前身是简单网管控制协议（SGMP）。在本章中将对此协议做详细的讲解。

CMOT 是指在 TCP/IP 协议上实现 CMIS 服务，它是一种过渡性的解决方案，CMOT 依赖于 CMISE、ACSE 和 ROSE 协议，这点和 CMIS/CMIP 是一样的。但是，CMOT 并没有在 OSI 参考模型中的表示层实现，而是在表示层中使用另外一个协议，轻量表示协议（LPP），该协议提供了传输层的两种协议接口，即 TCP 和 UDP 的接口。

因为 CMOT 仅仅是一个过渡性的方案，导致没有人会把注意力集中在一个短期方案上。而同时，许多重要厂商都加入了 SNMP 的潮流并在其中投入了大量资源。事实上，虽然存在 CMOT 的定义，但该协议已经很长时间没有再发展。

12.2.2 简单网络管理协议

SNMP 是在简单网关监控协议中加入符合 Internet 定义的 SMI 和 MBI 体系结构后形成的。它的目标是管理 Internet 上来自不同生产设备厂家的软硬件平台，其基本功能包括网络性能监控、网络差错检测分析和网络配置。

1. 介绍 SNMP 协议

SNMP 经历了两个重要的发展阶段，第一阶段的 SNMP 协议版本为 SNMPv1，由 RFC1155 文件（RFC（Request For Comments）是一系列以编号排定的文件）定义。它提供了基于 TCP/IP 的 Internet 的信息结构与标示（SMI）功能，在 20 世纪 90 年代初期得到了迅速发展，但同时却暴露出难以实现大量数据传输、缺少身份验证和加密机制的不足。

因此，随后 SNMPv2 发布了。在 SNMPv1 的基础上，SNMPv2 既可以支持集中式网络管理，又可以支持分布式网络管理。具体地讲，SNMPv2 具有以下几方面的优秀表现。

- 可以实现大量数据的同时传输，提高了工作效率。
- 管理信息结构的扩充。
- 扩展了数据类型。
- 管理站和管理站之间的通信能力增强。
- 采用新的协议操作。
- 增强了故障处理能力。

虽然，SMNPv2 具有以上优点，但是其安全性没有得到提高，它继续使用 SNMPv1 的基于团体名的明文密钥的身份验证方式。

这种安全性未达到商业级别的安全要求，由于 SNMPv2 存在不足之处，目前已经发布了新版本 SNMPv3。与之前版本相比，SNMPv3 包含 SNMPv1、SNMPv2 所有功能在内的体系框架和包含验证、加密服务在内的全新安全机制，同时还规定了一套专门的网络安全和访问控制规则。具有较好的适应性、可扩充性及安全性方面的特点，并且 SNMPv3 主要由信息处理和控制模块、本地处理模块、用户安全模块 3 个模块组成。

- **信息处理和控制模块（Message Processing And Control Model）** 由 RFC 2272 文件定义，它主要负责信息的产生和分析，并判断信息在传输过程中是否经过代理服务器。
- **本地处理模块（Local Processing Model）** 其功能主要是进行访问控制、处理打包的数据和中断操作。
- **用户安全模块（User Security Model）** 主要负责提供身份验证和数据保密服务。

与 SNMPv1、SNMPv2 相比，SNMPv3 增加身份验证、加密和访问控制 3 种新的安全机制。

身份验证是指代理在接收到信息时，首先确认信息是否来自有权的代理，并且信息在传输过程中未被改变。这就要求管理站和代理必须共享使用同一密钥。管理站使用密钥计算验证码，然后将其加入到信息中。而代理则使用同一密钥从接收的信息中提取出验证码，从而得到信息。加密的过程与身份验证的方法类似，也需要管理站和代理共享同一密钥来实现信息的加密和解密。

2. SNMP 协议的组成

SNMP 不是单一的一个协议，它由 MIB 和管理信息的结构与标示（SMI）组成。

MIB 由系统内许多被管理的对象及其属性组成。它可以看成一个虚拟数据库，用来提供有关被管理对象的信息，这些信息由管理进程和各个代理进程共享。

目前流行的 MIB 有两种，即 MIB-1 和 MIB-2。两者结构不同，MIB-1 为早期版本，表中包含 114 个对象，分为两个功能组，支持 MIB-1 的被管理设备必须支持所有的适用于该设备的组。如，被管理的打印机不能执行处理外部网关协议的项，与外部网关协议（EGP）相关的项用于路由器或其他设备。打印机则需指明它可处理的项。

MIB-2 是 MIB-1 的扩展，它包含系统组（System group）、接口组（Interfaces group）、地址转换组（Address translation group）、IP 组（IP Group）、ICMP 组（ICMP Group）、TCP 组（TCP Group）、UDP 组（UDP Group）、EGP 组（EGP Group）、传输组（Transmission group）和 SNMP 组（SNMP Group）11 个功能组，共 171 个对象。

MIB-2 的对象标示符是某一个特定对象类型的唯一标示符。其值由整数序列组成，从对象标示符的根结点开始，每一个对象标示符的值在树上形成一个弧，MIB-2 结点下包含 9 个功能组，如图 12-2 所示。与 MIB-1 相似，支持 MIB-2 的设备必须执行所有适合于该类型的组，用户将会发现许多设备仅支持 MIB-1 而不支持 MIB-2。

SMI（Structure of Management Information）为定义和构造 MIB 提供了一个通用的框架，同时也规定了可以在 MIB 中使用的数据类型，以说明资源在 MIB 中被怎样表示和命名。SMI 的基本指导思想是追求 MIB 的简单性和可扩充性。因此，MIB 只能存储简单的数据类型：标量和标量的二维矩阵。SNMP只能提取标量，包括表中的单独的条目。

SMI 避开复杂的数据类型是为了降低实现的难度和提高互操作性。但在 MIB 中不可避免地包含厂家建立的数据类型，如果对这样的数据类型的定义没有严格的限制，互操作性也会受到影响。因此 SMI 提供以下标准。

- 提供一个标准的技术以定义 MIB 的具体结构。
- 提供一个标准的技术定义各个对象，包括句法和对象值。
- 提供一个标准的技术对对象值进行编码。

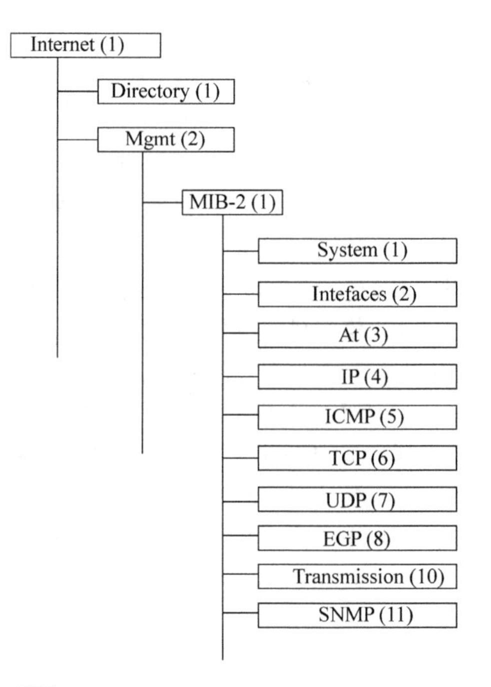

图 12-2 **MIB-2** 对象组

3. SNMP 协议体系结构

SNMP 协议是 OSI 参考模型中的应用层协议，是 TCP/IP 协议簇的一部分。它通过利用传输层的数据报协议（UDP）来完成操作。SNMP 选择 UDP 协议而不是 TCP 协议，是因为 UDP 传输效率高，可以达到使网络管理不会太多而增加网络负载的目的。但又由于 UDP 具有不可靠性，导致 SNMP 报文容易丢失。因此，SNMP 实现是将每个管理信息装配成单独的数据报独立地发送出去，而且报文较短，一般限制 484 个字节以内。SNMP 的协议体系结构如图 12-3 所示。

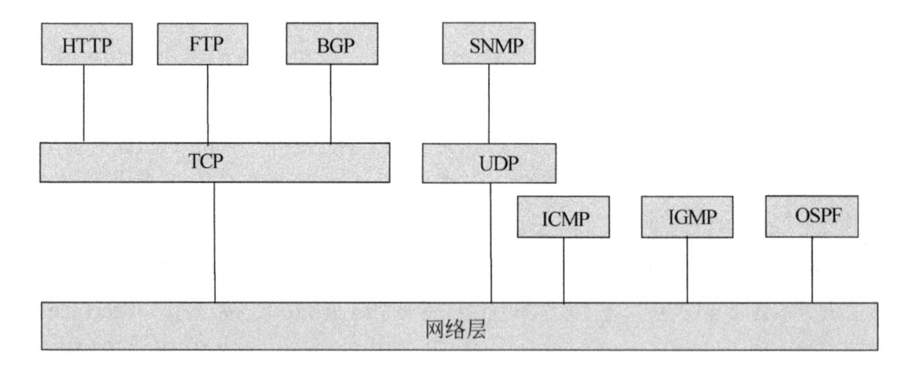

图 12-3 **SNMP** 协议体系结构

提 示

HTTP 表示超文本传输协议（HyperText Transfer Protocol）；
FTP 表示文件传输协议（File Transfer Protocol）；
BGP 表示边界网关协议（Border Gateway Protocol）；
ICMP 表示因特网控制报文协议（Internet Control Message Protocol）；
IGMP 表示因特网组管理协议（Internet Group Management Protocol）；
OSPF 表示开放最短路径优先协议（Open Shortest Path First）。

SNMP 要求所有的代理设备和管理站都必须实现 TCP/IP 协议，对于不支持 TCP/IP 的设备不能直接使用 SNMP 进行管理。为此，提出了代管的概念即一个 SNMP 的代理者可以管理若干台不支持 TCP/IP 协议的设备，并代表这些设备接收管理站的查询。实际上代理者起到了协议转换的作用。即管理站向代理者发出对某个设备的查询，代理者将查询转变为该设备使用的管理协议。当代理者收到对一个查询的应答时，将这个应答转发给管理站。

4．SNMP 的协议数据单元

SNMP 仅仅支持对管理对象值的检索和修改等简单操作。具体地说，SNMP 实体可以对 MIB-2 中的对象执行以下操作。

- Get，即管理站用于读取代理者处对象的值。
- Set，即管理站用于设置代理者处对象的值。
- Trap，即代理者用于向管理站报告管理对象的状态变化。

SNMP 不支持管理站改变管理信息库的结构，既不能增加和删除管理信息库中的管理对象实例。

在 SNMP 管理中，管理站和代理之间交换的管理信息构成了 SNMP 报文。它由版本号、团体名和协议数据单元（PDU）三部分组成，如图 12-4 所示。

版本号	团体名	协议数据单元（PDU）

GetRequestPDU、GetNextRequestPDU、SetRequest

PDU类型	请求标示	0	0	变量绑定表

GetResponsePDU

PDU类型	请求标示	错误状态	错误索引	变量绑定表

TrapPDU

PDU类型	制造商ID	代理地址	一般陷入	特殊陷入	时间戳	变量绑定表

变量绑定表

名字1	值1	名字2	值2	…	名字N	值N

图 12-4 SNMP 报文格式

其中，版本号代表 SNMP 的版本，它的字段值为版本号减 1，即对于 SNMPv1 字段值为 0、对于 SNMPv2 字段值为 1。团体名由一个字符串构成，用于进行身份验证；PDU 用来在管理进程和代理之间的交换，共有 Get-Request、Get-Next-Request、Set-Request、Get-Response 和 Trap 5 种类型的 PDU。从图中看到，还有请求标示、错误状态、错误索引和变量绑定表 4 个字段。下面将对这 4 个字段分别讲解。

- **请求标示（Request ID）** 设定每个请求报文具有唯一性的整数，用于区分不同的请求和检测不可靠传输服务产生的重复性报文。
- **错误状态（Error Status）** 表示代理在处理管理站的请求时可能出现的各种错误。其错误类型与差错状态的对应关系如图 12-5 所示。
- **错误索引（Error Index）** 是指在错误状态非零时指向出错的变量。
- **变量绑定表（Variable binding）** 是指变量名和对应值的表，说明要检索或设置的所有变量及其值。

在 SNMPv2 中，报文的结构为版本号、团体名和数据传送的 PDU 格式与 SNMPv1 相同。不同的是 SNMPv2 有 6 种协议数据单元，分为 3 种 PDU 格式，如图 12-6 所示。

差错状态	类型	解释说明
0	Noerror	正常
1	Toobig	代理无法将回答装入到一个SNMP报文中
2	Nosuchname	操作指向了一个不存在的变量
3	Badvalue	一个 Set 操作指向了一个无效值或无效语法
4	Readonly	管理进程试图修改一个只读变量
5	Generror	其他差错

图 12-5 差错状态描述

PDU类型	请求标识	0	0	变量绑定表	
PDU类型	请求标识	错误状态	错误索引	变量绑定表	
PDU类型	请求标识	非重复数N	最大后继数M	变量绑定表	
变量名1	值1	…	…	变量名N	值N

图 12-6 SNMPv2 PDU 格式

5. SNMP 报文的发送和接收

SNMP 报文发送传输时，首先要封装成 UDP 数据报，然后将 UDP 数据报封装成 IP 数据报，最后再传输。它的封装格式如图 12-7 所示。

一般情况下，一个 SNMP 协议实体发送报文时需要经过以下几个步骤。

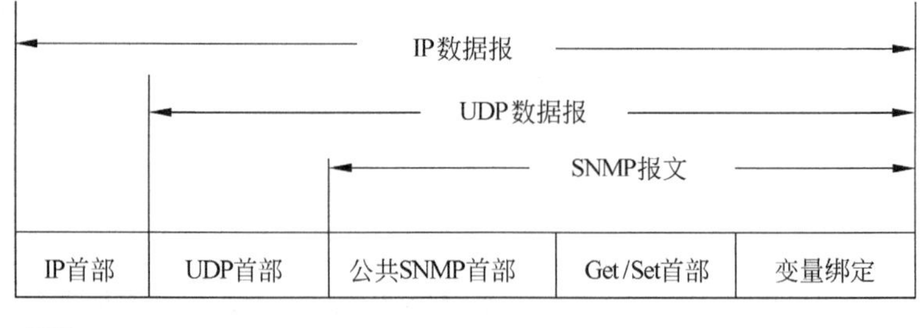

图 12-7 SNMP 报文的封装格式

- 构成 PDU。
- 将构成的 PDU、源和目的地址以及一个共同体名传送给认证服务检验。
- 检验并通过认证。
- 构成 SNMP 报文（ASN.1）。
- 用基本编码规则（BER）对这个新的 ASN.1 的对象进行编码。
- 发送。

提 示

ASN.1 是 ISO/ITU-T 规定的标准之一，它描述了一种对数据进行表示、编码、传输和解码的数据格式。它提供了一整套正规的格式用于描述对象的结构，而不管语言上如何执行及这些数据的具体指代，也不用去管到底是什么样的应用程序。

SNMP 协议实体在接收到报文时，首先要按照 BER 编码恢复 ASN.1 报文，然后经过以下步骤。

- 分析 ASN.1 报文，如果存在错误，则丢弃。
- 验证版本号，若存在错误则丢弃。
- SNMP 协议实体将用户名、消息的 PDU 部分以及源和目的传输地址发送给认证服务。若认证失败，则认证服务通知 SNMP 实体，并由它产生一个 trap 并丢弃这个消息。
- 协议实体检查 PDU 的基本语法，如果非法，则丢弃该 PDU。
- 利用共同体名来选择对应的 SNMP 访问策略，对 PDU 进行相应的处理。其接收和处理过程如图 12-8 所示。

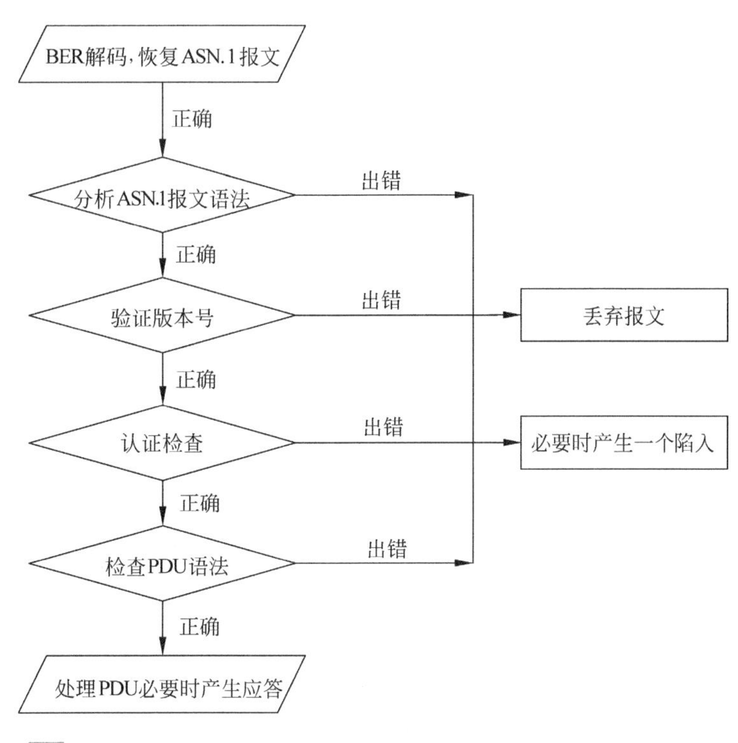

图 12-8　接收和处理 SNMP 报文

12.3　网络管理软件

网络管理软件并没有太标准的分类方法，人们通常所认识的网络管理软件包括故障管理、性能管理、安全管理、配置管理和计费管理 5 种，而如果按照被管理的层次可以分为网元管理、网络层管理及业务管理 3 个层面，五大功能则可能贯穿在不同层次之中，网络设备厂商随设备给用户的主要是网元管理软件，完成设备级管理。即使是第三方软件——厂商提供的网络层管理软件——也是分为点产品和平台软件，点产品侧重于某种功能，而平台软件则能够涵盖所有主要的功能。

12.3.1　网络管理软件概述

网络管理软件相对来说比较智能，是真正将网络和管理进行有机结合的软件系统，具有“自动配置”和“自动调整”功能。而且通常是采用基于 B/S（浏览器/服务器）架构，一方面可实现远程管理，另一方面实现起来非常容易，只要有浏览器即可。对网管人员来说，只要把用户情况、设备情况，以及用户与网络资源之间的分配关系输入网管系统，系统就能自动地建立图形化的人员与网络的配置关系，并自动鉴别用户身份，分配用户所需的资源（如电子邮件、Web、文档服务等）。

总的来说，运用好网管软件，可以减少企业经营成本，保障利益最大化。对网管员来说，可以大大减轻日常的重复性劳动和工作压力，提高工作效率，将更多的精力用在网络的战略性目标上。

近几年，随着网络规模的逐步扩大、应用的逐渐复杂，各个企事业单位、政府机构都面临着网络的管理难、控制难、维护难等问题。今天，许多企业依赖于 ERP/CRM 等电子信息系统，如政府的电子政务，更不用说金融、银行、保险业对网络的依赖性。如果企业的网络失效或运行状态不佳，数据流就会受到阻塞，关键数据就不能得到有效共享，导致运营效率下降，从而影响企业的生产效率，会给企业经营带来巨大的损失。

与此同时，如何保障网络的畅通无误，如何及早发现并排除潜在的故障隐患，有效地管理好网络，保障网络的安全稳定运行，成为 IT 管理人员甚至是企业领导层都必须面对的问题，许多网络经营管理机构或单位不得不付出极大的人力、物力对网络进行管理。然而，一个普遍的现象是众多单位采用人工分散的管理方式，发现一个问题解决一个问题，许多统计工作都用手工进行，这些传统方式不仅浪费大量的人力物力，而且远不能适应网络应用的需要。现在大多数网络管理人员同时受到网络规模越来越大、复杂度越来越高的网络管理压力，同时还受到企业管理高层要求降低成本和提高效率的压力。一句话，“以最少的资源创造最多的利润。”要想在最少 IT 资源的基础上对网络进行有效维护，以保持其最优的性能和可靠性，网络管理人员必须选择有效的管理工具来最大程度地发挥网络的价值和提高效率。因此，企业的网络管理人员面对的压力越来越大。

一般在网络管理中，会遇到很多问题，如用户私自更改 IP 地址，导致其他人无法上网；网络突然不通，无法判断故障点；网络速度异常慢，不知道瓶颈在哪；用户计算机误操作，意外删除数据；有人通过拨号上网，绕过公司防火墙等。这些问题经常困扰着网管员，在不同网络中会有不同的影响，最严重会对网络、对企业运营产生重大影响。

因此，企业经营和网管员都迫切需要功能完善、安全可靠、使用方便、灵活的方法来保证网络的最大可用性，网络管理软件就是解决最佳办法。使用网管软件可以实现先进的网络管理功能，加强网络管理的能力，监控管理网络，实时查看全网的状态，检测网络性能可能出现的瓶颈，并进行自动处理或告警显示，以保证网络高效、可靠地运转，提高网络的使用效率。

12.3.2 网络管理软件的技术

从技术标准来说，目前基于 IETF 的 SNMP 已经是实际上的普遍网络管理软件的标准，以其简单实用、易于理解，得到了广泛的应用。另外，还有 ITU-T 的基于电信网的 TMN 标准、基于 ISO CMIP 的标准和基于 Web/CORBA 标准的综合网管系统等。

传统的系统管理员关心的诸多问题，如安装配置、备份恢复、资源共享、系统安全和性能优化等，都是当今网络管理的重要方面。综合网络管理系统是今后网络管理软件的发展趋势，实现资源共享、信息互换、简化管理操作等。不仅如此，网络的复杂性使得被管理的对象在系统中不是集中的，而是分散的。因此，也要求提供分布式的管理，在网络的协议层次结构上对网络管理软件也有了新的要求，即从物理层、链路层、网络层、传输层和应用层的角度考虑。这诸多方面，加上面向应用（或业务）的管理能力，是今后网络管理软件的主攻方向。

从网管软件管理功能要求来说，目前网络管理软件技术有以下几个方面。

1．开放性

随着用户对不同设备进行统一网络管理的需求日益迫切，各厂商也在考虑采用更加开放的方式实现设备对网管的支持。

2．综合性

通过一个控制和操作台就可提供对各个子网的透视、对所管业务的了解及提供对故障定位和故障排除的支持，也就是通过一个操作台实现对互联的多个网络的管理。

3．智能化

现代通信网络的迅速发展，使网络的维护和操作越来越复杂，对操作用户提出了更高的要求。但人工维护和诊断往往费时费力，而且对于间歇性故障无法及时检错排除。

故障诊断和网络自动维护是人工智能应用最早的网络管理领域，可用于解释网络运行的差错信息、诊断故障和提供处理建议，而不只是给出故障的原始数据。性能专家系统将能够分析运行参数和数据，在用户发现网络故障之前预测和排除故障。

让网络自行发现运行中的问题，自动排除一些网络故障，即将人工智能引入网络管理技术，是网管软件一个新的研究方向。这种系统能对各种网络故障进行判断，并具有自学习能力。

4．安全性

对于网络来说，安全性是网络的生命保障。除软件本身的安全机制外，由于目前网管软件多是采用 SNMP，普遍使用的是 SNMPvl/v2，其在安全性方面还是比较薄弱的。

5．基于 Web 的管理

当前主流的网络管理软件都提供融合 Web 技术的管理平台。基于 Web 的网管（WBM）模式的实现有两种方式：第一种是代理方式；第二种是嵌入式。为了降低网络管理的复杂性，减少网络管理的成本，有两个 Web 标准目前正在考虑之中，它们对应于上述两种实现方式，即代理式的基于 Web 的企业管理标准和内嵌式的 Java 管理应用程序接口标准。

另外，网络新技术如无线产品、QoS、SLA 等服务方面也是网络管理软件的发展方向。

12.4 网络故障分析与排除

在网络管理中，其网络维护也是非常重要的工作之一。在网络中，经常会遇到硬件或软件方面的故障，这些故障往往给网络中用户的工作带来极大的不便。那么，如何快速而正确地分析故障并排除故障对于网络的管理尤其重要。

12.4.1 网络故障分析

当网络出现故障时，要迅速地诊断故障并排除故障，就需要有一个明确的步骤和策略，也就是应该及时重现故障并全面地收集发生的故障信息，然后对故障现象进行分析，根据分析得出的结果进行定位故障范围然后隔离故障。最后，根据具体情况排除故障。

首先，收集故障信息是故障分析的第一步。当网络出现故障后，获取故障信息的最好办法就是重现故障。重现故障就是对网络中出现的故障现象重新演示一次以获取故障的初步信息。

为了能可靠地重现一个故障，首先应该仔细询问用户在故障之前对计算机进行了什么操作，然后严格按照该操作步骤进行重现故障。否则，如果用不同于用户的操作方式进行重现故障，也许不能发现用户所描述的故障现象，也就容易错过排除故障的重要线索。在重现故障时，还要注意故障是偶然重现，还是每次操作都重现以及重现故障的环境。

在收集了足够的故障信息后，就可以对故障现象进行分析了。能够引起网络故障的因素有很多种，但总的来说可以将它们分为网络硬件故障和网络软件故障两大类，而网络硬件故障又分为物理故障和逻辑故障两种类型。

1．网络硬件故障——物理故障

硬件故障的性质把网络故障分为物理故障与逻辑故障。其中，物理故障指的是设备或线路损坏、插头松动、线路受到严重电磁干扰等情况。比如说，网络管理人员发现网络某条线路突然中断，首先用 ping 或 fping 检查线路在网管中心这边是否连通。

ping 的格式：

```
ping  www.cisco.com
```

或者：

```
ping 192.168.0.1
```

其中，192.168.0.1 是 IP 地址，可以是主机的 IP 也可以是网络中另一台计算机的 IP。Ping 命令一般一次只能检测到一端到另一端的连通性，而不能一次检测一端到多端的连通性，但 fping 一次就可以 ping 多个 IP 地址，比如 C 类的整个网段地址等。

提　示

网络管理员经常发现有用户依次扫描本网的大量 IP 地址，不一定就是有黑客攻击，fping 也可以做到。如果连续几次 ping 都出现“Request time out”信息，表明网络不通。这时去检查端口插头是否松动，或者网络插头误接，这种情况经常是在没有搞清楚网络插头规范或者没有弄清网络拓扑规划的情况下导致的。

另一种情况，比如两个路由器 Router 直接连接，这时应该让一台路由器的出口连接另一台路由器的入口，而这台路由器的入口连接另一路由器的出口才行。

当然，集线器（HUB）、交换机、多路复用器也必须连接正确，否则也会导致网络中断。还有一些网络连接故障显得很隐蔽，要诊断这种故障没有什么特别好的工具，只有依靠经验丰富的网络管理人员。

2. 网络硬件故障——逻辑故障

逻辑故障中最常见的情况就是配置错误，是指因为网络设备的配置原因而导致的网络异常或故障。配置错误可能是路由器端口参数设定有误，或路由器路由配置错误以至于路由循环或找不到远端地址，或者是路由掩码设置错误等。

例如，同样是网络中的线路故障，该线路没有流量，但又可以 ping 通线路的两端端口，这时就很有可能是路由配置错误了。

当遇到路由配置错误等情况时，通常用“路由跟踪程序”（如 traceroute）把端到端的线路按线路所经过的路由器分成多段，然后以每段返回响应与延迟。traceroute 和 ping 类似，最大的区别在于 traceroute 是如果发现在 traceroute 的结果中某一段之后，两个 IP 地址循环出现。

一般情况是线路远端把端口路由又指向了线路的近端，导致 IP 包在该线路上来回反复传递。而 traceroute 程序可以检测到哪个路由器之前都能正常响应，到哪个路由器就不能正常响应。这时只需更改远端路由器端口配置，就能恢复线路正常了。

逻辑故障的另一类就是一些重要进程或端口关闭，以及系统的负载过高。比如也是线路中断，没有流量，用 ping 发现线路端口不通，检查发现该端口处于 down 的状态，这就说明该端口已经关闭，因此导致故障。这时只需重新启动该端口，就可以恢复线路的连通。

还有一种常见情况是路由器的负载过高，表现为路由器 CPU 温度太高、CPU 利用率太高，以及内存剩余太少等，如果因此影响网络服务质量。而这时，用户需要更换路由器，并且换一个性能达到目前负载能力或者超越当前网络承载的设备。

3. 网络软件故障

软件引起的网络故障大致有以下 4 种情况。

- **设备驱动程序故障** 驱动程序与操作系统不兼容，驱动程序之间的资源相冲突，驱动程序没安装好等诸多原因，都可能导致网卡设置无法正常工作。
- **网络协议故障** 没有安装相关网络协议，或者多个网络协议之间的冲突，以及由于系统文件的缺失，导致网卡无法工作等。
- **网络服务故障** 没有安装相关的网络服务。
- **网络标识故障** 没有正确设置用户在网络中的网络标识。

12.4.2 网络硬件故障

在网络硬件故障中，根据故障的对象不同，可以将故障划分为：线路故障、路由器故障、主机故障和 ADSL 故障。

1. 线路故障

线路故障最常见的情况就是线路不通，诊断这种情况首先检查该线路上流量是否还存在，然后用 ping 检查线路远端的路由器端口能否响应，用 traceroute 检查路由器配置是否正确，找出问题逐个解决。

首先，要判断好问题出现在哪一段上。一个局域网，从外面的网络信息服务商到每台计算机，一般有以下网段：从网络信息服务商到路由器；从路由器到中心交换机；从中心交换机到二级交换机；各级交换机之间；最低交换机到墙上的信息插座之间；信息插座到网卡之间。

根据交换机的物理位置和 VLAN 的划分状况，逐级排除，看问题出现在哪一段。如果整个局域网与外界不通，那问题可能出现在与外界连接的路由器、中心交换机上；或者问题出现在网络信息服务商的机房；或者出现在网络信息服务商的机房到本单位的局域网的机房之间的线路上。

通过 ping 命令来测试局域网的机房里的路由器、交换机、防火墙等设备的 IP 地址，如果哪段不通就找出问题所在了。

如果本地机房的设备均正常，拿 ping 命令来测试网络信息服务商的机房的服务器。如果不通，那么说明问题就出现在网络信息服务商的机房里或者线路上，应该立即通知网络信息服务商，要求其尽快解决。

如果问题不是出现在中心机房，就出现在局域网的内部。那大多数情况属于：交换设备断电、交换设备端口损坏、墙上的信息插座损坏、网线不通。

如 RJ-45 水晶头与有关设备接触不良，或者脱落。这时候，用户可以更换一根网线，或者用“测线器”来检测线路是否连通。

另外，从表面看一切是正常了，就是网络不通。也有可能交换机的端口损坏，虽然它的指示灯是亮着，但端口无法使用。

2．路由器故障

事实上，线路故障中很多情况都涉及路由器，所以可以把一些线路故障归结为路由器故障。

检测这种故障，需要利用 MIB 变量浏览器，用它收集路由器的路由表、端口流量数据、计费数据、路由器 CPU 的温度、负载以及路由器的内存余量等数据，通常情况下网络管理系统有专门的管理进程不断地检测路由器的关键数据，并及时给出报警。

而路由器 CPU 利用率过高和路由器内存余量太小都将直接影响到网络服务的质量。解决这种故障，只有对路由器进行升级、扩大内存等，或者重新规划网络拓扑结构。

3．主机故障

主机故障常见的现象就是主机的配置不当。像主机配置的 IP 地址与其他主机冲突，或 IP 地址根本就不在子网范围内，由此导致主机无法连通。

主机的另一故障就是安全故障。比如，主机没有控制其上的 finger，RPC，rlogin 等多余服务。而攻击者可以通过这些多余进程的正常服务或 bug 攻击该主机，甚至得到 Administrator 的权限等。

还有不要轻易地共享本机硬盘，这将导致恶意攻击者非法利用该主机的资源。发现主机故障一般比较困难，特别是别人恶意的攻击。

一般可以通过监视主机的流量、或扫描主机端口和服务来防止可能的漏洞。

4．ADSL 故障

ADSL 是目前应用最广泛的 Internet 接入方式之一，它采用原有的普通电话线传输，并由 ISP（Internet 服务提供商）提供接入 ADSL 的设备，同时接入费用低廉，所以被广泛应用于各种类型的 Internet 接入。

然而，时常出现的 ADSL 故障却给用户带来了不小的麻烦，可能致 ADSL 故障的原因如下。

- **ADSL Modem 质量** 稳定性差，不能长期工作，且受环境温度影响大等。
- **ADSL 线路质量** 平行线使用的距离过长，距离局方过远，电磁干扰严重等。
- **ADSL 设备连接** 过滤器安装位置不当，连接了其他电话设备等。
- **计算机设置** 没有正确安装网卡，设置 ADSL 连接等。

另外，在通过 ADSL 设置连接 Internet 网络时，如果出现连接故障问题，就会出现一些代码提示信息。而通过这些代码提示，可以直接判断故障出现的位置或者原因。代码内容如下。

- **Error 617 The port or device is already disconnecting** 表示拨号网络的网络连接设备已经断开，而造成该故障的原因可能有：PPPoE 拨号软件没有完全和正确地安装；ISP 服务器故障；连接线或 ADSL Modem 的问题等。

  因此，用户可以先卸载拨号软件后，重新安装该软件。或者向 ISP 提供商咨询，并检查网线、ADSL Moem 使用情况等。
- **Error 619** 表示与 ISP 服务器不能建立连接，可能出现 ADSL ISP 服务器故障或者 ADSL 电话线故障。用户可以检查 ADSL 信号灯来判断是否能正确同步。
- **Error 650** 表示远程计算机没有响应，断开连接。可能出现 ADSL ISP 服务器故障或者网卡故障或非正常关机造成网络协议出错等。用户可以检查 Modem 信号灯能否正确同步，并重新安装网络组件等。
- **Error 645** 表示网卡没有正确响应。用户可以检查网卡接触是否良好，或者网络驱动程序是否安装有问题等。
- **Error 797** 表示 ADSL Modem 连接设备没有找到，其原因是 Modem 没有打开电源或者网卡和 Modem 的连接线问题。此时，可以检查电源、连接线，以及查看网络属性中相关协议是否安装。

12.4.3 网络软件故障

在平常所见的网络故障中，除了硬件引起的故障，大多数的网络故障是由于软件的设置不当所造成的。本节主要介绍由于软件故障而引起的网络故障的诊断及排除方法。

由于软件故障而引起网络故障的几种情况及其排除方法如下。

1. 协议配置引起的网络故障

协议作为计算机之间通信的“语言”，如果没有所需的协议、协议绑定不正确以及协议的具体设置不正确，都会引起网络故障。

例如，基于 TCP/IP 的网络无法正常连接。在一个基于 TCP/IP 的网络上无法查看或连接任何共享资源，但在验证其网卡及网络服务器设置时，发现都能够正常工作。这种情况产生的原因可能是在【TCP/IP 属性】对话框中将计算机的 IP 地址设置不正确，而导致的网络无法运行。

排除方法：

单击【开始】按钮，执行【控制面板】|【网络连接】|【本地连接】命令，在【本地连接】对话框中单击【属性】按钮，在弹出的对话框中双击【Internet 协议（TCP/IP）】选项，打开【Internet 协议（TCP/IP）属性】对话框，在该对话框中的【IP 地址】文本框中设置一个有效的 IP 地址就可以了。

2．服务的安装引起的网络故障

在计算机网络中，除了协议以外，往往需要安装一些重要的服务。例如，当需要在 Windows 系统中共享文件和打印机时，就需要安装 Microsoft 文件和打印共享，但如果安装不正确将会出现同一网络中的所有计算机桌面都有【网上邻居】图标，但打开该窗口后却没有任何显示。

排除方法：

单击【开始】按钮，执行【控制面板】|【网络连接】对话框，检查是否在该对话框添加过文件和打印机共享选项，如没添加，重新添加即可。

3．安装相应的用户时引起的网络故障

例如，用户无法登录的情况。这是因为在 Windows 系统中，如果是对等网中的用户，只要使用系统默认的 Microsoft 友好登录即可。但是如果用户需要登录 Windows NT 域，就需要安装 Microsoft 网络用户。

排除方法：

安装相应的用户即可。

4．网络标识的设置引起的网络故障

例如，用户之间无法相互访问的情况。这是因为在 Windows 对等网和带有 Windows NT 域的网络中，如果没有正确设置用户计算机在网络中的网络标识，将会导致用户之间不能够相互访问。

排除方法：

正确设置用户在计算机网络中的网络标识即可。

5．其他原因引起的网络故障

这些问题和用户的设置无关，但和用户的某些操作有关。例如，大量用户访问网络会造成网络拥挤甚至阻塞，用户使用某些密集型程序造成的网络阻塞等。这时就应该根据具体情况进行具体分析，然后排除这些故障。

总的来说，对于软件引起的故障，最简单的办法是重新安装有问题的软件，删除可能有问题的文件并且确保拥有全部所需的文件。

如果问题是单一用户的问题，通常最简单的方法是整个删除该用户，然后从头开始或是重复必要的步骤，使该用户重新获得原来有问题的应用。这与无目的地进行检查相比，逻辑有序地执行这些步骤可以更快速地找到故障原因，并及时进行排除。

12.5 练习：查看及管理局域网

局域网是互联网最基本的单元，网络是由一个个局域网构成的，实时掌握局域网运行情况及正确的管理，是网络正常运行的保障。在本练习中，将运用“局域网查看工具”软件，来简单介绍查看及管理局域网的操作方法和实用技巧。

1. 实验目的

- 查看计算机详细信息
- 查看局域网共享内容
- 远程关闭计算机

2. 实验步骤

1 在桌面双击【局域网查看工具 V1.68】图标，进入【局域网查看工具】主界面后，选择【活动端口】选项，并单击【刷新】按钮，如图 12-9 所示。

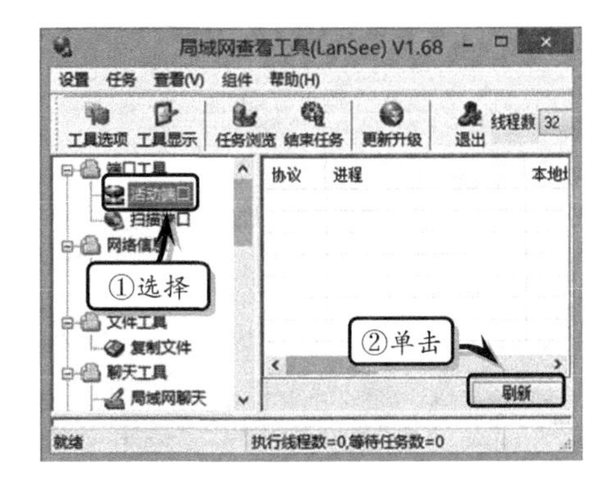

图 12-9 查看活动端口

2 选择【聊天工具】选项中的【文件共享】选项，并在右侧窗格中，单击【添加共享】按钮，如图 12-10 所示。

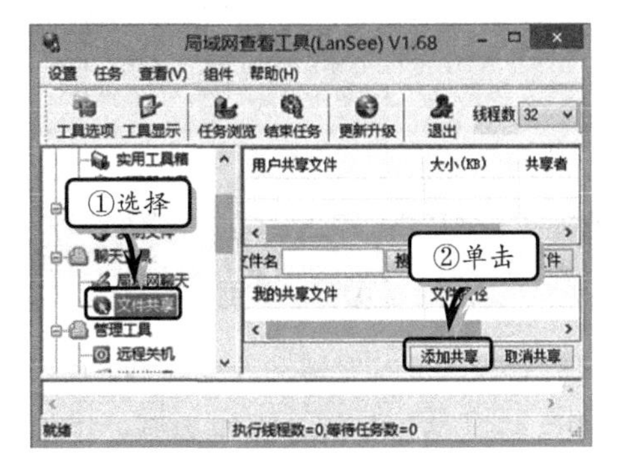

图 12-10 添加共享

3 在弹出的对话框中，选择要共享的文件，单击【打开】按钮，如图 12-11 所示。

图 12-11 添加共享文件

4 选择【搜索工具】选项中的【搜索计算机】选项，并单击右侧窗格中的【开始】按钮，可查看局域网中所有计算机名、IP 地址等信息，如图 12-12 所示。

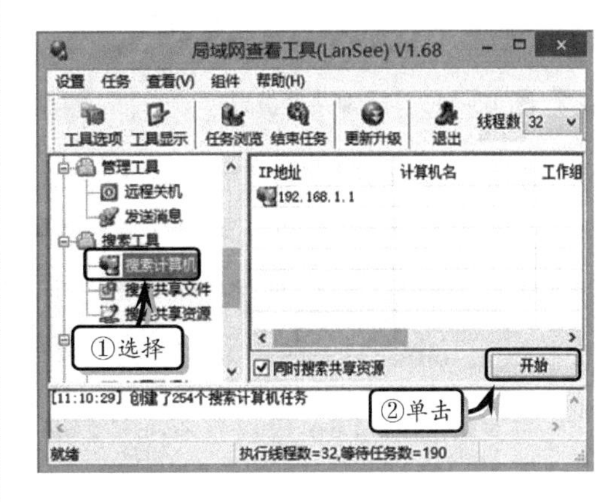

图 12-12 搜索局域网计算机

5 选择【搜索共享文件】选项，并单击右侧窗格中的【开始】按钮，可查看局域网中各台计算机中共享的文件及文件类型等信息，如图 12-13 所示。

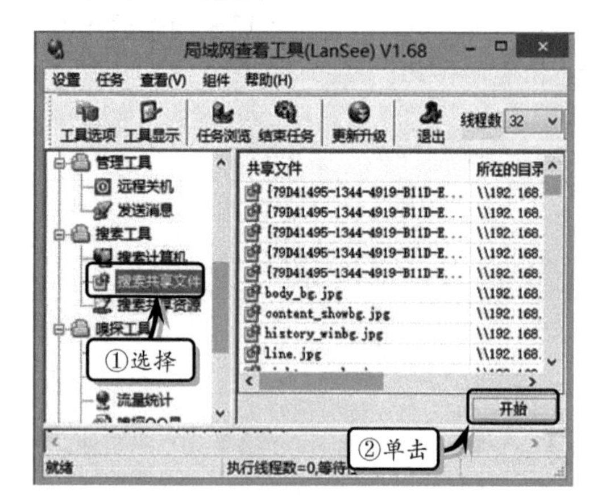

图 12-13 搜索共享文件

6 选择【搜索共享资源】选项，并单击右侧窗格中的【开始】按钮，可查看局域网中所有的共享资源，如图 12-14 所示。

图 12-14 搜索共享资源

7 选择【管理工具】子目录中的【远程关机】命令选项，并单击右侧窗格中的【导入计算机】按钮，如图 12-15 所示。

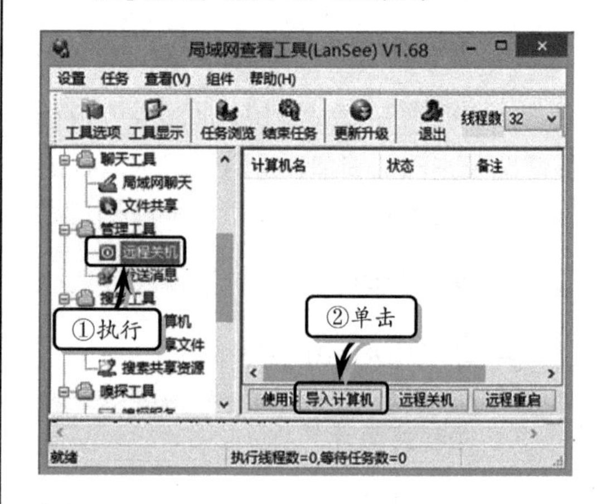

图 12-15 导入计算机

8 启用【计算机名】窗格中的 192.168.1.101 复选框，并单击【远程关机】命令，如图 12-16 所示。

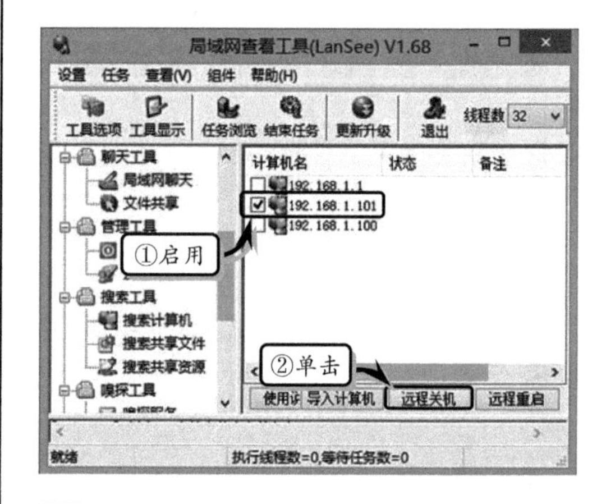

图 12-16 远程关机

提 示

若用户此时还不希望被远程关机，可执行【开始】|【运行】命令，在【运行】对话框中输入 shutdown -a 命令即可。

12.6 练习：查看服务器日志

查看服务器日志，可以有效地掌握服务器的运行状况，及时发现和排除出现的故障，提高了对系统进行管理和维护的效率。在本练习中，将以 Windows 8 系统为例，详细介绍查看服务器日志的操作方法。

1. 实验目的

- ❑ 查看应用程序日志
- ❑ 查看安全日志
- ❑ 查看系统日志
- ❑ 查看目录服务日志

2. 实验步骤

1 右击【开始】图标，执行【事件查看器】命令，进入【事件查看器】主界面，如图 12–17 所示。

图 12–17 事件查看器主界面

2 在左侧窗格中，展开【Windows 日志】结点，并选择【应用程序】选项，在右侧【应用程序】窗格中，双击要查看的事件，如图 12–18 所示。

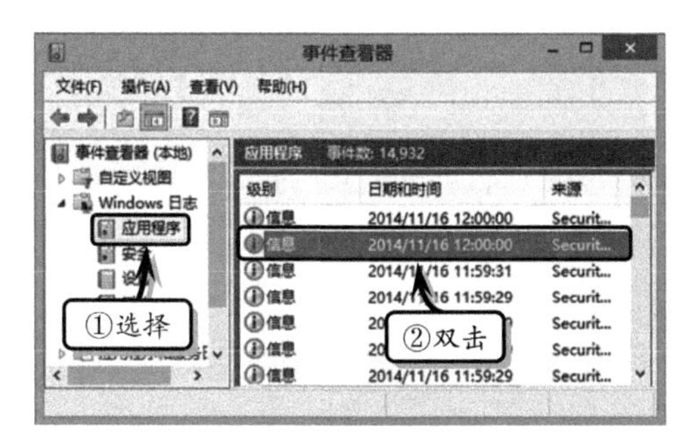

图 12–18 应用程序日志

3 在【事件属性–事件 16384，Security–SPP】对话框中，可查看该事件的常规信息，如图 12–19 所示。

4 选择【详细信息】选项卡，并选中【友好视图】单选按钮，可查看该事件的详细信息，如图 12–20 所示。

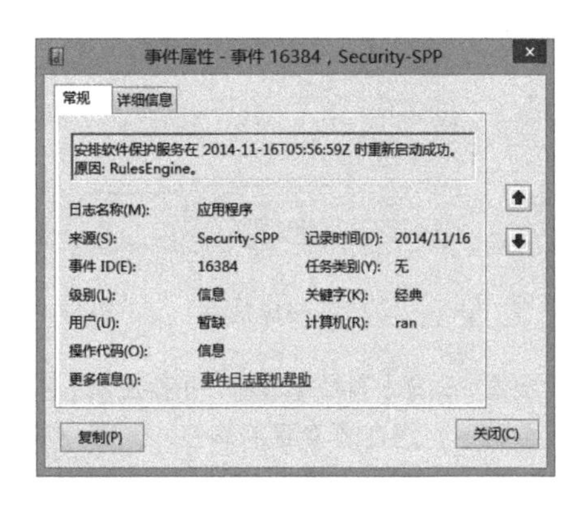

图 12–19 事件常规信息

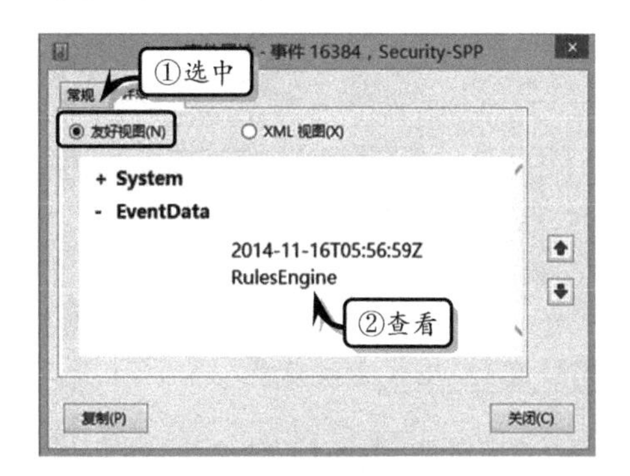

图 12–20 事件详细信息

5 选择左侧窗格中的【安全】选项，并在右侧【安全】窗格中，双击要查看的事件，如图 12–21 所示。

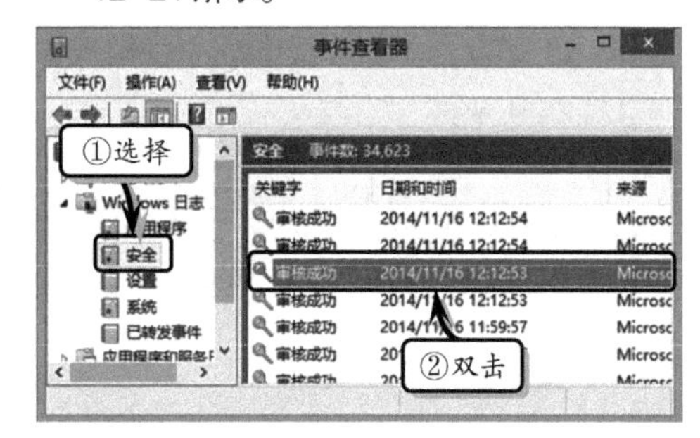

图 12–21 安全日志

6 选中【详细信息】选项卡，并选择【XML视图】单选按钮，查看事件的详细信息，如图 12-22 所示。

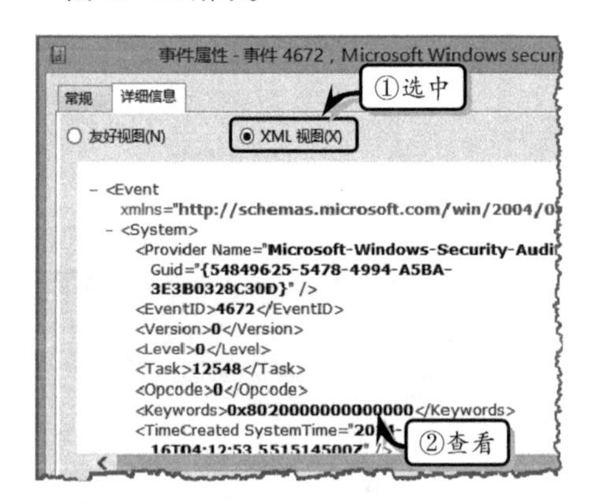

图 12-22 XML 视图

7 接着，选择【系统】选项，并在左侧【系统】窗格中，双击要查看的事件，如图 12-23 所示。

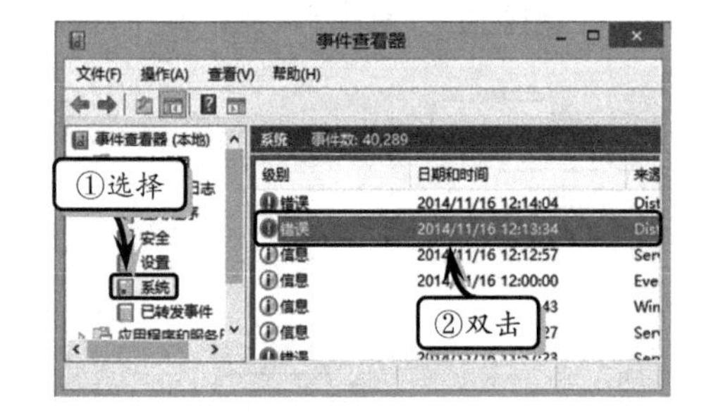

图 12-23 系统日志

8 在对话框中，选择【详细信息】选项卡，并选择【XML 视图】单选按钮，看到该事件的日志名称、来源、记录日期等信息，如图 12-24 所示。

9 在左侧窗格中，展开【应用程序和服务日志】选项，选择【Windows PowerShell】选项，并在右侧窗格中双击要查看的事件，如图 12-25 所示。

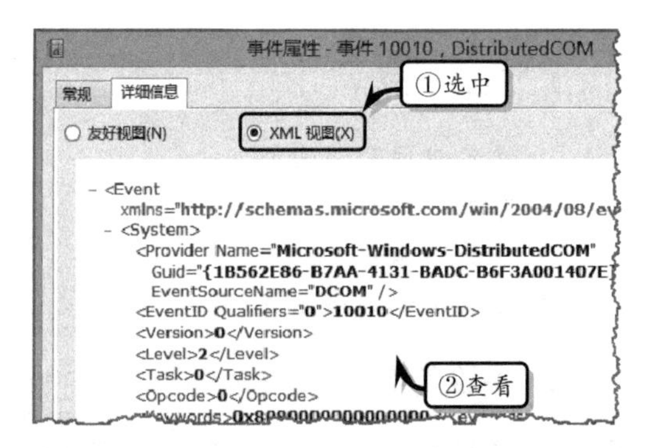

图 12-24 查看系统事件信息

图 12-25 Windows PowerShell 日志

10 在弹出的对话框中，可查看到提供程序、详细信息、日志名称等日志信息，如图 12-26 所示。

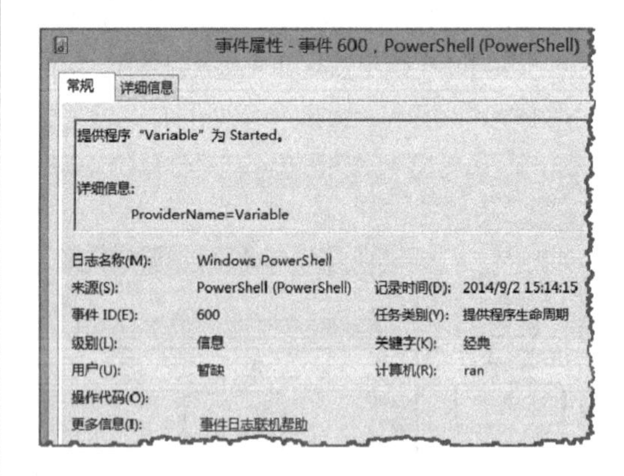

图 12-26 查看事件信息

12.7 思考与练习

一、填空题

1．目前，____________已经成为网络管理领域中的工业标准。大多数网络管理系统和平台都是基于它的。

2. ____________是通过某种方式对网络进行管理，以使网络能正常高效地运行。

3. ____________是指通过分析和控制整个网络的数据交换，保证网络能够提供持续可靠的服务，使网络达到最好的运营效率。

4. ____________是指通过检测、隔离、修复网络故障等方法，使网络恢复正常运行状态。

5. ____________是指能够实现网络管理方法的设备或管理进程，如工作站、计算机等。

6. ____________是 OSI 参考模型中的应用层协议，是 TCP/IP 协议簇的一部分。

7. ____________是指代理在接收到信息时，首先确认信息是否来自有权的代理，并且信息在传输过程中未被改变。

二、选择题

1. ISO/IEC7498-4 文档定义了网络管理的故障管理、配置管理、计费管理、性能管理和安全管理五大功能。下列选项中属于性能管理功能的是________。

   A. 更改系统配置

   B. 网络规划

   C. 故障恢复

   D. 工作负载监视

2. 网络管理基本上由网络管理者、网管代理、网络管理协议和管理信息库 4 个要素组成。当网管代理向管理站发送异步事件报告时，使用的操作是________。

   A. Get　　B. Get-next

   C. Trap　　D. Set

3. SNMP 属于的协议簇是________。

   A. TCP/IP　　B. IPX/SPX

   C. DECnet　　D. AppleTalk

4. 下列不属 SNMPv2 优点的是________。

   A. 可以实现大量数据的同时传输，提高了工作效率

   B. 管理信息结构的扩充

   C. 采用新的协议操作

   D. 增强了用户操作能力

5. 下面不属于网络控制功能的是________。

   A. 性能管理　　B. 故障管理

   C. 计数管理　　D. 配置管理

三、简答题

1. 简述性能管理功能。
2. 介绍 SNMP。
3. 简述网络管理软件技术。

四、上机练习

1. 测试网络速度

P2P 终结者是由 Net.Soft 工作室开发的一套专门用来控制企业网络 P2P 下载流量的网络管理软件。软件针对目前 P2P 软件过多占用带宽的问题，提供了一个非常简单的解决方案。并且，在该软件中，还包含有测试上网带宽速度功能。

运行 P2P 终结者，在弹出的【带宽测试工具】对话框中，单击【开始测速】按钮，如图 12-27 所示。

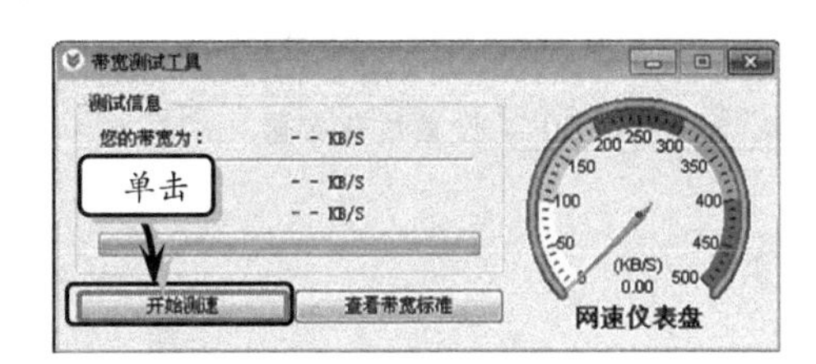

图 12-27 开始测试网速

此时，软件将开始测试带宽速度，并显示测试的进度。完成后，将弹出【提示信息】信息框，单击【确定】按钮，如图 12-28 所示。

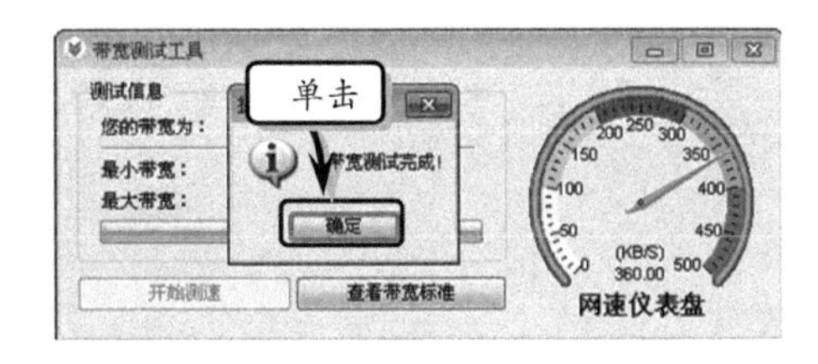

图 12-28 完成测试

现在可以在该对话框中，显示网络带宽的速度，如图 12-29 所示。

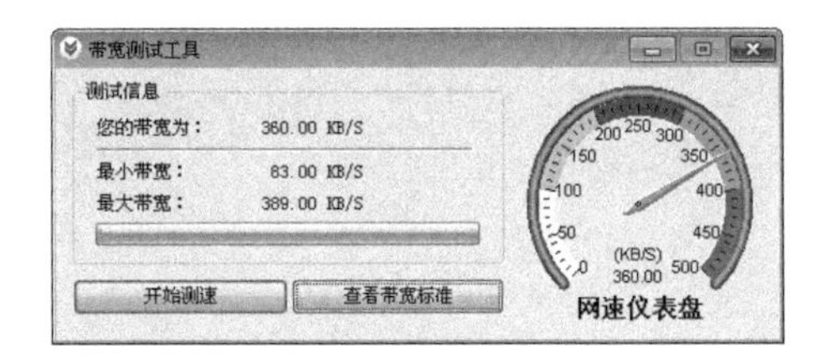

图 12-29 显示测试结果

2. 优化浏览器

P2P 终结者软件基于底层协议分析处理实现，具有很好的透明性。软件可以适应绝大多数网络环境，包括代理服务器、ADSL 路由器共享上网，并且还可以优化浏览器功能。运行该软件，在弹出的【浏览器优化】对话框中，将显示浏览器优化选项，并设置优化内容，单击【开始优化】按钮，如图 12-30 所示。

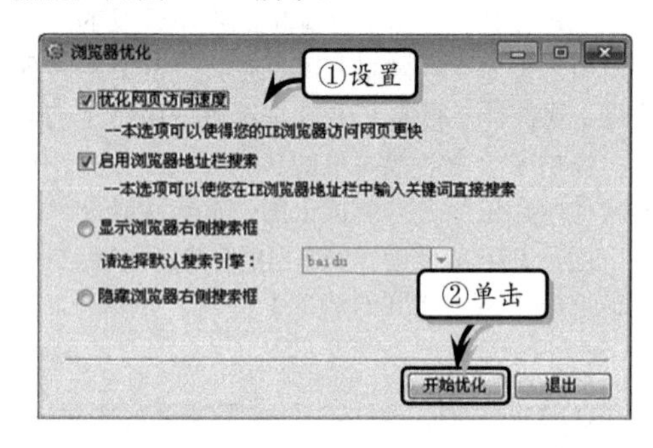

图 12-30 设置优化参数

优化完成后，弹出【提示信息】信息框，如图 12-31 所示，单击【确定】按钮即可。

图 12-31 完成优化